Geothermie

D1666854

Ingrid Stober · Kurt Bucher

Geothermie

3. Auflage

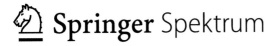

Ingrid Stober
Institut für Geo- und
Umweltnaturwissenschaften
University of Freiburg
Freiburg, Baden-Württemberg
Deutschland

Kurt Bucher
Universität Freiburg, Mineralogie
und Petrologie
Freiburg, Deutschland

ISBN 978-3-662-60939-2   ISBN 978-3-662-60940-8   (eBook)
https://doi.org/10.1007/978-3-662-60940-8

Die Deutsche Nationalbibliothek verzeichnet diese Publikation in der Deutschen Nationalbibliografie;
detaillierte bibliografische Daten sind im Internet über http://dnb.d-nb.de abrufbar.

Planung und Lektorat: Stephanie Preuß, Martina Mechler
Springer Spektrum ist ein Imprint der eingetragenen Gesellschaft Springer-Verlag GmbH, DE und ist
ein Teil von Springer Nature.
Die Anschrift der Gesellschaft ist: Heidelberger Platz 3, 14197 Berlin, Germany

Vorwort

Die Geothermie bietet eine nahezu unerschöpfliche Quelle zur Wärmebereitstellung und zur Erzeugung von Strom. Geothermie ist klimaschonend und grundlastfähig. Sie ist unabhängig vom Wetter rund um die Uhr verfügbar. Geothermie trägt zur regionalen Wertschöpfung bei und macht unabhängig von fossilen Brennstoffen, bzw. hilft diese zu schonen. Eine herausragende Stellung insbesondere für die Stromerzeugung nehmen Hochenthalpie-Gebieten ein, deren Vorkommen allerdings auf bestimmte geologische Regionen beschränkt ist. Geothermie ist jedoch nahezu überall nutzbar und sie kann in verschiedenen Tiefen durch unterschiedliche Nutzungs-Systeme gewonnen werden. Mit Geothermie kann die Wärmebereitstellung einzelner Gebäude bis hin zu ganzen Stadtteilen erfolgen. Einzelne Systeme lassen sich miteinander kombinieren, wie beispielsweise Erdwärmesonden zu einem Sondenfeld, so dass damit auch im Objektbereich eine Beheizung aber auch Kühlung zu Bedarfszeiten erfolgen kann.

Da die tiefe Geothermie die gleichzeitige Produktion von Wärme und Strom erlaubt, trägt sie zu einer zukunftssicheren, effizienten Wärme- und Stromversorgung bei. Die entnommenen Tiefenwässer werden wieder in das Reservoir zurückgeführt, so dass das natürliche Gleichgewicht erhalten bleibt und ein nachhaltiger reservoirschonender Umgang gewährleistet ist. Geothermie-Anlagen zeichnen sich durch einen geringen Flächenverbrauch aus; die optische Beeinträchtigung in der Landschaft ist dadurch minimal. Wärme und Strom aus geothermischen Energiequellen können zukünftig einen wichtigen Beitrag zur Deckung der Grundlast insbesondere auf dem Wärmesektor liefern, so dass sich der Einsatz von fossil betriebenen Heizkraftwerken schwerpunktmäßig auf den Spitzenbedarf verlagert.

In den vergangenen Jahren wurde die Technologie zur Energieerzeugung im Niedertemperaturbereich weiterentwickelt und zahlreiche technische Fortschritte auch auf diesem Sektor erreicht. Die Tiefengeothermie kann zur energetischen Grundversorgung einen großen Beitrag liefern. Dazu sind EGS (Enhanced Geothermal Systems) notwendig, denn nur sie sind nahezu überall machbar. EGS muss daher weiterentwickelt werden. Demonstrationsprojekte sind erforderlich.

Insbesondere die Grundlastfähigkeit macht die Geothermie zum festen Bestandteil und Partner verschiedener langfristig angelegter Energieszenarien. Durch geschickte Kombination mit anderen Formen der erneuerbaren Energien können sich bedeutende Synergieeffekte ergeben. Erste Projekte im Wohnungsbereich, bei denen Erdsonden eines Sondenspeichers mit Solarthermie kombiniert sind, zeigen eine sehr hohe energetische Effizienz. Aber auch Projekte aus der tiefen Geothermie wie beispielsweise die Kombination von hydrothermaler Dublette mit Biogas zur thermischen Anhebung oder die Nutzung des tiefen Reservoirs als „aufladbare Batterie" (Aquiferspeicher) zeigen neue Wege für die Städte-Planung auch im Objektbereich auf.

Mit diesem Buch wollen wir einen Einblick in dieses spannende Thema der Geothermie geben. Wir sind auf die Weiterentwicklung, auf neue Projekte und neue Synergieeffekte in den nächsten Jahren gespannt und wünschen uns allen eine sichere, umweltschonende Wärme- und Energieversorgung. Wir hoffen mit dem vorliegenden Buch dazu einen kleinen Beitrag leisten zu können.

Ingrid Stober
Kurt Bucher

Inhaltsverzeichnis

Über die Autoren

Ingrid Stober (Prof. Dr.), Universität Freiburg, Institut für Geo- und Umwelt-naturwissenschaften, Albertstraße 23b, D-79104 Freiburg, Deutschland, ingrid.stober@minpet.uni-freiburg.de

Kurt Bucher (Prof. Dr.), Universität Freiburg, Mineralogie und Petrologie, Albertstraße 23b, D-79104 Freiburg, Deutschland, bucher@minpet.uni-freiburg.de

Thermisches Regime der Erde

1

Vulkano bei Sizilien

© Springer-Verlag GmbH Deutschland, ein Teil von Springer Nature 2020
I. Stober und K. Bucher, *Geothermie,* https://doi.org/10.1007/978-3-662-60940-8_1

1.1   Erneuerbare Energien, Globaler Status

Im Statusbericht Ren21 (2017) des „Renewable Energy Policy Network for the 21st Century" steht, dass die Erneuerbaren Energien weltweit im Jahr 2016 gegenüber 2015 um etwa 168 GW$_{el}$ (9,1 %) angestiegen sind. China verzeichnete in 2016 weltweit die höchste Wachstumsrate an Erneuerbaren Energien auf dem Stromsektor (U.S. Department of Energy 2016). In weit über 60 Ländern werden die Erneuerbaren Energien politisch und finanziell unterstützt. Der steile Aufwärtstrend der Erneuerbaren Energien hält an. Weltweit wurden im Jahre 2016 2016 GW$_{el}$ aus Erneuerbaren Energien bereitgestellt; das sind ca. 26 % der weltweiten Kraftwerkserzeugungskapazitäten.

Den größten Anteil an der Stromerzeugung aus Erneuerbaren Energien hatte im Jahre 2016 die Wasserkraft mit 1098 GW$_{el}$ inne, gefolgt von der Windkraft mit 487 GW$_{el}$, der Photovoltaik mit 303 GW$_{el}$ und der Biomasse mit 112 GW$_{el}$. Mit größerem Abstand folgt die Geothermie mit 13,5 GW$_{el}$. Bei der Erzeugung von thermischer Energie ist die Biomasse mit einem Anteil von 90 % an den Erneuerbaren Energien führend, dann folgen die Solarthermie für Warmwasseraufbereitung oder Heizen mit ca. 8 % und die Geothermie mit etwa 2 % (Ren21 2017; U.S. Department of Energy 2016).

Unter den erneuerbaren Energiequellen könnte der Geothermie eine besondere Rolle zukommen, denn sie ist praktisch überall vorhanden und regeneriert sich kontinuierlich. Ihr Potenzial ist nahezu unbegrenzt. Die Wärme- und Stromgewinnung ist kontinuierlich abrufbar und damit grundlastfähig. Die Nutzung geothermischer Energie ist umweltfreundlich und der übertägige Platzbedarf ist gering. Inwieweit sich diese positiven Erwartungen auch in Regionen mit ausschließlich Niedrigenthalpie-Vorkommen umsetzen lassen, werden die kommenden Jahre zeigen.

1.2   Aufbau der Erde

Geothermie ist die in der Erde gespeicherte Wärmeenergie; Geothermie ist Erdwärme. 99 % der Erde sind heißer als 1000 °C; 0,1 % der Erde sind kälter als 100 °C. Die mittlere Temperatur an der Erdoberfläche beträgt 14 °C. Auf der Sonne sind es etwa 6200 °C, etwas mehr als im Erdkern (Abb. 1.1). Die Temperatur im Sonneninnersten beträgt ca. 15,6 Mio °C.

Unsere Erde ist schalenförmig aufgebaut (Abb. 1.1). Unter der sehr dünnen Erdkruste folgt der Erdmantel und im Zentrum unserer Erde befindet sich der Erdkern, der außen flüssig, innen aber fest ist. Das war nicht immer so. Ganz zu Beginn der Geschichte unseres Planeten bestand die Erde vermutlich durchgehend etwa aus demselben homogenen Material. Erst einige hundert Millionen Jahre später erfolgte während der weiteren Entstehungsgeschichte eine Reorganisation und Differentiation zu einem geschichteten, in einzelne radiale Zonen aufgebauten Körper.

Im Erdkern, dem Zentrum unseres Planeten, liegt das dichteste und damit schwerste Material; die Erdkruste besteht aus dem leichtesten Material, d. h.

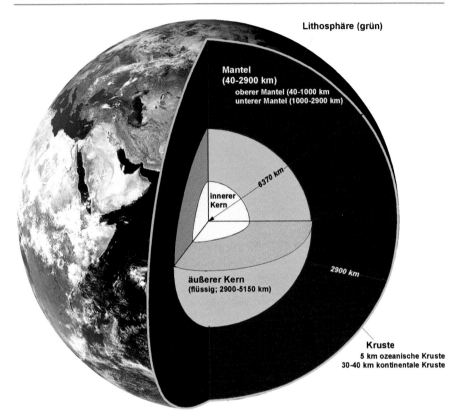

Abb. 1.1 Aufbau der Erde

Materialien mit den geringsten Dichten. Der Erdmantel dazwischen besitzt eine mittlere Dichte. In Abb. 1.1 ist die jeweilige Dicke der einzelnen Schichten, die Schichtmächtigkeit, eingetragen. Die Abbildung zeigt, dass der Erdkern, mit etwa 2250 km außen und 1220 km innen, etwas mächtiger ist als der Erdmantel (2860 km) und sich über mehr als die Hälfte des Erdradius erstreckt. Am Gesamtvolumen der Erde macht der Erdkern jedoch nur etwa 16 % aus. Aufgrund der hohen Dichte verfügt er allerdings über fast 32 % der Erdmasse.

Im Inneren Erdkern in über 6000 km Tiefe rechnet man mit Temperaturen um 5000 °C und Drucken von bis zu 4 Mio. bar. Der Innere Erdkern besteht aus einer festen Eisen-Nickel-Legierung, was uns an Eisen-Meteorite erinnern mag. Abb. 1.2 zeigt einen aufgesägten Eisenmeteoriten. Auf der polierten, angeätzten Schlifffläche sind die sog. Widmanstätten-Figuren erkennbar, die durch unterschiedliche Nickelgehalte hervorgerufen werden.

Der Äußere Erdkern ist bei Temperaturen um 2900 °C und entsprechend niedrigeren Drucken im Prinzip eine flüssige Eisenschmelze und daher im Zusammenwirken mit der Erdrotation und seiner elektrischen Leitfähigkeit Ursache für das Magnetfeld der Erde. Die physische Bewegung von

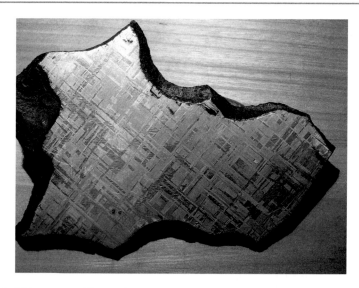

Abb. 1.2 Widmanstätten-Figuren in einem Eisenmeteoriten. Die Figuren werden von den beiden Mineralen Karnacit und Taenit hervorgerufen, die unterschiedliche Nickelgehalte besitzen

Ladungsträgern ist nichts anderes als ein elektrischer Strom, der wiederum das Magnetfeld unseres Planeten verursacht.

Der Übergang zwischen Erdkern und Erdmantel ist durch eine sprunghafte Dichteabnahme gekennzeichnet, die durch den Wechsel von Eisen zu verschiedenen leichteren Mineralen verursacht wird.

Der Obere Erdmantel beginnt unterhalb der Erdkruste und reicht bis in ca. 1000 km Tiefe. Innerhalb des Oberen Erdmantels befindet sich eine Schicht, die aus partiell aufgeschmolzenem Gesteinsmaterial besteht und daher eine erhöhte Fließfähigkeit besitzt. Dadurch sind die darüber liegenden starren und spröden Platten der Erdkruste und des obersten Teils des Oberen Erdmantels beweglich. Im darunter liegenden Erdmantel gibt es riesige walzenförmige Fliessbewegungen, die bis zum Erdkern reichen, diesen aber nicht einbeziehen, denn der Erdkern ist die „Heizplatte", er ist der eigentliche „Motor" für die Konvektionsströme. Der sich langsam abkühlende Erdkern liefert genügend Kristallisationswärme, also Energie aufgrund der Änderung des Aggregatzustandes, um den darüber liegenden Erdmantel aufzuheizen. Der innere Motor der Erde, die Konvektionsbewegungen im Erdmantel, wird durch die Wärmequelle im Erdinneren seit der Entstehung der Erde angetrieben.

Durch die thermischen Konvektionsströme bewegen sich die Platten quasi schwimmend aufeinander zu oder voneinander weg, je nachdem, ob sie sich über absinkenden Strömungen oder über aufwärts gerichteten Strömungen befinden (Abb. 1.3). Im aufsteigenden Bereich von Mantelmaterial sind die Temperaturen im Oberen Erdmantel höher als im absteigenden Ast einer Konvektionszelle. Beim Aufeinanderzubewegen verschiedener Platten können durch Kollision riesige Gebirge, wie die Alpen oder der Himalaya, entstehen oder Tiefseegräben, wenn eine Platte bei der Kollision unter eine andere abtaucht. Auseinander driftende

Abb. 1.3 Thermische
Konvektionsströme für die
Plattentektonik

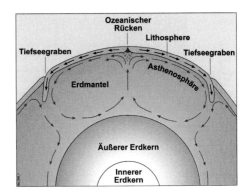

Platten dehnen die Erdkruste bzw. den obersten Teil des Oberen Mantels, erzeugen Gräben, wie den Oberrheingraben, bis hin zu groß angelegten Grabenstrukturen in Ozeanböden, wie den Mittelozeanischen Rücken mit aufsteigendem heißen Erdmantelgestein, Magma (Grotzinger et al. 2008; WM 2008).

Alle Plattengrenzen sind in unterschiedlichem Ausmaß durch Vulkanismus und Erdbeben geprägt. Da die Größe der Erdoberfläche weder zu- noch abnimmt, ist mit jedem Abtauchen einer Platten eine Neubildung an anderer Stelle, an einem ozeanischen Rücken, verbunden. An etlichen Stellen der Erde kommt die Natur auf diese Weise dem Menschen, der die Erdwärme nutzen möchte, weit entgegen. Das älteste und berühmteste Beispiel sind die Thermalquellen bei Larderello in der Toskana (Kap. 2).

Im Nordatlantik hebt sich der Mittelozeanische Rücken an einem sog. Hot Spot über den Meeresspiegel. Er verläuft mitten durch Island. Hot Spot besagt, dass der Erdmantel an dieser Stelle besonders heiß ist, wahrscheinlich als Folge davon, dass dort Mantelmaterial aus größerer Tiefe nahe der Grenze zum Erdkern aufsteigt. Island ist also eine Insel vulkanischen Ursprungs und noch heute finden Vulkanausbrüche in schöner Regelmäßigkeit statt, wie auch jüngere Ereignisse durch den Ausbruch des Eyjafjallajökull im Frühjahr 2010 mit den Folgen der Stagnation des gesamten nordeuropäischen Flugraumes über mehrere Wochen hinweg eindrücklich belegte.

Die vulkanische Tätigkeit im Yellowstone Park basiert ebenfalls auf einen riesigen Hot Spot, der relativ betrachtet den Nordamerikanischen Kontinent quert. Zahlreiche heiße Quellen, kochende Schlamm-Töpfe, Kohlensäure-Exhalationen (Mofetten) und Geysire sind im Park verteilt (Abb. 1.4). Etwa alle 600.000 Jahre wird dort ein sehr großer Ausbruch erwartet, dessen zerstörerische Reichweite bisher jeweils viele Kontinente erfasste und das Leben auf ihnen weitestgehend auslöschte. Zeitlich gesehen steht dort unmittelbar wieder ein Ausbruch bevor.

Zur Entstehung der Kanarischen Inseln gibt es verschiedene Hypothesen, die von der Theorie eines relativ zur Lage der Inseln von Osten nach Westen wandernden Hot Spot bis zur Theorie einer Vielzahl von „Mantel Plumes" reichen. Alle diese Hypothesen zur Kanaren-Entstehung sind jedoch wenig

Abb. 1.4 Beginn, Höhepunkt und Abklingen einer Eruption des Echinus Geysir im Norris Geyser Basin, Yellowstone Nationalpark, Wyoming, USA

gesichert und z. T. widersprüchlich. Abb. 1.5 zeigt die vulkanische Landschaft Lanzarotes; einige hundert Krater prägen noch heute das Gesicht der Landschaft. Eine Vielfalt verschiedener Farben zeigen die Vulkanhügel dem Betrachter: von rot über orange, gelb, blau und Grautönen bis hin zu schwarz. An vielen Stellen auf der Insel ist das Gestein bereits direkt unter der Erdoberfläche noch so heiß, dass einsickerndes Oberflächenwasser spontan verdampft. Die letzten großen vulkanischen Ausbrüche wurden von der Besatzung der Santa Maria, dem Schiff von Christoph Columbus, als schlechtes Omen für die Fahrt nach Westen, der Entdeckung Amerikas, gedeutet.

Der Teide auf Teneriffa (Kanarische Inseln) ist mit über 3718 m der höchste Berg Spaniens und der dritthöchste Inselvulkan der Erde. Er erhebt sich aus einer riesigen eingebrochenen Magmakammer eines älteren Vulkans (Caldera), die einen Durchmesser von etwa 17 km hatte. Die Flanken des Teide sind mit Lavaströmen verschiedener Farbnuancen, einem Anzeichen für ihr jeweiliges Alter, bedeckt.

1.3 Energiedargebot der Erde

Die mittlere Temperatur der Erde an der Erdoberfläche liegt bei 14 °C, im Erdinneren bei 5000 °C. Da die Erde im Inneren sehr heiß, außen jedoch relativ kühl ist, strömt aus der Erde ein kontinuierlicher Strom von Wärme in Richtung Erdoberfläche. Der terrestrische Wärmestrom, also die von der Erde pro Quadratmeter abgegebene Leistung **(Wärmestromdichte),** beträgt durchschnittlich etwa 0,065 W/m^2 (65 mW/m^2). Die Erde verliert dadurch Wärme. Aber sie gewinnt auch wieder Wärme durch die Strahlung der Sonne. Sonnenlicht ist elektromagnetische Strahlung, die im Sonneninnern durch Kernfusion entsteht und in den

Abb. 1.5 Die vulkanische Landschaft Lanzarotes, Kanarische Inseln

Weltraum abgestrahlt wird. Im Jahr trifft eine Energiemenge von 1366 W/m² auf die Erde.

Die zur Erde kommende Sonnenenergie wird durch Wolken, Luft und Boden zu 30 % wieder in den Weltraum reflektiert. Die restlichen 70 % werden absorbiert: rund 20 % von der Atmosphäre und 50 % vom Erdboden. Letztere werden durch Wärmestrahlung und Konvektion wieder an die Lufthülle abgegeben. Die **globale Sonneneinstrahlung** liegt bei 174 10^{15} W. Davon werden etwa 89 10^{15} W von den Landmassen und Ozeanen absorbiert. Ein kleiner Bruchteil davon wird dazu benutzt, um die Erdoberfläche zu erwärmen, mit einer Eindringtiefe von einigen Dezimetern im Tagesgang und einigen 10er Metern im Jahreszyklus. Daher hat die solare Energie auf das thermische Regime der Erde nur einen kleinen Einfluss (Clauser 2009).

In der Erdkruste nimmt die Temperatur im Mittel um etwa 3 °C pro 100 m Tiefe zu. Der Wärmestrom aus der Erde, der an der Erdoberfläche gemessen wird, stammt nur zu einem kleinen Teil aus dem Erdmantel oder dem Erdkern (Abb. 1.1). Über 70 % werden in der relativ dünnen Erdkruste „gebildet" und nur knapp 30 % dieses Wärmestromes kommen aus dem Erdkern und dem Erdmantel. Der über die gesamte Erdoberfläche integrierte Erdwärmestrom ergibt die eindrückliche thermische Leistung von 40 Mio. Megawatt. Der Erdwärmestrom wird durch die inneren Wärmequellen der Erde gespeist: ein grosser Beitrag stammt aus dem radioaktiven Zerfall der natürlichen Radioisotope Uran (^{238}U, ^{235}U), Thorium (^{232}Th) und Kalium (^{40}K) in der Erdkruste, nämlich ~900 EJ/a. Bei diesem Zerfall entsteht Wärme. Diese Wärme wird in der Erdkruste kontinuierlich neu gebildet. Der kleinere Beitrag stammt aus dem Erdkern: ~300 EJ/a. Zusammen sind das ~1200 EJ/a, die der Erde pro Jahr entströmen. Der größte Teil dieser Wärme wird in der Erdkruste kontinuierlich neu gebildet.

Die **Wärmeproduktion** wird in Energie pro Zeit und Volumen (J/s m³) angegeben. Die Erdkruste ist unterschiedlich dick und stofflich sehr unterschiedlich zusammengesetzt. Die kontinentale Erdkruste besteht aus sauren Gesteinen und ist deutlich dicker als die aus basischem Material aufgebaute ozeanische Erdkruste. In sauren Gesteinen (z. B. Granit) ist die Wärmeproduktion deutlich höher als in basischen Gesteinen (z. B. Gabbro). Die Wärmeproduktion von Granit kann beispielsweise um ein Vielfaches so groß sein wie die von einem Gabbro (Tab. 1.2). Die produzierte Wärmeenergie kann somit innerhalb der Erdkruste sehr stark differieren. Die ständige, globale Wärmeproduktion der Erde durch radioaktiven Zerfall ist in Ahrens (1995) mit 27,5 10^{12} W angegeben.

Der Wärmestrom wird an der Erdoberfläche als **Wärmestromdichte** (q [J/sm²]) gemessen. Die Wärmestromdichte setzt sich somit aus einem quasi konstanten Strom aus dem Erdkern und Erdmantel sowie einem nicht konstanten Wärmestrom aus der Erdkruste zusammen. Die Wärmestromdichte kann sehr unterschiedlich sein; man spricht auch hier von Anomalien. Große Anomalien treten sowohl auf den Kontinenten als auch unter den Ozeanen auf, insbesondere dort, wo die Wärme nicht nur thermisch durch das Gestein geleitet wird, sondern zusätzlich durch aufsteigende Fluide transportiert wird. Besonders große Anomalien hat es daher beispielsweise entlang des Mittelozeanischen Rückens oder in Vulkangebieten. Die mittlere Wärmestromdichte aus den Kontinenten und Ozeanen beträgt jeweils 65 mW/m^2 und 101 mW/m^2. Das gewichtete Mittel berechnet sich daraus zu 87 mW/m^2 und entspricht einem globalen **Wärmever-lust der Erde** von 44,2 10^{12} W (Pollack et al. 1993). Demgegenüber steht die ständige Wärmeproduktion der Erde durch radioaktiven Zerfall, durch Reibungs-wärme u. a.. Netto verliert die Erde Wärme in einer Größenordnung von etwa 1,4 10^{12} W (Clauser 2009). Der Abkühlungsprozess der Erde ist jedoch sehr langsam. Berechnungen ergaben, dass die Temperatur im Erdmantel in den letzten drei Milliarden Jahren sich nicht mehr als um 300–350 °C abgekühlt hat.

Verglichen mit der Größe der solaren Einstrahlung oder dem von den Land-massen und Ozeanen absorbierten Anteil der solaren Einstrahlung ist der Wärme-verlust der Erde durch die Wärmestromdichte mit 44,2 10^{12} W sehr gering. Die solare Einstrahlung ist etwa um den Faktor 4000 größer und der Anteil der Absorption etwa um den Faktor 2000.

Der gesamte Wärmeinhalt der Erde beträgt nach Armstead (1983) ca. 12,6 10^{24} MJ. Die geothermische Ressourcenbasis der Erde ist demnach riesig und omnipräsent. Sie wird jedoch kaum genutzt. Geothermische Energie ist fast über-all verfügbar und gewinnbar. Die Nutzung von Geothermie ist umweltfreundlich, und geothermische Energie ist grundlastfähig.

1.4   Wärmetransport und thermische Parameter

Informationen zu den physikalischen Eigenschaften der Gesteine bilden eine wichtige Grundlage für die Konzeption von Anlagen zur geothermischen Energie-gewinnung. Dies gilt sowohl für die Planung oberflächennaher Installationen als auch für die Erschließung tiefer Reservoire zur Wärme- und Stromerzeugung. Von besonderem Interesse sind hier Gesteinseigenschaften, die den Transport und die Speicherung von Wärme und Fluiden im Untergrund bestimmen. Hierzu gehören die thermischen Eigenschaften wie Wärmeleitfähigkeit, Wärmekapazi-tät und Wärmeproduktion und die hydraulischen Eigenschaften wie Porosität und Permeabilität. Zu den wichtigsten physikalischen Eigenschaften der Tiefenwässer zählen Dichte, Viskosität sowie Kompressibilität (Abschn. 8.2).

Erdwärme kann auf zweierlei Weise transportiert werden: einmal **konvektiv,** sozusagen mit dem fließenden Grundwasser, bzw. allgemein mit Flüssigkeiten (oder Gasen) oder **konduktiv** durch das Gestein. Der konduktive Transport von Erdwärme aus der Tiefe an die Erdoberfläche wird durch die Fähigkeit der Gesteine, Wärme zu transportieren, d. h. zu leiten, ermöglicht. Die **Wärmeleit-fähigkeit** der Gesteine (λ [J s^{-1} m^{-1} K^{-1}]) ist nicht konstant sondern unterschied-lich. So können Kristalline Gesteine, wie Granite oder Gneise, die Wärme um den Faktor 2–3 besser leiten als Lockergesteine (Kiese, Sande). Dennoch schwanken die Angaben für die einzelnen Gesteine oftmals in weiten Grenzen (Tab. 1.1), was vielfach auf einer Varianz in der mineralogischen Zusammensetzung oder einem unterschiedlichen Kompaktions- oder Alterationsgrad beruht, oder aber auf eine Schichtung des Gesteins, d. h. auf Anisotropie, zurückgeführt werden kann.

Tab. 1.1 Wärmeleitfähigkeit und spezifische Wärmekapazität unter Normalbedingungen (VDI 4640; Schön 2004; Kappelmeyer und Haenel 1974; Landolt-Börnstein 1992)

Gestein/Fluide	Wärmeleitfähigkeit λ (J s^{-1} m^{-1} K^{-1})	spez. Wärmekapazität c (kJ kg^{-1} K^{-1})
Kies, Sand, trocken	0,3–0,8	0,50–0,59
Kies, Sand, nass	1,7–5,0	0,85–1,90
Ton, Lehm, feucht	0,9–2,3	0,80–2,30
Kalkstein	2,5–4,0	0,80–1,00
Dolomit	1,6–5,5	0,92–1,06
Marmor	1,6–4,0	0,86–0,92
Sandstein	1,3–5,1	0,82–1,00
Tonstein	0,6–4,0	0,82–1,18
Granit	2,1–4,1	0,75–1,22
Gneis	1,9–4,0	0,75–0,90
Basalt	1,3–2,3	0,72–1,00
Quarzit	3,6–6,6	0,78–0,92
Steinsalz	5,4	0,84
Luft	0,02	1,0054
Wasser	0,59	4,12

Tab. 1.2 Typische radiogene Wärmeproduktion ausgewählter Gesteine. (Nach Kappelmeyer und Haenel 1974; Rybach 1976)

Gestein	Wärmeproduktion A (μJ s^{-1} m^{-3})
Granit	3,0
Gabbro	0,46
Diorit	1,1
Gneis	2,4
Sandstein	0,34–1,0
Tonschiefer	1,8

Bei manchen Gesteinen ist die Fähigkeit, Wärme zu leiten, nicht in alle Richtungen gleich groß entwickelt, sie ist richtungsabhängig, anisotrop. In Tonen kann bspw. die Wärmeleitfähigkeit senkrecht zur Schichtung teilweise nur ein Drittel oder sogar weniger betragen als parallel dazu. Mächtige Tonabfolgen können daher den vertikal nach oben gerichteten Wärmeabfluss aus dem Erdinneren an die Erdoberfläche stark hemmen und haben damit bis zu einem gewissen Grad quasi eine isolierende Wirkung. Die positive Wärmeanomalie Bad Urach – Bad Boll in Südwestdeutschland wird ursächlich auf in dieser Region besonders mächtige Tonsteinserien zurückgeführt (Schädel und Stober 1984a).

Auf den Wärmeentzug von einzelnen Erdwärmesonden hat dieser Anisotropie-
effekt bei horizontaler Schichtlagerung jedoch kaum Auswirkungen.

Alle Gesteine verfügen über einen gewissen Hohlraumgehalt, eine Porosität oder Klüftigkeit. Für den Wärmetransport ist es entscheidend, ob diese Hohlräume mit Wasser oder Luft ausgefüllt sind, also ob der Grundwasserstand hoch
oder sehr niedrig ist. Luft ist nahezu ein Isolator. Die Wärmeleitfähigkeit von Luft
ist etwa um den Faktor 100 geringer als die von Gesteinen, während der Unterschied von Gestein zu Wasser nur bei einem Faktor von 2–5 liegt (Tab. 1.1). Die
Wärmeleitfähigkeit trockener Kiese oder Sande liegt daher bei $\lambda = 0{,}4$ J s^{-1} m^{-1}
K^{-1}; sind die Kiese nass kann die Wärmeleitfähigkeit auf etwa $\lambda = 2{,}1$ J s^{-1} m^{-1}
K^{-1}ansteigen (Tab. 1.1). Für die Ermittlung der Wärmeentzugsleistung einer Erdwärmesonde ist daher insbesondere bei starker Verkarstung des Untergrundes mit
großen Hohlräumen die Tiefenlage des Grundwasserspiegels von entscheidender
Bedeutung (Abschn. 6.3.2).

Während also die Wärmeleitfähigkeit den Nachschub an Wärme, d. h. an
thermischer Energie reguliert, bestimmt die **Wärmekapazität (C)** wieviel Wärme
im Untergrund gespeichert werden kann. Sie gibt an, wieviel thermische Energie
ΔQ (J) ein Körper pro Temperaturänderung ΔT (K) speichern kann:

$$C = \Delta Q / \Delta T \left(J\, K^{-1} \right) \tag{1.1a}$$

Die **spezifische Wärmekapazität (c)** oder kurz **spezifische Wärme** eines Stoffes
ist die Wärmekapazität bezogen auf eine bestimmte Masse dieses Stoffes. Sie
bezeichnet die Wärmemenge (ΔQ), die benötigt wird, um die Temperatur pro
Masse (m) eines Körpers um ΔT anzuheben (Gl. 1.1b).

$$c = \Delta Q / (m \cdot \Delta T) \qquad \left(J\, kg^{-1}\, K^{-1} \right) \tag{1.1b}$$

Wird die Wärmekapazität auf das Volumen eines Stoffes bezogen, so wird sie
Wärmespeicherzahl (s) genannt (Gl. 1.1c).

$$s = \Delta Q / (V \cdot \Delta T) \qquad \left(J\, m^{-3}\, K^{-1} \right) \tag{1.1c}$$

Beide Parameter, spezifische Wärmekapazität und Wärmespeicherzahl, stehen
über die Dichte (ρ) miteinander in Beziehung ($c = s/\rho$). Sowohl Wärmeleitfähigkeit als auch Wärmekapazität der Gesteine sind von Druck und Temperatur
abhängig. Beide Parameter nehmen mit zunehmender Tiefe in der Erdkruste ab.
Bei gleichen Untergrundverhältnissen nimmt dadurch die Temperatur mit der
Tiefe immer weniger stark zu.

In Tab. 1.1 sind die spezifischen Wärmekapazitäten der wichtigsten Gesteine
zusammengestellt. Für Festgesteine liegen sie meist zwischen $c = 0{,}75$ und
$c = 1{,}00$ kJ kg^{-1} K^{-1}. Wasser hat mit $c = 4{,}19$ kJ kg^{-1} K^{-1} im Vergleich zu Fest-
gesteinen eine um den Faktor 4–6 höhere spezifische Wärmekapazität. Wasser
kann also um ein Vielfaches mehr Wärme speichern. Bezogen auf das Volumen,
d.h auf die Wärmespeicherzahl, kann Wasser jedoch nur etwa doppelt so viel
Wärme speichern wie Festgesteine. Das bedeutet aber auch, dass gut durchlässige
Aquifere mit einem großen Hohlraumanteil relativ mehr Wärme gespeichert haben
als gering durchlässige Grundwasserleiter mit einer niedrigen Porosität.

Wärmestromdichte (q) und Wärmeleitfähigkeit (λ) geben Auskunft über die Temperaturverteilung mit zunehmender Tiefe, d. h. über die Temperaturzunahme pro Tiefenabschnitt, den sog. Temperaturgradienten (gradT [K/m]):

$$q = \lambda \ \text{gradT} \qquad \left(J \ s^{-1} \ m^{-2} \right) \tag{1.2}$$

Der **Temperaturgradient,** also der Temperaturunterschied zwischen zwei Punkten, ist der eigentliche Antrieb für den Wärmestrom aus der Tiefe an die Erdoberfläche. Die Temperatur nimmt beispielsweise in Mitteleuropa im Mittel um etwa gradT = 2,8–3,0 °C/100 m mit der Tiefe zu, so dass aus der kontinentalen Erdkruste, verursacht durch die „mittleren Wärmeleitfähigkeiten" der Gesteine, eine Wärmestromdichte von durchschnittlich etwa 65 10^{-3} J/sm² registriert wird.

Die Temperaturverteilung im Untergrund ist jedoch nicht einheitlich. So können sowohl Temperaturgradient als auch Wärmestromdichte in gewissen Gebieten höher sein und in anderen Gebieten niedriger als der Mittelwert. Man spricht in derartigen Fällen von positiven und negativen **Temperatur- bzw. Wärmeanomalien.** Die Ursachen für positive Anomalien sind vielfältig. Positive Anomalien infolge Vulkanismus sind beispielsweise aus Island oder Norditalien bekannt. Positive Anomalien können jedoch auch aufgrund aufsteigender Tiefenwässer entstehen. Aufsteigende, heiße Tiefenwässer (hydrothermale Systeme) sind an tiefreichende, durchlässige Strukturen oder an tektonische Graben- und Beckenstrukturen (z. B. Oberrheingraben, Molassebecken, Pannonisches Becken) gebunden. Die Ursachen positiver Anomalien können jedoch auch auf Gesteinsschichten mit erhöter Wärmeleitfähigkeit (z. B. Salzdiapire), die dadurch quasi einen „Kamineffekt" bewirken, aber auch auf Staueffekten infolge verminderter Wärmeleitfähigkeit von Gesteinsverbänden (z. B. mächtige Tonsteinabfolgen mit hoher Anisotropie) oder auf erhöter geo-, oder biochemischer Wärmeproduktion beruhen. Für die geothermische Nutzung sind besonders Gebiete mit deutlich höheren Temperaturen, also Anomalien, interessant, da geringere Bohrtiefen erforderlich sind (Kap. 5).

In allen Gesteinen ist eine mehr oder weniger hohe Konzentration an radioaktiven Elementen feststellbar. Die beim Kernzerfall entstehende Strahlungsenergie wird durch Absorption in Wärme umgesetzt. Als Wärmeproduzenten sind im Prinzip nur die Beträge der ^{238}U-, ^{235}U- und ^{232}Th-Zerfallsreihen sowie des Isotops ^{40}K im natürlich vorkommenden Kalium signifikant. Die radioaktive **Wärmeproduktion** eines Gesteins errechnet sich nach den Konzentrationen von Uran c_U (ppm), Thorium c_{Th} (ppm) und Kalium c_K (%) zu (Landolt-Börnstein 1992):

$$A = 10^{-5} \rho \left(9,52 \ c_U + 2,56 \ c_{Th} + 3,48 \ c_K \right) \quad \left(\mu J \ s^{-1} \ m^{-3} \right) \tag{1.3}$$

mit ρ Dichte des Gesteins. Tab. 1.2 zeigt typische Wärmeproduktionen ausgewählter Gesteine.

Grundsätzlich fällt auf, dass der Gehalt an Uran, Thorium und Kalium mit zusätzlichem Kieselsäuregehalt der Gesteine zunimmt und damit die radiogene Wärmeproduktion (Abschn. 1.3). Diese drei radioaktiven Elemente sind in

Gesteinen unterschiedlich gebunden. Der lösliche Anteil der radioaktiven Elemente nimmt in der Regel mit ihrem Gesamtgehalt zu und wird mobil, sobald Wasser durch das Gestein migriert (Abschn. 11.2).

Die **Wärmetransportgleichung** beschreibt den Transport von Wärme im Gestein (Carlslaw und Jaeger 1959). Sie beschreibt den zeitlichen und räumlichen Temperaturverlauf in einem Medium. Die Differentialgleichung der dreidimensionalen temperaturabhängigen Wärmetransportgleichung lautet:

$$\delta(\rho c T)/\delta t = \nabla(\lambda \nabla T) + A - v\nabla T + \alpha g T/c \qquad (1.4)$$

Der erste Term auf der rechten Seite der Gl. 1.4 beschreibt die Wärmeleitung, der zweite Term die Wärmeproduktion, der dritte Term den Wärmetransport durch Massentransport und der vierte Term die Druckabhängigkeit. In Gl. 1.4 ist ρ die Dichte (kg m^{-3}), A die radiogene Wärmeproduktion (tiefen- und materialabhängig) (J s^{-1} m^{-3}), v die Geschwindigkeit (m s^{-1}), g die Erdbeschleunigung (m s^{-2}) und α (K^{-1}) der volumetrische, lineare **thermische Ausdehnungskoeffizient** ($\alpha = \delta V \ \delta T/V$). Für Gesteine liegt der Ausdehnungskoeffizient bei $\alpha = 5$–$25 \ \mu K^{-1}$.

Die eindimensionale analytische Lösung der Differentialgleichung für den Wärmetransport (Gl. 1.4) bei konstanter Wärmeleitfähigkeit (λ) und konstanter radiogener Wärmeproduktion (A) für eine homogene, isotrope Schicht ohne Wärmetransport durch Massentransport und ohne Druckabhängigkeit lautet:

$$T = T_0 + 1/\lambda \, q_0 \, x - A/(2\lambda) \, x^2 \qquad (1.5a)$$

In Gl. 1.5a ist T_0 die Temperatur an der Schichtobergrenze, q_0 der Beitrag der Wärmeflussdichte durch diese obere Grenzfläche und x die Schichtdicke. Sind die Wärmeleitfähigkeit und die radiogene Wärmeproduktion tiefenabhängige Größen, so berechnet sich die Temperatur in Abhängigkeit von der Tiefe zu:

$$T(z) = T_0 + \int_0^H \lambda(z)^{-1} \cdot \left[q_0 - \int_0^H A(z) \cdot dz \right] \cdot dz \qquad (1.5b)$$

Mit Gl. 1.5b kann die rein konduktiv bedingte Temperaturzunahme in der Erdkruste von Schicht zu Schicht, d. h. differentiell, konstruiert werden (Schädel und Stober 1984b).

1.5 Kurzer Abriss von Methoden zur Bestimmung thermischer Parameter

Die Wärmeleitfähigkeit eines Gesteins wird im Labor an Bohrproben gemessen. Sie kann dort mit einem sogenannten „Optischen Thermoscanner" ermittelt werden (Popov et al. 1999). Die Messung basiert auf dem „Scannen" einer Probenoberfläche mit einer fokussierten Wärmequelle und der kontaktlosen Temperaturmessung mittels Infrarot-Thermosensoren. Hierfür wird die Strahler- und Messeinheit an der Probe entlang bewegt. Die emittierte Licht- und Wärmestrahlung wird auf die Oberfläche der Probe fokussiert, wodurch die Probe aufgeheizt wird. In einem festen Abstand zum Strahler befinden sich Infra-rot-Temperatursensoren, welche die Temperatur der Probe vor und nach dem Erhitzen messen. Für die Größe der Wärmeleitfähigkeit ist entscheidend, ob die Messungen an trockenen oder feuchten Bohrkernen durchgeführt wurden. Bei anisotrop ausgebildeten Gesteinen muss die Messung natürlich in verschiedenen Raumrichtungen durchgeführt werden (Popov et al. 1999; PK Tiefe Geothermie 2008).

Die Wärmekapazität eines Stoffes wird mit Hilfe von Kalorimetern bestimmt. Man unterscheidet Kalorimeter nach Betriebsarten (adiabatisch, isotherm) sowie nach dem Messprinzip. Bei einer kalorimetrischen Messung wird in den meisten Fällen dem Kalorimeter Wärme zugeführt oder entzogen und dabei die Temperaturänderung beobachtet. Der Wärmeaustausch kann beispielsweise mit einer Flüssigkeit oder mit einem Metall erfolgen. Bei anderen Kalorimetern wird die Wärmemenge von bestimmten Substanzen abgenommen, die dabei eine Phasenänderung erleiden, d. h. die Temperaturen bleiben dann bei diesem Mess-prinzip konstant.

Die Bestimmung der Dichte an Kernstücken erfolgt nach dem „Archi-medischen Prinzip". Das Kernstück wird zweimal gewogen; zuerst erfolgt die Trockenwägung. Nach Bestimmung der Trockenmasse wird mit Hilfe einer Wasserwanne das Tauchgewicht bestimmt. Aus dem Tauchgewicht und der Dichte des Wassers lässt sich das Volumen des Kernstückes V bestimmen, was dann mit der Masse m zur Berechnung der Gesteinsdichte ρ dient. Die Dichtebestimmung an Bohrklein erfolgt mit Pyknometern, einem Messgerät zur Bestimmung der Dichte von Festkörpern oder Flüssigkeiten. Das Volumen des Bohrkleins muss genau bekannt sein. Das Pyknometer wird einmal mit der trockenen Bohrkleinprobe und einmal mit einem Gemisch aus der Bohrkleinprobe und Wasser gewogen. Aus den gemessenen Massen und der Dichte des Wassers lässt sich die Dichte des Bohrkleins bestimmen. Zur Vermeidung von Luftbläschen im Pyknometer, die das Volumen verfälschen können, wird das mit Wasser gefüllte Pyknometer jeweils mit einer Wasserstrahlpumpe evakuiert.

1.6   Temperaturmessungen

Für die Prognose eines geothermischen Projektes ist es ganz entscheidend, ob es im Umfeld bereits Temperaturmessungen in Altbohrungen gibt, wie verlässlich diese Daten sind und aus welchen Tiefen die Messungen vorliegen. Normaler-weise nimmt die Temperatur in Mitteleuropa mit der Tiefe um etwa 3 °C pro 100 m zu (**normaler Temperaturgradient**). Jedoch gibt es positive aber auch negative Abweichungen hierzu, und Abweichungen, die sich nur über bestimmte Tiefenabschnitte erstrecken. Verantwortlich dafür ist die Vielfalt der hydraulischen und thermischen Eigenschaften des geologischen Untergrundes, zumal Erd-wärme auf zweierlei Weise transportiert werden kann: einmal konduktiv durch das Gestein aber auch konvektiv, sozusagen mit dem fließenden Grundwasser (oder anderen Fluiden). Auswirkungen auf den Temperaturgradienten hat daneben auch

das Relief. Je größer der Reliefunterschied ist, desto größer ist der Temperaturgradient in Tallage und desto kleiner ist er unterhalb der Höhenzüge.

Die SI-Einheit der Temperatur ist das Kelvin (K). In Deutschland, Österreich
und der Schweiz wird die Einheit Celsius (°C) benutzt, im Angloamerikanischen
Raum Fahrenheit (°F) und Rankine (°R). Die entsprechenden Umrechnungen
lauten:

$$T_K = T_C + 273,15 \qquad (1.6a)$$

$$T_F = 1,8\,T_C + 32 \qquad (1.6b)$$

$$T_R = 1,8\,T_C + 491,67 \qquad (1.6c)$$

In Tiefbohrungen wird die Temperatur der in der Bohrung stehenden Flüssigkeit
i. d. R. indirekt mittels eines temperaturabhängigen Widerstands (Ohm) gemessen,
der anhand einer Kalibrierkurve automatisch in die Temperatur umgerechnet
wird. Die Messsonden müssen alle paar Monate neu kalibriert werden. Früher
erfolgten BHT-Messungen (s. u.) als Mindesttemperatur auch auf der Basis von
Temperaturmessfarben mit einem Farbumschlag bei einer bestimmten Temperatur.

Bei Temperaturmessungen in Bohrungen wird unterschieden zwischen:

- Temperatur-Logs
- Lagerstättentemperaturen oder Bottom-Hole-Temperatures (BHT)
- Temperaturmessungen bei Fördertests

Temperatur-Logs sind kontinuierliche Temperaturmessungen entlang der Bohrlochachse. Bei einem Temperatur-Log ist darauf zu achten, ob die Messung
während des Förderbetriebs durchgeführt wurde, kurz danach oder aber im
Anschluss an eine längere Stillstandzeit (Abb. 1.6). Dem Ruhetemperatur-Log
kommt hierbei die höchste Güte zu. Bei Temperatur-Logs, die vom Förderbetrieb beeinflusst sind, können häufig nur die Temperaturangaben im Bereich der
Wasserzutrittsstelle weiterverwendet werden.

Daneben können Temperatur-Logs Hinweise auf Wasserzutritts- oder austritts-
stellen (Abb. 6.24), Undichtigkeiten von Verrohrungen oder vertikale Bewegungen
von Fluiden (Abb. 13.5) geben. In der Hydraulik werden gezielt Temperaturmessungen während Tests dazu benutzt, um beispielsweise die vertikale Verteilung
der Durchlässigkeit zu ermitteln (Abb. 14.11). Weitergehende Auswerteverfahren
enthalten die Abschn. 14.2 und 14.4.

BHT-Messungen werden in fast allen Industriebohrungen im Bohrlochtiefsten,
unmittelbar nach Einstellen der Bohrarbeiten, ausgeführt und sind durch den
Bohrvorgang (Reibung, Spülungsumlauf) thermisch gestört. Eine Korrektur dieser
BHT-Werte auf ungestörte Temperaturen ist möglich, zumal im Bohrlochtiefsten
der störende Einfluss des Spülungsumlaufs auf das Temperaturfeld am geringsten
ist. Meistens liegen für eine Bohrung mehrere BHT-Werte manchmal auch für
unterschiedliche Tiefen vor.

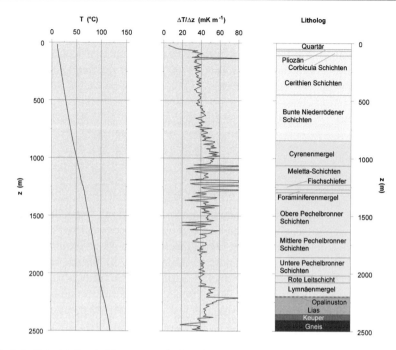

Abb. 1.6 Beispiel für ein Temperaturruhe-Log in der Tiefbohrung Bühl, Oberrheingraben. Von links nach rechts sind dargestellt der vertikale Verlauf der Temperatur, der Temperaturgradient ($\Delta T/\Delta z$) und die Lithologie (Schellschmidt und Stober 2008)

In Abhängigkeit von der Stillstandzeit nach Bohrende, der Spülungsdauer (Spülungsumlauf) und der Anzahl der für jede Tiefe zur Verfügung stehenden Temperaturwerte können unterschiedliche Extrapolationsverfahren angewendet werden (Schulz und Schellschmidt 1991; Schulz et al. 1990):

- „Explosionszylinderquellenansatz" (Leblanc et al. 1982)
- Annahme einer „kontinuierlichen Linienquelle" (Horner 1951)
- „Explosionslinienquelle" (Lachenbruch und Brewer 1959)
- „Zylinderquellenansatz" (Middleton 1982) mit statistischen Parametern

Bei der Extrapolation von zeitlich nur einfach belegten BHT-Werten auf die ungestörte Temperatur müssen aus umgebenden Messungen mit höherem Informationsgehalt statistische Parameter ermittelt werden, um über die Güte des vorliegenden Messwertes zu entscheiden (Schellschmidt und Stober 2008).

Wird **während eines Fördertests** die Temperaturmesssonde in einer bestimmten Tiefe abgehängt, so kann aus dem Temperaturverhalten in Analogie zu hydraulischen Tests entsprechend dem Vorgehen in Abb. 6.8 die Wärmeleitfähigkeit des Gebirges ermittelt werden. Die Extrapolation der Messwerte während der Temperatur-Angleichphase mit dem sogenannten Horner-Plot (1951) gestattet Rückschlüsse auf die Ruhetemperatur in der Tiefe, in der die Messsonde abgehängt ist.

Zur Erstellung von **Temperaturkarten** in bestimmten Tiefenlagen müssen die Temperaturdaten horizontal und vertikal interpoliert werden, meistens zunächst auf vorgegebene Tiefenhorizonte und anschließend lateral in die Fläche. Für dieses Vorgehen stehen verschiedene Interpolationsverfahren zur Verfügung, wie z. B. der Gridding-Algorithmus von Smith und Wessel (1990).

Für die Erstellung eines **3D-Temperatur-Modells** ist zudem die Kenntnis der Temperatur in der obersten Bodenschicht als obere Modellbegrenzung erforderlich. Für ihre Bestimmung können langjährige Mittelwerte der Lufttemperatur herangezogen werden, die beispielsweise von den lokalen Wetterdiensten erstellt werden oder durch die World Meterological Organization (NCDC 2002). Die durchschnittliche bodennahe Lufttemperatur entspricht in etwa der Bodentemperatur in 13 m Tiefe. In dieser Tiefe sind nur noch geringe jahreszeitliche Schwankungen feststellbar. Zur Interpolation kann die 3D-Universal-Kriging-Methode verwendet werden. Die detaillierte Vorgehensweise ist beispielsweise in Agemar et al. (2013) beschrieben.

Geschichte geothermischer Energienutzung

Huaqin Hot Springs bei Xi'an, China

I. Stober und K. Bucher, *Geothermie,* https://doi.org/10.1007/978-3-662-60940-8_2

Geothermische Energie, Wärme aus dem „Schoß der Mutter Erde", ist eine dem Menschen schon seit vielen 1000 Jahren bekannte Energiequelle. Die Thermalwässer und heißen Quellen wurden nicht nur für praktische Zwecke, wie zum Baden, für Trinkkuren, zur Gewinnung von Gasen oder Mineralsalzen durch Eindampfen, um Essen zuzubereiten oder für Heizzwecke genutzt, sondern sie hatten weltweit zuerst insbesondere eine religiöse oder mythische Bedeutung. Sie waren Sitz von Göttern, verkörperten Götter oder hatten göttliche Kräfte.

Quellen, Stellen an denen Wasser aus dem Untergrund hervorbricht, waren schon immer in fast allen Religionen und Zivilisationen Symbole des Lebens und der Macht. Wenn aber statt normalen Wassers ein Wasser, das heiß ist, das hoch mineralisiert ist oder aus dem viele Minerale ausfallen, also ein völlig anders beschaffenes Wasser an die Erdoberfläche tritt, steigt die Bedeutung dieser Quelle ins Unermessliche. Die Thermalquellen hatten daher bereits sehr früh eine religiöse und soziale Funktion. Ihnen wurden göttliche Heilkräfte zugesprochen, der Gott war in ihnen verkörpert. Die Thermalquellen wurden zu Zentren menschlicher Aktivitäten. Bäder im Römischen Reich, im Mittleren Königreich der Chinesen und die türkischen Bäder der Ottomanen gehörten zu den frühen balneologischen Anwendungen, bei denen sich körperliche Gesundheit, Hygiene und Gespräch zur gesellschaftlichen Gewohnheit jener Zeit verbanden.

Heiße Quellen künden von den in der Erde verborgenen enormen Energiemengen.

2.1   Frühe geothermische Nutzungen

Es gibt archäologische Beweise dafür, dass bereits vor vielen Tausenden Jahren Indianer geothermische Quellen nutzten. Die heißen Quellen, „Hot Springs", in Süd Dakota/USA waren von den Sioux- und Cheyenne-Indianern heiß umkämpfte Orte. Den Quellen wurde Heilkraft aus den Tiefen der Erde zugesprochen. Eine in Stein gehauene indianische Wanne ist noch heute Zeugnis, dass die Quellen bereits von den Indianern zum Baden genutzt wurden. Das heiße Quellwasser wurde auch getrunken, um allerlei Magen- und Darm-Beschwerden zu lindern. Viele Jahre später wurden die heißen Quellen, die Hot Springs, von den weißen Siedlern balneologisch kommerziell genutzt; heute wird das heiße Quellwasser mittels Wärmepumpe für Heiz- und Kühlzwecke verwendet. Ähnlich die „Indian Hot Springs" am Rio Grande in Texas/USA und in Mexiko. Auch sie wurden bereits in prähistorischer Zeit von den Einheimischen Nord-Amerikas für therapeutische Zwecke, zum Baden in Steinbecken und für innere Anwendungen genutzt. In den USA sind mehrere 1000 Thermalquellen bekannt.

Der Fishing Cone am Rand des Yellowstone Lake, im Wasser gelegen, ist bekannt dafür, dass er als Fischkochstelle von Anglern benutzt wurde. Früher schaute der kleine Krater aus dem See heraus; die Angler hielten ihre noch an den Angeln zappelnden Fische zum Garen in die Dampf-Eruption des kleinen Kraters, teilweise vom Boot aus, teilweise am Rand des Trichters stehend. Heute ist der Fishing Cone völlig vom Wasser des Yellowstone Sees bedeckt, die Eruptionen haben aufgehört (Abb. 2.1).

Abb. 2.1 Fishing Cone im Yellowstone National Park, Yellowstone Lake, WYO

Vorkommen und Nutzung heißer Quellen ist schon durch die Römer, Japaner, Türken, Isländer aber auch von den Maoris in Neuseeland, die das heiße Wasser zum Kochen, Baden und für Heizzwecke nutzten, schriftlich dokumentiert. Bereits vor etwa 2000 Jahren wurden Bade- und Behandlungszentren bei den heißen Quellen von Huaquingchi und Ziaotangshan bei Peking in China gebaut.

Im ersten Jahrtausend vor Christus glaubten die Griechen an Götter, die mit Thermal- und Mineralwässern assoziiert waren und an damit verbundene Heilung und Genesung. Im 3. und 1. Jahrhundert vor Christus verehrten die Kelten heilkräftige Quellen in Kultmessen, wie z. B. die Thermalquellen von Teplitz in Nord-Böhmen. Bath in Südengland wird assoziiert mit der Heilung von Bladud, dem Vater von König Lear, der im Jahre 863 vor Christus an Lepra erkrankte. Bath sind die Wässer des Sul, des Gottes der Weisheit.

Die ersten, die sich in Mitteleuropa neben den Kelten die Thermalquellen nachweislich zu Nutze machten, waren die Römer. Bereits vor über 2000 Jahren heizten sie ihre Bäder mit geothermischer Energie. Belegt ist, dass die Römer ab dem 2. Jahrhundert vor Christus gerne in der Nähe von Thermalquellen siedelten, wie beispielsweise in Aix-en-Provence (Aquae Sextiae), in Bagnière de Luchon in den Pyrenäen, in Wiesbaden (Aquae Mattiacorum), Baden-Baden (Aquae Aureliae), Badenweiler (Abb. 2.2) und vielen anderen Orten. Keine Epoche hat das Baden so genussvoll zelebriert, wie die römische Antike. Sanus per aquam, war der Leitspruch der Römer: Gesund durch Wasser. Baden war das wichtigste Freizeitvergnügen der Römer. Wellness war für sie, also vor über 2000 Jahren, bereits selbstverständlich, Baden war ein Fest der Sinne. Es war sozialer Treffpunkt, ein Ort, um Geschäfte abzuschließen, Sport zu treiben.

Mit der Einrichtung von Kur- und Heilbädern ging in römischer Zeit ein geregelter Badebetrieb einher, der grundsätzlich eng mit dem Glauben an die

Abb. 2.2 Römische Baderuinen der Thermen von Badenweiler, Süddeutschland

für die Gesundheit zuständigen Götter verbunden war. Für den Erfolg einer Kur
bürgten weniger die gut ausgebildeten Badeärzte, sondern in erster Linie die Gott-
heiten der Quellen oder Heilgötter, wie der keltisch-römische Gott Apollo-Granus.
In den römischen Bädern wurden zum Dank an die Genesung Weihetafeln für die
göttliche Leistung errichtet.

Nachdem bereits die Kelten die warmen Quellen Badenweilers am Fuße
des Südschwarzwaldes nutzten, wie durch Münzfunde belegt, entstand schon
kurz nach der römischen Eroberung des rechtsrheinischen Landes am Ende des
1. Jahrhundert n. Chr. um die Quellen eine zivile römische Siedlung mit einem
Badegebäude (Abb. 2.2). Die Thermen müssen zu Römerzeiten deutlich wärmer
gewesen sein als heute (26,4 °C), weil die Römer die großen Baderäume ohne
Heizanlagen errichteten (Filgris 2001). Der Gesamtlösungsinhalt der Thermalwässer dürfte ebenfalls, nach Leseeindrücken im Badenfahrtbüchlein von
Georgius Pictorius, zumindest noch im Jahre 1560 höher gewesen sein. Nach dem
Abzug der Römer gerieten die thermalen Badeeinrichtungen bald in Vergessenheit.
Sie wurden erst im Jahre 1784 wieder entdeckt.

Die römische Siedlung Baden-Baden am Fuß des Nord-Schwarzwaldes,
Aquae Aureliae genannt, kann bis in das 1. Jahrhundert nach Christus zurück-
verfolgt werden. Im 2. und 3. Jahrhundert entwickelte sich die Stadt zu einem
großen Verwaltungszentrum. Aquae Aureliae, das antike Baden-Baden, gehörte zu
den blühendsten Siedlungen im rechtsrheinischen Gebiet der römischen Provinz
Germania superior. Die römische Stadt entwickelte sich im Umkreis der heil-
kräftigen Thermalquellen, die dem Gemeinwesen wirtschaftliche Blüte und
besonderes Ansehen verliehen. Unterhalb des heutigen Marktplatzes von Baden-
Baden liegen die im Auftrag des römischen Kaisers Caracalla in luxuriöser Weise

ausgebauten Kaiserthermen. Sie wurden etwa im Jahre 260 nach Christus zerstört. In einiger Entfernung zu den Kaiserbädern befinden sich die deutlich einfacher ausgestatteten Soldatenbäder. Die römischen Bäder waren aus technischer und kultureller Sicht hoch entwickelte, äußerst komfortable Einrichtungen. Sie besaßen ein sogenanntes Hypokaustensystem für die **Unterboden- und Wandheizung,** also ein hochmodernes Heizungssystem (Abb. 2.3). In den Bädern trugen die Römer Badesandalen aus Holz, die Schutz vor den heißen Böden boten.

Nach dem Rückzug der Römer aus weiten Teilen Europas wurden viele Bäder aufgegeben. Die frühen Christen errichteten ihre ersten Kirchen gerne neben den seit alters genutzten, heilbringenden Quellen. Im Mittelalter hatten im zentralen Mitteleuropa Thermalquellen zum Teil eine so herausragende Bedeutung, dass beispielsweise Karl der Große das Königsgut Aachen im Jahre 794 zu einer Pfalz ausbauen ließ und es zu seiner ständigen Residenz erklärte. Die Thermalquellen von Aachen wurden zwar bereits von den Kelten und Römern genutzt, waren jedoch seit hunderten von Jahren in Vergessenheit geraten. Die Legende erzählt, dass Karl der Große sich einst auf der Jagd in der Aachener Umgebung befand, inmitten überwucherter antiker Überreste aus römischer Zeit. Das Pferd des Herrschers blieb plötzlich im Morast stecken. Karl bemerkte, dass das moorige Wasser heiß war und das Erdreich gluckerte und dampfte, begleitet von einem strengen, schwefeligen Geruch. Karl war auf die heißen Aachener Quellen gestoßen.

Im mittelalterlichen Transsylvanien waren die warmen Bäder südöstlich von Oradea an den heißen Quellen des Peta-Flusses errichtet. Die Wässer des Peta wurden später auch als **„Frostschutzmittel"** benutzt, d. h. sie wurden in den Burggraben, der um die Befestigungsanlage der Stadt Oradea führte, geleitet,

Abb. 2.3 Thermalbad Baden-Baden, römisches Soldatenbad, Fußbodenheizung

um dort das Wasser am Gefrieren zu hindern, damit die schützende Funktion des Wassergrabens erhalten blieb.

In Chaudes-Aigues im Zentrum Frankreichs wurde das heute noch existierende erste **Fernwärmenetz** im 14. Jahrhundert begonnen (Lund 2000).

Die meisten der alten römischen Badeorte wurden im 13. und 14. Jahrhundert wiederentdeckt. Der große Ansturm auf die Thermalbäder in Europa erfolgte jedoch erst im 18. Jahrhundert, als die Badeorte zu Treffpunkten des Adels und des aufstrebenden Bürgertums wurden. Die ersten wissenschaftlichen Abhandlungen zur Benutzung von Thermalbädern und über die chemische Zusammensetzung der Wässer stammen von dem Mönch Savonarola und von dem Anatomist Fallopio aus dem 15. und 16. Jahrhundert.

Aus China sind erste Berichte über Thermalquellen mit medizinischen Anleitungen aber auch Anweisungen für den Ackerbau bereits aus dem 4. bis 6. Jahrhundert bekannt. So wird beispielsweise berichtet, dass durch Umleitung von Thermalwasser auf Reisfelder die Ernte bereits im März erfolgen und somit also dreimal im Jahr geerntet werden konnte. Die erste wissenschaftliche Zusammenstellung der Mineral-Thermal-Wässer in China erfolgte durch den Pharmakologen Li Shizhen im 16. Jahrhundert. In seinem Buch „Compendium of Materia Medica" klassifizierte er die Wässer anhand verschiedener chemischer und genetischer Kriterien.

Das „Badenfahrtbüchlein" von Georgius Pictorius aus dem Jahre 1560 gibt einen ganz kurzen Bericht über deutsche Mineralbäder und wie man darin baden soll, stellt also eine erste balneologische Abhandlung dar. Georgius Pictorius wurde an der Universität Freiburg zum Arzt ausgebildet und war damals durch seine medizinischen Schriften weithin bekannt. Er hatte alle einschlägigen Werke von Badefachleuten der Antike und des Mittelalters gelesen. In seinem Badenfahrtbüchlein sind alle noch heute in Südwestdeutschland bekannten klassischen Bäder einzeln beschrieben.

Frühe geothermische Erfahrungen und Berichte liegen auch aus dem Bergbau vor. Bereits im Jahre 1530 stellte Agricola (1556) in Erzgruben fest, dass die Temperatur mit der Tiefe zunimmt. Die ersten Temperaturmessungen mit einem Thermometer erfolgten wahrscheinlich im Jahre 1740 durch De Gensanne in einer Mine in der Nähe von Belford, Frankreich. Alexander von Humbold ermittelte im Freiberger Bergbau-Revier im Jahre 1791 erstmals eine Temperaturzunahme mit der Tiefe um 3,8 °C pro 100 m. Der **geothermische Gradient** war entdeckt! Bestätigungen in Mittel- und Südamerika folgten. In den Jahren 1831 bis etwa 1863 wurden in Deutschland erstmals Temperaturmessungen in Tiefbohrungen von bis zu 1000 m Tiefe durchgeführt. Wenige Jahre später lagen die ersten Ergebnisse bis 1700 m Tiefe vor. Eine durchschnittliche Temperaturzunahme von 3 °C pro 100 m, der **normale Temperaturgradient,** wurde beobachtet. Die erste Bestimmung der **Wärmestromdichte** wurde im Jahre 1939 von Benfield durchgeführt.

1839 wurde an der Basis der 342 m tiefen Bohrung Neuffen (Südwestdeutschland) die überraschend hohe Temperatur von 38,7 °C gemessen. Das entspricht einem geothermischen Gradienten von 9 °C pro 100 m. Die erste große **Temperaturanomalie** war entdeckt (WM 2008).

2.2   Geothermische Nutzungen in der späteren Neuzeit

Eine energetische Nutzung von Thermalwasser setzte erst in der 2. Hälfte des 19. Jahrhunderts mit der schnellen Entwicklung der Thermodynamik ein: die Kunst aus heißem Wasserdampf Energie effizient durch Umwandlung zuerst in mechanische und dann in elektrische Energie mit Hilfe von Turbinen und Generatoren zu gewinnen.

Die Geschichte geothermischer **Energiegewinnung** ist in Mitteleuropa eng an Larderello/Toskana in Norditalien gebunden. Bis ins 19. Jahrhundert dienten die Thermalquellen bei Larderello lediglich der Gewinnung von Bor und anderer im Thermalwasser gelöster Substanzen. 1827 entstand durch Francesco Larderel, dem Gründer der Borindustrie, die erste Anlage zur energetischen Nutzung von Erdwärme: Einer der heißen Tümpel wurde mit einer Kuppel übermauert; der erste natürlich beheizte Niederdruckdampfkessel war geschaffen. Er lieferte die Hitze für die Verdampfung des Borwassers zur Gewinnung von Bor und trieb zusätzlich Pumpen und andere Maschinen an. Damit konnte Feuerholz eingespart werden und dem Abholzen ganzer Wälder Einhalt geboten werden. Im Jahr 1904 wurde zum ersten Mal durch Koppelung einer Dampfmaschine mit einem Generator aus einer geothermischen Quelle Strom erzeugt und erste elektrische Lampen betrieben (Abb. 2.4).

Als 1913 das erste Kraftwerk in Larderello in Betrieb ging, hatte es bereits eine elektrische Leistung von 250 kW. 1915 verfügte das damals noch mit „Nassdampf" betriebene Kraftwerk über eine Leistung von mehr als 15 MW. Lange Zeit hatte Italien Alleinstellung in dieser Technologie. Durch tiefere Bohrungen gelang es ab dem Jahre 1931 „Heißdampf" mit 200 °C für die Stromerzeugung zu gewinnen. Im Gegensatz zu Nassdampf enthält der Heißdampf kaum Inhaltsstoffe, die zu Ablagerungen und Korrosionen führen. Damit konnte auf Wärmetauscher

Abb. 2.4 Laderello: Mit dieser Maschinerie erzeugte der Fürst Ginori-Conti im Jahr 1904 den ersten Strom aus Erdwärme. Er reichte gerade für fünf Lampen. (Foto: ENEL)

verzichtet werden. 1939 betrug die Gesamtleistung der Kraftwerke 66 MW. Bei Kriegsende wurden die italienischen Geothermiefelder zerstört, danach jedoch wieder aufgebaut. Heute verfügen die dortigen Anlagen über insgesamt 795 MW elektrische Leistung, das sind ca. 1,7 % der gesamten elektrischen Produktion in Italien.

Unter der Toskana treffen die nordafrikanische und die eurasische Kontinental-platte aufeinander, was dazu führt, dass sich Magma relativ dicht unter der Erd-oberfläche befindet. Dieses heiße Magma erhöht hier die Temperatur des darüber liegenden Erdreiches dramatisch.

Frühe größere systematische Wärmenutzungen sind aus Boise, Idaho/USA, bekannt. Dort wurde bereits im Jahre 1890 ein geothermisches **Fernwärmenetz** errichtet und kurz darauf im Jahre 1900 in Klamath Falls, Oregon/USA, kopiert. In Klamath Falls wurde zudem 1926 eine erste Geothermiebohrung abgeteuft und zur Beheizung von Gewächshäusern genutzt. Ab dem Jahre 1930 wurden in Klamath Falls auch die ersten Häuser mit individuellen Bohrungen geothermisch beheizt.

Die Nutzung von Thermalwasser zur **Heizung** von Wohnungen und Gewächs-häusern begann auf Island in großem Stil in den 1920er-Jahren im Gebiet um Reykjavik. Reykjavik hat seinen Namen von den Wikingern: Dampfende Bucht, nach den dort sichtbaren qualmenden Thermalquellen. Die ersten Bohraktivi-täten nach heißem Wasser zum Heizen von Gebäuden erfolgten bereits Mitte des 18. Jahrhunderts. Diese Bohrtätigkeiten setzten sich bis ins letzte Jahrhundert hinein fort. Erste öffentliche Gebäude und ganze Stadtteile wurden geothermisch geheizt.

Heutzutage steht Island bezüglich der Nutzung von Erdwärme an der Welt-spitze. 27 % der Primärenergie stammen aus der Erdwärme. Mit Erdwärme und Wasserkraft deckt Island 99,9 % seines Strombedarfs. In der Nähe von Reykjavik gibt es Niedertemperatur-Felder, aus denen Wässer mit Temperaturen von bis zu 150 °C gefördert und direkt für Heizzwecke genutzt werden. Dort lebt über die Hälfte der isländischen Bevölkerung. Die geothermale Wärme liefert Heizung und Warmwasser für ca. 90 % aller isländischen Haushalte. Die Hochtemperatur-Felder von Island sind an die aktiven vulkanischen Gebiete gebunden, die die Insel queren. Die Temperaturen betragen hier 200 °C und mehr. Diese Wässer sind teilweise hoch mineralisiert und sehr gasreich, so dass sie nur indirekt genutzt werden können. Die einzelnen Kraftwerke produzieren jeweils einige 10er MW elektrische Leistung in Dampfturbinen. Das größte Kraftwerk mit etwa 330 MW elektrischer Leistung ist das Hellisheiði-Kraftwerk im Südwesten der Insel. Dabei wird die vulkanische Hitze des Zentralvulkans Hengill mittels Bohrlöcher genutzt. Die Kraftwerke auf Island verfügen über eine installierte Leistung von über 735 MW_{el} (Kap. 10). Auf Island werden die Thermalwässer in vielen ver-schiedenen Industriezweigen genutzt.

Der Entwicklung in Italien und Island folgte 1958 eine Anlage in Wairakei, Neuseeland, 1959 eine Versuchsanlage in Pathe, Mexiko, und 1960 das Projekt The Geysers im nördlichen Kalifornien, USA. The Geysers ist mit 19–21 Kraftwerken und einer Netto-Kapazität von etwa 750 MW Strom der größte

Geothermie-Komplex der Welt. Damit kann eine Stadt der Größe von San Francisco versorgt werden.

Aber es gab auch Rückschläge. Geothermische Nutzungen unterliegen wirtschaftlichen Gesetzmäßigkeiten, wie z. B. einem fallenden Ölpreis, und sie können auch negative Auswirkungen auf die Umwelt hervorrufen, die z. T. zwar vermeidbar sind, aber einen entsprechenden Aufwand und Kosten bedeuten (Kap. 11). So haben beispielsweise Griechenland und Argentinien ihre geothermischen Anlagen aus Gründen von Umweltschutz und Wirtschaftlichkeit abgeschaltet. Auch in Deutschland wurden Mitte der 80er-Jahre des letzten Jahrhunderts zunächst bedingt insbesondere durch steigende Öl- und Gaspreise Tiefbohrungen zur geothermischen Strom- und Wärmegewinnung abgeteuft. Die fallenden Preise auf dem Rohstoffmarkt verhinderten jedoch einen weitergehenden Ausbau. Erst als zu Beginn des 21. Jahrhunderts die Rohstoffe knapper und teurer zu werden drohten, erfolgte eine Wiederaufnahme dieser Projekte.

Die erste geothermische Stromproduktion in Deutschland erfolgte im Jahre 2003 in Neustadt-Glewe. 2007 gingen die Bohrungen Landau, gefolgt von Unterhaching in Produktion und 2009 erfolgte die Inbetriebnahme der bereits Mitte der 80er-Jahre abgeteuften Geothermiebohrungen Bruchsal. Weitere Anlagen insbesondere im Münchner Raum folgten.

Die frühesten bislang dokumentierten **Erdwärmesondenbohrungen** in Mitteleuropa wurden im Spätsommer 1974 in Schönaich (Kreis Böblingen, Süddeutschland) ausgeführt. Für die Umrüstung eines bestehenden Gebäudes (Baujahr 1965) zur monovalenten Beheizung mit einer erdgekoppelten Wärmepumpe wurden fünf Erdwärmesonden mit 50–55 m Tiefe installiert, wobei die Abstände zwischen den in einer Linie aufgereihten Bohrungen 4–5 m betrugen. Installiert wurden fünf Koaxialsonden mit dickwandigem, muffenverschraubtem Stahlrohr (60×5 mm) und einem zentralen Kunststoffschlauch. Befüllt wurden die Sonden mit einem Wasser-Glykol-Gemisch. Eine heute übliche Verpressung des Ringraumes mit einer Bentonit-Zement-Suspension wurde nicht ausgeführt. Die Vorlauftemperaturen in die Sonden betrugen für die Spitzenlastfälle (mehrwöchige Frostphasen mit Temperaturen von -15 bis $-20\,°C$) -3 bis $-4\,°C$, die Rücklauftemperaturen betrugen ca. $+1\,°C$. Die Anlage wurde über 30 Jahre lang monovalent betrieben. Im Jahre 2005 fiel eine Sonde wahrscheinlich wegen Korrosion aus und wurde daher anschließend mit den verbleibenden vier Erdwärmesonden und einem zusätzlichen Ölkessel bivalent weiter betrieben (Moegle 2009).

Zu dieser Zeit existierte die **Wärmepumpe** schon viele Jahre. Sie wurde von Lord Kelvin 1852 erfunden. Heinrich Zoelly hat im Jahre 1912 die Idee, mit ihr Wärme aus dem Untergrund zu gewinnen, patentieren lassen. Erste erfolgreiche Umsetzungen aus oberflächennahen Leitungssystemen erfolgten jedoch erst in den 1940er-Jahren.

Im Raum Stuttgart, Süddeutschland, sollen im Jahr 1974 zwei weitere Erdwärmeanlagen errichtet worden sein. Ältere erdgekoppelte Wärmepumpenanlagen aus den vierziger Jahren des letzten Jahrhunderts (Indianapolis, Philadelphia, Toronto) wurden mit oberflächennah verlegten **Erdkollektoren,** oder im Falle der Versuchsanlage der Union Electric Company in St. Louis mit Spiralrohren in 5–7 m tiefen Bohrlöchern als Wärmetauscher ausgeführt. Weitere frühe Anlagen aus den späten 30er-Jahren (Amtshaus Kanton Zürich 1938) und 40er Jahren (Equitable Building, Portland 1948) nutzten Fluss- oder Grundwasser als Wärmequelle. Gemeinsam ist diesen Anlagen, dass hier streng genommen keine geothermische Energie genutzt wird (Moegle 2009; Sanner 1996, 2006).

Geothermische Energie-Ressourcen

3

Natürlicher Thermalwasseraustritt Da Qaidam, China

3.1   Energie

Physikalisch betrachtet ist **Energie** die Fähigkeit, Arbeit zu verrichten. Es gibt verschiedene Energieformen. Man unterscheidet zwischen mechanischer Energie (kinematische oder potentielle Energie), thermischer, elektrischer und chemischer Energie (BINE Informationsdienst 2003). Als Wärme ist die Energie die ungeordnete Bewegung molekularer Teilchen. Als elektrischer Strom ist sie die gerichtete Bewegung geladener Teilchen. Als Strahlung ist sie elektromagnetische Welle.

Die einzelnen Energieformen können zumindest zum Teil auch ineinander übergeführt bzw. umgewandelt werden. Aus chemischer Energie wird beispielsweise im Verbrennungsmotor Bewegungsenergie. Aus Sonnenlicht wird in der Photovoltaikanlage elektrischer Strom.

Das Bewusstsein der Begrenztheit der natürlichen Rohstoffe, die unsere klassischen fossilen Energieträger darstellen, führte zur Unterscheidung zwischen Nicht-Erneuerbaren und Erneuerbaren Energien.

Zu den **Erneuerbaren Energien** gehört die Sonnenenergie. Solarstrahlung kann in Strom (Photovoltaik) oder Wärme (Solarthermie) umgesetzt werden. Windenergie, Wasserkraft und Biomasse (Holz, Energiepflanzen) sind ebenfalls Sonnenenergie in verwandelter Form, die bei Einhalten der Gesetze der Nachhaltigkeit unbegrenzt zur Verfügung stehen. Nicht solaren Ursprungs sind die Wärme im Erdinnern (Geothermie), die Kernenergie und die Gezeitenenergie.

Energie kann jedoch weder erzeugt noch verbraucht werden; sie kann nur von einer Energieform in eine andere übergeführt werden (**1. Hauptsatz der Thermodynamik**). In der Summe bleibt die Energiemenge gleich, nichts geht verloren. Lediglich der Nutzwert einer Energieform kann durch Umwandlung und Transport abnehmen.

Nicht alle Energieformen sind direkt nutzbar. Sie müssen daher für die praktische Anwendung zunächst in andere Energieformen übergeführt werden. Chemische Energie, Kernenergie und Strahlungsenergie werden daher zuerst in mechanische, thermische oder elektrische Energie umgewandelt.

Energie kann gespeichert und transportiert werden. Energieträger sind Medien, in denen Energie gespeichert werden kann. So sind beispielsweise auf der Erde viele Energieträger, wie z. B. die fossilen Energieträger (Kohle, Erdöl, Erdgas), letztlich nichts anderes als gespeicherte Sonnenenergie. In der Technik hat das Speichern von Energie den Zweck, Energie abrufbar zu halten und sie transportieren zu können. Beispielsweise kann elektrische Energie in Batterien oder Akkus (chemische Energie) gespeichert und später für den Betrieb eines elektrischen Gerätes wieder freigesetzt werden.

Wärme, die beispielsweise in einer Solaranlage anfällt, kann in einem Wärmespeicher aufbewahrt werden, um sie dann zu nutzen, wenn die Sonne gerade nicht scheint. Für das thermische Speichern kommen grundsätzlich Flüssigkeiten (oft Wasser) oder Feststoffe (Gestein) als Medium in Frage. Wegen seiner vergleichsweise hohen spezifischen Wärmekapazität ist Wasser ein bevorzugtes Speichermedium (Abschn. 1.4). Um das rasche Abkühlen des Speichermediums zu verhindern, ist in jedem Fall eine Wärmedämmung erforderlich. Neben diesen

sensiblen (fühlbaren) **Wärmespeichern** gibt es auch so genannte **Latentwärme-speicher**, bei denen der Phasenübergang eines Stoffes genutzt wird, um Wärme zu speichern. Das Speichermaterial beginnt beim Erreichen der Temperatur des Phasenübergangs beispielsweise zu schmelzen, erhöht aber seine Eigentemperatur trotz weiterer Einspeicherung von Wärme nicht, bis das komplette Material den Phasenübergang vollzogen hat. Latentwärmespeichern haben den Vorteil, dass in ihnen wesentlich mehr Energie gespeichert werden kann als in sensiblen Wärme-speichern. Man spricht von einer höheren Energiedichte von Latentwärmespeichern.

Um beispielsweise Eis von 0 °C zu schmelzen, wird etwa soviel Energie benötigt, wie um Wasser von 0 °C auf 80 °C zu erhitzen. Um Wasser in Wasser-dampf überzuführen, wird etwa die 5,4-fache Energiemenge benötigt, wie um es von 0 °C auf 100 °C zu erhitzen.

Um Primärenergie direkt vom Verbraucher nutzen zu können, muss sie zunächst in Endenergie umgewandelt werden. Für die Erzeugung einer Kilowatt-stunde Strom braucht man heute beispielsweise in Deutschland im Schnitt etwa 3 Kilowattstunden Primärenergie (Kohle, Erdöl,…). Ein Teil der Verluste bei der Energieumwandlung ist unvermeidlich. Der **Wirkungsgrad** kennzeichnet die Effizienz der Umwandlung. Er beschreibt das Verhältnis von nutzbarer Energie zur aufgewandten Energie (Abschn. 4.2).

Ein „Verlust" von Energie entsteht beispielsweise dadurch, dass chemische Energie technisch nicht vollständig in thermische Energie (Wärme) umgewandelt werden kann, aber auch weil die Wärme im Haus nicht dauerhaft gespeichert werden kann. Ein entscheidender Faktor stellt in diesem Zusammenhang die Wärmedämmung eines Hauses dar. So verheizt beispielsweise ein Haus ohne Wärmeschutz mehr als 20 l Heizöl pro Quadratmeter im Jahr, beim Niedrig-energiehaus liegt der Verbrauch bei unter 7 l und bei einem Passivhaus bei nur noch 1,5 l.

Der **zweite Hauptsatz der Thermodynamik** beschreibt die Erkenntnis, dass die Richtung der Energieumwandlung nicht gleichwertig ist. Mechanische Bewegungsenergie lässt sich beispielsweise vollständig in thermische Energie umwandeln; umgekehrt gelingt die Umwandlung jedoch nicht vollständig. Energetischen Prozessen wird dadurch eine Richtung zugewiesen.

Geothermische Energie ist die in Form von Wärme gespeicherte Energie unterhalb der Oberfläche der festen Erde (VDI-Richtlinie 4640, 2001). Häufig wird auch einfach von **Erdwärme** oder **Geothermie** gesprochen. Die unterschied-liche Tiefenlage der Wärmegewinnung und Nutzungsmöglichkeiten der geo-thermischen Energie bedingt heute eine Unterteilung in oberflächennahe und tiefe geothermische Systeme (Kap. 4).

3.2 Bedeutung der Erneuerbaren Energien

Die energiewirtschaftliche Entwicklung hängt von zahlreichen Faktoren ab, die nur am Rande als Energiedeterminanten wahrgenommen werden. Dazu gehören die Bevölkerungsentwicklung, die Anzahl der Haushalte, die konjunkturelle

Entwicklung, der Strukturwandel in der Wirtschaft, sowie technologische Entwicklungen. Hinzu kommen institutionelle, rechtliche und politische Rahmenbedingungen, die gewissermaßen als „Leitplanken" die Entwicklung des Energieverbrauchs begrenzen.

Die weltweiten Reserven an konventionellen Energierohstoffen werden von der Bundesanstalt für Geowissenschaften und Rohstoffe (BGR) für das Jahr 2016 auf 39.530 EJ geschätzt, was dem 66-fachen Weltprimärenergieverbrauch des Jahres 2016 an fossilen Energierohstoffen entspricht. Etwa 54,1 % dieser Reserven entfallen auf Stein- und Braunkohle. Dividiert man die Reserven insgesamt durch die aktuelle Förderung, erhält man die statistische Reichweite des Energieträgers. Bezogen auf die Verhältnisse des Jahres 2016 ist konventionelles Erdöl weltweit noch 55 Jahre, Erdgas ebenfalls noch 55 Jahre, Steinkohle 114 Jahre und Braunkohle 317 Jahre verfügbar. Die statistische Reichweite von Uran beträgt bezogen auf die Reserven von 2016 noch über 4000 Jahre (BGR 2017).

Diese Kennziffern sind allerdings statistisch, sie stellen eine Momentaufnahme dar und extrapolieren den Verbrauch und die vorhandenen Reserven auf dem gegenwärtigen Niveau in die Zukunft. Dabei bleibt einerseits unberücksichtigt, dass energiesparender technischer Fortschritt sowie Erfolge bei der Substitution den Verbrauch verringern, Neufunde aufgrund verbesserter Explorationstechniken die Reserven erhöhen können, andererseits kann jedoch ein wachsender Verbrauch an Energierohstoffen diese statistische Kennziffern verringern. Wie dem auch sei, die Kennziffern verdeutlichen, dass die nicht-erneuerbaren Energierohstoffe nur noch begrenzt verfügbar sind.

Demgegenüber steht, dass sich der Weltenergieverbrauch – ausgehend von 2015 – in den letzten 35 Jahren verdoppelt hat. Für die nächsten 25 Jahre wird ein Anstieg des Energieverbrauchs um weitere 31 % prognostiziert (BGR 2017). Parallel dazu nahm die Weltbevölkerung zwischen 1980 und 2015 von 4,45 Mrd. auf 7,28 Mrd. um 64 % zu. Bis zum Jahre 2040 geht man von einem Anstieg auf 9,2 Mrd., also von einer weiteren Zunahme um 26 %, aus. Auch aus diesem Grund müssen zwangsläufig verstärkt Erneuerbare Energien genutzt werden und mit den vorhandenen Energien muss sparsam und effizient umgegangen werden. Die Steigerung der Energieeffizienz steht gegenwärtig daher ganz oben auf der energie- und umweltpolitischen Agenda. Für eine Verbesserung der Effizienz werden innovative Technologien, d. h. damit auch Zeit und Geld, benötigt.

Neben der Begrenztheit der fossilen Energierohstoffe wird eine globale Klimaveränderung, eine Erwärmung, beobachtet. Die durch die Verbrennung fossiler Energieträger entstehenden CO_2-Emissionen sind zu 50 % für die Verstärkung des Treibhauseffektes verantwortlich. Bei zunehmender Erwärmung ist beispielsweise mit der Verschiebung von Vegetationszonen, mit dem Auftauen von Permafrostböden, mit dem Schmelzen der Polkappen und demzufolge mit dem Anstieg des Meeresspiegels, dem Schmelzen der Gletscher in Hochgebirgen und ihren Auswirkungen auf die Wasser- und Energieversorgung oder mit einer Zunahme von Wetterextremen zu rechnen.

Der Betrieb von Stromerzeugungsanlagen aus Erneuerbaren Energien, z. B. Photovoltaik, Wasserkraft, Geothermie, ist völlig oder nahezu emissionsfrei. Die

Bedeutung der Erneuerbaren Energien liegt somit neben der Schonung der natürlichen fossilen Energiereserven, auch in der Schonung der Umwelt.

Die erklärten politischen Ziele vieler Länder basieren auf einer markanten Steigerung des Anteils der Erneuerbaren Energie am Stromverbrauch bzw. am gesamten Energieverbrauch (Strom, Wärme, Mobilität). Gleichzeitig werden die Anstrengungen zur Steigerung der Energieeffizienz und der Modernisierung von Kraftwerken erhöht. Dadurch werden auch Abhängigkeiten von Energieimporten gesenkt, das gesamte Energiesystem flexibler und die Energiesicherheit erhöht.

3.3 Status der Nutzung der geothermischen Energie

Bei der geothermischen Stromerzeugung ist die USA weltweit mit $3,8\,GW_{el}$ führend, wobei allein auf Kalifornien bereits $2,9\,GW_{el}$ entfallen. In Europa betrug die installierte geothermische Leistung im Jahr 2015 etwa $2,13\,GW_{el}$, (Antics und Sanner 2007; IEA-GIA 2012; Sanner 2015; Bertani 2015). Aktuell sind in Europa über 100 geothermische Kraftwerke in Betrieb (installierte Leistung 2016: $2,5\,GW_{el}$). Von diesen arbeitet nahezu die Hälfte mit „Dry Steam", alle in Italien und auf Island, aber auch auf der französischen Antilleninsel Gouadeloupe. Knapp 20 % arbeiten mit „Flash Steam" und etwa 30 % mit verschiedenen Binärtechnologien (Sanner 2015) (Abschn. 4.4). Die Situation ist jedoch in den einzelnen Ländern sehr unterschiedlich und hängt von den jeweils vorhandenen natürlichen Ressourcen ab sowie von der Technologie, mit der diese genutzt werden können. Die Spannweite bewegt sich daher einerseits zwischen Dampferzeugung aus Hochenthalpie-Lagerstätten, wie beispielsweise in Island oder Italien, bis hin zur direkten Nutzung hydrothermaler Vorkommen in sedimentären Beckenstrukturen.

Im Gegensatz dazu ist die oberflächennahe Geothermie fast überall verfügbar und wird meistens mit Erdwärmesonden erschlossen (Abschn. 4.1). Die höchsten Produktionsraten an oberflächennaher Geothermie für Heizzwecke werden weltweit von den USA und in Europa von Schweden, gefolgt von Deutschland und Frankreich, erbracht, wobei in Schweden mit Erdwärmepumpen mehr Wärme wie in Deutschland und Frankreich zusammen produziert wird. Weltweit liegen die Produktionsraten bei $50,3\,GW_{th}$ (IEA-GIA 2016).

Im Jahre 2016 wurde weltweit in 24 Ländern geothermische Energie zur Stromerzeugung genutzt. Die installierte Kapazität betrug $12,6\,GW_{el}$, basierend auf Daten von 2016 (Bertani 2007, 2010, 2015; IEA 2009; IEA-GIA 2012; U.S. Department of Energy 2016). Der Großteil davon wird aus Hochenthalpie-Feldern, die bereits in geringer Tiefe hohe Temperaturen aufweisen, durch Trockendampf- oder Flash-Systeme gewonnen. Diese offenen Systeme nutzen das Thermalfluid selbst als Arbeitsmittel, um eine Turbine zur Stromgewinnung anzutreiben. Weniger verbreitet sind geschlossene Systeme, welche Wärme aus Niedrigtemperatur-Lagerstätten zur Stromerzeugung nutzen.

Trockendampf- oder Flash-Systeme gibt es beispielsweise in USA, auf den Philippinen, in Mexiko, Indonesien, Italien, Island, Russland (Kamtschatka, Kurilen), Türkei, Portugal (Azoren) und Frankreich (Guadeloupe).

Eine geothermische Stromerzeugung aus Niedertemperatur-Lagerstätten mittels binärer Systeme wie ORC- oder Kalina-Anlagen findet erst seit wenigen Jahren und an wenigen Standorten statt, obwohl diese zahlreicher zur Verfügung stehen. Gegenwärtig sind jedoch viele Projekte in der Entwicklungsphase. Wenn diese Systeme vermehrt ausgebaut werden, könnte die geothermische Stromerzeugung in Zukunft wesentlich mehr zur Stromerzeugung und Wärmeversorgung beitragen.

Abb. 3.1 zeigt die Zunahme der Nutzung geothermischer Energie seit dem Jahre 1975. Im Zeitraum 1980–2005 stieg die weltweit installierte Kapazität kontinuierlich um etwa 305 MW_{el}/a an. Seit dem Jahre 2005 ist eine stärkere Zunahme auf etwa 370 MW_{el}/a zu beobachten. Im Jahre 2016 besaß die USA mit 3,7 GW_{el} weltweit die höchste installierte Kapazität, gefolgt von den Philippinen (1,9 GW_{el}), Indonesien (1,4 GW_{el}), Mexiko (1,1 GW_{el}), Neu Seeland (1,0 GW_{el}), Italien (0,9 GW_{el}), Island (0,7 GW_{el}) und der Türkei (0,6 GW_{el}) (U.S. Department of Energy 2016).

Die gesamte installierte Wärmekapazität der Direktwärmenutzung aus der Geothermie beträgt Ende 2015 etwa 70,3 GW_{th}. Weltweit lässt sich etwa alle 5 Jahre fast eine Verdoppelung (Abb. 3.1) beobachten (IEA 2009, IEA-GIA 2016). Im Vergleich dazu wird für 2014 die weltweit installierte Wärmekapazität aus oberflächennaher Geothermie mit 50,3 GW_{th} angegeben (IEA-GIA 2016).

Diese Zahlen sind in den einzelnen Ländern sehr unterschiedlich und stark von den jeweiligen geologischen Bedingungen abhängig. So steht beispielsweise die Nutzung der Erdwärme in Deutschland im Vergleich zu Island, Neuseeland oder den USA mit wesentlich ungünstigeren natürlichen geologischen Verhältnissen noch weitgehend am Anfang. Dennoch ist beispielsweise auch in Deutschland

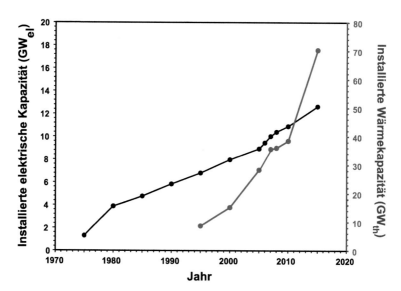

Abb. 3.1 Weltweit seit 1975 installierte geothermische Energie. (Nach IEA 2009, IEA-GIA 2012, 2016, Bertani 2015)

eine deutliche Zunahme der Nutzung der Erdwärme feststellbar. Laut UBA (2018) werden in Deutschland über 14,6 TWh Wärme von der Geothermie bereitgestellt. Davon entfallen etwa 90 % auf Oberflächennahe Erdwärmesysteme und Umweltwärme; die verbleibende Wärmemenge tragen Anlagen der Tiefen Geothermie bei.

Oberflächennahe Geothermieanlagen stellen heute in Deutschland etwa 4,3 GW Wärmeleistung bereit. Insgesamt sind in Deutschland derzeit ca. 390.000 Erdwärmepumpen installiert, wobei in den letzten Jahren jährlich ca. 23.400 Anlagen dazu gebaut wurden (BGV 2018). Erdwärmeanlagen sind somit ein fester Faktor am Markt. In den letzten Jahren war der Absatz rückläufig, wobei ab 2015 jedoch wieder ein deutlicher Anstieg zu verzeichnen war (von 2016 auf 2017 um 11 %). Allerdings sind die Marktanteile der effizienteren Erd-Wärmepumpe gegenüber der Luft-Wärmepumpe deutlich geringer (in 2017: 30 %) (www.waermepumpe. de).

Derzeit (2019) sind in Deutschland 9 stromerzeugende geothermische Anlagen mit insgesamt 37,1 MW$_{el}$ installierter Stromleistung in Betrieb (www.geotis. de), wobei die erste Anlage in Neustadt-Glewe 2003, gefolgt von Landau in 2007, in Betrieb ging. Seit 2012 wird die Anlage in Neustadt-Glewe allerdings ausschließlich zur Fernwärmeversorgung genutzt. Zwei der stromerzeugenden Geothermieanlagen befinden sich im nördlichen Oberrheingraben und sieben im bayrischen Molassebecken. 1984 ging die erste geothermische Heizzentrale in Waren an der Müritz ans Netz. Derzeit (2019) sind insgesamt 33 Anlagen in Deutschland in Betrieb, die 336,5 MW$_{th}$ Fernwärme produzieren. Die Direktwärmenutzung (Fernwärme, Gebäudeheizung, Thermalbad) liegt insgesamt bei 374 MW$_{th}$ (www.geotis.de).

3.4 Geothermische Energiequellen

In den obersten Metern der Erdkruste wird die Temperatur des Untergrundes in der Hauptsache durch das Klima beeinflusst. Dies zeigt sich in der Tatsache, dass der Boden im Winter bis in etwa ein Meter Tiefe gefroren sein kann, sich im Sommer aber erheblich aufheizt. Der Wärmeeintrag erfolgt neben dem direkten Weg über die Sonneneinstrahlung auch indirekt über den Wärmeaustausch aus der Luft oder durch versickerndes Niederschlagswasser.

Die jahreszeitenabhängige Temperatureinwirkung, auch Jahresgang genannt, geht mit zunehmender Tiefe zurück, und hat in den gemäßigten Breiten bereits ab einer Tiefe von 10–20 m keinen Einfluss mehr. Hier herrschen ganzjährig konstante Temperaturen, welche in etwa dem langjährigen Temperaturmittel an der Oberfläche entsprechen (Abb. 3.2). Langjährige klimatische Auswirkungen, bspw. durch die Eiszeiten, hatten eine wesentlich tiefere Einwirkung von etwa 200 m in den Untergrund. Ihr Einfluss auf die Temperaturentwicklung mit der Tiefe ist noch immer nachweisbar. Mit zunehmender Tiefe nimmt die Temperatur entsprechend dem terrestrischen Wärmestrom und dem hieraus resultierenden geothermischen Gradienten zu. Ein großer Teil der Erdwärme wird dabei in der Erdkruste erzeugt (Abschn. 1.4).

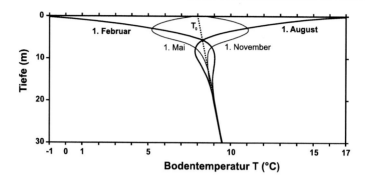

Abb. 3.2 Schematischer Jahresgang der Temperatur im Untergrund in den gemäßigten Breiten

In der Geothermie wird zwischen oberflächennaher und tiefer Geothermie unterschieden (Kap. 4). Die Grenzziehung liegt bei etwa 400 m Tiefe und 20 °C. In der tiefen Geothermie unterscheidet man darüber hinaus zwischen Hochenthalpie- und Niederenthalpielagerstätten. Enthalpie meint vereinfacht den Energiegehalt eines Stoffes. Die Unterscheidung zwischen Niederenthalpie- und Hochenthalpielagerstätten wird über die Temperatur gegeben. Meist erfolgt die Grenzziehung bei 200 °C.

Bei **Hochenthalpielagerstätten** kann elektrische Energie direkt über Dampfturbinen erzeugt werden (Kap. 10). Sie haben somit einen hohen Wirkungsgrad. Um mit dem Medium Wasser den hierfür nötigen Dampfdruck zu erhalten, sind hohe Temperaturen > 200 °C nötig. Die Verstromung von Wärme aus **Niederenthalpiesystemen** ist nur mit Arbeitsmedien wie sie in ORC-Anlagen (Organic Rankine Cycle, Arbeitsmedium z. B. Pentan) oder Kalina-Kreisläufen (Arbeitsmedium: Ammoniak-Wasser-Gemisch) gegeben sind, möglich (Abschn. 4.2). Der Wirkungsgrad solcher Anlagen liegt je nach Medium und Temperatur bei nur 10–15 %.

In den Hochenthalpieregionen der Erde, die meist in Gebieten entlang von Plattengrenzen (Abschn. 1.2) und/oder in Bereichen erhöhter vulkanischer Aktivität oder in Bereichen liegen, in denen magmatische Intrusionen bis nahe an die Erdoberfläche reichen, ist der geothermische Gradient im Untergrund sehr groß, so dass in geringer Tiefe Temperaturen erreicht werden, die manchmal sogar über 400 °C liegen. In diesen Hochenthalpieregionen ist die Stromproduktion aus geothermischer Energie dank ausgereifter Technologie eine feste Größe. So wird beispielsweise die Stadt San Francisco zu fast 100 % mit geothermischem Strom versorgt und Islands Stromproduktion aus heißen Wässern ist so groß, dass zunehmend Industriezweige mit hohem Energiebedarf in Island angesiedelt werden. Auch wird über den Stromexport über ein Unterseekabel nach Europa nachgedacht.

In den Hoch- und Niedrigenthalpieregionen handelt es sich bei dem geothermalen Fluid um Wasser, in flüssiger oder gasförmiger Phase, abhängig von den Temperatur- und Druckverhältnissen. Meist ist das Wasser reich an Inhaltsstoffen und Gasen (CO_2, H_2S, u. a.) (Giroud 2008). In Gebieten mit erhöhten Temperatur-gradienten, insbesondere in Hochenthalpieregionen, unterliegt das Fluid der Konvektion, d. h. im zentralen Teil einer derartigen Region steigt es aufgrund seiner geringeren Dichte auf, in randlichen Bereichen wird das Fluid wieder durch absteigende, kühlere Wässer ersetzt.

Häufig wird zwischen Wasser- bzw. Flüssigkeits-dominierten geothermischen Systemen und Gas-dominierten Systemen unterschieden. In den **Wasser-dominierten Systemen** ist das flüssige Wasser die Druck-kontrollierende Fluidphase, obwohl auch hier etwas Gas vorhanden sein kann. Die Temperatur dieser geothermischen Systeme liegt etwa zwischen 125 und 225 °C. Diese Systeme kommen am häufigsten vor. In Abhängigkeit von den herrschenden Druck- und Temperaturbedingungen produzieren sie heißes Wasser, eine Mischung aus Wasser und Dampf, nassem Dampf und manchmal sogar trockenem Dampf. In **Gas-dominierten Systemen** existieren flüssiges Wasser und Gas normalerweise parallel zueinander, mit Gas als Kontinuum und Druck-kontrollierender Phase. Derartige geothermische Systeme (z. B. Laderello, The Geysers) sind nicht so weit verbreitet wie Wasser-dominierte Systeme. Sie gehören zu den Hoch-Temperatur-Systemen und produzieren normalerweise trockenen Heißdampf, d. h. Dampf mit Temperaturen, die deutlich über dem Kondensationspunkt liegen.

In Regionen mit einem normalen oder leicht erhöhten geothermischen Gradienten (Abschn. 1.4) werden aus Niedertemperatur-Lagerstätten in Abhängigkeit von der Bohrtiefe entweder warme bis heiße Wässer zur Wärme- und/oder Stromversorgung genutzt oder die Wärme kann bei Abwesenheit von hoch durchlässigen Grundwasserleitern oder Gebirgs-Zonen direkt aus dem Untergrund mittels tiefer Erdwärmesonden „gefördert" werden (Kap. 4).

Geothermische Nutzungsmöglichkeiten

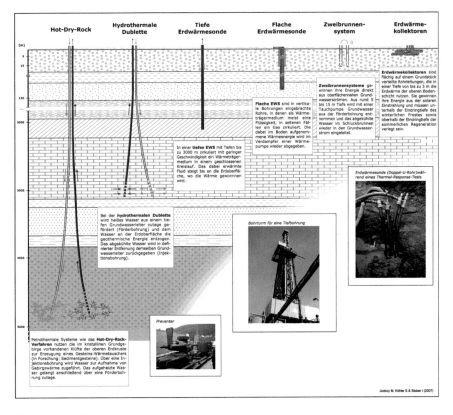

Geothermische Nutzungssysteme

© Springer-Verlag GmbH Deutschland, ein Teil von Springer Nature 2020
I. Stober und K. Bucher, *Geothermie*, https://doi.org/10.1007/978-3-662-60940-8_4

Die unterschiedliche Tiefenlage der Wärmegewinnung und Nutzungsmöglichkeit der geothermischen Energie bedingt eine Unterteilung in oberflächennahe und tiefe geothermische Systeme. Der Übergang ist allerdings fließend. Eine Unterscheidung zwischen tiefer und oberflächennaher Geothermie ist jedoch deshalb sinnvoll, weil neben den unterschiedlichen Techniken zur Energiegewinnung unterschiedliche geowissenschaftliche Parameter zur Beschreibung der Nutzungsmöglichkeiten erforderlich sind (WM 2008; BMU 2009).

Die **tiefe Geothermie** umfasst Systeme, bei denen die geothermische Energie über Tiefbohrungen erschlossen wird und deren Energie unmittelbar (d. h. ohne Niveauanhebung) genutzt werden kann (Abschn. 4.2, Kap. 8). In Deutschland, der Schweiz oder Österreich beispielsweise handelt es sich jeweils um Systeme niedriger Enthalpie.

Die geothermische Nutzung in **Hochenthalpie-Feldern** wird separat von der tiefen Geothermie behandelt, da zumeist bereits in geringer Tiefe sehr hohe Temperaturen auftreten und somit primär große Strommengen produziert werden. Abschn. 4.4 gibt einen kurzen Überblick über bedeutende Geothermie-Felder, Hochenthalpie-Felder. Hochenthalpie-Felder kommen typischerweise in vulkanisch aktiven Gebieten vor (z. B. Island, Neuseeland), die in Kap. 10 näher ausgeführt werden.

Die tiefe Geothermie wird von der **oberflächennahen Geothermie** dort abgegrenzt, wo die geothermische Energie dem oberflächennahen Bereich der Erde (meist bis 150 m, max. 400 m) entzogen wird, z. B. mit Erdwärmekollektoren, Erdwärmesonden, Phasenwechselsonden, Grundwasserbohrungen oder Energiepfählen (Abschn. 4.1, Kap. 6, 7). Eine energetische Nutzung ist hier meist nur durch Niveauanhebung, z. B. mit Wärmepumpen, möglich (PK Tiefe Geothermie 2006). Direktheizungen im Niedrigsttemperaturbereich (z. B. Heizung von Bahn-Weichen) über Heat-Pipes sind in der Entwicklung.

Bei dieser Abgrenzung beginnt die **tiefe Geothermie** bei einer Tiefe von mehr als 400 m und einer Temperatur von mehr als 20 °C (PK Tiefe Geothermie 2006). Von tiefer Geothermie im eigentlichen Sinn sollte man aber erst bei Tiefen von über 1000 m und bei Temperaturen über 60 °C sprechen. Die Übergänge zwischen den einzelnen Systemen sind jedoch fließend und in den einzelnen Ländern nicht einheitlich definiert (Link et al. 2017). Bergrechtlich wird in Deutschland eine Tiefbohrung ab 1000 m Tiefe definiert unabhängig von der angetroffenen Temperatur (UVP-V Bergbau 2016).

Die sog. **mitteltiefe Geothermie** nimmt eine nicht genau definierte Zwischenstellung zwischen der oberflächennahen und der tiefen Geothermie ein. Der Begriff wurde eingeführt, da im Tiefenbereich bis 1000 m eine direkte Nutzung ohne Einschaltung z. B. einer Wärmepumpe nur in Ausnahmefällen und nur dann im Niedrigtemperaturbereich möglich ist (Michalzik 2013). Der so genannten mitteltiefen Geothermie werden oftmals tiefe Erdwärmesonden oder tiefe Aquiferspeicher zugeordnet. Beide Systeme werden in diesem Buch bei der tiefen Geothermie beschrieben (Abschn. 4.2, 8.7.2), da zum einen die Begrifflichkeit „mitteltiefe Geothermie" nicht exakt definiert ist und da die vorgenannten Nutzungssysteme oftmals auch den Tiefenbereich von 400–1000 m überschreiten.

4.1 Oberflächennahe geothermische Energienutzung

Bei den oberflächennahen geothermischen Nutzungen unterscheidet man zwischen offenen und geschlossenen Systemen in Bezug auf den umgebenden Untergrund. Oberflächennahe geothermische Nutzungen reichen einige Meter bis zu einigen 10er Meter in die Tiefe, selten werden 150 m Tiefe überschritten. Demzufolge werden i. d. R. lediglich Temperaturen bis zu etwa 25 °C erreicht.

Zu den oberflächennahen Nutzungssystemen gehören Erdwärmesonden, Phasenwechselsonden, Erdkollektoren, Erdwärmekörbe, energetische Geostrukturen, Energiepfähle und Brunnensysteme (meist Zweibrunnensysteme). Bei entsprechender Temperatur können diesem Sektor auch Tunnelwasser-, Grubenwasser- oder Abwassernutzungen zugerechnet werden (Hellwig 2011; Wieber et al. 2011).

In der Schweiz werden derzeit schon viele **Tunnelwässer** für geothermische Heizanlagen genutzt, wie beispielsweise der Eisenbahntunnel Furka im Wallis, der Straßentunnel St. Gotthard im Tessin, der Eisenbahntunnel Ricken in St. Gallen oder der Lötschberg-Basistunnel (Tab. 4.1). Die Nutzung erfolgt mittels Wärmepumpen (www.geothermie.ch).

Eine Besonderheit stellt die geothermische Nutzung des auf der Nordseite des Lötschberg-Basistunnels (NEAT) bei Frutigen ausfließenden 19 °C warmen Bergwassers dar. Die Wärme wird im Tropenhaus Frutigen zweifach genutzt: Im 19 °C warmen Wasser züchtet das Tropenhaus zum einen Fische, permanent ca. 80.000 Störe (Kaviar) sowie 1 Mio. weitere barschartige Fische, zum anderen wird dem Wasser nach dieser ersten Nutzung (14 °C) Wärme mittels zweier Wärmepumpen (2×500 kW) entzogen, um das Tropenhaus zu beheizen und um Wärme an weitere Wärmeabnehmer abzugeben. In den Gewächshäusern des Tropenhauses werden jährlich ca. zwei Tonnen exotische Früchte, Pflanzen und Gewürze produziert. Zudem werden im Tropenhaus Frutigen noch weitere Erneuerbare Energien genutzt, wie Wasserkraft, Photovoltaik, Solarthermie und Biogas.

Grubenwassernutzungen existieren vornehmlich in den klassischen Bergbaurevieren, in Deutschland bspw. in Sachsen oder Nordrhein-Westfalen. Für den Bergbaubetrieb ist es erforderlich, große Mengen an Grubenwasser nach Übertage zu pumpen und abzuleiten. Oft handelt es sich um Wassermengen in der Größenordnung von einigen Mio. m³ pro Jahr. Das Wasser stammt meistens aus

Tab. 4.1 Beispiele für Tunnelwärmenutzungen aus der Schweiz

Tunnel	Schüttung (l/s)	Temperatur (°C)	Thermische Leistung (kW)
St. Gotthard	112	17	1860
Furka	90	16	960
Ricken	11,5	12	156
Lötschberg	85	19	6830

wenigen 100 m Tiefe und weist je nach Tiefenlage eine Temperatur von ca. 20 °C auf. Dieses geothermisch erwärmte Wasser aus Bereichen aktiven und stillgelegten Bergbaus kann zur Beheizung von Wohn- und Gewerbegebäuden genutzt werden. Auch hier ist der Einsatz von Wärmepumpen, i. d. R. auch Wärmetauschern, erforderlich. Die Bereitstellung von Energie zur freien Kühlung ist dagegen direkt möglich.

Eine besondere geothermische Nutzung wird bei der Saline Riburg am Hochrhein (Rheinfelden-Ost, Schweiz) vorgenommen. In der Saline erfolgt seit über 150 Jahren eine solende Salzgewinnung. Hierbei wird Süßwasser über Bohrungen in das untertägige Salzlager gepumpt. Untertage bildet sich dadurch an jeder Bohrung eine trichterförmige Kaverne, angefüllt mit Sole, die nach ausreichender Sättigung zu Tage gepumpt wird, wo aus der Sole durch Verdampfung Salz gewonnen wird. An diesem Standort wurde seit kurzem eine Aufzuchtanlage für Shrimps in Betrieb genommen, die das Salz und die Abwärme der Saline Riburg nutzt.

Eine thermische **Abwassernutzung** ist vor allem bei größeren Bauten in einem gewissen Umkreis einer Kläranlage oder eines Hauptsammlers sinnvoll. Grundsätzlich kann Wärme- und Kältenutzung des Abwassers vor oder nach der Kläranlage stattfinden. Wärmetauscher und Wärmepumpen sind bei dieser Nutzungsart unerlässlich. Die wohl bekannteste Abwassernutzung ist diejenige des Olympischen Dorfes in Beijing, China. Abwasserpumpen heizen und kühlen hier eine Wohnfläche von insgesamt 410.000 m^2.

Erdwärmekollektoren sind flache, oberflächennahe Erdwärmenutzungssysteme, die in Tiefen bis etwa 5 m dem Untergrund Wärme entziehen (UM 2008). Die einzelnen Sondenkreise der Erdwärmekollektoren können Rohrlängen von bis zu einigen 100 m aufweisen. Die einzelnen Rohrleitungen können sehr verschieden angeordnet sein. Sind sie beispielsweise in der Fläche ausgelegt, so spricht man von einem Flächenkollektor, oder wenn sie in einzelnen Spiralen übereinander zu einem Korb angeordnet sind von einem Erdwärmekorb. Da Erdwärmekollektoren gespeicherte Sonnenenergie nutzen, die durch direkte Einstrahlung, Wärmeübertragung aus der Luft und durch Niederschlag in das Erdreich übergeht, sollten sie aus energetischen Gründen nicht überbaut werden. Ein Überbauen ist u. U. dann möglich, wenn sie zum Heizen und Kühlen eingesetzt werden.

Flächenkollektoren sind horizontal verlegte, mehrere 100 m lange Rohrleitungen in 1–2 m Tiefe (Abb. 4.1). Die Rohrleitungen müssen unterhalb der Eindringtiefe des winterlichen Frostes sowie oberhalb der Eindringtiefe der sommerlichen solaren Regeneration verlegt sein, mit einem Abstand zwischen den Flächenkollektorrohren von etwa 50–80 cm (VDI 4640, 2001). In den Rohrleitungen zirkuliert ein Wärmeträgermedium, das dem umgebenden Boden Wärme entnimmt. Im Unterschied zur Erdwärmesonde zirkuliert in diesen Systemen dieselbe Flüssigkeit wie in der Wärmepumpe, ist also mit dem Arbeitsmittel der Wärmepumpe identisch, so dass ein Wärmetauscher entfällt. Mit Erdwärmekollektoren wird streng genommen keine Erdwärme „gefördert" sondern Solarenergie.

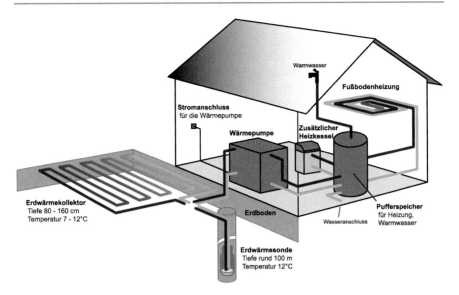

Abb. 4.1 Beispiel für einen Erdwärmekollektor zur Beheizung eines Gebäudes, eingezeichnet ist auch eine alternative Erdwärmesonde (nach Unterlagen von: www.unendlich-viel-energie.de)

Die wesentlichen Einflussgrößen auf die Wärmeentzugsleistung einer derartigen Anlage sind die Wärmeleitfähigkeit und spezifische Wärmekapazität des Bodens, sein Wasser- und Luft-Gehalt sowie die Bodentemperatur, die unmittelbar die Größe der Wärmeleitfähigkeit und spezifischen Wärmekapazität beeinflussen. Hohe Porositäten bzw. Hohlraumgehalte des Bodens verringern i. d. R. seine Wärmeleitfähigkeit.

Sind die Hohlräume mit Luft anstatt mit Wasser gefüllt, wie dies bei niedrigen Grundwasserständen der Fall ist, so ist die Wärmeleitfähigkeit des Gesamtsystems deutlich geringer (Abschn. 1.4). Für die Effizienz von Erdwärmekollektoren sind daher hochdurchlässige Sande und Kiese mit Grundwasserständen unter 2 m u. Gel. problematisch. In Deutschland existieren in einigen Bundesländern Informationssysteme, die Angaben über Höhe des Grundwasserstandes und Wärmeleitfähigkeit des Bodens geben (z. B. ISONG 2016). Daneben hängt die Entzugsleistung auch von der Jahresbetriebsdauer und von den klimatischen Verhältnissen ab. Die Entzugsleistung liegt bei 10–40 W/m^2 (5–15 W/m^2 bei Direktkühlung), je nachdem, ob der Boden trocken oder feucht ist.

Der Flächenbedarf für eine derartige Anlage ist groß. Eine Überbauung ist in der Regel nicht möglich, da der Flächenkollektor den solaren Energieeintrag nutzt. Bei niedrigen Grundwasserständen ist eine oberirdische Berieselung der Fläche, die die Anlage beherbergt, zur Steigerung der Effizienz von Vorteil. Der Aufwand für eine derartige Anlage darf nicht unterschätzt werden, insbesondere, wenn eine Berieselung erfolgen muss. Die Effizienz des Gesamtsystems nimmt zu, wenn der Flächenkollektor zum Heizen und Kühlen benutzt wird.

Als Planungsgrundlage für Flächenkollektoren werden Bodenkarten benötigt, da diese Informationen zum Aufbau der beiden obersten Meter der Erdkruste liefern. Mit Hilfe der Bodenkarten können grundsätzlich wichtige Eingangsgrößen für darauf aufbauende Verfahren und Programme zur Ermittlung von Wärmeleitfähigkeiten, unter Berücksichtigung von Bodenfeuchte und Lagerungsdichte, zur Berechnung der Auslegung der Anlage ermittelt werden. Der Berechnung stehen verschiedene einfache und aufwändige Rechenverfahren zur Verfügung, jedoch gibt es derzeit noch keine Verfahren für Feldversuche, wie z. B. bei Erdwärmesonden den sog. Thermal Response Test (Dehner 2005). Auch können keine Heterogenitäten von Böden erfasst werden. Ebenso werden die potentiellen tages- und jahreszeitlichen Schwankungen von Bodentemperatur und Wasserstand derzeit bei der Dimensionierung der Anlage nicht berücksichtigt. Grundsätzlich muss darauf geachtet werden, dass der Erdkollektor nicht zu klein bemessen wird und die Rohre nicht zu eng verlegt werden, da sonst die Gefahr einer weiträumigen Vereisung besteht.

Die spezifischen Entzugsleistungen für Flächenkollektoren können in Abhängigkeit von der Beschaffenheit des Bodens bei einer jährlichen Betriebsdauer von 1800 h in etwa mit 10 W/m^2 für trockene, nicht-bindige Böden, mit 20–30 W/m^2 für bindige, feuchte Böden und mit 40 W/m^2 für wassergesättigte Sande und Kiese veranschlagt werden, wobei der einzuhaltende Abstand der Sondenrohre voneinander dann jeweils $>0,8$ m, $>0,6$ m und $>0,5$ m betragen sollte. Bei längerer Betriebsdauer erniedrigen sich die Entzugsleistungen entsprechend (VDI 4640, 2001). Die maximale Wärmeentzugsleistung ist zudem von den lokalen klimatischen Verhältnissen abhängig und somit auch von der räumlichen Lage (Sonn- oder Schattenseite).

Bei Erdkollektoren ist das „Einfrieren" eine Systemeigenschaft, daher können Erdkollektoren nicht mit reinem Wasser betrieben werden. Die Auslegungskriterien müssen darauf abzielen, dass im Untergrund keine geschlossene Eisplatte entsteht. Andererseits nimmt die Wärmeleitfähigkeit beim Einfrieren des Bodens um einzelne Rohrstränge deutlich zu und erhöht dadurch die Gesamteffizienz. Durch den Betrieb von Erdkollektoren kühlt der Oberboden aus, mit den möglichen Folgen eines verzögerten Vegetationsbeginns und verfrühten Vegetationsendes. Möglich sind auch Änderungen der Aktivität von Bodenlebewesen (Stoffabbau, Produktion von Huminstoffen u. a.), die wiederum Auswirkungen auf die Beschaffenheit des Sickerwassers und damit auf das Grundwasser haben können.

Ein weiterer Grund dafür, dass Erdwärmekollektoren nicht mit reinem Wasser als Wärmeträgermedium betrieben werden können, ergibt sich aus seiner Lage nahe der Oberfläche. Der Erdwärmekollektor entnimmt dort von einem niedrigen Temperaturniveau heraus im Winter Wärme, so dass die Rücklauftemperaturen in der Regel leicht bis tief in den Gefrierbereich abfallen. Daher müssen Erdkollektoren grundsätzlich mit speziellen Wärmeträgerflüssigkeiten betrieben werden. Aus diesem Grund gibt es insbesondere für Wasserschutzgebiete detaillierte Vorgaben.

Erdwärmekollektoren werden häufig auch in Gräben als aufgerollte Spulen vertikal eingebracht oder sie stehen dem Nutzer in Form von Körben (Abb. 4.2) zur Verfügung.

Bei einem **Erdwärmekorb** sind die Sondenrohre kegelförmig gewickelt. Die Körbe haben in der Regel eine Höhe von 1,5 m bis 3 m und werden je nach Größe in Tiefen von bis zu 4,5 m vergraben. Die Phasenverschiebung der Untergrundtemperatur im Jahresgang, bei der die höchsten Temperaturen im Untergrund zu Beginn der Heizperiode erreicht werden und die niedrigsten Anfang Sommer, ist ein wesentliches Element der Funktion der Erdwärmekörbe. Der obere Durchmesser eines Erdwärmekorbs liegt bei etwa 2–3 m. Je nach Korbgröße variiert die Sondenlänge zwischen etwa 100 m und 200 m. Bei einem kleineren Korb, der von weiteren Körben im Abstand von 4 m umgeben wird, geht man je nach den klimatischen Verhältnissen von einer durchschnittlichen Entzugsleistung von etwa 0,5 kW aus (BHD 2011). Bei größeren Erdwärmekörben kann die Entzugsleistung entsprechend höhere Werte von 1,5–2,0 kW aufweisen, allerdings ist bei

Abb. 4.2 Beispiel für einen Erdwärmekorb

größeren Körben auch auf einen entsprechend größeren Abstand zu achten. Für die Beheizung eines Einfamilienwohnhauses sind in der Regel mehrere Erdwärmekörbe erforderlich. Deutlich höhere Entzugsleistungen resultieren allerdings, wenn Erdwärmekörbe in einem Grundwasserleiter eingebunden sind. Beim Einbau in trockene Sedimente ist die geothermische Ergiebigkeit jedoch stark eingeschränkt.

Die Technik der oberirdischen Energienutzung mittels Erdwärmekollektoren ist insbesondere aus Schweden und den USA bekannt, wo die Grundstücke für ein Einfamilienhaus größer sind und daher dem Flächenbedarf für eine Erdwärmekollektoranlage eher entsprechen als in Mitteleuropa.

Energetische Geostrukturen sind Fundationselemente eines Bauwerkes, die mit dem Untergrund in Kontakt stehen (erdberührte Bauteile) und zum Heizen und Kühlen verwendet werden. Beispiele hierfür sind Gründungspfähle, (Schlitz-) Wände, Boden- oder Fundamentplatten. Aufgrund seiner Wärmeleitfähigkeit und Speicherkapazität stellt Beton ein ideales Material zur Wärmeabsorption dar. Diese sogenannten thermoaktiven Fundamente haben neben ihrer statischen Funktion somit auch diejenige eines Erdwärmetauschers. Dazu werden Geostrukturen mit Wärmetauschern ausgerüstet, d. h. sie werden mit Kunststoffleitungen versehen, um die Wärme oder Kälte des Untergrundes mit dem Gebäude auszutauschen. Bei einer Schlitzwand oder einer Fundamentplatte erfolgt der Einbau der Wärmetauscherrohre flächig. Bei Betonbauteilen, die im Kontakt mit dem Gebäudeinneren stehen, sind die Wärmetauscherrohre nur an der Seite angeordnet, die an das Erdreich grenzt. Bei **Energiepfählen** wird in den armierten Betonpfählen ein doppel- oder vierfach U-Rohr oder ein Rohrnetz aus Polyethylen eingebracht. Diese Rohre werden komplett mit Beton umgeben (Abb. 4.3).

Die einzelnen Leitungssysteme werden gebündelt und einer oder mehreren Wärmepumpen zugeführt. Für eine effiziente Anlage ist daher ein hydraulischer Abgleich erforderlich.

Die Wärmeträgerflüssigkeit zirkuliert in einem geschlossenen Kreislauf zur Wärmepumpe. Je nach Bedarf, ob es sich um kleine oder große Industriebauten handelt, können die installierten Leistungen zwischen 10 kW und 800 kW liegen. In Abhängigkeit von den Untergrundverhältnissen (s. o.) schwankt die Wärmeentzugsleistung von Energiepfählen mit einem Durchmesser größer 0,60 m zwischen 20 und 80 W/m². Bei Bodenplatten sind Werte zwischen 20 und 50 W/m² möglich (VBI 2008). Unabhängig von der Größe des Projektes und bei fast jeder Art der Gründung ist eine thermische Aktivierung von Fundamenten möglich. Energetische Geostrukturen gehören i. d. R. zu den bivalenten Anlagen, da für die Wärmeerzeugung meistens zusätzlich ein zweites Heizsystem eingesetzt werden muss.

Ein weiteres oberflächennahes geothermisches Nutzungssystem ist die **Erdwärmesonde** (Abb. 4.4). Es handelt sich hierbei um bis zu maximal 400 m tiefe Bohrungen, in die Rohre eingebracht sind. Meistens sind diese Bohrungen jedoch nur 100 m tief. In den Erdwärmesondenrohren zirkuliert Wasser oder ein Wasser-Frostschutzgemisch oder aber ein Gas, das dem umgebenden Gestein Wärme entzieht. Der Zwischenraum zwischen den Rohren und dem umgebenden Erdreich

Abb. 4.3 Schematische
Darstellung eines
Energiepfahls. Eingezeichnet
ist ein PE-Rohrnetz, in dem
die Wärmeträgerflüssigkeit
zirkuliert. (Nach Unterlagen
aus www.haustechnik.blospot.
com)

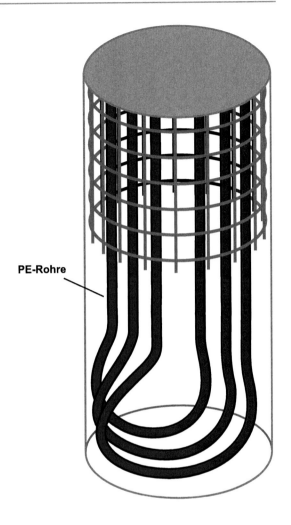

PE-Rohre

wird mit einer möglichst gut wärmeleitfähigen, abdichtenden Substanz ausgefüllt. Werden auf der gesamten Bohrstrecke hochdurchlässige Kiese angetroffen,
kann auf die Hinterfüllung verzichtet werden. Erdwärmesonden gehören zu den
geschlossenen Systemen. Die Anlagen sind technisch ausgereift.

Erdwärmesonden werden heute auch zum sommerlichen Kühlen eingesetzt.
Allerdings muss dann die Wassererwärmung im Sommer mit einer anderen
Technologie erfolgen. Die Kombination einer Erdwärmesonde mit einer Solar-
thermischen Anlage zur Einspeicherung sommerlicher Überschusswärme in den
Untergrund erhöht die Effizienz dieser Systeme markant. In Kap. 6 werden diese
Systeme detailliert beschrieben.

Zum Heizen und Kühlen größerer Gebäudeobjekte oder Industriekomplexe
ist eine Vielzahl von Erdwärmesonden erforderlich. Man spricht dann von einem

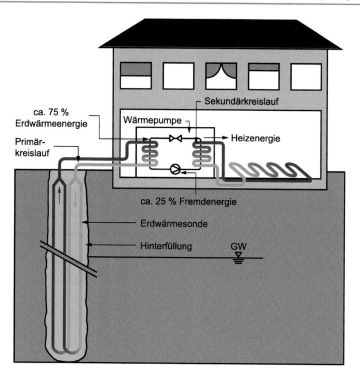

Abb. 4.4 Beispiel für eine Erdwärmesondenanlage (nach UVM 2005)

Erdwärmesondenfeld (Abschn. 6.8.1). Dieses wird i. d. R. in der Baugrube installiert, d. h. unterhalb der Bodenplatte des später zu errichtenden Gebäudes. Für die Bemessung der Auslegung dieser Anlage bedarf es adäquater Berechnungsverfahren (Koenigsdorff 2011).

Die Geologie ist vielfältig und mit ihr ihre thermischen Eigenschaften. Bei der Bemessung einer geothermischen Anlage ist es sehr wichtig, sich daran zu orientieren. In Tab. 1.1 sind die wichtigsten thermischen Eigenschaften für verschiedene Gesteine zusammengestellt. Insbesondere in hochdurchlässigen Grundwasserleitern und bei hohen Grundwasserfließgeschwindigkeiten, wie sie häufig in Karstgrundwasserleitern auftreten, können durch den Bohr- und Ausbauvorgang Spülungs- und Zementationsverluste, Schadstoffeinträge, Eintrübungen sowie chemische und mikrobiologische Verunreinigungen in das abströmende Grundwasser gelangen. Beim Abteufen einer Erdwärmesondenbohrung können Schichten unterschiedlicher Durchlässigkeit, hydraulischer Verhältnisse und hydrochemischer Beschaffenheit durchfahren werden. Eine dichte Ringraumverfüllung des Bohrlochs um die Sondenrohre zur Erhaltung der Stockwerkstrennung ist daher Voraussetzung für den Bau einer Sondenanlage sowohl im Hinblick auf den Grundwasserschutz und die Vermeidung von Schadensfällen (Abschn. 6.7) als auch wegen der Effizienz und Lebensdauer der Anlage.

Günstige Gebiete zeichnen sich durch eine einheitliche mittlere bis geringe Durchlässigkeit aus. In den Verbreitungsgebieten der hochdurchlässigen Karstgrundwasserleiter, wie z. B. Oberer Muschelkalk oder Oberjura, sowie Kluftgrundwasserleiter sind die Untergrundverhältnisse nur eingeschränkt günstig bis problematisch wegen möglicher bohr- und ausbautechnischer Schwierigkeiten. Hier treten beim Bohren gerne Verluste der Bohrspülung ins Gebirge mit den entsprechenden negativen Auswirkungen auf das Grundwasser auf. Außerdem ist es meist schwierig, die notwendige dichte Ringraumverfüllung herzustellen, da die Zementsuspension im hochdurchlässigen Gebirge verloren geht. In derartigen Gebieten ist daher für eine fachgerechte Herstellung der Erdwärmesonde mit höheren Kosten zu rechnen. In manchen Fällen kann es auch zum Abbruch der Bohrung kommen und das Loch muss wieder verfüllt werden.

Zusätzlich zu den regional-geologisch bedingten Einschränkungen können am Standort weitere Probleme vorliegen, beispielsweise, wenn Altlasten auftreten oder im Bereich von Rutschgebieten oder wenn im Untergrund Gase vorkommen. Aber auch beim Anbohren von Grundwasserleitern mit erhöhten Über- oder Unterdrucken oder von leicht wasserlöslichen Gesteinen wie Steinsalz oder Gips und Anhydrit können Gefährdungen entstehen oder bohrtechnische Schwierigkeiten auftreten (Abschn. 6.7). Aus diesen Gründen ist es äußerst wichtig, die geologische Schichtenabfolge vorab möglichst genau zu erheben.

Bei einer **Phasenwechselsonde** erfolgt der Wärmetransport aus dem Untergrund im Unterschied zu Erdwärmekollektoren, thermoaktiven Fundamenten oder Erdwärmesonden ohne zusätzliche Fremdenergie, wodurch ihre Effizienz in der Regel bei guter Auslegung etwas höher sein kann. Phasenwechselsonden sind pumpenlose Geothermiesonden, die mit einem Kältemittel – meist handelt es sich um CO_2 – als Wärmeträger arbeiten. Da die Sonden den Phasenwechsel zwischen flüssigem und gasförmigem Zustand des Kältemittels nutzen, stehen sie unter hohem Druck. Flüssiges, kaltes CO_2 rinnt an der Innenwand des Sondenrohres nach unten, entzieht dem Erdreich während seines Abstiegs Wärme und geht dadurch in den gasförmigen Zustand über. Das CO_2-Gas steigt im zentralen Bereich der Sonde auf zum Wärmetauscher am Sondenkopf. Dort wird die so gewonnene Wärme an den Kältekreislauf der Wärmepumpe übertragen, das CO_2 verflüssigt sich dadurch wieder und der Kreislauf beginnt von neuem. Bei Phasenwechselsonden kommen meist Edelstahlrohre zum Einsatz (Abschn. 6.8.5).

Oberflächennahe Erdwärme kann jedoch auch durch Förderung von Grundwasser aus einem **Brunnensystem** gewonnen werden. Bei Ein- oder Zweifamilienhäuser besteht dieses System aus einem Förder- und einem Rückgabebrunnen (Injektionsbrunnen). Bei größeren Gebäudekomplexen kommen mehrere Förder- und Rückgabebrunnen zum Einsatz. Bei der Nutzung des Brunnensystems für Heizzwecke wird dem Förderwasser Wärme entzogen, wobei das abgekühlte Wasser in einer zweiten Bohrung (Injektionsbrunnen) wieder in den Grundwasserleiter zurückgegeben wird. Wird das Brunnensystem zur Kühlung des Gebäudes eingesetzt, so ist der Prozess genau umgekehrt. Zu beachten ist, dass sich die beiden Brunnen gegenseitig nicht beeinflussen. Die Rückeinspeisung des abgekühlten Wassers sollte in keinem Fall oberstrom einer

Entnahmebohrung liegen. Weiterhin ist die Kenntnis der chemischen Eigenschaften des Grundwassers wichtig, da manche Wässer zu Ausfällungen neigen, was zu Verstopfungen der Brunnenfilterrohre, der Rohrleitungen oder des Wärmetauschers führen kann. Die detaillierte Beschreibung von Brunnensystemen erfolgt in Kap. 7.

Um oberflächennahe geothermische Systeme für Heizzwecke oder zur Wärmegewinnung nutzen zu können, bedarf es zur Nutzung der Energie zumeist einer Niveauanhebung. Dies erfolgt in der Regel mit Hilfe einer Wärmepumpe. Eine **Wärmepumpe** ist eine Maschine, die unter Zufuhr von technischer Arbeit, meist handelt es sich um Strom, Wärme von einem niedrigeren auf ein höheres Temperaturniveau anhebt. Bei der Wärmepumpe wird die auf dem hohen Temperaturniveau anfallende Verflüssigungswärme zum Beispiel zum Heizen genutzt (Wärmepumpenheizung). In Abschn. 6.3.1 ist die Funktionsweise einer Wärmepumpe beschrieben. Die Effizienz eines Wärmepumpen-Systems wird gekennzeichnet von den erreichbaren Jahres-Arbeitszahlen, abhängig von der Wärmequelle und der erforderlichen Temperatur der Heizwärme. Mindest-Jahresarbeitszahlen (Abschn. 6.3) von 4 sollten auf der Grundlage von langjährigen Betriebsdaten und Erfahrungswerten vorgegeben und damit die Einsatzbedingungen für Wärmepumpen festgelegt werden. Für die wirtschaftliche, energetische und umweltbezogene Bewertung von Wärmepumpen-Systemen sind Investitionskosten und jährliche Betriebskosten, der Bedarf an Primärenergie zum Antrieb und die damit verbundenen CO_2-Emissionen die entscheidenden Kriterien. Bei sachgerechter Ausführung bieten sie damit die Möglichkeit zur Umsetzung energie- und umweltpolitischer Zielvorgaben.

Die **Rechtsgrundlagen** zur Errichtung von Systemen zur Nutzung der oberflächennahen Geothermie basieren in Deutschland meist auf dem Wasserhaushaltsgesetz (Bund) und dem Wassergesetz (Bundesland) bzw. dem Bundesberggesetz. Häufig verfügen die Länder über Leitfäden oder entsprechende Handreichungen, in denen die Vorgaben für die Errichtung dieser Nutzungssysteme detailliert aufgeführt sind. Derartige Handreichungen enthalten auch Einschränkungen zur Errichtung von Erdwärmesonden beispielsweise in Wasserschutzgebieten, im Bereich sensibler Grundwassernutzungen sowie bei Bohr- und Abdichtungsrisiken und sie geben Hilfestellungen zum Vorgehen beim Anfahren von Artesern bzw. Grundwasserleitern mit erhöhten Über- oder Unterdrucken, von Gas führenden Schichten, beim Antreffen größerer Hohlräume, verkarsteter Bereiche und wasserlöslicher oder quellender Gesteine.

Die Nutzung erneuerbarer Energien für Heizzwecke ist mit nicht unerheblichen Investitionen verbunden. Alle Aufwendungen zur Senkung des Wärmebedarfs sollten daher bereits im Vorfeld getätigt werden. Zu empfehlen sind daher Wärmedämmmaßnahmen, wie Fassadendämmung, hochwertige Fenster und dergleichen, die unmittelbar zur Reduzierung des Wärmebedarfs beitragen. Zur **Wirtschaftlichkeit** der Heizanlage trägt ferner eine flächenaktive Heizungsanlage bei, da Fußbodenheizungsanlagen mit Vorlauftemperaturen von etwa 35 °C und Betonkerntemperierung sogar mit nur etwa 25 °C betrieben werden, während die klassischen Radiatorenheizanlagen durch die Wärmepumpe auf etwa 55 °C angehoben werden müssen. In die Wirtschaftlichkeits- und Effizienzbetrachtung fließt auch die Art der Warmwasserbereitstellung ein. Wesentliche Gesichtspunkte für einen ökonomischen aber auch ökologischen Betrieb sind eine fachkundige Planung und Auslegung des Gesamtsystems.

4.2   Tiefe geothermische Energienutzung

Für jedes Projekt der Tiefen Geothermie ist die Entwicklung eines gesamtheit-lichen Wärme- und Energiekonzeptes von zentraler Bedeutung. Daher sollten Wärmeübertragernetzwerke zur Wärmerückgewinnung, Energieversorgung und Prozessbedingungen aufeinander abgestimmt werden, und es sollte im Vorfeld genau untersucht werden, welchen Platz die geplante geothermische Anlage im gesamtheitlichen Energiekonzept übernehmen soll und kann, d. h. welche kon-ventionelle Wärme- und/oder Energieversorgung von ihr zu welchem Zeitpunkt übernommen werden könnte. Es muss betont werden, dass Geothermie sich als Grundlast-Lieferant eignet und kaum zur Abdeckung der Spitzenlast. Zudem wird empfohlen, möglichst frühzeitig die Bürger mit klaren Informationen am geplanten Projekt und über die gesamte Dauer des Vorhabens zu beteiligen, um Transparenz und damit auch Vertrauen zu schaffen (LFZG 2017).

Zur tiefen Geothermie gehören **Hydrothermale Systeme mit niedriger Enthalpie** (Wärmeinhalt). Überwiegend wird hierbei das im Untergrund in Grundwasserleitern (Aquifer) vorhandene warme oder heiße Wasser genutzt (Abb. 4.5). Die Nutzung erfolgt meist direkt, in der Regel über Wärmetauscher, in Einzelfällen auch mit Wärmepumpen. Das thermale Wasser kann beispielsweise zur Speisung von Nah- oder Fernwärmenetzen genutzt werden oder aber direkt

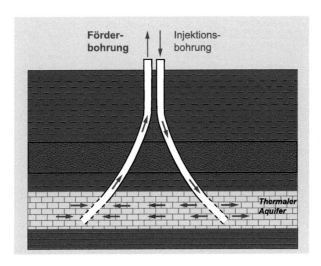

Abb. 4.5   Schema einer hydrothermalen Nutzung (Dublette)

für Thermalbäder bzw. balneologische Zwecke, in der Industrie für Heizzwecke und in der Landwirtschaft zur Beheizung von Gewächshäusern. Prinzipiell ist in der Geothermie zwar ab ca. 80 °C eine Verstromung mittels zusätzlicher Technologien, wie einer ORC-Anlage (Organic Rankine Cycle) oder einer Kalina-Anlage, möglich, jedoch erst ab etwa 120 °C mit nennenswertem elektrischem Wirkungsgrad wirtschaftlich (Abb. 4.6a, b und c).

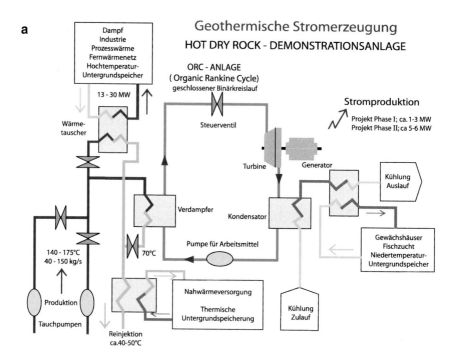

Abb. 4.6 **a** Beispiel für eine ORC-Anlage (nach Unterlagen der Stadtwerke Bad Urach); **b** Beispiel für eine ORC-Anlage im Einsatz (Bildmitte), links oben: Luftkühlung, rechts: Generator; **c** Beispiel für eine Turbine (Mitte), im Hintergrund (links) eine ORC-Anlage

Bei **Organic Rankine Cycle-Anlagen** (ORC) kommen als Arbeitsmittel sowohl Kältemittel (HFKW) als auch Kohlenwasserstoffe wie beispielsweise n-Butan oder Isopentan zum Einsatz, die bei relativ geringen Temperaturen verdampfen. Im Zuge der Umweltproblematik wurden neue Kältemittel (z. B. R1233, R1234) mit geringem Global Warming Potential (GWP ~ 1) entwickelt (Weimann und Wetzler 2018) (Abschn. 4.3). Das Arbeitsmedium wird häufig zunächst mit einer Pumpe komprimiert und dadurch thermisch angehoben, im Vorwärmer durch Wärmeübertragung aus dem Thermalwasser auf Kondensationstemperatur gebracht und im Verdampfer der ORC-Anlage von der Kondensationstemperatur durch erneute Wärmeübertragung aus dem Thermalwasser über die Verdampfungstemperatur erhitzt, d. h. es erfolgen somit meistens zwei Wärmeübertragungsprozesse. Der Dampf wird anschließend der Turbine, die den Stromgenerator antreibt, zugeleitet und dort entspannt. Danach wird er im Kondensator bis zur Kondensationstemperatur abgekühlt und verflüssigt. Als Wärmeübertrager (Abb. 8.18) können Platten- und Rohrbündel-Wärmeübertrager, aber auch Kombinationen beider Typen eingesetzt werden (Rohloff und Kather 2011). Die Kühlung kann mit einem Nass- oder einem Trockenkühlsystem erfolgen (Abb. 4.13, 11.4a, b).

Eine Alternative zum ORC-Verfahren ist das **Kalina-Verfahren**. Hier werden Zweistoffgemische aus Ammoniak und Wasser als Arbeitsfluidgemisch eingesetzt. Bei der Verwendung von Gemischen beeinflusst eine besondere Eigenschaft der Gemische den Prozess, die nichtisotherme Verdampfung. Im Gegensatz zu Reinstoffen kommt es hierbei zu einem Anstieg der Temperatur (Kalina 1984; Ibrahim 1996; Kümmel und Taubitz 1999; Zahoransky 2002) (Abschn. 4.3).

Auf dem internationalen Markt existieren verschiedene Programme zur Auslegung von Kraftwerken. Die Energieverluste auf dem Weg zur Stromproduktion sind erheblich. So wird ein erheblicher Anteil der gewonnenen Energie wieder in die Erde zurückgegeben oder an die Umgebung bei der Kühlung als „Abwärme" freigesetzt. Hinzu kommen Turbinenverluste und der Eigenbedarf der Anlage.

Die gängigste Nutzungsart von hydrothermalen Systemen ist die **hydrothermale Dublette** (Kap. 8). Bei der hydrothermalen Dublette wird heißes Wasser aus der Tiefe, aus einem Grundwasserleiter, gefördert. An der Erdoberfläche wird ihm durch einen Wärmetauscher die Wärme entzogen. Dieser Wärmestrom kann jedoch nicht vollständig genutzt und in elektrische Leistung umgewandelt werden. Zunächst wird nur ein Teil an den Kraftwerksprozess übertragen, i. d. R. kann das Thermalwasser etwa auf Temperaturen zwischen 55 °C und 80 °C abgekühlt werden. Somit verbleibt ein großer Teil des zur Verfügung stehenden Wärmestroms im Thermalwasser. Falls geeignete Abnehmer gefunden werden und wenn eine entsprechende Infrastruktur vorhanden ist, kann ein Teil dieser Restwärme darüber hinaus genutzt werden (Abschn. 8.6, Abb. 8.12). Dies betrifft EGS-Systeme gleichermaßen (Kap. 9).

Der nicht mehr nutzbare Restwärmestrom, das abgekühlte Wasser, wird in definierter Entfernung demselben Aquifer, dem Grundwasserleiter, wieder zurückgegeben, es wird injiziert (Abb. 4.5). Je nach geologischen Bedingungen kann hierfür eine Pumpe erforderlich sein (Abb. 12.15). Diese Reinjektion hat verschiedene Gründe. Zum einen muss und will man damit zur Erneuerung, zur Wiederauffüllung des Grundwasserleiters, also zum Recharge beitragen. Tiefe Grundwasserleiter haben eine sehr langsame Zirkulation, daher dauert die natürliche Erneuerung äußerst lange. Da bei einer hydrothermalen Nutzung sehr große Wassermengen gefördert werden, ist es zwangsläufig notwendig, für den entsprechenden Nachschub zu sorgen. Zum anderen ergibt sich die Wiedereinleitung des abgekühlten Wassers aus rein praktischen und wirtschaftlichen Gründen, denn Tiefenwässer besitzen häufig eine hohe Mineralisation und haben hohe Gasgehalte. Aus entsorgungstechnischen Gründen ist es daher zweckmäßig, diese Wässer wieder dorthin zurückzuleiten, wo sie herstammen.

Abb. 4.7 zeigt als Beispiel die hydrothermale Dublette von Riehen bei Basel (Schweiz), die seit ihrer Inbetriebnahme im Jahre 1994 kontinuierlich Wohneinheiten in der Schweiz und in Deutschland mit Heizwärme versorgt. Die beiden 1 km voneinander entfernten Bohrungen erschließen den thermalen Muschelkalk-Aquifer in 1547 m und 1247 m Tiefe.

Bei einer geothermischen Dublette können die Förder- und Injektionsbohrungen auch von einem Bohrplatz (Abb. 4.5 und 4.8) aus als Schrägbohrungen abgeteuft werden. Die spätere übertägige Anlage ist dadurch Platz sparend. Untertage im Bereich des Nutzhorizontes sind die Bohrungen jedoch mehrere hundert Meter voneinander entfernt, bei einer hydrothermalen Dublette üblicherweise 1000–2000 m. Der erforderliche Abstand der Bohrungen voneinander sollte vorab mit Hilfe von Modellrechnungen eruiert werden. Sind die Abstände zu gering, droht ein thermischer Kurzschluss, bzw. das kühle, wieder eingeleitete Wasser erreicht bereits nach kurzer Betriebszeit die Förderbohrung, so dass sich das Förderwasser abkühlt. Der Abstand der Bohrungen voneinander sollte aber auch nicht zu groß sein, da sonst die Förderbohrung keine hydraulische Stützung durch die Injektionsbohrung erfährt, denn bei der Förderung ist man mittelfristig auf die „Wiederauffüllung" im Grundwasserleiter angewiesen.

Das geförderte und nach der Abkühlung wieder injizierte Wasser zirkuliert übertägig in einem geschlossenen Kreislauf, der bei hochkonzentrierten Thermalwässern unter Druck gehalten werden muss. Wenn die hoch mineralisierten Wässer offen an die Erdoberfläche gepumpt werden, sind sie durch die Druckentlastung und/oder Temperaturerniedrigung sowie Austausch mit der Atmosphäre bezüglich bestimmter Minerale übersättigt und Ausfällungen aus dem hoch mineralisierten und gasreichen Wasser sind zu erwarten. Zu den häufigsten Ausfällungen gehört Calcit. Um diese Ausfällungen im oberirdischen Rohrsystem zu verhindern, werden die Wässer übertägig unter Druck gehalten. In gewissen Fällen wird zur Vermeidung von Ausfällungen zusätzlich auch die Zugabe von Salzsäure oder anderer Stoffe (Inhibitoren) praktiziert (Abschn. 15.3). Dies gilt entsprechend für die in Kap. 9 beschriebenen EGS-Systeme. Je nach Gesteinsbeschaffenheit kann das abgekühlte Fluid frei oder durch Aufwendung von Pumparbeit wieder in den Untergrund verbracht werden. Im Falle der Notwendigkeit einer **Reinjektionspumpe** werden häufig mehrstufige, in Gliederbauweise konstruierte Kreiselpumpen installiert.

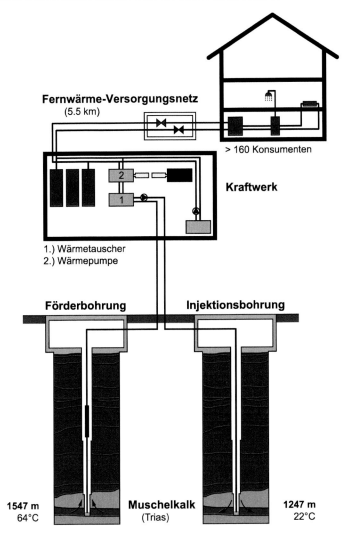

Abb. 4.7 Beispiel für eine hydrothermale Dublette (Riehen bei Basel), nach Unterlagen der Gruneko AG

In der Geothermie kommen zwei verschiedene **Förderpumpen** zum Einsatz, Tauchpumpen und Gestängepumpen (Kap. 12, Abb. 4.9, 12.11). Förderpumpen gehören in Geothermieanlagen zu der mechanisch am höchsten beanspruchten Baugruppe, da die Pumpe direkt im Geothermie-Fluid – bei Tauchpumpen auch der Motor –, also in einer korrosiven Umgebung unter erhöhter Temperatur und unter hohem Druck arbeiten (Abschn. 15.3). Mit Hilfe einer Elektro-Tauchkreisel-pumpe wird die Flüssigkeit durch die Wirkung der Zentrifugalkraft an die Oberfläche gehoben. Anschließend wird das geförderte Thermalwasser über einen

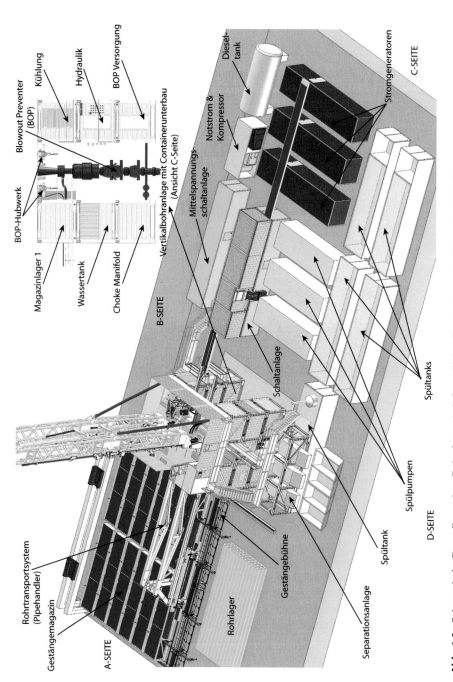

Abb. 4.8 Schematische Darstellung eines Bohrplatzes (mit freundlicher Genehmigung der Herrenknecht AG)

Abb. 4.9 Einbau der Förderpumpe (Tauchpumpe) in eine Tiefbohrung (2500 m tiefe Bohrung Bruchsal)

Wärmetauscher geleitet und die gewonnene Wärmeenergie bspw. in ein Wärme-netz eingespeist. Eine Nutzung in Kraft-Wärme-Kopplung ist aus ökologischer und ökonomischer Sicht von Vorteil.

Für eine hydrothermale Nutzung kommen primär Standorte in Frage, bei denen im Untergrund ein tief liegender Grundwasserleiter mit hohen natür-lichen Durchlässigkeiten und Temperaturen vorhanden ist. Wird die erwartete, resp. für die technisch erforderliche hohe Entnahmerate benötigte Durchlässig-keit bei der Erschließung des Grundwasserleiters zunächst nicht angetroffen, so sind **Ertüchtigungsmaßnahmen** erforderlich. Zu den Ertüchtigungsmaßnahmen gehören das Schocken der Bohrung (ruckartiges Pumpen), das Säuern bei karbonatischen Gesteinen, das Stimulieren mit erhöhten Wasserdrucken sowie das Frac-Säuern, bei dem das Säuern unter Druck ins Gebirge erfolgt. In Anlehnung an Erfahrungen aus der Erdölindustrie können zur Steigerung der Entnahme auch Ablenkbohrungen oder Sidetracks im Nutzhorizont vorgesehen werden. Detaillierte Angaben zu den Ertüchtigungsmaßnahmen sind in Abschn. 8.5 beschrieben.

Die Technik der Nutzung von Thermalwasser mittels hydrothermalen Dubletten für Heizzwecke ist weitgehend ausgereift. Weltweit existieren hydrothermale Anlagen, die bereits seit mehreren Jahrzehnten in Betrieb sind. In Deutschland sind in den letzten Jahren zahlreiche hydrothermale Anlagen im Großraum München zur Wärmegewinnung aber auch zur Stromerzeugung in Betrieb gegangen. Im Pariser Becken wurden bereits Ende der 1960er Jahre geothermische Dubletten zur Fernwärmeversorgung installiert. Zwischenzeitlich gibt es ca. 35 Dubletten, die über 200.000 Haushalte mit Wärme versorgen (Abschn. 8.7).

Zu den hydrothermalen Systemen gehören auch **tiefe Aquiferspeicher** (ATES – Aquifer Thermal Energy Storage) (Kap. 8, Abschn. 8.7.2). Aquiferspeicher sind interessant zur temporären Speicherung von Prozesswärme aus Blockheizkraftwerken, Gas- und Dampfturbinen, Kraftwerken oder anderen Wärmequellen. Als ATES werden gut durchlässige tiefe Grundwasserleiter (Aquifere) genutzt. Über Förder- und Entnahmebohrungen erfolgt die Einlagerung bzw. die Entnahme von Wärme mit Wasser als Wärmeträgermedium. Tiefe geothermische Energiespeicher lassen sich z. B. auch mit Solarthermie durch Einspeicherung von sommerlicher „Überschusswärme" kombinieren. Auch die Kombination mit Kraft-Wärme-Kopplungsanlagen (KWK), bei denen im Sommer „Überschusswärme" anfällt, sind günstige Bedingungen für ATES. Grundsätzlich können Aquifere in geringer Tiefe auch für Kühlzwecke genutzt werden.

Die in den Sommermonaten „eingelagerte" Wärme kann zu Bedarfszeiten, i. d. R. im Winter, aus dem ATES wieder entnommen, d. h. gefördert werden. Da die Fließgeschwindigkeiten in tiefen Grundwasserleitern sehr gering sind, entstehen nur geringe Verluste der eingelagerten Wärme. Auch steigt die Effizienz eines Aquiferspeichers mit zunehmender Betriebsdauer, da sich durch die Wärmeeinlagerung auch die Temperatur des Speichergesteins, d. h. des Gesamtspeichers, erhöht. Zudem lassen sich tiefe geothermische Energiespeicher gut mit Wärmepumpen kombinieren, so dass die in den Bedarfszeiten wieder entnommene Wärme nach Passage durch den Wärmetauscher über Wärmepumpen auf einem konstanten Niveau gehalten werden kann, und somit also optimale Voraussetzungen z. B. für den Betrieb einer Fernwärmeversorgung darstellen.

Ein Sonderfall der hydrothermalen Geothermienutzung ist die **balneologische Nutzung** von Tiefenwässern in Thermalbädern, auf die in diesem Zusammenhang jedoch nicht näher eingegangen wird. Anzumerken ist, dass in den Thermalbädern das heiße Tiefenwasser häufig auch zur Beheizung benachbarter und anschließender Gebäude mit verwendet wird. Eine Reinjektion in den Nutzhorizont ist natürlich ausgeschlossen.

Zu den hydrothermalen Systemen werden außer der Nutzung aus thermalen Grundwasserleitern auch hochdurchlässige **Störungszonen** gerechnet. Allerdings ist es äußerst schwierig, hochdurchlässige Störungszonen im Untergrund vorab zu identifizieren. Hilfestellungen hierfür können seismische Vermessungen des Untergrundes in Kombination mit einer Analyse des Stressfeldes sowie einer geomechanischen Modellierung darstellen. Außerdem werden Störungszonen i. d. R. nicht separat erschlossen sondern meistens in Kombination mit einer hydrothermalen oder petrothermalen Umgebung mit der Intension, dadurch eine höhere natürliche Durchlässigkeit und damit höhere Förderraten zu erzielen. Damit verbundene potentielle Schwierigkeiten sind in Abschn. 11.1 behandelt.

Neben den hydrothermalen Systemen niedriger Enthalpie werden Systeme **hoher Enthalpie,** die Dampf- oder Zweiphasensysteme zur Stromerzeugung aber auch zur Wärmegewinnung nutzen, unterschieden. Geothermische Erschließungen in Hochenthalpie-Feldern sind in Abschn. 4.4 und in Kap. 10 beschrieben.

Zur Tiefen Geothermie gehören außerdem die **petrothermalen Systeme** wie **Enhanced-Geothermal-Systems (EGS).** Synonyme Begriffe sind Deep-Heat-Mining (DHM), Hot-Wet-Rock (HWR), Hot-Fractured-Rock (HFR) oder Stimulated- und Hot-Dry-Rock-Systems (SGS, HDR). In den 1980er und 1990er Jahren war der Begriff „HDR" gängig; in den letzten Jahren hat sich die Bezeichnung „EGS" durchgesetzt, insbesondere deswegen, weil selbst in super-tiefen Bohrungen im Untergrund immer Wasser angetroffen wurde, das Gebirge also nicht „trocken" war. Bei EGS-Systemen wird im Gegensatz zu den hydrothermalen Systemen überwiegend die unmittelbar im Gestein gespeicherte Energie genutzt. Sie sind daher weitgehend unabhängig von Wasser führenden Horizonten. Da die Stromerzeugung im Vordergrund steht, werden Temperaturen um 200 °C anvisiert. Das heiße Gestein, meist handelt es sich hierbei um Kristallines Grundgebirge, wird als Wärmetauscher genutzt. Wärmeträger ist Wasser. In Gebieten mit normalen geo-thermischen Gradienten sind hierfür Tiefen um 5000–7000 m erforderlich (Kap. 9).

Enhanced-Geothermal-Systems (EGS) sind Hochtemperatur-Nutzungen, bei denen der tiefere Untergrund als Wärmequelle zur Stromerzeugung und sekundär zur Wärmegewinnung genutzt wird. Die Gewinnung geothermischer Energie erfolgt meist direkt aus dem kristallinen Grundgebirge, also aus Graniten und Gneisen. In den letzten Jahren wurde die EGS-Technologie jedoch auch auf kompakte Sedimentgesteine angewandt. Der Gesteinsverband im tiefen Unter-grund dient bei der EGS-Technologie als Wärmetauscher, wobei der unterirdische Wärmetauscher vor Inbetriebnahme durch spezielle Maßnahmen konfektioniert werden muss. Mit einer Injektionsbohrung wird kühles Wasser in die tief liegende Gesteinsformation eingebracht und gelangt nach Passage durch den Gesteins-Wärmetauscher aufgeheizt mittels Förderbohrung(en) wieder zurück an die Erd-oberfläche. Nachstehend wird das Vorgehen bei dieser Technologie kurz erläutert, weitere Hinweise sind im Kap. 9 zu finden.

Das kristalline Grundgebirge der oberen Erdkruste ist geklüftet. Die Klüfte sind z. T. geöffnet, in ihnen zirkuliert Wasser wie in einem Aquifer mit geringer Durchlässigkeit (Stober und Bucher 2007). Da das kristalline Grundgebirge (oder die kompakten Sedimentgesteine) jedoch relativ gering durchlässig sind, müssen im Vorfeld die vorhandenen offenen, teilweise jedoch auch versinterten Klüfte geweitet bzw. aufgerissen werden, um dadurch die Durchlässigkeit zu erhöhen, und um somit einen wirtschaftlich nutzbaren Wärmetauscher zu generieren. Dazu sind bestimmte Stimulationstechniken erforderlich, die die Wirtschaftlich-keit der Gewinnung durch Erhöhung des Wasserflusses verbessern. In der EGS-Technologie kommen i. d. R. die hydraulische und die chemische Stimulation zum Einsatz. Ziel der hydraulischen Stimulation ist es, mit hohen hydraulischen

Drucken, die man durch Einpressen von Wasser erreicht, vorhandene Klüfte und Kluftsysteme zu erweitern und miteinander zu verbinden. Mit der chemischen Stimulation wird ebenfalls eine Erweiterung der Klüfte i. W. durch Entfernung von Kluftbelägen sowie die Entfernung von Reststoffen der Bohrspülung oder der Zuzementation von Klüften im bohrlochnahen Bereich anvisiert, um den hydraulischen Kontakt zum Bohrloch zu verbessern. Die zu stimulierenden Bereiche werden vorab durch Packer von anderen Bereichen abgetrennt.

Entscheidend für den Erfolg einer hydraulischen Stimulationsmaßnahme ist, dass die Durchlässigkeit nach erfolgter Stimulation erhöht bleibt. In Regionen, in denen eine Scherspannung vorliegt, wie bspw. in weiten Bereichen des Oberrheingrabens, werden bei einer Weitung (infolge hydraulischer Stimulation) die in der Natur rauen Kluftflächen gegeneinander versetzt, so dass auch nach Abschluss der Stimulation mit einer erhöhten Durchlässigkeit gegenüber dem Ausgangszustand zu rechnen ist (Abschn. 9.3, Abb. 9.2). Durch den plötzlichen Versatz der beiden Kluftflächen (Störungsflächen) gegeneinander können seismische Ereignisse ausgelöst werden (Abschn. 9.4, 11.1). In Regionen ohne wesentliche Scherspannung, in denen somit auch kein signifikanter Versatz der Kluftflächen gegeneinander stattfindet (Stober 2011), versucht man durch das Einbringen von sog. Stützmitteln (i. d. R. Quarzsand) die Klüfte offen zu halten.

Durch den Gesteins-Wärmetauscher („Durchlauferhitzer") schickt man über eine Injektionsbohrung Wasser zur Aufnahme der Gebirgswärme in einem untertage nahezu geschlossenen Wasserkreislauf. Die geförderte Wärmeenergie kann über Förderbohrungen entweder direkt genutzt werden, z. B. für Fernwärmenutzung, oder es wird Strom generiert. Allerdings steht die Stromerzeugung im Vordergrund.

Da EGS-Verfahren in natürlich gering durchlässigem Gebirge durchgeführt werden, ist man nicht auf Grundwasserleiter mit hohen Ergiebigkeiten angewiesen. Ein derartiges EGS-Projekt ist von daher theoretisch überall machbar, dennoch werden Standorte mit erhöhten Temperaturgradienten und in geeigneter tektonischer Situation bevorzugt. Derzeit existiert weltweit nur eine Anlage in Soultz-sous-Forêts (Frankreich), die im Dauerbetrieb seit 2007 nach dem EGS-Prinzip arbeitet. Echte Langzeiterfahrungen liegen noch nicht vor. Allerdings kann natürlich die Anlage in Soultz auf einen relativ langen Betriebszeitraum zurückblicken. Die Ergiebigkeit der Produktionsbohrung GPK2 scheint sich dort durch Freispülen von Klüften und Hohlräumen und/oder durch Alteration des Gebirges (Schmidt et al. 2018) im Zuge des Förderbetriebs verbessert zu haben.

Zu den petrothermalen Systemen gehören auch **Tiefe Erdwärmesonden.** Die Energienutzung erfolgt aus einer Sonde mit einem geschlossenen Flüssigkeits-Kreislauf in einer beliebigen Gesteinsabfolge. Tiefe Erdwärmesonden können Tiefen von bis zu ca. 3000 m aufweisen und dienen ausschließlich der Wärmeversorgung. Eine Stromproduktion ist wegen des geringen Temperaturniveaus bislang mit der derzeitigen Technologie nicht möglich.

Tiefe Erdwärmesonden sind bezüglich ihrer Technologie mit den oberflächennahen Erdwärmesonden (Koaxialrohrsonde, Doppel-U-Rohrsonde) vergleichbar. Numerische Simulationen haben allerdings ergeben, dass bei gleicher Bohrtiefe und bei gleichem Betriebsszenario (Grundlastbetrieb, entzugsleistungsorientierter Betrieb) die gewinnbare Wärmemenge mit einer Koaxialsonde über derjenigen

Abb. 4.10 Schema für eine
tiefe Erdwärmesonde

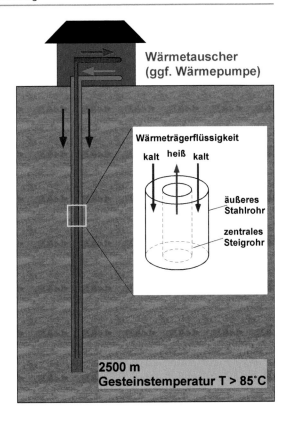

Wärmetauscher
(ggf. Wärmepumpe)

Wärmeträgerflüssigkeit

kalt heiß kalt

äußeres
Stahlrohr

zentrales
Steigrohr

2500 m
Gesteinstemperatur T > 85°C

von Doppel-U-Rohrsonden liegt (tewag 2014). Die Untersuchungen zeigten auch, dass die Jahresentzugswärmearbeit bei Grundlastbetrieb höher ist als bei einem eher entzugsleistungsorientierten Betrieb.

In einer tiefen Erdwärmesonde zirkuliert ein Wärmeträgermedium in einem geschlossenen System (i. d. R. Koaxialsonde) (Abb. 4.10). Tiefe Erdwärmesonden sind nicht auf gut durchlässige Grundwasserleiter angewiesen und können daher theoretisch nahezu überall installiert werden. Da tiefe Erdwärmesonden einen geschlossenen Kreislauf besitzen, erfolgt kein Eingriff in die Stoffgleichgewichte des Gebirges. Die Nutzung tiefer Erdwärmesonden erfolgt in einer Heizzentrale in Kombination mit anderen Wärmeerzeugern. Die Heizleistung einer tiefen Erdwärmesonde kann in Abhängigkeit von den jeweiligen Rahmenbedingungen ca. 300 kW betragen. Durch den Wärmeentzug kühlt sich das Umgebungsgestein ab.

Für das Verfahren bieten sich wegen der hohen Investitionskosten bereits vorhandene alte, noch intakte, aufgelassene Tiefbohrungen an oder Thermalwasserbohrungen, die eine zu geringe Ergiebigkeit aufwiesen, oder nicht fündige Kohlenwasserstoffbohrungen. Die Verrohrung (Casing) der Sonde sollte einen Durchmesser von mindestens 7" aufweisen. Durch eine Optimierung der Isolierung des Innenrohres kann die Effizienz der Sonde deutlich verbessert werden. Bei der Nutzung von Altbohrungen sollte darauf geachtet werden, dass sich der Wärmeabnehmer in unmittelbarer Umgebung (ca. 1 km) befindet.

Durch Wärmeleitung aus dem Gestein über die Verrohrung und das Hinterfüll-material der Sonde erfolgt die Wärmeübertragung auf die in der Sonde zirkulierende Flüssigkeit. Die Außenrohrtour besteht i. d. R. aus Stahl. Als Wärmeträger wird häufig Ammoniak eingesetzt. Im Ringraum eines Doppelrohrsystems wird die kalte Flüssigkeit mit geringer Fließgeschwindigkeit nach unten geleitet, so dass sie Umgebungswärme durch Wärmeleitung aus dem Gestein über die Verrohrung und das Hinterfüllmaterial aufnehmen kann. Üblicherweise liegen die Abstiegs-Geschwindigkeiten in einer Größenordnung von 5–65 m/min. Die erwärmte Flüssigkeit steigt aufgeheizt in einem isoliert ausgeführten Innenrohr mit höherer Geschwindigkeit nach oben (Abb. 4.10). Häufig werden bei Sonden mit geringeren Tiefen als Innenrohr Hochtemperatur-resistente glasfaserverstärkte Kunststoff-rohre (GFK) mit niedriger Wärmeleitfähigkeit eingesetzt oder aber bei größeren Tiefen Kompositrohre mit einer Außenwand aus Stahl und einer Innenwandung aus Polypropylen. Das Isolationsmaterial im Aufstiegsrohr garantiert einen möglichst geringen Wärmeverlust beim Transport der Erdwärme nach oben. Oben angelangt, wird die erhitzte Wärmeträgerflüssigkeit je nach angestrebtem Temperaturniveau entweder nur einem Wärmetauscher oder einer Wärmepumpe zugeleitet. In der oberirdischen Nutzungsanlage wird die Flüssigkeit bis auf ca. 15 °C ausgekühlt und mit einer Sondenkreispumpe wieder in den Ringraum zurückgeführt.

Die nutzbare Energiemenge einer tiefen Erdwärmesonde hängt in erster Linie von der Temperatur des Untergrundes ab, besonders lukrativ sind daher positive Temperaturanomalien. Die nutzbare Energiemenge hängt neben den thermischen Eigenschaften des Untergrundes, insbesondere von der Wärmeleitfähigkeit, ab, zusätzlich aber auch von der Betriebsdauer, von der Bauart der Sonde und von den thermischen Eigenschaften der Ausbaumaterialien der Sonde. Aus thermischen Gründen wird bei tiefen Erdwärmesonden gerne der obere Bereich der Sonde mit einer gering-leitfähigen Hinterfüllung, der mittlere und tiefere Bereich mit einer hoch-leitfähigen Hinterfüllung ausgebaut. Lange und großkalibrige Sonden besitzen naturgemäß eine größere Wärmeaustauschfläche.

Eine tiefe Erdwärmesonde (TEWS) befindet sich beispielsweise in Zürich, Triemli-Quartier. Da die 2708 m tiefe Thermalwasserbohrung nicht ausreichend fündig war, wurde im Jahre 2011 eine TEWS installiert. Die TEWS im Triemli-Quartier reicht bis in eine Tiefe von 2371 m (Basistemperatur: 94 °C). Der untere Bereich der Bohrung (2708–2371 m) wurde verfüllt, da der Durchmesser für die Installation eines Innenrohres mit Zirkulation des Wärmeträgermediums zu gering war. Die bereits vorhandene Bohrung ist mit Stahlrohren ausgebaut. In diese Bohrung wurde ein Innenrohr aus glasfaserverstärktem Kunststoff (Ø 10 cm) bis in eine Tiefe von 2350 m eingestellt. Die aus dem Untergrund geförderte Wärme (mittlere Temperatur: 43 °C) wird mit einer Wärmepumpe auf ein konstantes höheres Temperaturniveau gehoben. Nach einem „Startkick" zirkuliert das Wärme-trägerfluid in der Sonde aufgrund der Schwerkraft und der Temperaturdifferenz ohne Pumpenbetrieb. Die TEWS verfügt über eine thermische Leistung von 300 kW. Mit der TEWS, 28 Erdwärmesonden und einem Erdgaskessel (bivalentes System) erfolgt die Beheizung und Warmwasserbereitstellung von rund 200 Wohnungen der dortigen Baugenossenschaft Sonnengarten, wobei 80 % der gesamten Wärme von der TEWS und den Erdwärmesonden geliefert werden (Keiser und Butti 2015).

Ein weiterer Bereich, der oftmals der tiefen Geothermie zugesprochen wird, ist die Nutzung der Geothermischen Energie aus tiefen **Bergwerken, Kavernen** sowie die **Speicherung** von Energie in den oben beschriebenen geologischen Strukturen. Vergleiche hierzu die Ausführungen zu Grubenwassernutzungen in Abschn. 4.1.

In der Natur kommen häufig Gesteinsabfolgen vor, die sich nicht als reine hydrothermale oder reine petrothermale Systeme bezeichnen lassen, sondern Systeme aus dem Übergangsbereich. Auch hat es sich in den letzten Jahren gezeigt, dass die natürliche Durchlässigkeit im Hinblick auf die Schaffung eines untertägigen Wärmetauschers bei EGS nicht beliebig klein sein kann, um wirtschaftlich geothermische Energie zu erzeugen. Steigerungen der Ausgangs-durchlässigkeit um den Faktor 5 scheinen möglich, nicht aber um den Faktor 100. Um hohe Zirkulationsraten zu erzielen, werden häufig sowohl für hydrothermale als auch für petrothermale (EGS) Nutzungssysteme Störungszonen anvisiert, weil man sich dadurch höhere Ausgangs-Durchlässigkeiten erhofft. Störungszonen können somit streng genommen keine eigenständigen Nutzungsoptionen in der Geothermie sein, sondern sie müssen immer im Kontext zum Untergrund, den sie durchziehen, gesehen werden. Hinzu kommt, dass Störungszonen häufig beides sind: Zonen erhöhter (Zerrüttungszone) als auch Zonen sehr geringer Durchlässigkeit (Störungskern). Die in Abschn. 4.2 dargestellte Untergliederung der tiefen-geothermischen Nutzungssysteme stellt einen Versuch dar, die „End-Glieder" zu definieren und zu charakterisieren. In der Natur sind jedoch die Übergänge einer-seits fließend andererseits werden in der Praxis bevorzugt Systeme aus Übergangs-bereichen zur geothermischen Nutzung anvisiert.

4.3 Wirkungsgrad

Mit dem **Wirkungsgrad** kann die Güte der Umwandlung von Wärme in mechanische und anschließend in elektrische Energie beschrieben werden. Der Wirkungsgrad entspricht dem Verhältnis zwischen Nutzen und Aufwand. Der **Carnot-Wirkungsgrad** oder **-Faktor** gibt an, welcher Anteil der zugeführten Wärme maximal in mechanische Arbeit umgewandelt werden kann. Er ist somit der theoretisch maximal erreichbare Prozesswirkungsgrad. Am Carnot-Wirkungsgrad werden alle anderen Prozesse bezüglich ihrer Effizienz und Güte gemessen. Ziel aller Kraftwerksprozesse ist es, eine möglichst gute Annäherung an diesen theoretischen, idealen Prozesswirkungsgrad zu erreichen. Der Carnot-Wirkungsgrad wird berechnet zu (Kather et al. 2008; Zahoransky 2002):

$$\eta = 1 - \left(T_a / T_z\right) \qquad (4.1)$$

In Gl. 4.1 ist T_a die Wärmeabfuhr und T_z die Wärmezufuhr, beide in [K]. Der Carnot-Prozess setzt voraus, dass die Wärme bei konstantem, hohem Temperaturniveau zugeführt und bei niedrigem, konstanten abgeführt wird. Abb. 4.11 veranschaulicht den Carnot-Wirkungsgrad und zeigt, dass rein theoretisch bei einer Wärmezufuhr von $T_z = 100\,°C$ und einer Wärmeabfuhr von $T_a = 20\,°C$ der Wirkungsgrad maximal nur 0,21 betragen kann. Aus einem Thermalwasserstrom wird ein Wärmestrom von $T_z = 100\,°C$ übertragen, wenn beispielsweise das Thermalwasser von 150 °C

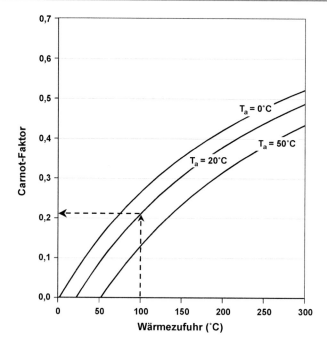

Abb. 4.11 Carnot-Wirkungsgrad für eine Wärmeabfuhr von 0 °C, 20 °C und 50 °C

(Fördertemperatur) auf 50 °C (Injektionstemperatur) abgekühlt wird. Falls die Wärmeabfuhr aus dem Kraftwerksprozess bei $T_a = 20$ °C erfolgen kann, berechnet sich der maximale Wirkungsgrad zu $\eta = 0{,}21$, d. h. zu 21 % (Abb. 4.11).

Die physikalische Obergrenze des thermischen Wirkungsgrades für ein mit Thermalwasser (Hydrothermale oder EGS-Anlage) zwischen 100 °C und 200 °C angetriebenes Kraftwerk liegt bei 12 % bis 22 %. In diesem Temperaturbereich kommen derzeit zur Stromerzeugung nur **Kraftwerke mit Sekundärkreislauf** in Frage. Die zwei derzeit verfügbaren Systeme sind der Organic Rankine Cycle (ORC) und der Kalina-Prozess (Kaltschmitt et al. 2003). In den ORC-Prozessen werden meistens organische Arbeitsmittel eingesetzt, die Kalina-Prozesse verwenden mit der Ammoniak-Wasser-Mischung ein zeotropes Arbeitsmittel. Anlagen, die den ORC-Prozess zur Stromerzeugung nutzen, sind u. a. auch in der Abwärmenutzung, bei Solar- und Biogasanlagen etabliert.

Im Vergleich der beiden Prozesse bei Berücksichtigung von Luftkühlung und Frischwasserkühlung zeigen sich die Kalina-Anlagen im unteren Temperaturbereich (etwa < 140 °C), insbesondere bei Luftkühlung, geringfügig überlegen, während mit den ORC-Anlagen im oberen Temperaturbereich höhere Netzanschlussleistungen erzielt werden. Die Kalina-Anlagen entziehen dem Thermalwasser etwas weniger Wärme als die ORC-Anlagen, wandeln diese Wärme aber mit einem höheren Wirkungsgrad in elektrische Energie. Die ORC-Anlagen leiden insbesondere im unteren Temperaturbereich etwas unter dem niedrigen thermischen Wirkungsgrad, der ihnen speziell bei Luftkühlung einen hohen Eigenbedarf einbringt

(Köhler 2005; Zahoransky 2002; Kaltschmitt et al. 2003; Park und Sonntag 1990). Die Unterschiede sind jedoch sehr gering. Ein direkter Vergleich zwischen den beiden Systemen ist derzeit kaum möglich, zum einen weil den sehr weit verbreiteten ORC-Anlagen nur sehr wenige Kalina-Anlagen gegenüberstehen. Zum anderen werden in ORC-Anlagen die verschiedensten Arbeitsmittel eingesetzt, u. a. auch Ammoniak und CO_2. Daneben gibt es zweistufige ORC-Prozesse, bestehend aus einem Hochtemperatur- und einem Niedertemperaturkreislauf.

ORC-Anlagen sind einfacher aufgebaut als vergleichbare Kalina-Anlagen und daher u. U. weniger fehleranfällig. Hinzu kommt, dass das Arbeitsmittel bei Kalina-Anlagen toxisch ist, sehr korrosiv wirkende Eigenschaften hat und dementsprechend die ammoniakbesetzten Kraftwerkskomponenten beeinflusst. Aus diesem Grund werden die Kraftwerksteile aus hochlegierten Materialien gebaut. Bei ORC-Anlagen können i. d. R. niedriglegierte Stähle eingesetzt werden. Die Anlagentechnik ist beim Kalina-Verfahren prozessbedingt aufwändiger als das ORC-Verfahren. Allerdings kann unter gleichen Randbedingungen ein um bis zu 2 % besserer Wirkungsgrad erreicht werden (Weimann und Wetzler 2018).

Die erste Kalina-Anlage wurde im Jahre 2000 im Geothermie-Kraftwerk in Húsavik, Island, installiert. Das Kraftwerk ist jedoch nicht mehr in Betrieb. In Deutschland arbeiteten die Geothermie-Kraftwerke Unterhaching und Bruchsal nach dem Kalina-Verfahren.

Jedes geothermische Kraftwerk (Abb. 4.12) erzeugt neben Strom auch Wärme. Je mehr davon nach dem Prinzip der **Kraft-Wärme-Kopplung** (KWK) weiterverwendet werden kann, desto effizienter und wirtschaftlicher kann der Betrieb gefahren werden. Außerdem macht reine Stromproduktion mit Vernichtung der parallel dazu gewonnenen Wärme ökologisch keinen Sinn. Der Wirkungsgrad der elektrischen Stromerzeugung ist relativ niedrig. Berücksichtigt man

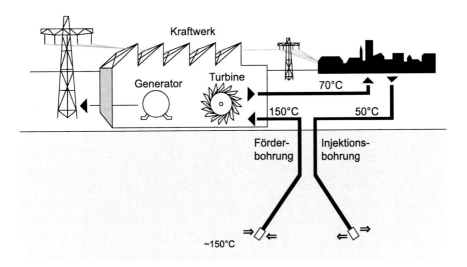

Abb. 4.12 Schema für ein Geothermie-Kraftwerk

den Eigenbedarf der Anlagen für die Tiefenwasserpumpe und den Kühlkreislauf ergibt sich ein – optimierungsbedürftiger – Systemwirkungsgrad von 5 bis 7 %. Wird zusätzlich zur Stromerzeugung die im Thermalwasserstrom verbliebene Restwärme ausgekoppelt und zur Wärmeversorgung bereitgestellt, bestimmt die eingespeiste Wärmemenge die Umweltbilanz. Auch eine Kombination von Geothermie mit anderen Wärmeträgern, wie z. B. Biogasanlagen, zu Hybridkraftwerken kann zu einer ökologischen Optimierung beitragen.

Bei der Erzeugung von mechanischer oder elektrischer Energie aus thermischen Anlagen fällt stets Abwärme an, die an die Umgebung abgeführt werden muss. Bei der Wärmeübertragung an Fluss- oder Seewasser können zwar sehr niedrige Temperaturen – und damit hohe Wirkungsgrade bei wärmetechnischen Prozessen – erreicht werden. Allerdings sind die Grenzen der ökologischen Belastbarkeit bei vielen Standorten bereits erreicht oder die zur direkten Kühlung erforderlichen Wassermengen sind nicht verfügbar. In diesen Fällen werden **Kühltürme**, wie z. B. Nasskühltürme (Abb. 4.13), Trockenkühler (Abb. 4.6b, 11.4a, b) oder geschlossene Kühltürme, verwendet, um die Abwärme an die Atmosphäre abzugeben (Rohloff und Kalter 2011).

Abb. 4.13 Beispiel für einen Nasskühlturm

4.4 Bedeutende Geothermie-Felder, Hochenthalpie-Felder

Weltweit werden jährlich rund 13 GW_{el} Strom durch Geothermie erzeugt, davon 2,1 GW_{el} in europäischen Ländern (Bertani 2015; IEA-GIA 2016). Der Großteil der geothermischen Stromproduktion wird aus **Hochenthalpie-Feldern,** die bereits in geringen Tiefen hohe Temperaturen aufweisen, durch Dry-Steam- oder Flash-Steam-Systeme (trockener und feuchter Dampf) gewonnen, wie z. B. das Flash-Steam-Kraftwerk im Coso Geothermiefeld in Californien (USA). Diese offenen Systeme nutzen das druckentlastete und dadurch dampfförmige Thermalfluid als Arbeitsmittel, um eine Turbine zur Stromerzeugung anzutreiben (Abb. 4.14a–c). Die Temperatur liegt bei Flash-Steam-Kraftwerken bei mindestens 175 °C. In der Turbine wird die geothermische Energie in mechanische Energie umgewandelt. Eine geothermische Stromerzeugung in geschlossenen Systemen aus Niedertemperatur-Lagerstätten mittels binärer Systeme wie ORC- oder Kalina-Anlagen findet erst seit einigen Jahren und an wenigen Standorten statt, obwohl diese Standorte natürlich wesentlich zahlreicher zur Verfügung stehen (Newsletter BMU 2006). Hier besteht also noch ein erhebliches Ausbaupotential. Viele Projekte sind daher gegenwärtig in der Entwicklungsphase. Der entscheidende Nachteil von Hochenthalphie-Lagerstätten besteht darin, dass sie leider nur beschränkt und an wenigen Lokalitäten zur Verfügung stehen. Zu einem Durchbruch der verstärkten Nutzung geothermischer Energie können daher neben den hydrothermalen eigentlich nur die petrothermalen Nutzungen mit der EGS-Technologie beitragen.

In Europa ist Italien mit einer installierten Kapazität von ca. 916 MW_{el} eindeutig Spitzenreiter. Viele der Lagerstätten sind Hochenthalpie-Felder, die mit Hilfe von Trockendampf-Systemen genutzt werden. Weltweit liegt Italien nach den USA, den Philippinen, Indonesien, Mexiko und Neuseeland an sechster Stelle. Diese Position Italiens ist auf die guten geologischen Bedingungen aber auch auf die frühe Erschließung und die damit gewonnenen Erfahrungen zurückzuführen.

Island verfügt über eine installierte Leistung von derzeit (2018) 735 MW_{el}. Neben den Hochenthalpie-Feldern in den vulkanisch aktiven Zonen werden auch einige Niedrigtemperatur-Lagerstätten zur Stromerzeugung mit binären Anlagen genutzt. Die bedeutenden Anlagen Russlands zur Stromerzeugung liegen in Kamtschatka und auf den Kurilen, also ebenfalls in Gebieten mit Hochenthalpie-Lagerstätten. Insgesamt stehen 82 MW_{el} Leistung durch Geothermie bereit. Aber auch die Türkei hat ein hohes geothermisches Potential. Von den mehr als 225 geothermischen Lagerstätten sind 10 Hochenthalpie-Felder, in denen teilweise schon in 800 m Tiefe Temperaturen von 200 °C erreicht werden. In der Türkei sind ca. 397 MW_{el} Leistung installiert (Bertani 2015).

Österreich hat keine Hochenthalpie-Felder. Die besten Bedingungen für geothermische Anlagen liegen im Oberösterreichischen Molassebecken. Bekannt sind die Anlagen in Bad Blumau mit 200 kW installierter Leistung und die Anlage Altheim mit 1,2 MW_{el}. Auch die Lagerstätten von Deutschland sind Niedrigenthalpie-Felder. Die größten Potentiale liegen im Oberrheingraben, im Süddeutschen

a

Flash-Steam-Kraftwerk

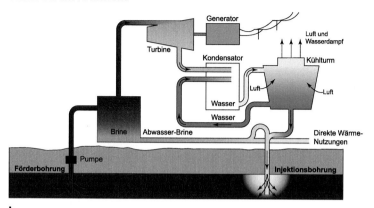

b

Dry-Steam-Kraftwerk

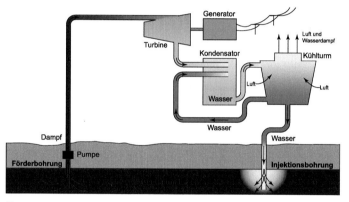

c

Binär-Kreislauf-Kraftwerk

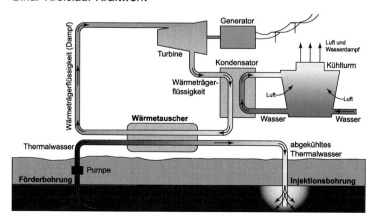

Abb. 4.14a–c Flash-Steam-, Dry-Steam- und Binäre-Kreislauf-Kraftwerke. (Nach Unterlagen in https://www.eia.gov/energyexplained/geothermal/geothermal-power-plants.php)

Molassebecken und im Norddeutschen Becken. Die erste deutsche geothermische Anlage zur Stromproduktion ging 2003 in Neustadt-Glewe in Betrieb; die Leistung lag bei 210 kW. 2007 ging eine weitere Anlage in Landau in Betrieb (Newsletter BMU 2006), gefolgt von Anlagen in Unterhaching und Bruchsal in 2009, 2012 in Insheim sowie weiteren Anlagen im Großraum München. Insgesamt beträgt die installierte Leistung in Deutschland 37 MW_{el} (Angaben Bundesverband Geothermie 2019).

Das Hochenthalpie-Feld „**The Geysers**" in Kalifornien/USA besteht aus 22 einzelnen Geothermiekraftanlagen, die auf einer Fläche von 78 km^2 zusammen im Mittel 955 MW_{el} geothermische Energie in Form von heißem trockenem Dampf zur Stromerzeugung bereitstellen. Die installierte Leistung von The Geysers beträgt 1517 MW_{el}. Das Dampfreservoir des gesamten Feldes erstreckt sich über eine Fläche von 104 km^2 und hat ein geschätztes Volumen von 155 km^3. „The Geysers" ist damit das weltweit größte Geothermiefeld. Mehrere 100 Förderbohrungen und einige 10er Reinjektionsbohrungen sind für den Betrieb installiert. Die tiefste Bohrung misst 3900 m. Die Dampftemperatur beträgt 235 °C (bei 12,4 bar) und die mittlere Förderrate pro Bohrung etwa 5 kg/s. Der genutzte Dampf kommt aus einem Sandsteinreservoir (Grauwacke), das von einer tiefer liegenden Magmenkammer die hohen Temperaturen bezieht.

Die Geschichte und Entwicklung des Hochenthalpie-Feldes **Larderello** in der Toskana Italiens sind in Abschn. 2.2 beschrieben. Im Geothermiefeld von Larderello ist die Wärmestromdichte extrem hoch und beträgt bis zu 1000 mW/ m^2. Es werden zwei geothermische Reservoire industriell genutzt, ein flaches in Tiefen von etwa 700–1000 m und ein tiefes Reservoir in den geklüfteten metamorphen Gesteinen in Tiefen von etwa 2000–4500 m. Die höchsten in Bohrungen gemessenen Temperaturen betragen knapp 400 °C (Bellani et al. 2004).

Heute verfügen die 34 Geothermie-Kraftwerke in Larderello über eine Gesamtleistung von 795 MW_{el}, was etwa der Kapazität eines modernen Steinkohle-Kraftwerkblocks entspricht. Die Stromerzeugungskosten sind äußerst günstig wie bei allen Hochenthalpie-Feldern, da keine Brennstoffkosten anfallen. Einzelne Bohrlöcher erreichen eine Dampfförderleistung von bis zu 350 t/h. In den Anlagen von Larderello wird das für den Kühlkreislauf nicht benötigte Wasser zwar wieder in den Untergrund injiziert, dennoch machte sich das Defizit zwischen Entnahme und Reinjektion im Laufe der Jahre durch eine Abnahme des Dampfdruckes mit Auswirkungen auf die Produktion bemerkbar. Zwar ist die Energie weiterhin im Untergrund vorhanden, aber das Trägermedium hat ähnlich wie im nordamerikanischen „The Geysers" abgenommen.

Die Betreibergesellschaft ENEL (Ente Nazionale per l'Energia Elettrica) hat daher ein Programm zur Revitalisierung des Hochenthalphie-Feldes aufgestellt. Um die unterirdischen Reservoire wieder stärker aufzufüllen, soll aus benachbarten Feldern zusätzlich Wasser herangeführt werden. Ältere flachere Bohrungen werden durch tiefere ersetzt. Durch moderne Technik soll außerdem der Arbeitsdampfdruck von derzeit 4,5–5,0 bar auf bis zu 12 bar angehoben werden und der alte 20 MW-Turbinenpark durch neue 60 MW-Module modernisiert werden.

Die Insel **Island** im Nordatlantik verfügt über eine große Anzahl aktiver Vulkansysteme und steht bezüglich Nutzung von Erdwärme an der Weltspitze

(Abschn. 2.2). 27 % der Primärenergie in Island kommt aus Erdwärme. Es gibt sechs größere Geothermiekraftwerke auf Island, die etwa 26 % des Strombedarfs decken und knapp 90 % der Haushalte mit Wärme versorgen. Die geothermische Leistung der Kraftwerke Islands liegt bei 735 MW_{el} (inklusive erster Ausbaustufe des neuen Kraftwerks Theistareykir). Wasserkraft liefert 1986 MW_{el}, fossile Brennstoffe 114 MW_{el} und Windenergie 2 MW_{el}. Die geothermische Stromerzeugung verteilt sich auf mehrere Kraftwerke, von denen Hellisheiði im Südosten von Island mit 303 MW_{el} das weltweit größte Geothermiekraftwerk ist. Das älteste Geothermiekraftwerk Bjarnarflag im Nordosten von Island ging im Jahre 1969 in Betrieb und liefert 3,2 MW_{el}.

Die Warmwasserversorgung der Stadt Reykjavík, inklusive Gehweg- und Straßenbeheizung, erfolgt über zwei Heißwasserspeicher, die auf zwei Hügeln in der Stadt stehen und durch ihre erhöhte Lage ohne Pumpen betrieben werden können. Einer davon ist der sogenannter Perlan, der aus 5 Einzeltanks besteht, die jeweils ein Fassungsvermögen von etwa 4000 m³ Warmwasser mit einer Temperatur von 85 °C besitzen. Das Heißwasser stammt aus über 70 Bohrungen von Niedertemperatur-Feldern im Umfeld der Stadt. Zusätzlich wird die Stadt mit geothermisch auf 80 °C erhitztem Wasser aus der Hochenthalpielagerstätte Nesjavellir und Hellisheiði versorgt.

4.5   Exkurs, Herausforderungen

Hochrechnungen zufolge wird für das Jahr 2050 weltweit eine installierte Leistung für die geothermische Stromerzeugung von etwa 140 GW_{el} prognostiziert (Fridleifsson et al. 2008). Zur Erreichung dieses anspruchsvollen Zieles muss sicherlich insbesondere auch die EGS-Technologie weiterentwickelt werden, da sie im Gegensatz zu dem sehr begrenzten Vorkommen von Hochenthalpie-Feldern weitestgehend standortunabhängig ist. Außerdem müssen bestehende Geothermie-Felder schrittweise mit einer stetig zunehmenden Anzahl von Förder- und Injektionsbohrungen weiterentwickelt und bewirtschaftet werden. Reine Produktion ist weder ökologisch noch ökonomisch zielführend. Eine geothermische Lagerstätte muss nachhaltig genutzt werden, d. h. sie muss wieder angereichert, erneuert werden. Unliebsame Setzungserscheinungen werden dadurch ebenfalls verhindert. Durch Reinjektion können zudem hochmineralisierte Fluide entsorgt werden. Die Entwicklung eines Geothermie-Feldes muss integrativ erfolgen, d. h. verschiedene Nutzer sollten von Anfang an in die Entwicklung eingebunden werden: neben der Stromerzeugung auch die Wärmenutzer, wie Industrie, Fernwärmeversorgungen, Sportanlagen und dgl.

Potentiale und Perspektiven geothermischer Energienutzung

Bohrwerkzeuge

© Springer-Verlag GmbH Deutschland, ein Teil von Springer Nature 2020
I. Stober und K. Bucher, *Geothermie*, https://doi.org/10.1007/978-3-662-60940-8_5

Geothermie ist eine erneuerbare Energiequelle, dem Auskühlen durch technische Systeme folgt stets ein Nachfließen von Wärme aus tieferen Schichten oder von der Oberfläche. Die Quellen, aus denen sich diese Wärmeströme speisen, der Wärmestrom aus dem Erdinneren, der radioaktive Zerfall in der Erdkruste, die Sonnenstrahlung, sind in menschlichen Zeiträumen unerschöpflich (Abschn. 1.3). Die Frage, ob die Nutzung von Erdwärme nachhaltig ist, ob sie also auch künftigen Generationen zur Verfügung steht, lässt sich dagegen nicht pauschal beantworten, sondern sie stellt sich in jedem Einzelfall neu abhängig vom Systemkonzept und der Dimensionierung der Anlage.

Die Wärmestromdichte ist meist zu gering (Abschn. 1.3) als dass bei der Geothermienutzung aus tieferen Bereichen außerhalb von positiven geothermischen Anomalien zunächst nicht die aus dem Erdinnern nachströmende Energie genutzt wird, sondern die im Untergrund gespeicherte Energie durch Abkühlung über einen bestimmten Zeitraum (TAB 2003).

Da die Leistungsdichte des geothermischen Wärmeflusses allein nicht ausreicht, um etwa Erdwärmesonden zur Gebäudeheizung mit ausreichend Energie zu versorgen, entstand eine Diskussion um die Nachhaltigkeit der Nutzung oberflächennaher Geothermie. Es gab Befürchtungen, der Entzug von Wärme aus dem untiefen Erdreich mittels Erdwärmesonden stelle eine Zehrung an einem begrenzten Reservoir dar und führe zu einem kontinuierlichen Absinken der Temperaturen. Bei dieser Betrachtung fehlt jedoch ein ganz wesentlicher Beitrag, nämlich derjenige der Sonnenenergie. Der Beitrag der Sonnenenergie an der durch Erdwärmesonden entzogenen Wärme ist meist deutlich größer als der Anteil, der aus dem Erdinnern nachströmt (Huber und Pahud 1999). Jede Erdwärmesonde strebt bei gleich bleibendem Wärmeentzug einen thermischen Gleichgewichtszustand an. Bis dieser Gleichgewichtszustand erreicht ist, nehmen die Temperaturen im Erdreich kontinuierlich ab, allerdings wie bei einem Förderbrunnen in der Grundwasserhydraulik in Raum und Zeit logarithmisch, so dass der größte Teil der Abkühlung bereits wenige Jahre nach Betriebsbeginn erreicht wird (Eugster et al. 1999). In dieser Betrachtung ist der konvektive Wärmestrom durch fließendes Grundwasser noch unberücksichtigt. Durchteuft nämlich die Erdwärmesonde Grundwasser führende Horizonte, so kann ein beträchtlicher Anteil des Wärmestromes durch den Grundwasserfluss direkt nachgeliefert werden. Die Effizienz der Erdwärmesonde kann dadurch dramatisch ansteigen (Abschn. 6.3.2). Bei der geothermischen Nutzung mittels Grundwasserbrunnen macht man sich diesen Effekt der Konvektion direkt zu Nutze (Abschn. 7.3).

Anders gestaltet sich die Situation in tiefen Erdschichten, wo ein Nachfließen von Wärme von der Erdoberfläche nicht möglich ist. Hier stellt die Nutzung der Erdwärme in der Regel tatsächlich das Ausbeuten eines Reservoirs dar, welches durch den geothermischen Wärmestrom nur langsam wieder gefüllt wird (Abschn. 8.3). Eine Injektionsbohrung zur Wiedereinleitung des genutzten, abgekühlten Thermalwassers ist daher für die Nachhaltigkeit der Ressource obligatorisch. Je nach lokalen Gegebenheiten und Höhe der Entnahmeraten können trotz alledem nach einer gewissen Nutzungsdauer bei falscher Auslegung die erzielbaren Temperaturen abnehmen. Wenn also die Förderrate zu groß ist, die Abstände zwischen Injektions- und Förderbohrungen zu gering sind oder die Injektionstemperatur zu niedrig ist, kann die Wirtschaftlichkeit der geothermischen Anlage beeinträchtigt werden, so dass die Nutzung reduziert, schlimmstenfalls sogar nach einer gewissen Betriebsdauer für einige Zeit eingestellt werden muss, bis sich die Temperaturen im Reservoir wieder erholt haben. Aus diesem Grund sollten geothermische Nutzungssysteme in tiefen Erdschichten bereits in der Planungsphase, aber auch später in der Betriebsphase durch numerische Simulationsmodelle und durch Monitoringsysteme begleitet werden (Abschn. 8.8). Die Nutzungsdauer kann bei guter Datengrundlage durch Simulation des Reservoirverhaltens abgeschätzt und ggf. auch prognostiziert werden.

Für die geothermische Nutzung sind besonders Gebiete mit deutlich höheren Temperaturen, also Anomalien, interessant, da geringere Bohrtiefen erforderlich sind (Abschn. 1.4). Besonders starke Anomalien, bei denen bereits in geringer Tiefe mehrere hundert Grad heiße Fluide angetroffen werden, sind in der Regel an Vulkan- oder Hot-Spot-Gebiete geknüpft. In der Geothermie gelten sie als **Hochenthalpie-Lagerstätten** (Abschn. 4.4, Kap. 10). Die weltweite geothermische Stromerzeugung aus Geothermie wird derzeit durch die Nutzung von Hochenthalpie-Lagerstätten dominiert (Bertani 2010, 2015). Abhängig von den Druck- und Temperaturbedingungen können Hochenthalpie-Lagerstätten mehr dampf- oder mehr wasserdominiert sein. Bei den moderneren Förderungstechniken werden auch hier die genutzten, ausgekühlten Fluide wieder reinjiziert und Fremdwässer eingespeist zur hydraulischen Stützung der Lagerstätte und um negative Umweltauswirkungen, wie Geruchsbelästigungen usw., zu vermeiden (Kap. 11). In **Niederenthalpie-Lagerstätten** ist wegen der geringen Temperaturspreizung zwischen Vor- und Rücklauf der maximale Wirkungsgrad systembedingt deutlich niedriger als in Hochenthalpie-Lagerstätten. Zur Stromerzeugung müssen hier andere Kreisprozesse (ORC-, Kalina-Verfahren) eingesetzt werden (Abschn. 4.2). Der Eigenstromverbrauch dieser Anlagen ist derzeit noch relativ hoch und kann bis zu 25 % und mehr betragen. Andererseits können Niederenthalpie-Lagerstätten zukünftig stark an Bedeutung gewinnen, da diese Art der geothermischen Nutzung wesentlich weiter verbreitet möglich ist und keine derartig speziellen und relativ selten vorkommenden geothermischen Vorrausetzungen (Hochenthalpie-Lagerstätten) erfordert. Unter diesen Gesichtspunkten ist ihr Potential, da ausbaufähiger, wesentlich größer.

Relativ weit verbreitet ist bereits heute die direkte energetische Nutzung von hydrothermaler Geothermie beim Betrieb von Nah- und Fernwärmenetzen, wie beispielsweise im Pariser Becken (z. B. Rojas 1984; Ungemach 1997) oder im Großraum München (Birner et al. 2012; Meinecke und Dirner 2019) (Abschn. 8.7). Auch der Einspeicherung von (Überschuss)Wärme in tiefere Grundwasserleiter zur Wärmeversorgung in Bedarfszeiten kommt ein hohes noch wenig genutztes Potential zu (Schmidt und Müller-Steinhagen 2005) (Abschn. 8.7). Gerade der Wärmebereitstellung durch die Geothermie dürfte in der Zukunft ein größerer Markt beschieden sein, nehmen doch weltweit unsere fossilen Rohstoffe dramatisch ab und erscheinen unter diesem Aspekt auch viel zu wertvoll, um einfach nur verbrannt zu werden. Inwieweit hier in einzelnen Ländern durch entsprechende Stromeinspeisevergütungen die tatsächlichen Nutzungsmöglichkeiten zu einer Verzerrung des tatsächlichen Potentials der Geothermie führten bzw. führen, resp. dem Potential zur Wärmenutzung zu wenig Aufmerksamkeit gewidmet wird, mag dahin gestellt sein.

In den letzten Jahren hat die Nutzung der oberflächennahen Geothermie, insbesondere durch Erdwärmesonden aber auch durch Brunnenanlagen nach einer längeren Stagnationsphase bei den Erdwärmesonden wieder deutlich zugenommen. Ein besonderes Potential zeichnet sich dabei bei der Kombination von Gebäudeheizung und -kühlung ab, ebenso bei der Kombination mit solarthermischen Anlagen und sommerlicher Einspeisung von Überschusswärme in den Untergrund (Einzelsonden, Erdsonden-Wärmespeicher, Abschn. 6.8.1–6.8.3). Da diese Anlagen in der Regel Strom-basiert arbeiten, sind Wirkungsgrad, Effizienz und Ökologie hier die entscheidenden Faktoren.

Der unaufhaltsame Rückgang der leichten und günstigen Verfügbarkeit fossiler Rohstoffe einhergehend mit Klimawandel und einer immer stärkeren politischen Abhängigkeit von denselben führt zwangsläufig zu einem grundsätzlichen Umdenken in der Wärmeversorgung, denn immerhin wird für die Wärmebereitstellung in den mittleren Breiten der Erde derzeit mindestens ein Drittel des Endenergieverbrauches aufgewendet. Die Wärmeversorgungskonzepte für Städte werden sich ändern. Sommerliche Überschusswärme wird im tieferen und im flacheren Untergrund eingelagert werden müssen, um in den kühleren Jahreszeiten direkt als Heizwärme zur Verfügung zu stehen. Für die Bewirtschaftung sind Nutzungskonzepte für den Untergrund erforderlich. Der Geothermie fällt dabei eine unverzichtbare, zentrale Rolle zu, auch unter dem Aspekt einer Verbesserung des Stadtklimas.

Erdwärmesonden

Bohrgerät für geringere Tiefen

6.1   Planungsgrundsätze

Die Nutzung oberfächennaher Geothermie ist insbesondere unter dem Aspekt
der niedrigen, zur Verfügung stehenden Temperaturen zu betrachten. Um oberflächennahe Geothermie zur Beheizung von Gebäuden nutzen zu können, ist daher
der Einsatz einer Wärmepumpe unerlässlich, denn aus dem Untergrund können
nur einige wenige Grad Celsius Temperatur gewonnen, bzw. nur eine geringe
Wärmemenge entzogen werden (Abschn. 4.1 und 6.3.1). Die höchsten mit oberflächennahen geothermischen Nutzungen durch Erdwärmesonden gewinnbaren
Temperaturen liegen in Anhängigkeit von der Sondentiefe und den natürlichen
Gegebenheiten in der Größenordnung von etwa 10–12 °C. Die Temperaturanhebung auf die gewünschten Temperaturen besorgt dann die Wärmepumpe.
Die meisten Wärmepumpen werden heutzutage mit Strom betrieben, und Strom
ist „kostspielig", wird er doch unter erheblichen Verlusten zumeist aus Nicht-
Erneuerbaren-Energieträgern hergestellt.

Aus diesem Grund sollten bereits im Vorfeld einer Nutzung oberflächennaher
geothermischer Energie für Heizzwecke Anstrengungen zur Senkung des Wärmebedarfs unternommen werden. Dazu gehören Wärmedämmmaßnahmen, wie
z. B. Fassadendämmung und hochwertige isolierende Fenster. Ausschlaggebend
für die Wirtschaftlichkeit des Betriebs und dafür, ob das Heizsystem auch ökologisch sinnvoll ist, hängt u. a. von der benötigten Heiztemperatur ab. Beispielsweise liegt die Vorlauftemperatur einer Fußbodenheizanlage bei etwa 35 °C, bei
einer Betonkerntemperierung (flächenaktive Wandheizung) liegt sie bei nur etwa
25 °C, während die klassische Radiatorenheizanlage etwa 45–65 °C benötigt. Bei
einem Neubau können derartige Überlegungen leicht integriert werden, so dass die
Nutzung der oberflächennahen Geothermie letztlich ökologisch und ökonomisch
sinnvoll betrieben werden kann. Problematischer ist der Altbaubereich.

Im Sinne der Nachhaltigkeit und um den Anlagenbetrieb über längere Zeit-
räume sicherzustellen, kann pro Heizperiode nur die Wärmemenge dem Bodenkörper über die Erdsonde entzogen werden, die diesem während eines Jahres
durch natürliche thermische Regeneration wieder zuströmt, falls keine Energie
aus anderen Vorkommen (z. B. Solarthermie, sommerliche Kühlung) eingespeist
werden.

6.2   Bau von Erdwärmesonden

Erdwärmesonden sind in Bohrungen eingebrachte Rohre, in denen eine Flüssigkeit zirkuliert. Es gibt verschiedene **Erdwärmesondentypen:** so genannte Einfach-U-Rohr-Sonden, Doppel-U-Rohr-Sonden und Koaxialrohr-Sonden (Abb. 6.1).
Bei den **Einfach-U-Rohr-Sonden** handelt sich um geschlossene nahtlos gezogene
Kunststoffrohre mit einem U-förmigen Fuß. **Doppel-U-Rohr-Sonden** bestehen
quasi aus zwei voneinander unabhängigen Einfach-U-Rohrsonden. In jedem der

Einfach U-Rohrsonde   Doppel U-Rohrsonde   Koaxialrohrsonde

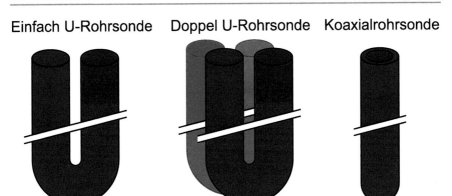

Abb. 6.1 Verschiedene Typen von Erdwärmesonden: Einfach- und Doppel-U-Rohr-Sonde sowie Koaxialrohrsonde

beiden U-Rohre strömt kühles Wasser in die Tiefe und nimmt während des Hinabströmens Wärmeenergie aus dem Untergrund auf. Im jeweils zweiten U-Rohr strömt die erwärmte Flüssigkeit wieder nach oben in Richtung Wärmepumpe. Dort wird die Temperatur soweit erhöht, dass eine Heizanlage betrieben werden kann. Bei **Koaxialrohrsonden** verläuft das Rücklaufrohr zur Wärmepumpe innerhalb des absteigenden Rohrs der Sonde (Abb. 6.1 und 6.2).

Die gängigsten Erdwärmesonden-Typen sind die Doppel U-Rohr-Sonden. Der entscheidende Vorteil bei diesem System liegt darin, dass wenn ein U-Rohr defekt geworden ist, mit dem zweite U-Rohr die Heizung quasi „auf kleiner Flamme" weiterbetrieben werden kann.

Wenig verbreitet sind derzeit noch Koaxialrohrsonden. Ihnen wird ein leicht höheres Leistungs-Potential zugesprochen. In der Koaxialrohrsonde strömt das kühle Wärmeträgermedium im äußeren Ringraum nach unten, erwärmt sich und steigt im Innenrohr erwärmt in Richtung Wärmepumpe (Abb. 6.2). Es gibt sehr verschiedene Bauausführungen von Koaxialrohrsonden. Bei der abgebildeten ist beispielsweise eine Isolationsschicht zwischen absteigendem und aufsteigendem Wärmeträgerfluid erkennbar. Der Vorteil von Koaxialrohrsonden liegt zum einen darin, dass der Ausbau wie bei klassischen Messstellen erfolgen kann und dass im Falle eines potentiellen Schadens in der Hinterfüllung dieser wegen des größeren Rohrdurchmessers – das Innenrohr kann notfalls gezogen werden – mit geophysikalischen Methoden leichter detektiert werden kann (Abschn. 6.8.4). Wesentlich ist, dass der Ringraum zwischen Koaxialrohrsonde und Bohrdurchmesser ausreichend groß bemessen wurde, damit die Abdichtungsmaßnahmen wie beim klassischen Brunnenbau durchgeführt werden können. Der Einbau großkalibriger Koaxialrohrsonden ist allerdings oft schwierig, auch wegen des notwendigen Platzbedarfs.

Die Durchmesser der klassischen Erdwärmesonden-U-Rohre betragen meist 32 mm, seltener 40 oder gar 25 mm. Koaxialrohre weisen typischerweise

Abb. 6.2 Beispiel für eine
Koaxialrohrsonde

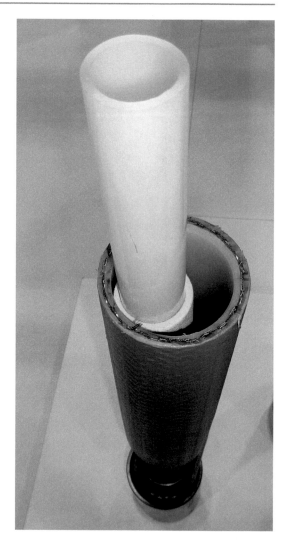

Außendurchmesser von 63, 50 mm und in seltenen Fällen von 40 mm auf. Die
Innenrohre haben dann jeweils entsprechend kleinere Durchmesser von 32, 40
oder 25 mm.

Spezielle Erdwärmesonden sind Sonden, die mit einem Kältemittel als Wärmeträgermedium arbeiten, das in der Sonde den Phasenwechsel vollzieht. Das
Sondenrohr ist im Gegensatz zu den oben aufgeführten Sonden häufig aus Metall
gefertigt (Abschn. 6.8.5).

Die Erdwärmesonde entzieht dem Untergrund in ihrer Betriebsphase Wärme
und kühlt somit den Bereich um die Sonde ab. Es entsteht quasi ein **thermischer
Trichter** (Abb. 6.3), vergleichbar mit einem Absenktrichter in der Hydraulik.

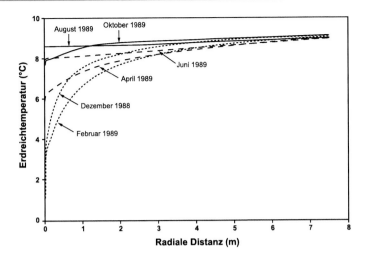

Abb. 6.3 Beispiel für die dynamischen Temperaturerniedrigungen um eine Erdwärmesonde (nach Messungen und Berechnungen für die Anlage Elgg/Schweiz, Eugster 1998)

Die Erdwärmesonde erhält den „Temperatur-Nachschub" aus ihrer Umgebung in Abhängigkeit von der Höhe der Wärmeleitfähigkeiten des näheren und weiteren Umfeldes.

Die **Länge** einer Erdsonde ist in erster Linie eine Funktion der Auslegung und hängt stark von den thermischen Eigenschaften des Untergrundes ab. Wesentliche Eigenschaften sind die Wärmeleitfähigkeit der einzelnen Horizonte, die klimatischen Verhältnisse und die Temperaturverteilung im Untergrund. Daneben sind die thermischen Eigenschaften der Sonde, des Hinterfüllmaterials und der Wärmeträgerflüssigkeit bedeutsam.

Bei den derzeit eingesetzten Erdwärmesonden handelt es sich meist um Polyethylenrohre. Die Rohre haben i.d.R. die Spezifikation für einen Nenndruck von 16 bar. Das bedeutet, dass für Sonden mit einer Sondenlänge von über 160 m insbesondere bei tiefen Grundwasserständen spezielle Vorkehrungen beim Einbau zu treffen sind (Abschn. 6.6).

Fast alle Erdwärmesondenrohre bestehen aus relativ schlecht wärmeleitendem Polyethylen von etwa 0,4 W/mK. Dadurch ist die Wärmeübertragungsleistung vom Erdreich in die Wärmeträgerflüssigkeit gemindert. Derzeit sind jedoch bereits erste Sonden auf dem Markt mit erhöhter Wärmeleitfähigkeit des Rohrmaterials von 1,0 W/mK.

Die Polyethylenrohre müssen am Sondenfuß werkseitig, d. h. nicht auf der Baustelle, verschweißt werden. Bei **vernetzten Polyethylenrohren** wird der Sondenfuß vom Hersteller thermisch gebogen, so dass bei diesem Material keine Schweißung notwendig ist. Vernetztes Polyethylen bietet gegenüber unvernetztem Polyethylen Vorteile hinsichtlich Spannungsriss-, Kerb- und Punktlastbeständigkeit.

Durch die hohe Widerstandsfähigkeit vernetzten Polyethylens gegenüber anderen bei Erdwärmesonden verwendeten PE-Materialien kann von einer deutlichen Erhöhung der Lebensdauer vernetzter Polyethylen-Rohre ausgegangen werden (Fischer 2013). Erdwärmesonden aus vernetzten Polyethylenrohren sind zusätzlich auch in der Lage dauerhaft höheren Temperaturen bis 95 °C standzuhalten. Daher können Sonden aus diesem Material auch zum Einbringen von Wärmeenergie in den Untergrund, beispielsweise in Kombination mit **Solarthermie** benutzt werden oder beim Bau von Erdsonden-Wärmespeichern (Abschn. 6.8.1–6.8.3). In den Sommermonaten kann damit Überschusswärme in den Untergrund eingebracht werden. Dadurch regeneriert sich der Untergrund thermisch und es kann sogar zusätzliche Wärme gespeichert werden. Die Kombination mit der Solarthermie hat den zusätzlichen Vorteil, dass bei der Auslegung an Sondenlänge eingespart werden kann.

Der Sondenkopf einer Erdwärmesonde ist insbesondere für den Einbringungsvorgang mit mechanischen Schutzeinrichtungen umgeben. Unten an der Sonde hängt ein Gewicht, damit die Sonde leichter nach unten in ein Wasser erfülltes Bohrloch abgelassen werden kann (Abb. 6.4). Wenn im Bohrloch Wasser ansteht, ist es z. T. notwendig, die Erdsonden schon beim Einführen mit Wasser zu befüllen, um dem Auftrieb und dem Druck auf die Sondenrohre entgegen zu wirken. Die Erdwärmesonde kommt auf der Baustelle in der notwendigen Länge auf einer Haspel aufgewickelt für den Einbau fertig an (Abb. 6.5). Sie wird von der Haspel gespult und zusammen mit dem Verpressschlauch in das Bohrloch abgelassen.

Erdwärmesonden sind geschlossene Systeme. Innerhalb der Sonden zirkuliert eine **Wärmeträgerflüssigkeit**. Als Wärmeträgermittel werden verschiedene Stoffe eingesetzt. Meist handelt es sich um Gemische bestimmter Fluide mit Wasser, die einen tieferen Gefrierpunkt als reines Wasser haben. Dadurch ist eine höhere Temperaturspreizung als bei einem Betrieb mit reinem Wasser möglich, d. h. die Wärmepumpe kann der in der Erdwärmesonde zirkulierenden Wärmeträgerflüssigkeit eine höhere Temperatur entziehen, der thermische Absenkungstrichter um die Sonde wird größer und dadurch auch der Temperaturgradient zur

Abb. 6.4 Erdwärmesondenfuß mit Gewicht

Abb. 6.5 Erdwärmesonde auf Haspel

Sonde hin. Allerdings besteht die Gefahr, dass dieser scheinbar positive Effekt
bei einem Betrieb der Erdwärmesonde unter 0 °C durch den Frost-Tau-Wechsel
im Bereich der Hinterfüllung und des Untergrundes auf Kosten der Dauerhaftigkeit des Hinterfüllmaterials und der Abdichtung erkauft wird, und kann zu Lasten
von Grundwasserschutz, nachhaltiger Effizienz der Anlage aber auch zu Schäden
führen (Abschn. 6.5 und 6.7).

Tab. 6.1 gibt einen Überblick über häufig eingesetzte Wärmeträgerflüssigkeiten in ihren üblichen Verdünnungen mit Wasser. Daneben gibt es jedoch auch
zahlreiche andere Stoffe wie Kaliumformiat, Betain, Magnesiumchlorid oder
Natriumchlorid. Vor der Verwendung von Kalium- oder Natriumkarbonat wird
dringendst abgeraten, da diese Flüssigkeiten einen hohen pH-Wert aufweisen und

Tab. 6.1 Hydraulische und thermische Eigenschaften gebräuchlicher Wärmeträgerflüssigkeiten für isotherme Verhältnisse (nach Zapp & Rosinski 2007). Günstige Eigenschaften sind rötlich hinterlegt, ungünstige grünlich

Wärmeträger-flüssigkeit	dynam. Viskosität µ (kg/(m s) od. (Pa s)	spez. Wärme-kapazität c (J/(kg K)	Dichte ρ (kg/m³)	Wärmeleitfähigkeit λ (J/(s m K)
Wasser	0,0018	4217	1000	0,562
Ethylenglycol 25 %	0,0052	3795	1052	0,480
Ethanol 25 %	0,0046	4250	960	0,440
Propylenglycol 30 %	0,0108	3735	1038	0,450
Calciumchlorid 20 %	0,0037	3050	1195	0,530
Methanol 25 %	0,0040	4000	960	0,450

somit zu Korrosionserscheinungen führen können. Ethylenglycol gehört zu den am häufigsten eingesetzten Wärmeträgerflüssigkeiten. In der Tab. 6.1 sind die jeweiligen hydraulischen und thermischen Eigenschaften für isotherme Verhältnisse aufgelistet.

Für die Effizienz einer Erdwärmesonde ist eine niedrige dynamische Viskosität und Dichte wegen des dadurch geringeren Pumpenstrombedarfs sowie eine hohe Wärmekapazität und eine hohe Wärmeleitfähigkeit wegen besserer Wärmespeicherung und besserem Wärmetransport entscheidend. Je höher das Produkt aus Dichte und Wärmekapazität (Wärmespeicherzahl) ist, umso weniger Flüssigkeit muss gepumpt werden, um die gleiche Energiemenge zu transportieren.

Wasser hat die besten hydraulischen und thermischen Eigenschaften (Tab. 6.1. Allerdings müssen mit reinem Wasser betriebene Erdwärmesonden exakt ausgelegt sein, um beim Betrieb der Anlage nicht in den Gefrierbereich zu gelangen. Dies hat aber auch sehr große Vorteile, da dadurch keine Frostschäden an der Hinterfüllung und im anschließenden Bodenbereich auftreten (Abschn. 6.5 und 6.7). Bei vielen mit reinem Wasser betriebenen Anlagen ist ein Temperaturfühler integriert und die Anlage schaltet dann automatisch bei Fahren in den Gefrierpunkt auf eine „strombetriebene Heizung" um.

Die hydraulischen und thermischen Eigenschaften der verschiedenen Wärmeträgerflüssigkeiten (Tab. 6.1 sind temperaturabhängig und ändern sich daher während der Zirkulation der Wärmeträgerflüssigkeit in der Sonde. Insbesondere die Viskosität ist stark temperaturabhängig. Bei Ethylenglycol (25 %) verdoppelt sie sich beispielsweise bei Abkühlung von +12 °C auf −8 °C, wodurch wiederum wesentlich mehr Pumpenstrom beim Fahren in den Gefrierbereich benötigt wird, als wenn das Gesamtsystem im positiven Temperaturbereich betrieben würde.

Die Erdsondenanlage sollte somit nicht in den Gefrierbereich gefahren werden, da dadurch auch die Gesamteffizienz der Anlage sinkt.

Aus Sicht des vorsorgenden Grundwasserschutzes ist die Verwendung von Wasser als Wärmeträgerfluid zu empfehlen. Nächstbeste Alternative ist der Einsatz reiner Glykole ohne Additive (Schmidt et al. 2016).

Der **Bohrdurchmesser** für eine Erdwärmesonde muss so groß gewählt werden, dass Sonde und Verpressschlauch in das Bohrloch gleiten können und dass genügend Platz für eine abdichtende Verfüllung bleibt. Die Summe der Querschnittsflächen der Sondenrohre und des Verpressschlauches sollte daher insgesamt <35 % der Fläche des Bohrlochs ($r^2 \pi$) betragen, damit eine satte Hinterfüllung der Sonde mit einem guten Anschluss an das Gebirge möglich ist. Für eine Doppel-U-Rohr-Erdwärmesonde mit 32 mm wird damit ein Mindestbohrdurchmesser von 120 mm benötigt, Erdwärmesonden mit 40 mm Rohrdurchmesser erfordern eine Bohrung mit mindestens 150 mm Durchmesser. Allerdings ist der Bohrdurchmesser zusätzlich vom geplanten Bohrverfahren und den geologischen Rahmenbedingungen abhängig. Die oben abgeleiteten Bohrdurchmesser gelten i.d.R. für Imlochhammerbohrungen; bei drehenden direkten Spülbohrungen im Lockersediment sind größere Durchmesser erforderlich. Abschn. 6.4 gibt einen Überblick über die gängigen Bohrverfahren für Erdwärmesonden.

Die Erdwärmesonde wird direkt von der Haspel abrollend schonend zusammen mit dem Verpressschlauch in das Bohrloch eingebracht. Bei langen Sonden sollte aus Sicherheitsgründen eine motorbetriebene Haspel, die ein automatisches Abbremsen ermöglicht, benutzt werden. Der Verpressschlauch wird vor dem Einbringen an der Erdsonde befestigt und zusammen mit ihr nach unten geführt. Ein nachträgliches Einbringen dieses Schlauches ist praktisch nicht mehr möglich. Das Hinterfüllmaterial wird durch den Verpressschlauch mit einer Pumpe in das Bohrloch eingebracht und steigt von unten nach oben zwischen den Erdsondenrohren und dem Untergrund auf, bis es an die Erdoberfläche gelangt und dort austritt **(Kontraktorverfahren)**. Nur so kann eine optimale Anbindung der Sonde an den Untergrund und eine gute Abdichtung erreicht werden. Vor dem Verpressvorgang mit Hinterfüllmaterial müssen die Erdwärmesondenrohre unter Druck stehen, um eine Beschädigung zu vermeiden. Bei großen Bohrtiefen oder speziellen geologischen Situationen kann es vorkommen, dass auch zwei Verpressschläuche erforderlich sind.

Vor dem Einbringen der Hinterfüllung und nach deren Abbindung erfolgt jeweils eine vollständige **Druckprüfung** der Erdsonden, um die Dichtigkeit der Sonde festzustellen. Eine **Durchflussprüfung** belegt die Durchgängigkeit der Erdwärmesonde.

Sondenstränge, die miteinander in Berührung stehen, weisen nach Acuña & Palm (2009) deutlich schlechtere Entzugsleistungen auf, als wenn sie abgetrennt voneinander im Bohrloch verlaufen. Die auf- und absteigenden, unterschiedlich temperierten Sondenäste sollten daher im Bohrloch unter diesen thermischen

Abb. 6.6 Kombination aus Abstandshalter und Zentrierhilfe für eine Erdwärmesonde (blaue Rohre, mittleres Rohr: Hinterfüllrohr)

Aspekten voneinander getrennt verlaufen. Dafür gibt es sogenannte Innen-**Abstandshalter**. Um einen guten thermischen Anschluss an den Untergrund sowie eine gute Abdichtung im Bohrloch zu erzielen, wird durch das Anbringen von Außen-Abstandshaltern (**Zentrierhilfe**) versucht, die Sonde zentrisch im Bohrloch einzubauen. Optimal und wesentlich einfacher zu handhaben ist ein kombinierter Abstandshalter mit Zentrierhilfe (Abb. 6.6).

Der Erfolg von Zentrierhilfen und Abstandshaltern ist derzeit noch in Diskussion, zumal manche Abstandshalter und Zentrierhilfen gerne verrutschen. Es ist nicht auszuschließen, dass sie beim Verpressvorgang für das aufsteigende Hinterfüllmaterial ein Hindernis darstellen – insbesondere natürlich, wenn sie verrutschen -, so dass sog. Lunkerstellen entstehen. Untersuchungen haben außerdem gezeigt, dass relativ viele Abstandshalter mit Zentrierfunktion auf kurzer Strecke erforderlich sind, um einen einigermaßen zentrischen Verlauf im Bohrloch zu gewährleisten, ohne dass die Sondenrohre aneinander liegen (Riegger 2011). Da die Wärmeleitfähigkeit von Zentrierhilfe und Abstandshalter sehr gering ist, vergrößert sich dadurch auch der thermische Widerstand im Bohrloch. Derzeit sind daher durch den Einbau von Zentrierhilfen und/oder Abstandshaltern keine Vorteile erkennbar, sondern eher Nachteile.

In jüngster Zeit wurden verschiedene Geräte bzw. Verfahren zur **„automatischen Abdichtungsüberwachung"** mit digitaler Dokumentation der Qualität Hinterfüllung von Erdwärmesonden entwickelt (www.um-baden-wuerttemberg. de). Zwei dieser Verfahren basieren auf der Messung des Druckanstieges mittels Drucksonde(n) während des Hinterfüllvorganges, zum einen mittels Drucksonde in einer Verpresslanze, zum anderen mit einer Doppel-Drucksonde. In beiden Fällen ist eine genaue Kenntnis der Dichte des Verfüllstoffes erforderlich, bzw. kann parallel dazu gemessen werden. Der Einfluss der Hydratationswärme oder von Grundwasserzutritten können damit nicht berücksichtigt werden, ebensowenig wie das Verhalten der PE-Rohre. Das dritte Verfahren beruht auf der Messung der Suszeptibilität des (dafür notwendigen) dotierten Hinterfüllbaustoffes mit einem Messgerät zur Detektion ferromagnetischer und elektrisch leitfähiger Materialien innerhalb eines Erdwärmesondenrohres. Derzeit (2019) laufen noch verschiedene Untersuchungen, ob und unter welchen Konfigurationen das dotierte Material sich entmischen und/oder absetzen kann. Mit keinem der drei Geräte/Verfahren scheint es derzeit jedoch möglich, die Vollständigkeit der Hinterfüllung und ihre hydraulische Wirksamkeit zu garantieren, da mit diesen Verfahren bestenfalls der Verpressvorgang hinsichtlich aufgetretener Suspensionsverluste im Gebirge oder der erreichte Füllstand im Bohrloch dokumentiert werden kann. Die drei Verfahren erlauben somit keine Gütemessung der Hinterfüllung. Weitere Verfahren zur Qualitätssicherung sind in Abschn. Qualitätssicherung sind in beschrieben.

Da Kunststoffe bei kühler Witterung relativ zäh sind und zudem bei einer mechanischen Beanspruchung relativ empfindlich sind, sollte die Sonde bei einer Bauausführung im Winter entweder zuvor warm gelagert werden oder vor dem Einbringen beispielsweise durch Einspülen von warmem Wasser erwärmt werden.

6.3   Auslegung von Erdwärmesonden

Die Auslegung von Erdwärmesonden richtet sich in erster Linie nach dem Wärmebedarf des Objektes, der über eine Erdwärmesonde gedeckt werden soll. Die Entzugsleistung der Erdwärmesonde ist von den geologischen und den thermischen Verhältnissen des Untergrundes am Standort abhängig, aber auch vom Sondentyp, der Wärmeträgerflüssigkeit und dem Ausbau der Sonde. Durch das hydraulische Verbinden der Erdwärmesonde mit einer Wärmepumpe entsteht eine weitere Abhängigkeit. Nur wenn bei der Auslegung alle relevanten Parameter bestmöglich berücksichtigt worden sind, können Wärmepumpenanlagen mit einer Erdwärmesonde auf Dauer betriebssicher, effizient und wirtschaftlich arbeiten. Zur Berechnung der richtigen Dimensionierung einer Erdwärmesonde gehört somit auch der Planer der Haustechnik (WM 2008; Hönig 2009; Ochsner 2005).

Geothermische Anlagen besitzen zum Teil erhebliche Leitungslängen. Durch zahlreiche Verzweigungen, Bögen und Armaturen werden der Durchfluss und der Wärmetransport aufgrund von Strömungswiderständen mit größer werdender Entfernung von der Wärmepumpe zunehmend geringer. Daher ist es wichtig, die Strömungsverhältnisse im System zu kennen und durch richtige Dimensionierung die Strömungswiderstände gering zu halten. Nur eine strömungstechnisch optimierte Anlage erfüllt die Voraussetzung, eine effiziente Anlage zu sein. Die Strömungswiderstände in den Zuleitungen und im Verteiler müssen also möglichst gering gehalten werden, während in den Sonden für eine gute Entzugsleistung eine turbulente Strömung erreicht werden muss. Bei laminarer Strömung in den Erdsondenrohren entstehen zwar wesentlich geringere Strömungsverluste, jedoch ist der Wärmeübergang von der Rohrwandung auf das Medium deutlich schlechter als bei einer turbulenten Strömung. In den Erdwärmesondenrohren sollte daher immer eine turbulente Strömung vorliegen (Graf 2010).

Falls die Erdwärmesondenrohre und Rohre zur Wärmepumpe unterschiedlich lang sind, ist vor Eintritt in die Wärmepumpe ein **hydraulischer Abgleich** für einen optimalen Wärmeentzug erforderlich.

Entscheidend beim Einsatz von Wärmepumpenheizungen sind der störungsfreie langjährige Betrieb sowie ein möglichst geringer Stromverbrauch. Die technischen Parameter der Wärmepumpen, die Quellentemperatur und die Temperaturanforderungen der Heizung beeinflussen sich gegenseitig, so dass es schwierig ist, ohne Computersimulation Prognosen über das Betriebsverhalten und die Wirtschaftlichkeit der gesamten Heizungsanlage zu erhalten.

6.3.1 Wärmepumpen

Mit einer Wärmepumpe ist es möglich, unter Aufwendung von Arbeit der Umwelt Wärme zu entziehen und sie dann auf ein höheres Temperaturniveau für Heizzwecke zur Verfügung zu stellen. Dieses Prinzip ermöglicht es, relativ kühle Wärmequellen, wie das Erdreich oder Grundwasser zur Beheizung nutzbar zu machen.

Wärmepumpen können grundsätzlich unterteilt werden in:

- Kompressions-Wärmepumpen
- Sorptions-Wärmepumpen, unterteilt in Absorptions- und Adsorptions-Wärmepumpen
- Vuilleumier-Wärmepumpen

Darüber hinaus existieren noch weitere technische Lösungen, die jedoch auf absehbare Zeit für die Beheizung von Gebäuden bzw. zur Trinkwassererwärmung keine Bedeutung haben.

Kompressions-Wärmepumpen gelten als Stand der Technik und sind daher am weitesten verbreitet. Unterschieden wird je nach Art des Antriebs zwischen Elektro- und Gasmotorischen-Kompressions-Wärmepumpen. In der Oberflächennahen Geothermie kommt fast ausschließlich die **Elektro-Kompressions-Wärmepumpe** zum Einsatz. Diese ist daher nachstehend ausführlich beschrieben. Grundsätzlich können jedoch Kompressions-Wärmepumpen auch mit Erdgas, Dieselkraft oder Biomasse (Rapsöl, Biogas) betrieben werden. Zum Antrieb des Verdichters wird dann ein Verbrennungsmotor verwendet. Bei **Gas-Kompressions-Wärmepumpen** ist die Ausnutzung der Primärenergie u. a. auch deswegen günstiger als bei Elektro-Wärmepumpen, da die Abwärme des Verbrennungsprozesses zusätzlich als Heizwärme genutzt werden kann.

Unter Sorption versteht man physikalisch-chemische Vorgänge, bei denen entweder Flüssigkeiten oder Gase von einer anderen Flüssigkeit aufgenommen (Absorption) oder aber an der Oberfläche eines Festkörpers (z. B. Zeolith) festgehalten (Adsorption) werden. Diese Vorgänge kommen unter bestimmten

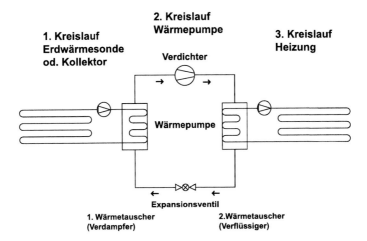

Abb. 6.7 Schematische Darstellung für eine Wärmepumpe (Beispiel für ein Dreikreissystem)

Bedingungen durch physikalische Einwirkungen (Druck, Temperatur) zustande und können rückgängig gemacht werden.

Die Vuilleumier-Wärmepumpe arbeitet nach dem Prinzip eines thermisch angetriebenen regenerativen Gas-Kreisprozesses ähnlich dem Stirling-Prozess.

Die **Elektro-Kompressions-Wärmepumpe,** im Folgenden abgekürzt nur mit Wärmepumpe bezeichnet, arbeitet wie eine Kältemaschine, aber mit dem Unterschied, dass nicht die Kühlleistung des Verdampfers sondern die Wärmeleistung des Verflüssigers die gewünschte Nutzleistung ist (Abb. 6.7). Im Inneren eines geschlossenen Kreislaufes der Wärmepumpe zirkuliert ein Arbeitsmittel, das einer Wärmequelle in einem ersten Wärmetauscher **(Verdampfer)** Wärme entzieht, wodurch das Arbeitsmittel (auch **Kältemittel** genannt) vom flüssigen in den gasförmigen Aggregatzustand übergeht. Das gasförmige Arbeitsmittel gelangt dann in einen von einem Elektromotor angetriebenen Kompressor **(Verdichter),** in dem der Druck erhöht wird. Dadurch erhöht sich die Temperatur. Das heiße Kältemittel strömt weiter zum zweiten Wärmetauscher **(Verflüssiger),** in dem die Wärme auf das Heizungssystem übertragen wird. Durch diese Wärmeabgabe wird das gasförmige Arbeitsmittel wieder flüssig. Im **Expansionsventil** wird es auf einen geringeren Druck entspannt. Dadurch sinkt die Temperatur und das flüssige Arbeitsmittel kann im ersten Wärmetauscher wieder Wärme aufnehmen.

In Wärmepumpen kommen als Arbeitsmittel (Kältemittel) Einzelstoffe und Gemische von teilfluorierten Kohlenwasserstoffen, reinen Kohlenwasserstoffen (Flüssiggase wie Propan, Butan) und Kohlendioxid zur Anwendung. Ammoniak darf in vielen Ländern wegen des erhöhten Gefährdungspotentials nicht verwendet werden.

Die ungestörte Quelltemperatur ergibt sich aus den thermischen und hydraulischen Eigenschaften des Untergrundes und den klimatischen Verhältnissen am Sondenstandort. Durch den Wärmeentzug kühlt das Erdreich in der

Umgebung des Sondenrohres aus. Die Soletemperatur (Eintritt in den Verdampfer) ist durch die physikalisch bedingten Wärmeübertragungsverluste noch niedriger.

Die Wärmepumpe muss in der Lage sein, die für den Auslegungsfall (das sind in Mitteleuropa in aller Regel −12 °C Außentemperatur) erforderliche Wärmeleistung zu erbringen. Daher ist es sinnvoll, bereits im Vorfeld den Wärmebedarf des Objektes z. B. durch Wärmedämmmaßnahmen soweit als möglich zu reduzieren. Weiterhin sollte die Vorlauftemperatur der Heizungsanlage möglichst niedrig sein. Radiatorenheizungen sind heute auf Vorlauftemperaturen von etwa 55 °C ausgelegt. Demgegenüber kommen Fußbodenheizungen mit maximal 35 °C aus. Eine flächenaktive Wandheizung benötigt noch geringere Temperaturen.

Grundsätzlich sollte die Erdsonde bzw. der Erdwärmetauscher großzügig ausgelegt werden. Dadurch steigt die Quelltemperatur an, was eine Leistungssteigerung der Wärmepumpe zur Folge hat. Die Betriebstemperatur der Erdsonde ist immer im positiven Temperaturbereich sicherzustellen.

Die Erdwärmesonde wird basierend auf der Verdampferleistung der Wärmepumpe dimensioniert. Die Wärmequelle, hier die Erdwärmesonden-Länge, wird als Funktion des Wärmebedarfs (benötigte Entzugsleistung und Betriebsdauer) dimensioniert. Die Erdwärmesonde zeichnet sich jedoch nicht durch eine bestimmte, konstante Leistung bei einem gewissen Betriebspunkt aus, wie dies z. B. bei einer Wärmepumpe angegeben wird. Es kann eine relativ hohe Leistung für kurze Zeit oder eine geringe Leistung für lange Zeit entzogen werden (Basetti et al. 2006). Daher sollte die Gültigkeit der definierten Entzugsprofile (max. 1800 h Heizleistungsstunden, monovalent pro Jahr) vorab überprüft werden. Zur Auslegung einer Erdwärmesonde gehört auch die Dimensionierung der Umwälzpumpe für das Sondenfluid (Abschn. 6.3.2).

Meist ist es energetisch sehr sinnvoll, die Wärmepumpe auch zur Warmwasserbereitung einzusetzen. Allerdings läuft dann die Erdwärmesonde das ganze Jahr und die Zeit für eine gewisse Regeneration ist relativ kurz. Zur Warmwasserbereitung ist außerdem eine wesentlich stärkere Temperaturanhebung auf ca. 60 °C erforderlich als für die Beheizung. Daher kann in derartigen Fällen eine solarthermische Kombination sinnvoll sein (Abschn. 6.8.3), bei der im Sommer zur Stützung des winterlichen Heizbetriebs mit der Erdwärmesonde überflüssige Abwärme in den Untergrund verbracht wird und die Solarthermie zur sommerlichen Warmwasserbereitung eingesetzt wird. In diesem Zusammenhang wird auch auf die Option der sommerlichen Verbringung von Abwärme zur Kühlung des Gebäudes über Erdwärmesonden in den Untergrund hingewiesen (Sanner und Chant 1992).

Für die Beurteilung der Güte von Wärmepumpen gibt es den sog. **COP-Wert** (Coefficient of Performance), der dem Quotienten zwischen elektrischer Leistung von Verdichter plus Hilfsenergie und Wärmeleistung des Verflüssigers (beides in kW) entspricht. Je höher dieser Wert ist, umso effizienter läuft die Wärmepumpe. Die Werte steigen mit der Verringerung der Temperaturdifferenz zwischen Wärmequelle und der Vorlauftemperatur der Heizanlage an. Der COP-Wert berücksichtigt allerdings nicht die notwendige Energie für Umwälzpumpen der Erdsonde und des Heizungskreislaufs. Grundsätzlich gilt jedoch, dass je wärmer die Quelle und je kälter die erforderliche Vorlauftemperatur ist, desto effizienter kann die Heizanlage betrieben werden.

Aussagekräftiger im Sinne der gesamten Systemtechnik ist die **Jahresarbeitszahl** (JAZ) der Wärmepumpenheizanlage. Sie bezeichnet den Quotienten aus der über den Jahresverlauf an das Heizsystem und zur Warmwasserbereitung abgegebenen Wärmeenergie zu der in diesem Zeitraum aufgenommenen elektrischen Arbeit, beide Angaben in kWh. Eine Jahresarbeitszahl von JAZ = 4 sagt aus, dass aus 1 kWh Strom 4 kWh Heizleistung erzeugt werden. Die gesamtenergetische Effizienz der Anlage ist umso besser, je größer die Jahresarbeitszahl ist. Nur durch Einbau eines elektronischen Wärmezählers kann der Wert der von der Wärmepumpe abgegebenen Wärmeenergie festgestellt und die Anlage kontrolliert werden.

Der COP ist also eine Leistungszahl; er ist ein Maschinenparameter und ist abhängig vom Arbeitspunkt. Die Jahresarbeitszahl demgegenüber ist eine gesamtenergetische Größe, die nicht nur von der Maschine sondern auch vom Nutzer und vom Klima abhängig ist.

Soll die Anlage aus primärenergetischer Sicht Sinn machen, dann muss beispielsweise bei einer elektrisch betriebenen Anlage die Jahresarbeitszahl deutlich größer sein als die zur Herstellung des elektrischen Stroms benötigte Primärenergiemenge. Dieser Wert ist für die einzelnen Länder verschieden. In Deutschland sind im Durchschnitt zur Stromerzeugung fast 3 kWh Primärenergie (Energiemix) erforderlich, um 1 kWh Strom zu erzeugen. Daher wird in Deutschland vom Gesetzgeber für Sole/Wasser-Wärmepumpen für Heizzwecke eine Jahresarbeitszahl gefordert, die mindestens bei 4 und größer liegt. Wird sie hingegen auch für die Warmwasserbereitung genutzt muss mindestens ein Wert von 3,8 erreicht werden.

In der Praxis gibt es bei der Systemtechnik von Wärmepumpenanlagen ein wichtiges Optimierungspotential: die Minimierung der Temperaturdifferenz zwischen Verdampfung und Kondensation (Wärmequelle und Wärmenutzung), denn jedes Kelvin mehr an Temperaturdifferenz bedeutet einen Mehrverbrauch des Verdichters von 3,5 %. Damit reduziert der Heizbereich eines Gebäudes, welcher die höchste Vorlauftemperatur beansprucht (Bad, Warmwasserbereitung), die Arbeitszahl der Gesamtanlage.

Jedes Heizsystem muss hydraulisch abgeglichen werden, um effizient zu arbeiten. Bei Heizsystemen mit Wärmepumpen ist dies besonders wichtig. Beim **hydraulische Abgleich** (auf der Hausseite, hinter der Wärmepumpe) stellt der Installateur in einer Heizanlage den Wasservolumenstrom für jeden Heizkörper oder Heizkreis einer Flächenheizung so ein, dass der Volumenstrom pro Raum dem Wärmebedarf des Raumes bei einer festgelegten Vorlauftemperatur entspricht. Dadurch erhält jeder Raum genau die Wärmemenge, die er benötigt, um die gewünschte Raumtemperatur zu erreichen. Nach dem hydraulischen Einregulieren arbeitet die Heizungsanlage mit einem optimalen Anlagendruck, einer optimal niedrigen Volumenmenge und niedrigen Vorlauftemperaturen, d. h. mit bestmöglichem Wirkungsgrad.

Bei der Installation der Wärmepumpe sollten folgende Empfehlungen beachtet werden (BINE projektinfo 03/10):

- Sorgfältige Auslegung der gesamten Anlage, Abstimmung der einzelnen Komponenten (Wärmequelle, Speicher, Wärmesenke, etc.) und eine integrale, d. h. gewerkeübergreifende, sowie eine objektspezifische Planung,
- Überprüfung der Beladestrategien der Speicher, insbesondere bei Kombi-speichern, und Kontrolle der Vorlauftemperatur,
- Sorgfältiger hydraulischer Abgleich sowie lückenlose Dämmung von Rohr-leitungen und Komponenten,
- Komplexe Hydrauliken und Speicherungssysteme vermeiden,
- Korrekt ausgelegte Anlagen erfordern keine zusätzliche Elektroheizung (Heiz-stab), es sei denn bei der Bautrocknung.

In höheren Leistungsbereichen, etwa ab 100 kW$_{th}$, kommt neben der elektrischen Kompressionswärmepumpe die Gas-Absorptionswärmepumpe als wichtige Anwendungsalternative hinzu. Die Absorptionstechnik hat den Vorteil, dass Kälte und Wärme simultan nutzbar sind und dass dadurch die Gesamteffizienz deutlich gesteigert wird.

6.3.2 Thermische Parameter und Programme für die Auslegung von Erdwärmesonden

Die pauschale Dimensionierung einer Erdwärmesonde ist allenfalls zur Kosten-abschätzung geeignet. Die Erdwärmesonde muss qualifiziert ausgelegt werden. Eine Unterdimensionierung der Sonde kann zu beträchtlichen Schäden führen (Abschn. 6.7). Falls zu kurze Erdwärmesonden installiert worden sind, kann der Fehler nur durch zusätzliche Installation einer Erdwärmesonde in einer weiteren Bohrung behoben werden. Von der Installation elektrischer Heizstäben wird in diesen Fällen aus ökologischer und ökonomischer Sicht abgeraten. Nur eine kurz-zeitige Inbetriebnahme eines Heizstabes für Ausnahmezustände bei einer mit reinem Wasser betriebenen Erdwärmesonde ist u. U. gerechtfertigt (Abschn. 6.3.1, 6.5 und 6.7).

Grobe Abschätzungen der notwendigen Länge (l [m]) der Erdwärmesonde, um den Wärmebedarf (H [W]) für ein zu beheizendes Objekt zu decken, basieren meist auf der sogenannten **spezifischen Entzugsleistung** (E [W/m]). Die spezi-fische Entzugsleistung einer Erdwärmesonde wird in der Regel nur in Abhängig-keit von den verschiedenen von der Sonde durchteuften Gesteinsschichten, also der Wärmeleitfähigkeit dieser Schichten, angegeben, obwohl sie von vielen weiteren Größen abhängig ist (s. u.). Eine Sonden-Entzugsleistung gibt es daher streng genommen nicht, sondern lediglich eine aus dem Erdreich potentiell gewinnbare Heiz- oder Kühlleistung und die ist variabel!

Wichtig ist, in jedem Fall zunächst eine **detaillierte Aufnahme der erbohrten Schichten** und die Verifizierung des prognostizierten geologischen Profils und damit der angenommenen Wärmeleitfähigkeiten.

Die an Bodenproben im Labor ermittelten Wärmeleitfähigkeiten geben häufig die tatsächlichen Verhältnisse nicht repräsentativ wieder. Die Ursachen sind sehr unterschiedlicher Art. Zum einen liegt es an der Gesteinsprobe, mit der der tatsächliche Untergrund mit seinen Klüften und seinen lokalen Variabilitäten, also seiner Inhomogenität, nicht repräsentativ erfasst werden kann. Zum anderen kann mit einer Labormessung natürlich auch nicht der Einfluss von stagnierendem oder fließendem Grundwasser oder von mit Luft erfüllten Hohlräumen im Detail erfasst werden. Daher sind direkte in-situ Messungen wie durch den sogenannten Thermal Response Test (s. u.) von Vorteil und wichtig.

Die thermischen Eigenschaften (Wärmeleitfähigkeit, Wärmespeicherzahl) für dieselben Gesteine können stark variieren, wie Tab. 6.2 zeigt. Bei Unsicherheiten

Tab. 6.2 Zusammenstellung der Wärmeleitfähigkeit (λ), der Wärmespeicherzahl (s) und der entsprechenden „Entzugsleistung" für verschiedene Gesteine. (Nach VDI 4640, 2001) für Einzel-Erdwärmesonden und Betriebsdauer von 1800 h für die im Text gemachten Einschränkungen

Untergrund	Wärmeleitfähigkeit (λ) [W/mK]	Wärmespeicherzahl (s) [MJ/m³/K]	„Entzugsleistung" [W/m]
Kies, Sand trocken	0,4	1,4 bis 1,6	20 bis 30
Kies, Sand feucht	0,6 bis 2,2	1,2 bis 2,2	30 bis 50
Kies, Sand (Wasser-führend)	1,8 bis 2,4	2,3 bis 3,0	55 bis 70
Moräne	1,7 bis 2,4	1,5 bis 2,5	40 bis 55
Ton, Lehm feucht	0,9 bis 2,2	1,6 bis 3,4	30 bis 50
Kalkstein massiv	1,7 bis 3,4	2,0 bis 2,6	45 bis 65
Mergel	1,3 bis 3,5	3	40 bis 60
Sandstein	1,3 bis 5,1	1,6 bis 2,8	40 bis 70
Nagelfluh	1,4 bis 3,7	2,1	40 bis 65
Granit	2,1 bis 4,1	2,1 bis 3,0	50 bis 70
Basalt	1,3 bis 2,3	2,3 bis 2,6	35 bis 55
Andesite	1,7 bis 2,2	2,4	45 bis 50
Quarzit	3,6 bis 6,0	2,1	65 bis 92
Breccia	2,2 bis 4,1	2,1	50 bis 70
Schiefer	1,5 bis 2,6	2,2 bis 2,5	40 bis 55
Gneis	1,9 bis 4,0	1,8 bis 2,4	50 bis 70

über die der Planung zugrunde zu legenden Parameter empfiehlt es sich daher, die
niedrigeren Werte zu verwenden. Die Angaben zur „Entzugsleistung" in Tab. 6.2
basieren auf sehr groben Abschätzungen und besitzen lediglich Orientierungs-
charakter. In der überarbeiteten Ausgabe der VDI 4640 sind daher keine Entzugsleistungen mehr aufgeführt.

Entsprechend kann sich auch die sogenannte „Entzugsleistung" für die
gleiche geologische Einheit von Ort zu Ort ändern, d. h. sie ist eigentlich nicht
prognostizierbar, da sie u. a. von den klimatischen Faktoren, vom Anlagensystem,
von den Heizgewohnheiten des Bewohners usw. abhängt. Sie wird in diesem
Zusammenhang lediglich zur groben Überprüfung der Auslegung einer Anlage
aufgeführt. In keinem Fall sollte sie jedoch als alleiniges Auslegungstool für eine
Heizanlage ohne weitergehende Reflexion benutzt werden.

Aus dem Wärmebedarf des Objektes (H [W]) wird in der Praxis meist bei
Kenntnis der Schichtenabfolge mit ihren zugehörigen Einzelmächtigkeiten (h_i [m])
durch einfache Summation über die spezifische „Entzugsleistung" die Länge der
Erdwärmesonde abgeschätzt:

Sondenlänge = Wärmebedarf / spez. Entzugsleistung

$$\sum (E_i \cdot h_i) = H\,[W] \tag{6.1}$$

Die Entzugsleistung von Erdwärmesonden liegt bei etwa 20–90 W pro Meter
Sondenlänge (m), kann allerdings auch deutlich höhere aber auch niedrigere Werte
annehmen. Die angegebene Schwankungsbreite ist groß und kann bei ungünstiger
Konstellation noch wesentlich größer sein.

Mit einer Entzugsleistung für eine Erdwärmesonde kann jedoch nur dann
gerechnet werden, wenn sie im Objekt nicht allzu großen Schwankungen unterworfen ist (Abschn. 6.3.1). Großanlagen, aber auch Kleinanlagen (<20 kW)
mit hohen Leistungs-Schwankungen müssen daher in jedem Fall mit speziellen
Auslegungstools dimensioniert werden. Das Gleiche gilt für bivalente Anlagen,
bei Anlagen mit Wassererwärmung oder Schwimmbädern, bei Sondenfeldern und
bei Anlagen mit kombiniertem Heizen und Kühlen (Abschn. 6.8.1–6.8.3). Aber
auch in Regionen mit einer mittleren Jahrestemperatur, die nahezu der mittleren
obersten Bodentemperatur entspricht, von unter 10 °C sollte mit speziellen
Auslegungstools gearbeitet werden, da die Entzugsleistung der Erdwärmesonde
dort signifikant abnimmt.

Die Entzugsleistung einer Erdwärmesonde hängt nicht nur von der Wärmeleitfähigkeit des Untergrundes ab, sondern sie wird maßgeblich von folgenden **Einflussfaktoren** bestimmt (Eskilson 1987; Stadler et al. 1995; Kohl und Hopkirk
1995; Signorelli 2004):

- das konduktive und konvektive Wärmetransportvermögen des Untergrundes,
  bzw. einzelner Schichten (Wärmeleitfähigkeit, Fließgeschwindigkeit, …),
- die Temperatur des ungestörten Untergrundes, die klimatischen Verhältnisse,

- die Dauer des Wärmeentzugs aus dem Untergrund (Jahresbetriebsstunden),
- der Bohrlochdurchmesser,
- die thermischen Eigenschaften des Hinterfüllmaterials,
- die Art der Wärmeträgerflüssigkeit, Sondentyp, Sondenmaterial und Lage der Rohre im Bohrloch (Abschn. 6.2),
- die Angaben zum Sondenfeld: Sondenabstand, -anzahl und -anordnung.

Die Auflistung der wesentlichen Einflussfaktoren verdeutlicht, wie komplex damit die Berechnung der tatsächlichen Entzugsleistung einer Erdwärmesonde ist (Abschn. 6.3.1). Daher ist man auf entsprechende **Berechnungsprogramme** angewiesen. Zu nennen ist beispielsweise:

- das Programm EWS von Huber (2008), (www.hetag.ch)
- das Programm EED (Earth Energy Designer) von Sanner und Hellström (1996); Hellström und Sanner (2000), (https://buildingphysics.com/eed-2/)
- das Programm GEO-HAND[light] von Königsdorff und Veser (2008),
- das Programm PILESIM (Version 2, 2007) von Pahud (1998) oder
- das Simulationsprogramm ModEW (Modell zur Erdwärmegewinnung) vom Institut für Bohrtechnik und Fluidbergbau der TU Bergakademie Freiberg (http://tu-freiberg.de/fakult3/).

Mit derartigen Programmen lassen sich die im Wärmeträgermedium zu erwartenden Temperaturverläufe in Abhängigkeit von der Zeit berechnen. Nicht jedes dieser Programme berücksichtigt jedoch alle der oben aufgelisteten Einflussfaktoren. Unter gewissen Umständen können daher manche Programme zu ‚fehlerhaften‘ Ergebnissen führen. Einige Programme gestatten auch die gleichzeitige Berechnung für mehrere Erdwärmesonden und Erdwärmesondenfelder. Damit kann die Anzahl der Erdwärmesonden, die Anordnung und Tiefe so gewählt werden, dass die Zielvorgaben bezüglich des Temperaturverlaufs erreicht und Minimal- und Maximalwerte eingehalten werden. Darüberhinaus existieren weitere Programme, die ebenso wie beispielsweise die Programme EWS, EED oder PILESIM die Beheizung des Hauses mitberücksichtigen, d. h. den monatsbezogenen Heiz- und Kühlenergiebedarf sowie die Heiz- und Kühllasten. Ein Programm zur Berechnung und Optimierung von Wärmepumpenheizungen ist beispielsweise das Simulationsprogramm WP-OPT[©] (Hönig 2009, www.wp-opt.de). Es ermöglicht, Wärmepumpenheizungen zu planen und zu optimieren (Abschn. 6.3.1).

Da sich die Fördertemperatur aus einer Erdwärmesonde von Ort zu Ort aber auch am selben Ort von Anwendung zu Anwendung ändert, kann es keine genormte Erdwärmesonde geben. Entscheidend für den erfolgreichen Einsatz ist daher die fachgerechte Auslegung der Erdwärmesonde. Oft werden Erdwärmesonden jedoch anhand von Faustregeln (45 W pro Laufmeter Sonde) dimensioniert, die den spezifischen Eigenschaften des Objektes und des Standortes in keinem Fall Rechnung tragen können. Ein nicht sachgerechtes Vorgehen kann zu irreversiblen Schäden führen (Abschn. 6.7).

Grundlegende Untersuchungen und komplexe Berechnungsmöglichkeiten lassen sich nur auf der Basis von **3-D Finite Element Programmen** wie beispielsweise dem Programm FRACTure (Kohl und Hopkirk 1995) ausführen. Mit FRACTure konnte beispielsweise Signorelli (2004) zeigen, dass die Bodentemperatur, die in manchen Programmen nicht berücksichtigt wird, durchaus einen größeren Einfluss auf die Dimensionierung einer Erdwärmesonde haben kann als die Wärmeleitfähigkeit des Untergrundes.

Verschiedene Rechenprogramme und numerische Modellierungen (Signorelli 2004; Pannike et al. 2006; Eugster 1998) lassen darauf schließen, dass bei einem **Abstand** zwischen zwei Erdwärmesonden von größer als 10 m auch bei langjährigem Betrieb mit keiner signifikanten gegenseitigen Beeinflussung (>1 °C) mehr zu rechnen ist. In den meisten Fällen ist bereits ein Abstand von 7 m ausreichend (z. B. Eugster 2001). Derartige Angaben lassen sich jedoch nicht pauschalisieren, denn naturgemäß sind sie u. a. stark abhängig von der Sondenanzahl, ihrer räumlichen Anordnung und ihrer Tiefe, davon ob ein Grundwasserfluss vorliegt oder ob der Untergrund eher tonig mit geringer Wärmeleitfähigkeit ist.

Die **thermische Reichweite** von Erdwärmesonden (nur Heizzwecke) in tonigem und schluffigem Material ist grundsätzlich größer als in einem Grundwasserleiter mit sandigem/kiesigem Material, da dort die Fließgeschwindigkeit auch bei hohen hydraulischen Gradienten wegen der geringen Durchlässigkeit äußerst niedrig ist. Die thermische Reichweite (>1 °C) kann bei langjährigem Betrieb nach Modellrechnungen (PANNIKE et al. 2006) und gemäß Erfahrungen aus dem Versuchsfeld Elgg/Zürich (Eugster 1998) in derartigen Fällen sogar bei über 10 m liegen.

Vorgaben über den Abstand von Erdwärmesonden basieren auf der Annahme, dass die Sondenbohrungen vertikal abgeteuft wurden. In der Praxis lässt sich dies jedoch nicht immer mit wirtschaftlich vertretbarem Aufwand bewerkstelligen. Durch das Setzen eines Standrohres in den obersten Metern ist die Wahrscheinlichkeit relativ lotrechter Bohrungen größer. Die Sondenrohre in der Bohrung verlaufen ebenfalls nicht lotrecht, sondern sie schlängeln sich in der Regel nach unten. Auch unter diesen Aspekten ist die Einhaltung eines Mindestabstandes von 10 m sinnvoll.

Thermal Response Tests (TRT) sind ein Standardverfahren zur Bestimmung der Wärmeleitfähigkeit des Untergrundes (Morgensen 1983; Gehlin und Nordell 1997; Reuß et al. 2001; Gehlin 2002; Sanner et al. 2000). Bei einem Thermal Response Tests wird über die Erdwärmesonde eine bestimmte Wärmemenge durch die konstant aufgeheizte Wärmeträgerflüssigkeit in den Untergrund eingebracht und der resultierende Temperaturanstieg am Rücklauf der Erdsonde gemessen.

Aus der Form des Temperaturanstiegs können thermische Informationen über den Untergrund und den bohrlochnahen Bereich genau wie in der Hydraulik bei einem Pumpversuch (Abschn. 14.2) gewonnen werden (Abb. 6.8). Anstelle der hydraulischen Durchlässigkeit und des spezifischen Speicherkoeffizienten, die mit Hilfe von Pumpversuchen bestimmt werden, können beim Thermal Response Test die Wärmeleitfähigkeit und die spezifische Wärmespeicherzahl ermittelt werden. Den Bohrloch-Effekten, Skin und Brunnenspeicherung, in der Hydraulik (Abschn. 14.2) entsprechen bei thermischen Tests summarisch die Effekte der „inneren Zone", die eine komplexe Abfolge thermischer Widerstände zwischen dem zirkulierenden Fluid und dem ungestörten Gestein mit Wärmeübergang im Sondenrohr, der Hinterfüllung und weiteren mit Wasser oder Hinterfüllmaterial gefüllten Rohren sind und zusätzlich von Sondentyp (Koaxial-Rohr, Einfach- oder Doppel-U-Rohrsonde) und Bohrdurchmesser abhängig sind. Der Anteil der Effekte der „inneren Zone" entspricht hier dem **thermischen Bohrlochwiderstand** R_b (Km/W).

Die umfassenden hydraulischen Auswerteverfahren, die in den letzten Jahrzehnten weitestgehend durch die Erdöl-/Erdgasindustrie entwickelt wurden, basieren letztlich auf der analytischen Lösung der Linienquelle (Theis 1935). Diese wurde jedoch eigentlich für die Thermik entwickelt (Carslaw und Jaeger 1959) und von Theis (1935) zur Auswertung von Pumpversuchen für die Wassererschließung umfunktioniert. Die Weiterentwicklung der hydraulischen Auswerteverfahren und Methoden kann nun umgekehrt wieder für die Auswertung thermischer Testverfahren wie den Thermal Response Test nutzbar gemacht werden (Abschn. 14.2).

Numerische Modelle zur Interpretation eines Thermal Response Test werden beispielsweise von Wagner et al. (2005) oder Gustafsson (2006) beschrieben. Vorteile der Nutzung numerischer Modelle sind die Möglichkeit der Berücksichtigung beliebiger Randbedingungen und räumlich variabler Eigenschaften (z. B. Diersch 1994). In der Praxis dominieren aber nach wie vor die auf analytischen Lösungen basierenden Algorithmen.

Um mit einem Thermal Response Test thermisch über die „innere Zone" bis ins anstehende Gestein gelangen zu können und um dort die wesentlichen Parameter sowie Inhomogenitäten erfassen zu können, bedarf es genau wie bei Pumpversuchen einer gewissen Testdauer, die nicht unterschritten werden darf. Sonst ist der Test wertlos und stellt keine Bemessungsgrundlage für die Auslegung der Erdwärmesonde dar. Die Dauer eines Thermal Response Tests liegt in der Regel bei mehreren 10er Stunden. Durch eine Online-Aufzeichnung und -Interpretation ist es möglich, den Test dann abzubrechen, wenn eine sinnvolle Auswertung machbar ist.

Basis der Interpretation von Thermal Response Tests ist analog zur Auswertung von Pumpversuchen meist die analytische Lösung der Linienquelle mit Näherungslösung für hinreichend große Zeiten (Cooper und Jacob 1946). Die Temperatur T (°C) im Abstand r (m) um eine Linienquelle konstanter Heizleistung Q (W) in einem unendlichen, homogenen und isotropen Medium mit der Wärmeleitfähigkeit λ (Wm^{-1} K^{-1}) und der Wärmespeicherzahl s (Wsm^{-3} K^{-1}) (Gl. 1.1c) ergibt sich bei einer Testlänge bzw. Länge der Erdwärmesonde H (m) ohne Berücksichtigung des thermischen Bohrlochwiderstandes zu:

$$T\,(r, t) \, = \, T_0 + Q/(4\pi\lambda H) \, \cdot \, [\ln(4\lambda t/sr^2) - 0,5772] \qquad (6.2)$$

wobei T_0 der ungestörten Ausgangstemperatur und ρ der Gesteinsdichte im Unter-grund entspricht. Bei Berücksichtigung des thermischen Bohrlochwiderstandes wird in Gl. 6.2 der Summand QR_bH^{-1} addiert (Hellström 1998).

Diese Näherungslösung ist hinreichend genau für $t > 4sr^2/\lambda$, also für große Zeiten. Die Temperaturänderung ist dann, d. h. ab einer gewissen Zeit, proportional zum Logarithmus der Zeit ln(t). Diese Beziehung wird benutzt, um die effektive Wärmeleitfähigkeit (incl. Einfluss der Grundwasserströmung) des die Bohrung umgebenden Gesteins als Mittelwert über die gesamte Länge der Erdsonde H (m) zu ermitteln. Aus der Steigung m (Ks^{-1}) der semilogarithmischen Geraden (Abb. 6.8) und Umwandlung des natürlichen in den dekadischen Logarithmus ergibt sich die effektive Wärmeleitfähigkeit zu:

$$\lambda_{eff} = 2,303 \; Q/(4\pi Hm) \tag{6.3}$$

Im Beispiel auf Abb. 6.8 beträgt die mittlere effektive Wärmeleitfähigkeit des von der Erdwärmesonde durchteuften Untergrundes mit den auf Abb. 6.8 angegebenen Parametern $\lambda_{eff} = 2,75 \; Wm^{-1} \; K^{-1}$. Die Abbildung veranschaulicht, dass der erste Versuchsteil, d. h. bis etwa 8 Stunden, maßgeblich von anderen Einflüssen geprägt ist. Dazu gehören Effekte der „inneren Zone", die in der Hydraulik mit Brunnen-speicherung oder Eigenkapazität der Bohrung bezeichnet werden, sowie Einflüsse, die sich ergeben, wenn das Kriterium für die Näherungslösung ($t > 4sr^2/\lambda$) noch nicht erfüllt ist. Erst danach dominiert die Reaktion des ungestörten geologischen Untergrundes. Die Abbildung zeigt auch, dass für die korrekte Auswertung des Thermal Response Tests mindestens einige 10er Stunden Versuchsdauer not-wendig sind.

Nach Bestimmung der Wärmeleitfähigkeit kann durch Umstellung von Gl. 6.2 der thermische Bohrlochwiderstand R_b berechnet werden:

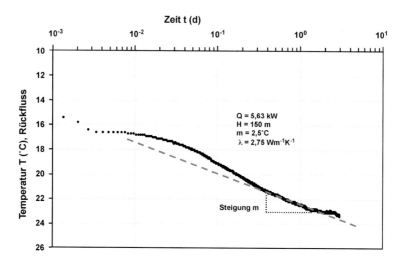

Abb. 6.8 Auswertung eines Thermal Response Tests: Temperaturanstieg der Wärmeträger-flüssigkeit gegen den Logarithmus der Zeit. Aus der Steigung der semilogarithmischen Geraden wird die mittlere effektive Wärmeleitfähigkeit des Untergrundes ermittelt

$$R_b = H/Q \, (T(r,t) - T_0) - 1/(4\pi\lambda) \cdot [\ln(4\lambda t/sr^2) - 0,5772] \qquad (6.4)$$

Die Wärmespeicherzahl wird dabei üblicherweise geschätzt, da sie nur einen geringen Einfluss auf die Größe des Bohrlochwiderstandes hat. Für das obige Beispiel errechnet sich der Bohrlochwiderstand zu $R_b = 0,15$ KmW^{-1} bei einer abgeschätzten Wärmespeicherzahl von $s = 2,7$ MJm^{-3} K^{-1}.

Die Reichweite der Temperaturänderung kann grundsätzlich mit:

$$r = \sqrt{2,25 \, \lambda t/s} \qquad (6.5)$$

ermittelt werden. Die Reichweite der Temperaturänderung ist somit unabhängig von der Heizleistung.

Als Ergebnis der oben beschriebenen Testmethoden und Auswerteverfahren können jedoch nur Mittelwerte über den gesamten Testbereich gewonnen, d. h. sämtliche ermittelten thermischen Eigenschaften über den Untergrund und den Bohrlochwiderstand sind integrativ über die gesamte Sondentiefe und damit über alle durchteuften Horizonte hinweg gemittelt.

Wird allerdings zusätzlich die Temperatur während des Thermal Response Tests in der Vertikalen aufgezeichnet, beispielsweise durch einen Mikrofisch (oder GeoSniff) innerhalb der Erdsonde (Abschn. 6.8.4) oder durch eine außerhalb der Erdsonde im Bohrloch fest installierte Temperaturregistriermöglichkeit (z. B. faseroptische Temperaturmessung), so lassen sich damit Hinweise auf Grundwasserbewegungen in einzelnen Schichten und auf lithologische Grenzen erhalten. Hydraulisch aktive Aquifere sind damit identifizierbar.

Zusätzlich besteht bei mehrfacher Temperaturmessung in der Vertikalen die Möglichkeit, für die einzelnen Horizonte die thermischen Parameter des Untergrundes und den Bohrlochwiderstand separat zu ermitteln. Für diese Auswertemethode hat sich die faseroptische Temperaturmessung bewährt. Da die thermischen Untergrundparameter mit dieser Methode tiefenabhängig bestimmt werden, können sie direkt der lokalen geologischen Situation mit Hilfe des Schichtenverzeichnisses zugeordnet werden. Bei zusätzlichem konvektivem Wärmetransport durch fließendes Grundwasser sind allerdings die für diesen Horizont berechneten Wärmeleitfähigkeiten nur scheinbare Größen und entsprechen nicht den realen Gesteinseigenschaften.

Mit Hilfe faseroptischer Temperaturmessungen in verschiedenen Tiefenstufen im Zuge eines Enhanced Geothermal Response Tests kann zudem die Detektion von Fehlstellen in der Hinterfüllung der Erdwärmesonde festgestellt werden (Riegger et al. 2012) (Abschn. 6.8.4).

Da Thermal Response Tests relativ aufwendige Verfahren sind, werden sie in der Regel nur für größere Projekte, wie beispielsweise für Erdwärmesondenfelder oder für Neubaugebiete, in denen es vorgesehen ist, viele Einzelsonden abzuteufen, durchgeführt. Die Auslegung von Erdwärmesonden für ein Einzelobjekt erfolgt daher in der Praxis bestenfalls theoretisch anhand eines prognostischen Schichtenprofils und der klimatischen Verhältnisse vor Ort mit den vorstehend genannten Berechnungsverfahren. Anhand des Schichtenverzeichnisses werden dem Untergrund Wärmeleitfähigkeiten zugeordnet und mit den o.g. Auslegungsprogrammen der Wärmeentzug und die Auslegung der Erdsonde, d. h. die erforderliche Länge, bestimmt. Wichtig sind daher in jedem Fall eine detaillierte Aufnahme der erbohrten Schichten und die Verifizierung des prognostischen geologischen Profils.

6.4   Bohrverfahren für Erdwärmesonden

An die Erdwärmesondenbohrungen (Abb. 6.9 und 6.10) werden meist die Anforderungen kostengünstig und schnell gestellt. Dies darf jedoch nicht zu Lasten der dauerhaften Qualität führen, sind die Sonden doch die grundlegende Voraussetzung dafür, dass die Heizungsanlage die nächsten Jahre zufriedenstellend funktioniert.

Abb. 6.9 Beispiel für ein Erdwärmesondenbohrgerät

Abb. 6.10   Bohrmeister am Steuerpult eines Bohrgeräts

In der DIN 18301 für Bohrarbeiten und der DIN 18302 für den Ausbau von Bohrungen werden die Anforderungen an die Ausführung und Erstellung des Gewerkes in Deutschland behandelt. Nicht berücksichtigt sind die Anforderungen an die gerätetechnische Ausstattung und die Qualifikation und Erfahrung des eingesetzten Personals. Die beiden DVGW-Arbeitsblättern W120-1 und W120-2 schließen diese Lücke und stellen zwei umfassende Zertifizierungsgrundlagen für die Bereiche Brunnen- und Messstellenbau sowie oberflächennahe Geothermie dar.

Die Erdwärmesondenbohrungen müssen mit dem erforderlichen Durchmesser, kalibergerecht, mit geradem Verlauf in die notwendige Tiefe (Abschn. 6.3) abgeteuft werden. Der erforderliche Bohrdurchmesser richtet sich nach der Sondengröße, den zu durchteufenden Schichten und dem gewählten Bohrverfahren. In jedem Fall ist sicherzustellen, dass die Sonden mit Verpressschlauch in das Bohrloch gleiten können, so dass sie nicht beschädigt werden. Bestimmte geologische Verhältnisse können auch den Einsatz eines Packers und mehrerer Verpressschläuche erfordern. Für die Dimensionierung des Bohrdurchmessers sind ggf. ebenfalls Abstandshalter und Zentrierhilfen (Abschn. 6.2) zu berücksichtigen. Werden Sonden gewaltsam in das Bohrloch „hineingedrückt", muss mit einer Beschädigung gerechnet werden.

Da es sich bei Erdwärmesondenbohrungen um kleinkalibrige Bohrungen handelt, kommen aus Kostengründen in erster Linie **direkte Spülbohrverfahren** seltener **Trockenbohrverfahren** und **indirekte Spülbohrverfahren** zur Anwendung (Tholen und Walker-Hertkorn 2008). Bei Spülbohrverfahren wird das Bohrgut kontinuierlich in einem Spülstrom gefördert, bei Trockenbohrverfahren periodisch mit einem Bohrwerkzeug. Bei indirekten Spülbohrverfahren wird das Bohrgut im Bohrgestänge zu Tage gefördert, bei direkten Spülbohrverfahren zwischen Bohrgestänge und Bohrlochwand. Die Stabilität der Bohrlochwand wird beim Trockenbohrverfahren i.d.R. durch eine mitgeführte Rohrtour gewährleistet; beim Spülbohrverfahren kann diese Funktion von einer Bohrspülung mit entsprechender Dichte übernommen werden. Häufig werden Trockenbohrverfahren auch zum Setzen des Standrohres bei Spülbohrverfahren eingesetzt (Abb. 6.11a–c).

Die direkten Spülbohrverfahren lassen sich in Abhängigkeit von ihrem Antrieb unterteilen in drehende und drehschlagende direkte Spülbohrverfahren. Das drehende direkte Spülbohrverfahren (**Direktspülverfahren**) wird überwiegend in Lockersedimenten eingesetzt, wobei das Bohrloch durch die im Bohrloch zirkulierende Spülung stabilisiert wird. Das drehschlagende Spülbohren (**Imloch hammerbohrverfahren**) wird bevorzugt im Festgestein angewandt. Da mit Luft gefördert wird, muss die Bohrlochwand standfest sein. Daher wird in die Bohrung bis zum Erreichen des standfesten Gebirges eine Verrohrung mitgeführt (Abb. 6.12).

Bei den Drehbohrverfahren wird das Bohrgut in einem Spülstrom aus Wasser und ggf. Spülungszusätzen gefördert, während beim drehschlagenden Bohren sowohl das Bohrwerkzeug als auch die Bohrcuttings durch einen Luftstrom angetrieben werden.

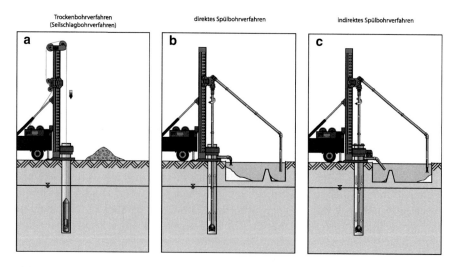

Abb. 6.11 **a** Seilschlagverfahren. **b** Direktes Spülbohrverfahren. **c** Indirektes Spülbohrverfahren

Abb. 6.12 Die Abbildung zeigt das Standrohr, in dem sich der Bohrstrang mit Imlochhammer befindet

Eine Variante des Drehschlagbohrens ist das **Geothermal-Radial-Drilling**. Das besondere dabei ist, dass nicht nur vertikale, sondern auch von einem zentralen Bereich sternförmig Schrägbohrungen abgeteuft werden können, ohne das Bohrgerät umsetzen zu müssen.

Das **Doppelkopfbohren** ist ein neues Verfahren. Es hat seinen Namen von zwei getrennt auf einem gemeinsamen Bohrschlitten in der Bohrachse hintereinander montierten Drehantrieben. Damit werden unabhängig voneinander ein innen laufendes Bohrgestänge – vorzugsweise eine Bohrschnecke, aber auch ein Rotarybohrer – und eine äußere Bohrlochverrohrung (Schutzverrohrung) angetrieben. Vorteil dieses Verfahrens sind, dass sehr genau die angepeilte Richtung gehalten werden kann, und dass im Falle des Antreffens artesisch gespannten Wassers in das Schutzrohr eine Art Rückschlagventil zur Kontrolle des anfallenden Wasserflusses eingebaut werden kann.

Wichtig für die korrekte Auslegung der Erdwärmesonde ist eine detaillierte Aufnahme der erbohrten Schichten, unabhängig vom Bohrverfahren.

6.4.1 Direktspülverfahren

Beim Direktspülverfahren erfolgt der Antrieb des Bohrwerkzeuges über den Kraftdrehkopf. Das vom Bohrwerkzeug gelöste Bohrgut wird vom aufsteigenden Spülstrom über den Ringraum ausgetragen und gelangt in den Spülteich oder ein adäquates Auffangbecken (Abb. 6.13). Unmittelbar davor, noch aus dem Spülstrom, erfolgt die Probennahme für die geologische Aufnahme der Bohrung. Im Spülteich sedimentiert dann das Bohrgut, die saubere (nach Absetzen) Spülung wird über eine Pumpe wieder durch das Gestänge zum Bohrwerkzeug gepumpt und der Kreislauf beginnt von neuem. Der Pumpendruck muss ausreichen, um die Reibungsverluste im Gestänge zu überwinden. Beim direkten Spülbohren kommen meist Kolben- oder Kreiselpumpen zum Einsatz. Im Gegensatz zu Kolben- bzw. Verdrängerpumpen sind Kreiselpumpen, die zwar größere Fördermengen erreichen, von der Förderhöhe abhängig.

Die Stabilität des Bohrlochs hängt ganz entscheidend vom Spülungsüberdruck ab. Dieser ergibt sich aus der Differenz zwischen dem Spülungsspiegel und dem Grundwasserspiegel. Die Dichte der Spülung muss adäquat justiert werden.

Um das Bohrklein auszutragen, sind je nach Tragfähigkeit der **Spülung** und Größe des Bohrkleins im Ringraum Spülungsgeschwindigkeiten von 0,5–1,0 m/s erforderlich. Die Sinkgeschwindigkeit der Spülung im Gestänge ist um ein

Abb. 6.13 Beispiel für ein Auffangbecken für die Bohrspülung mit ausgetragenem Bohrgut

Vielfaches höher, so dass der Spülstrahl mit hoher Geschwindigkeit auf die Bohrlochsohle trifft, dort das Bohrgut löst, verwirbelt und in den Ringraum treibt. Die
Fließgeschwindigkeit der Spülung im Gestänge ist entscheidend vom Durchmesser des Gestänges abhängig. Geringere Gestängedurchmesser bewirken zwar
höhere Fließgeschwindigkeiten, jedoch sind die Reibungsverluste auch deutlich
höher. Die Spülungsgeschwindigkeit im Ringraum bestimmt die maximale Größe
des Bohrkleins, das ausgetragen werden kann. Bei den häufig genutzten Aufstiegs-
geschwindigkeiten der Spülung von 0,5 m/s können nur Cuttings bis maximal
etwa 8 mm Durchmesser gefördert werden.

Die Bohrspülung hat somit bei Spülbohrungen vielerlei Aufgaben. Sie dient
der Stabilisierung der Bohrlochwand, dem Austragen des Bohrgutes, der Unterstützung des Bohrvorganges und dem sauberen Abtrag der Bohrlochsohle, aber
auch dem Kühlen und Schmieren von Bohrwerkzeug und Gestänge sowie ggf.
dem Antrieb eines Bohrwerkzeuges (Imlochhammer, Bohrturbine). Außerdem
lassen sich bis zu einem gewissen Grad durch eine geeignete Zusammensetzung
der Spülung auch spontane Änderungen der Formationsdrucke kontrollieren.

Bei Erdwärmesondenbohrungen werden i.d.R. folgende **Spülungszusätze** eingesetzt: Bentonite, CMC-Produkte (Carboxy-Methl-Cellulose) und Beschwerungsmittel. **Bentonite** sind aktive Tonmehle, welche die Viskosität der Bohrspülung
erhöhen und damit den Austrag der Cuttings erleichtern, insbesondere, wenn die
Aufstiegsgeschwindigkeit der Bohrspülung gering ist. Bentonithaltige Spülungen
führen gerne zur Ausbildung von Filterkuchen im umgebenden Bohrloch. **CMC-
Produkte** sind Polymere; sie bauen einen dünnen Filterkuchen an der Bohrlochwand und um das erbohrte Bohrklein auf, der die Bohrlochwand abdichtet und das
Austragen von erbohrtem Ton ermöglicht. Der Filterkuchen verhindert das Eindringen von Bohrspülung, insbesondere in die Grundwasser führenden Lockergesteine. Bei durchbohrten Tonen wird das Eindringen von Bohrlochwasser und
damit das Aufquellen der Tone verhindert. Da Bentonit in einer CMC-Spülung
nicht quellen kann, dürfen allenfalls zusätzlich erforderliche CMC-Produkte erst
später der Bentonitspülung zugegeben werden. **Beschwerungsmittel** wie Kreide
oder Schwerspat werden gezielt bei Bohrungen in artesisch gespanntem Grundwasser eingesetzt, um die Dichte der Bohrspülung zu erhöhen.

Durch entsprechende Erhöhung der Dichte der Bohrspülung lassen sich sehr viele
schwache **Arteser** oder Grundwasserstockwerke mit leichtem hydraulischem Überdruck beherrschen. Steht beispielsweise in 60 m u.Gel. ein Arteser mit einem Überdruck von 0,3 bar an, so wird durch eine Spülungsdichte von $\rho = 1,10 \cdot 10^3$ kg/m^3 ein
ausreichender Spülungsdruck erzielt:

$$\text{Spülungsdruck: } 60 \text{ m} \cdot 1,10 \cdot 10^3 \text{ kg/m}^3 \cong 6,6 \text{ bar}$$
$$\text{Druck des Artesers: } (60 \text{ m} + 3 \text{ m}) \cdot 1,0 \cdot 10^3 \text{ kg/m}^3 \cong 6,3 \text{ bar}$$
$$\text{Überdruck der Spülung: } 6,6 \text{ bar} - 6,3 \text{ bar} = 0,3 \text{ bar}$$

Die Dosierung der Spülung ist abhängig vom Untergrund, der durchbohrt werden
soll, ob mit direktem oder indirektem Spülbohrverfahren gebohrt werden soll und

von der Leistung der Spülpumpe bzw. der Aufstiegsgeschwindigkeit der Spülung. Die erbohrten Feststoffe müssen ausreichend im Spülteich sedimentieren, um die Dichte der Bohrspülung nicht zu erhöhen. Es gibt verschiedene Standardmessverfahren, mit denen die Spülung schnell und einfach kontrolliert werden kann (Dichtemessung mittels Hydrometer oder Aräometer und Spülungswaage, Viskositätsmessung mit dem sog. Marsh-Trichter, Messung der Wasserabgabezeit mittels Ringapparat) (Abschn. 6.5).

Neben den erbohrten Bodenproben geben **Bohrparameter** wie der Bohrfortschritt, der Spülungsdruck, die Drehzahl und der Andruck wichtige Hinweise auf Veränderungen an der Bohrlochsohle. Diese Parameter sieht der Geräteführer direkt am Steuerpult des Bohrgerätes (Abb. 6.10). Sie können durch sog. Bohrschreiber jedoch auch digital erfasst und aufgezeichnet werden und sind im Nachhinein zum einen für eine eventuell erforderliche Beweissicherung zum anderen für die geologische Interpretation der erbohrten Schichtenabfolge sehr wichtig.

6.4.2 Imlochhammerbohrverfahren

Beim drehschlagenden direkten Spülbohren wird überwiegend mit einem Imlochhammer gebohrt (Abb. 6.14). Die Bohrcuttings werden hierbei kontinuierlich in einem Luftstrom durch den Ringraum gefördert. Der Imlochhammer wird mittels Kraftdrehkopf über das Bohrgestänge mit mehreren 10er Umdrehungen pro Minute gedreht, wobei gleichzeitig mittels eines Kompressors die Luft durch das Gestänge mit Drücken zwischen 15 und 35 bar zum Imlochhammer geführt wird. Die Luft treibt einen Schlagkolben an, der den Bohrmeißel (Bit) des Hammers mit bis zu 3000 Schlägen pro Minute auf die Bohrlochsohle schlagen lässt. Die am Hammerkopf austretende Luft reinigt die Bohrlochsohle und

Abb. 6.14 Beispiel für einen Imlochhammer

verdrängt das gelöste Bohrgut über den Ringraum zur Erdoberfläche (Tholen und Walker-Hertkorn 2008; VBI-Leitfaden 2008).

Das Imlochhammerbohren ist besonders in Festgestein und harten bindigen Böden vorteilhaft. In Sanden und Kiesen ist es nur begrenzt einsetzbar. Das Imlochhammerbohrverfahren hat den entscheidenden Vorteil, dass Wasserzutritte während der Bohrarbeiten sofort erkannt werden.

Speziell ausgerüstete Imlochhämmer können auch mit einer reinen Wasserspülung oder einem Spülungs-Luft-Gemisch angetrieben werden.

Mit speziell designten Imlochhämmern kann der Durchmesser des Bohrlochs ab einer gewissen Tiefe vergrößert werden.

Bei Geothermiebohrungen hat sich auch das Doppelkopfbohren bewährt. Mit zwei getrennt arbeitenden Drehantrieben können das Bohrgestänge (Innenrohrstrang) und die Verrohrung (Außenrohrstrang) eingebracht werden. Ist der zu verrohrende Bohrlochbereich durchbohrt, wird die Verrohrung abgesetzt und es kann dann nach Ablegen des Doppelrotorkopfes allein mit dem Innengestänge weitergebohrt werden.

6.4.3 Abschließende Hinweise, Bohrrisiken

Das Abteufen von Erdwärmesondenbohrungen ist in der Regel von kurzer Dauer und findet unter beengten Platzverhältnissen statt. Daher sind kompakte und wendige Bohrgeräte vorzuziehen, und der Einrichtung des Bohrplatzes ist besondere Aufmerksamkeit zu schenken. Vor dem Abteufen der Bohrungen sind in jedem Fall die Lage von bereits verlegten Leitungen oder Hindernissen (z. B. Gas- und Wasserleitungen) auf dem Grundstück abzuklären.

Grundsätzlich wird empfohlen, den Bohrfortschritt mechanisch oder elektronisch durch einen sogenannten Bohrdatenschreiber aufzuzeichnen. Ein mechanischer Bohrdatenschreiber kann meist den Bohrfortschritt, die Tiefe, den Andruck und den Spülungsdruck aufzeichnen, so dass dadurch gewisse Informationen über die geologischen Eigenschaften des Untergrundes vorliegen. Aufzeichnungen elektronischer Bohrdatenschreiber in Kombination mit der Vermessung des Bohrlochs mittels einer Gamma-Ray-Sonde erleichtern meistens die geologische Interpretation der erbohrten Schichtenabfolge.

Sollen mehrere Bohrungen abgeteuft werden, so ist ein Mindestabstand zwischen den Bohrungen einzuhalten (Abschn. 6.3). Sind die einzelnen Erdwärmesonden bzw. die Anschlusslängen der jeweiligen Erdsonde, die einer Wärmepumpe zugeführt werden, unterschiedlich lang, so ist eine hydraulische Einregulierung (hydraulischer Abgleich) auch auf der Sondenseite erforderlich.

Besteht eine Gefährdung des Bohrlochs durch drückendes bis hin zu artesischem Wasser, Gas etc., sind besondere Maßnahmen zu ergreifen, wie Sichern durch Verrohrung, Erhöhung der Spülungsdichte, Einbau eines Packers im Extremfall bis hin zu einer dichten Verschließung des Bohrlochs. Nachstehend werden die häufigsten **Bohrrisiken** besprochen.

Quellfähige Tone können ein Bohrrisiko darstellen. Beim Durchbohren dieser Schichten ist auf eine spezielle Bohrspülung zu achten (Abschn. 6.4.1), die ein Quellen der Tone verhindert. Nach dem Einbringen der Erdwärmesonde muss darauf geachtet werden, dass das Bohrloch fachgerecht und dauerhaft dicht abgedichtet wird, so dass jeder Wasserzutritt zu den Tonen ausgeschlossen ist, da ansonsten Quelldrücke auftreten können, die Schäden an der Sonde ggf. sogar an benachbarten Bauwerken verursachen. Ganz besondere Aufmerksamkeit ist in diesem Zusammenhang dem Erbohren von **Anhydrit** zu schenken, da sich dieser bei Wasserzutritt unter Volumenzunahme von über 60 % (!) in Gips umwandelt (Grimm et al. 2014). Falls in einer derartigen Bohrung im Hangenden oder Liegenden zusätzlich Grundwasserhorizonte durchbohrt wurden, ist äußerste Vorsicht geboten. Unabhängig davon, ob Grundwasserleitern mit Überdrucken im Liegenden und/oder Unterdruckenden im Hangenden angebohrt wurden, wird vom Ausbau der Bohrung abgeraten und empfohlen die Bohrung wieder dicht zu verschließen (Abschn. 6.7).

Beim Niederbringen von Bohrungen im Bereich von **Fließsanden** muss die Bohrung verrohrt werden, da ansonsten dieses Material in das Bohrloch verfrachtet wird und dadurch die Gefahr besteht, dass das überlagernde Gestein nachbricht mit der Folge von Setzungen an der Erdoberfläche. Bei nicht verrohrten Bohrungen im **stark verkarstetem Gebirge** unter Sedimenten besteht ebenfalls die Gefahr, dass das lockere Material aus dem Hangenden nach unten einbricht. Daher sollten auch diese Bohrungen mit einem Standrohr bzw. einer Verrohrung bis ins anstehende Festgestein versehen werden. Eine weitere Möglichkeit für Setzungen der Geländeoberfläche sind Laugungsprozesse in **löslichem Gestein** infolge von ständigen Wasserzutritten hervorgerufen durch hydraulische Wegsamkeiten entlang der Bohrung (Grimm et al. 2014). Grundsätzlich sollte man daher in derartigen Fällen von einem Ausbau absehen und die Bohrung wieder gesichert verschließen.

Bohrtechnische Schwierigkeiten können im Zusammenhang mit dem Anfahren von **größeren Hohlräumen,** wie sie z. B. in verkarsteten Kalk- oder Dolomitgesteinen, in Salz- oder Gipsgesteinen, in Störungszonen und in grobbankigen Kluftgrundwasserleitern auftreten, entstehen. Das Bohrgestänge kann durchfallen und es können Spülungsverluste auftreten. Oft entstehen in derartigen Fällen als Folge Probleme beim Hinterfüllen des Ringraumes, so dass spezielles Hinterfüllmaterial sowie der Einsatz von Packern, ggf. Erdwärmesondenpacker, erforderlich sind. Unter Umständen muss auch der untere Teil der Bohrung (oder die gesamte Bohrung) aufgegeben und wieder dicht verfüllt werden. Werden **Störungszonen** oder tektonische Auflockerungen durchfahren, so kann das Bohrgestänge verklemmen oder das Bohrloch nach Abteufen der Bohrung „zugehen", so dass die Erdwärmesonde nicht mehr eingebracht werden kann. Oft muss dann überbohrt oder neu gebohrt werden.

Mit **Erdwärmesondenpackern** können bestimmte Gebirgsabschnitte separiert und schwache Arteser oder Grundwasserstockwerke mit leichtem hydraulischem Über- oder Unterdruck abgedichtet werden. Ein Erdwärmesondenpacker (Abb. 6.15a) ist ein schlauchartiges Gebilde, das aus zwei Packerdichtelementen,

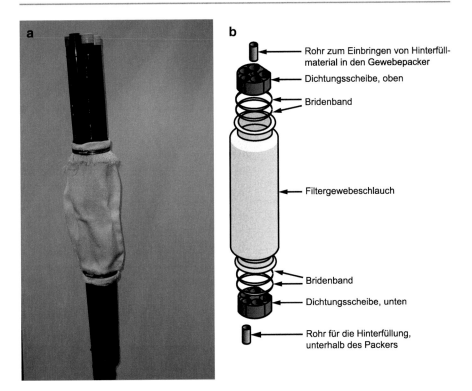

Abb. 6.15   a, b: Beispiel für einen Erdwärmesonden-Packer (Gewebepacker) **(a),** Schemabild der Zusammensetzung des Erdwärmesondenpackers **(b)**

einem entsprechenden Gewebeschlauch sowie entsprechenden Befestigungs-elementen besteht. Das Packermaterial besteht aus Textilfasern. Der Gewebe-schlauch wird über die Erdwärmesonde gestülpt und in der entsprechende Tiefe platziert. Die beiden Enden des Gewebeschlauches werden mit Gummimanschetten an der Erdwärmesonde festgezurrt und damit abgedichtet (Abb. 6.15b). Durch die beiden Gummimanschetten führt ein Verpressrohr, damit der Bohrabschnitt unterhalb des Packers abgedichtet werden kann. Ein weiteres Verpressrohr zur Auffüllung des Packers führt durch die obere Manschette in den Packer hinein. Ein dritter Verpressschlauch dient der Hinterfüllung des Bereiches oberhalb des Packers. Die Erdwärmesonde mit angebrachtem Packer und installierten Verpressschläuchen wird anschließend in das Bohrloch eingebracht und der Packer an der gewünschten Stelle platziert. Dort wird er, nachdem der Bohrlochabschnitt unterhalb des Packers hinterfüllt wurde, über einen Schlauch mit Hinterfüllmaterial „aufgeblasen", so dass dadurch der untere Bereich vom oberen abgedichtet wird (Abb. 6.15a, b). Im Anschluss daran erfolgt die Hinterfüllung des oberen Bohrloch-abschnittes. Grundsätzlich ist es auch möglich, zwei Packer zur Absperrung eines Bohrlochabschnittes einzubauen. In der Praxis ist es oft nicht ganz einfach den oder

die Packer mitsamt den Hinterfüllschläuchen gegen einen Überdruck in das Bohrloch einzubringen (Perrefort und Quante 2010).

Beim Herstellen einer Bohrung für eine Erdwärmesonde ist es in bestimmten
Gebieten prinzipiell möglich, auf Erdgas führende Schichten oder Arteser zu
stoßen.

Beim Erbohren eines **Artesers** können bei entsprechend hohem Druck des
Artesers große Wassermengen aus dem Bohrloch austreten, die unter Umständen
zusätzlich Feinmaterial ausschwemmen. Dadurch kann es zum einen zu Schäden
am Bohrloch kommen, so dass eine nachträgliche Abdichtung des Bohrlochs sehr
erschwert oder kaum mehr möglich wird (Grimm et al. 2014). Zum anderen kann
es im Umkreis der Bohrung zu Setzungen kommen. Daher sind bereits im Vorfeld in Gebieten, in denen das Vorhandensein von Artesern nicht ausgeschlossen
werden kann, bestimmte Sicherheitsmaßnahmen erforderlich. Bei Bohrungen,
mit denen ein Arteser angetroffen werden könnte, muss die Verrohrung fest im
hangenden dichten Bereich verankert (abgesetzt) sein (Einbau eines Sperrohrs,
Abb. 6.12). Da beim Erbohren eines Artesers oder von **gespanntem Grundwasser** der Einsatz von beschwerter Spülung erforderlich ist, müssen geeignete
schwere Spülungszusätze bereits im Vorfeld vorgehalten werden, genauso wie ein
geeignetes Packersystem zum verlässlichen Absperren. Bei geringen Überdrucken
kann unter Umständen ein leicht gespannter Grundwasserleiter mittels eines Erdwärmesondenpackers (Abb. 6.15a, b) abgedichtet werden. Beim Anfahren von
artesisch gespanntem Grundwasser wird empfohlen, entweder den unteren Bereich
der Bohrung oder bei starken Artesern die gesamte Bohrung wieder dicht zu
verschließen, eventuell auch durch den Einsatz eines verlorenen Packers.

Gas kann beim Anbohren eines Vorkommens plötzlich und unter großem
Druck aus dem Bohrloch austreten. Möglich sind aber auch langsam entstehende, diffuse Austritte. Wird mit einer Erdwärmesondenbohrung ein **Gasvor-
kommen** erschlossen, so wird grundsätzlich ein ähnliches Vorgehen wie beim
Anfahren eines Artesers empfohlen. Zusätzlich sind jedoch vorab entsprechende
Vorsichtsmaßnahmen wegen der Gasgefahr zu ergreifen, da grundsätzlich, je nachdem um welches Gas es sich handelt, die Gefahr einer Gasexplosion (Methan),
einer Vergiftung durch Gas (Schwefelwasserstoff) oder Erstickungsgefahr infolge
Sauerstoffmangel (Kohlendioxid, Stickstoff) bestehen. Das Gas sollte daher in
jedem Fall analysiert werden, bevor über das weitere Vorgehen entschieden wird.
Bei problematischen Gasen darf keine Sonde eingebaut werden und das Bohrloch muss wieder dicht verschlossen werden und sollte später keinesfalls überbaut
werden.

Methanaustritte sind bekannt aus dem Kohle führenden Karbon, aus dem
Opalinuston (Mitteljura) sowie aus anderen Schichten. Bei Volumengehalten von
5–14 % können Methanaustritte in Bohrungen zur Explosion führen und höhere
Gehalte bei entsprechendem Nachschub zu Bränden.

Im schweizerischen Wilen, Kanton Obwalden, wurde in einer Tiefe von 125 m
Erdgas angetroffen, das mit einem Überdruck von 3 bar der Bohrung entströmte
(Wyss 2001). Die rasche und umsichtige Reaktion des Bohrmeisters führte
zu einer kontrollierten Abführung und Verbrennung des Erdgases. Das Bohr-

loch wurde abgedichtet und wieder verfüllt. Eine Erdwärmesonde wurde nicht installiert.

Grundwässer können lokal stark erhöhte Gehalte an Gasen aufweisen. Das gängige Sondenmaterial, die PE-Schläuche, hat für Gase ein durchlässiges Gefüge. Insbesondere die Kohlendioxidmoleküle können aufgrund ihrer Größe und Struktur besonders gut durch die Wandung der PE-Rohre diffundieren. Wird nach einer längeren Stillstandszeit die Zirkulationspumpe des Primärkreislaufes wieder eingeschaltet, wird die Sole mit dem gelösten Gas nach oben gepumpt, mit der Folge, dass das Gas u.U. mit Schaumbildung ausgast. Herkömmliche Luftabscheider in der Soleintrittsleitung können die ausgasenden Gasmengen nicht immer völlig abscheiden. Der entstehende Schaum gelangt in den Verdampfer der Wärmepumpe, reduziert dort erheblich die Entzugsleistung und kann zu einer Abschaltung der Wärmepumpe führen. Darüber hinaus entfaltet die Sole durch die Lösung von Kohlendioxid eine korrosive Wirkung, möglicherweise mit Korrosionsschäden am Wärmetauscher des Verdampfers der Wärmepumpe. In kritischen Bereichen mit bekanntem Kohlendioxidvorkommen sollte diffusionsbeständiges Sondenmaterial verwendet werden. In keinem Fall sollte die Sonde, falls sie dennoch installiert wird, überbaut werden.

6.5 Hinterfüllung/Verpressung von Erdwärmesonden

Der Hinterfüllung, auch Verpressung einer Erdwärmesonde genannt, kommt eine sehr entscheidende Bedeutung für den effizienten, ökologisch sinnvollen Betrieb, für die Lebensdauer der Sonde sowie für den Grundwasserschutz zu. Die Hinterfüllung muss eine physikalisch und chemisch stabile Einbindung der Erdwärmesonde in das umgebende Gestein gewährleisten. Sie muss dauerhaft dicht sein. Das bedeutet, dass Trennhorizonte zwischen einzelnen Grundwasserleitern in ihrer hydraulischen Funktionalität so wiederhergestellt werden, dass die Systemdichtigkeit (Sonde in der Hinterfüllung) die Durchlässigkeit des ursprünglich vorhandenen Trennhorizontes nicht überschreitet. Entscheidend für die Abdichtung der Erdwärmesonde ist daher die Systemdurchlässigkeit, nicht nur die Materialdurchlässigkeit der Hinterfüllung (Reuß 2014). Wichtige zusätzliche Faktoren sind u. a. Sondenmaterial inklusive Oberflächenstruktur (glatt, rau), Temperaturbetrieb der Sonde (insbesondere Frost-/Tauwechsel), Hinterfüllbaustoff (Bindungsvermögen an Sondenmaterial), ggf. Druckprüfung der Sondenrohre.

Eine unzureichende, unvollständige Hinterfüllung einer Erdwärmesonde ist kaum zu sanieren. Zum einen kann versucht werden, eine unvollständig hinterfüllte Erdwärmesonde nachträglich zu hinterfüllen. Dazu ist es notwendig, ein Sondenrohr von innen an den entsprechenden Stellen aufzuschneiden (durch Schneidedüse mit Wasserstrahl oder mechanisches Schneidemesser) und von diesem Sondenstrang ausgehend Suspension durch die Erdwärmesonde in den vorhandenen Ringraum zu injizieren. Nach dieser Maßnahme kann diese U-Rohrsonde allerdings nicht mehr für den Heizbetrieb genutzt werden, sondern nur noch das zweite U-Rohr, über das auch Kontrollmessungen des Erfolgs der

Sanierung stattfinden können (Abschn. 6.8.4). Falls diese Art der Sanierung nicht erfolgreich war, kann versucht werden, die vorhandene Sonde bohrtechnisch zu entfernen und die vorhandenen Trennhorizonte wiederherzustellen. Versuche, eine unvollständig hinterfüllte Erdwärmesonde zu überbohren, stellen höchste Anforderungen an die ausführende Bohrfirma. Das Überbohren ist schwierig, weil die Erdwärmesonde aus PE besteht, i.d.R. keinen geraden Verlauf aufweist und die Zementation härter als das anstehende Gebirge (z. B. Gipskeuper) sein kann. Um dem Bohrungsverlauf zu folgen und diesen nicht zu verlieren, wurde in Rudersberg, NE Stuttgart in Baden-Württemberg, beispielsweise in die Erdwärmesonden-schläuche und in das Hinterfüllrohr Stahlseile einzementiert, die dann als Führung für eine Überbohrkrone an einer Rohrtour mit 177,8 mm Durchmesser dienten (Burkhardt und Krumwieh 2015).

Außerdem ist zu beachten, dass letztlich der Grundstückseigentümer für Schäden, die aus einer nicht fachgerechten Ausführung der Erdwärmesonde entstehen, haftet. Trotzdem ist es in nicht allen Ländern zwingend erforderlich, eine Hinterfüllung einzubringen.

Unmittelbar nachdem die Bohrung abgeteuft wurde, ist die Erdwärmesonde von einer Haspel abgewickelt ins Bohrloch einzubringen und mit der Hinterfüllung zu beginnen. Die Hinterfüllung einer Erdwärmesonde hat in Bezug auf den Grundwasserschutz die Aufgabe, die erbohrte Schichtenabfolge gegeneinander abzudichten, Wegsamkeiten entlang der Erdwärmesonde zu verhindern und die Dichtwirkung von Grundwasserstauern wiederherzustellen (Abb. 6.16). Außerdem kann sie einen zusätzlichen Schutz vor auslaufenden Wärmeträgerflüssigkeiten bei defekten Sondensträngen für das Grundwasser bieten. Für die Effizienz der Erdwärmesonden-Anlage hat die Hinterfüllung die Aufgabe, die Sonde thermisch optimal an das umgebende Gestein anzubinden. Die Hinterfüllung muss das Bohrloch auch aus Stabilitätsgründen dauerhaft und setzungsfrei erfüllen. Allerdings kann in einer durchgehenden Kiesabfolge auf das Einbringen einer Hinterfüllsuspension verzichtet werden.

Aus diesen Aufgaben ergeben sich die erforderlichen Eigenschaften für geeignete Verpressmaterialien:

- Geringe Durchlässigkeit ($k_f \le 10^{-9}$ m/s), dauerhafte Dichtigkeit, bzw. Systemdichtigkeit ($\ge$ Dichtigkeit des Trennhorizontes zwischen Grundwasserleitern).
- Zugelassen für den Einsatz im Grundwasser, d. h wasserhygienische Unbedenklichkeit und nicht wassergefährdend.
- Einfache Handhabung und sichere Verarbeitbarkeit auf der Baustelle, gute Pumpbarkeit.
- Sedimentationsstabil, volumenbeständig, setzungs- und schrumpfungsarmes Abbindeverhalten.
- Beständigkeit gegen chemische Beanspruchungen (z. B. bei Vorkommen sulfathaltiger Gesteine oder Wässer oder bei betonaggressiven Wässern).
- Beständigkeit gegen thermische und mechanische Belastungen.
- Gute Fließeigenschaften.

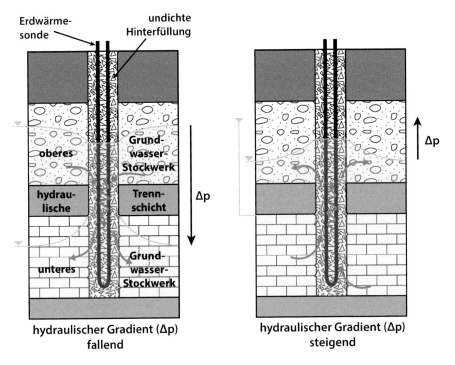

Abb. 6.16 Aufgaben der Hinterfüllung in Bezug auf Erhalt der Dichtigkeit von Trennhorizonten (nach Wolff 2004)

- Möglichst hohlraumfreie Struktur der abgebundenen Suspension.
- Hohe Wärmeleitfähigkeit.

Es gibt verschiedene Hinterfüllmaterialien. Die Komponenten einer Hinterfüllung bestehen in der Regel aus Zement, Bentonit, Ton oder Quarzsand, mit Wasser zu einer Suspension gemischt. Die einzelnen Komponenten haben verschiedene Aufgaben. Zement dient der Druckfestigkeit und der Dichtwirkung. Die quellende Eigenschaft von Ton garantiert auch die Volumenbeständigkeit der Suspension. Ähnliches gilt für Bentonit, der hoch quellfähig ist und tixotrope Eigenschaften aufweist. Die Zumischung von Quarzsand oder Quarzmehl (oder andere Materialien) erhöht die Wärmeleitfähigkeit der Hinterfüllung. Durch Zusatz von Zement wird zwar der Einsatz in den negativen Temperaturbereich möglich, jedoch sollten zu hohe Zementzugaben vermieden werden, damit die Bohrlochverfüllung leicht plastisch bleibt und die thermische Dilatation der Erdwärmesonde nicht behindert wird und keine Wasserwegsamkeiten entlang der Sondenrohre entstehen.

Normale Verpressmaterialien verfügen über eine geringe Wärmeleitfähigkeit (0,6–1,0 W/mK). Thermisch verbesserte Produkte liegen bei 1,6–2,2 W/mK und begünstigen dadurch einen besseren Wärmenachschub zur Wärmeträgerflüssigkeit.

Zwischenzeitlich sind auch Sondenrohre mit erhöhter Wärmeleitfähigkeit in der Erprobung (Abschn. 6.2).

Für die Hinterfüllung sollten nur werksfertige Verfüllbaustoffe verwendet werden. Die Verpresssuspension ist mit der vom Hersteller angegebenen Dichte im Rahmen der Messgenauigkeit (ca. +/− 0,05 g/cm^3) anzumischen. Abweichungen sind nur in begründbaren Ausnahmefällen zulässig, da ansonsten die gewünschten Materialeigenschaften nicht eingehalten werden könnten. Die Verfüllbaustoffe sind auf der Baustelle mit Wasser anzumischen und anschließend sofort zu verarbeiten (Abb. 6.17). Die Anmischung erfolgt mit speziell dafür konzipierten Mischern (Chargenmischer/Kolloidalmischer, Durchlaufmischer), wobei ein kolloidaler und vollständiger Aufschluss des Verfüllbaustoffes gewährleistet sein muss. Aus diesem Grund hat sich in den letzten Jahren insbesondere der Kolloidalmischer bewährt, bei ausreichend langer Anmischzeit (90–120 s). Die Suspensionsdichte sollte zwischen 1,3 t/m^3 und 1,9 t/m^3 liegen. Die Hinterfüllsuspension darf sich vor und während des Aushärtens nicht entmischen. Die Marshzeit, ein Maß für die Viskosität der eingesetzten Suspension sollte zwischen 40 s und 100 s liegen. Die Hinterfüllung sollte außerdem ein möglichst geringes Absetzmaß aufweisen sowie eine Festigkeit von $\geq$ 1 N/mm^2. Es dürfen nur Hinterfüllmaterialien verwendet werden, die beim Abbinden Temperaturen erzeugen, die unterhalb der Gefahr einer Beschädigung der Erdsonde liegen.

Um eine dichte Hinterfüllung zu erhalten, muss die Verpressung grundsätzlich von unten nach oben erfolgen (**Kontraktorverfahren**). Die Dichte und Viskosität des Verpressmaterials sollten groß genug sein, um beim Aufsteigen die Spülung und das Wasser vor sich her aus dem Bohrloch zu drücken. Die Verpressung sollte ohne Unterbrechung unmittelbar nach dem Abteufen der Bohrung erfolgen.

Abb. 6.17 Beispiel für den Einsatz eines Kolloidalmischers auf der Baustelle

Der oder die Verpressschläuche müssen mit Suspension gefüllt im Bohrloch ver-
bleiben. Falls das Verpressrohr (Verpressgestänge) gezogen wird, muss dies
langsam und vorsichtig unter Nachverpressen erfolgen. Um eine vollständige
Hinterfüllung zu gewährleisten, muss das tatsächliche Volumen für die Hinterfüllung größer sein als die Differenz zwischen Bohrlochvolumen und Sonden-
volumen. Die Verpressung ist erst dann beendet, wenn die oben am Bohrloch
austretende Suspension mindestens die Ausgangsdichte des Hinterfüllmaterials
aufweist.

In der Praxis werden wegen der besseren Pumpbarkeit vielfach zu „dünne"
Suspensionen (zu hoher Wasser-Feststoff-Wert) verpresst. Zu hohe Wasser-
Feststoff-Werte führen jedoch zu einer unvollständigen, nicht dauerhaft dichten
Hinterfüllung der Sonde und damit zu potentiellen Schäden sowie zu einer
Reduzierung des Wärmeübertragungsvermögens vom Untergrund in die Wärme-
trägerflüssigkeit der Sondenrohre. Die Dichte kann auf der Baustelle sehr leicht
entweder mit einer Dichtewaage oder mit einem Aerometer (Hydrometer)
gemessen werden (Abb. 6.18a, b).

Die Viskosität der Hinterfüllsuspension sollte zwar deutlich über derjenigen
von Wasser liegen, aber sie sollte auch nicht zu hoch sein, da Suspensionen

Abb. 6.18 **a** Beispiel für eine Dichtewaage zur Ermittlung der Dichte des Hinterfüllmaterials
auf der Baustelle. **b** Beispiel für einen Aerometer (Hydrometer) zur Bestimmung der Dichte des
Hinterfüllmaterials

mit hohen Viskositäten insbesondere beim Hinterfüllen in Bohrungen mit eingebrachten Doppel-U-Rohr-Sonden zur Bildung von Fehlstellen neigen. Es sollten daher auch Hinterfüllsuspensionen gewählt werden, deren Viskosität keine hohen Abhängigkeiten von der Fließgeschwindigkeit aufweisen, denn beim Verpress-Vorgang reduziert sich die Geschwindigkeit der Suspension dramatisch nach Austritt aus dem Verfüllschlauch unten in das Bohrloch hinein und beim Aufstieg (mündl. Mitteilung Dr. M. Haist, KIT, 2015).

Da Kreiselpumpen zum Einbringen der Hinterfüllung nur geringen Druck aufbauen können, sind sie nur für Erdwärmesonden mit geringer Tiefe einsetzbar. Für größere Tiefen sind sog. Verdrängerpumpen (Schneckenpumpe) geeignet.

Durch die Hinterfüllung muss gewährleistet sein, dass es auch bei einem Grundwasserstockwerksbau zu keiner dauerhaften Verbindung zwischen verschiedenen Grundwasserstockwerken kommt. Werden Grundwasserstockwerke, insbesondere dann, wenn unterschiedliche Druckpotentiale vorliegen, miteinander verbunden, so sind qualitative und quantitative Auswirkungen möglich (Abb. 6.16). Zum einen sind hydrochemische Veränderungen oder Verschleppungen von Grundwasser-Verschmutzungen möglich. Damit kann beispielsweise eine Erhöhung der Mineralisation beim Aufstieg tiefer Grundwässer verbunden sein oder eine Verlagerung von anthropogen eingebrachten Stoffen aus oberflächennahen Grundwasserleitern in das tiefere Grundwasserstockwerk (Erhöhung der Nitratkonzentrationen, Eintrag von Pestiziden, Verkeimung, Eintrag von organischen Lösungsmitteln). Indirekt kann es bei unterschiedlichen hydrochemischen Eigenschaften der infolge mangelhafter Hinterfüllung kurzgeschlossenen Grundwasserleiter zu einer Vielzahl von hydrochemischen Reaktionen wie Stoffausfällungen oder Lösungen kommen. Zum anderen sind bei einem Kurzschluss der Grundwasserleiter, wenn sie unterschiedliche Druckpotentiale aufweisen, hydraulische Veränderungen nicht auszuschließen, d. h. Veränderung von Wasserständen bis hin zu Trockenfallen von Quellen, Setzungen, aber auch Hebungen und den daraus resultierenden Schäden an Gebäuden (Grimm et al. 2014; Voelker und Voutta 2011). Aus diesem Grund sollten bei Anfahren verschiedener grundwasserführender Horizonte die Wasserstände gemessen und bei deutlich unterschiedlichen hydraulischen Potentialen eine geeignete Absperrung vorgenommen werden. Gravierende Schäden aufgrund fehlerhafter Hinterfüllung traten bei Anfahren eines artesisch gespannten Grundwasserleiters unterhalb Anhydrit-führender Schichten auf (Schadensfälle Staufen, Böblingen, Rudersberg, Lochwiller/Elsaß). Der Wassereintrag in das Anhydrit-führende Gestein bewirkte Hebungen an der Erdoberfläche um mehrere Dezimeter und Horizontalverschiebungen, die zu schweren Gebäudeschäden führten (Grimm et al. 2014; Burkhardt und Krumwieh 2015) (Abschn. 6.7).

In den letzten Jahren wurde auf dem Hintergrund derartiger Schadensursachen ein neues Sondenmaterial mit einer funktionalen rauen Außenschicht entwickelt, um die Systemdichtigkeit des Gesamtsystems bei erhöhten Anforderungen, wie sie z. B. bei Grundwasserstockwerksbau mit unterschiedlichen hydraulischen Potentialen auftreten (Abb. 6.16), zu erhöhen. Durch die griffigere Außenoberfläche ist der Verbund von Rohr und Hinterfüllung besser gewährleistet.

Grundsätzlich kann es natürlich durch den Bohrvorgang, wie bei jeder anderen Bohrung auch, zu Trübungen, chemischen oder mikrobiologischen Verunreinigungen des Grundwassers kommen. Dies ist insbesondere dann von Belang, wenn in der Nähe Trinkwasserbrunnen, Eigenwasserversorgungen oder Mineralwasser- und Thermalwassererschließungen positioniert sind. Erfahrene Bohrfirmen sollten jedoch über diese Sachverhalte und die rechtlichen Rahmenbedingungen orientiert und in der Lage sein, die notwendigen Arbeiten so auszuführen, dass derartige Beeinflussungen bei Einhaltung festgelegter Entfernungen nicht entstehen.

6.6 Bau von Erdwärmesonden mit Überlänge (Mitteltiefe EWS)

Bei Erdwärmesonden, die deutlich tiefer als 150 m abgeteuft werden sollen, ist entweder ein Spezialsondenmaterial, das den u.U. höheren Druck und den höheren Beanspruchungen bei klassischem Einbau standhält, erforderlich, oder es ist eine spezielle Vorgehensweise beim Einbau der Sonde notwendig, damit die Sonde keinen Schaden nimmt. Da das Spezialsondenmaterial für überlange Erdsonden wesentlich dicker ist (PN 20), verfügt die Erdsonde über einen größeren thermischen Bohrlochwiderstand (Abschn. 6.3), der bei der Auslegung der Anlage entsprechend berücksichtigt werden muss. Daher wird in der Praxis gerne auf die Verwendung dieses Materials verzichtet. Für den Einbau von Sonden mit den klassischen Rohrwanddicken und -materialien ist ein etwas aufwändigeres Verfahren zum Einbringen der Sonden notwendig, um die Druckstabilität der Sondenrohre nicht zu gefährden. Sonden über 300 m Länge aus herkömmlichem Material mit traditioneller Wandstärke sollten jedoch nicht eingebaut werden.

Um dem Auftrieb der Sonde beim Einbau entgegenzuwirken wird vielfach ein Zentraltubing (Frieg 2012) verwendet, über das dann auch zumindest im unteren Bereich die Hinterfüllung der Erdwärmesonde erfolgt. Bei überlangen Sonden sind mehrere Injektionsrohre, die bis in verschiedene Tiefen reichen, zur Einbringung der Hinterfüllung erforderlich.

Bei überlangen Erdwärmesonden ab 150 m Tiefe empfiehlt es sich, als Sondenmaterial entweder ein PE-Rc-Rohr oder vernetztes Polyethylen (PE-X) zu verwenden, da nur diese Rohrmaterialien beständig gegen Risswachstum sind. Die Rohre sind für einen Druck von 15 bar bzw. 16 bar – bei mindestens 50 Jahre Prüfdauer – ausgelegt.

Als maßgebliche und systemrelevante Druckbeaufschlagung für das Sondenrohr ist der Differenzdruck zwischen Außendruck und Innendruck (+ dem Systemdruck der geothermischen Anlage) zu sehen. Bei geothermischen Anlagen ab 150 m Tiefe ist auf diesen Umstand besonderes Augenmerk zu legen. Der Systemdruck beträgt im Betrieb zwischen 1,0 und 2,5 bar.

Das Hinterfüllmaterial einer Erdwärmesonde hat eine Dichte (ρ_V) zwischen $1,4$–$1,9 \cdot 10^3$ kg/m^3; die Dichte des Wärmeträgermediums (ρ_w) ist deutlich niedriger und liegt bei $1,0 \cdot 10^3$ kg/m^3. Daher begrenzt der hydrostatische

Druckunterschied zwischen flüssigkeitsbefüllter Sonde und der flüssigen Verpresssuspension die maximal mögliche Sondentiefe.

Beispielsweise ergibt sich bei einer Dichte der Verpresssuspension von $\rho_V = 1{,}8 \cdot 10^3$ kg/m^3 am Sondenfuß einer mit Wasser gefüllten 200 m tiefen Sonde bereits ein Druckunterschied von 16 bar ($= 16 \cdot 10^5$ Pa).

Dies ergibt sich aus:

$$(\rho_V - \rho_w) \cdot 9{,}81\ \text{ms}^{-2} \cdot 200\,\text{m} = 16 \cdot 10^5 \text{Pa} \qquad (6.6)$$

$$\text{Dimension}: 1\,\text{Pa} = 10^5 \text{bar} = 1\,\text{kg}/(\text{ms}^2)$$

Bei der in diesem Fall angenommenen Dichte der Verpresssuspension von $\rho_V = 1{,}8 \cdot 10^3$ kg/m^3 ist der qualitätsgesicherte Einbau einer Erdwärmesonde über 200 m Tiefe in der Baustellenpraxis nicht mehr möglich.

Die maximal mögliche Einbautiefe (T_{max}) einer Erdwärmesonde wird bei einer vorgegebenen Dichte der Verpresssuspension durch den folgenden Zusammenhang begrenzt:

$$T_{max} = 15 \cdot 10^5 \text{Pa}/[(\rho_V - \rho_w) \cdot 9{,}81\ \text{ms}^{-2}] \qquad (6.7)$$

Die Einbring- und Einbauverfahren überlanger Erdwärmesonden sind von der vorgesehenen Tiefe und dem im Bohrloch angetroffenen Wasserstand abhängig.

Ist das Bohrloch nahezu vollständig mit Wasser gefüllt, muss die Sonde bereits auf der Haspel mit Wasser gefüllt und in diesem Zustand eingebracht werden. Die Dichte des vorgesehenen Hinterfüllmaterials muss auf die Tiefe der Erdwärmesonde abgestimmt werden (Gl. 6.7). So ergibt sich z. B. für eine 400 m tiefe Erdwärmesonde eine maximale Dichte des Hinterfüllmaterials von $\rho_V = 1{,}375 \cdot 10^3$ kg/m^3. Diese Überlegungen sind in die sonstigen Anforderungen an die Hinterfüllung zu integrieren (Abschn. 6.5).

Liegt jedoch der Wasserstand im Bohrloch unterhalb von 150 m u.Gel., so sollten nur Erdsonden bis zu einer maximalen Tiefe von 300 m errichtet werden. Die Errichtung tieferer Sonden ist zwar prinzipiell möglich, kann jedoch unter den üblichen Baustellenbedingungen nicht qualitätsgesichert gewährleistet werden, da sich der Aufwand für den qualitätsgesicherten Einbau von Erdwärmesonden unter diesen Bedingungen deutlich komplizierter gestaltet als bei höher anstehendem Wasser. Der qualitätsgesicherte Ausbau völlig trockener Bohrlöcher ist genauso kompliziert und aufwändig.

Hinzu kommt, dass bei den typischerweise verwendeten Erdwärmesondenrohren mit Durchmesser 32 mm ab einer Länge von 130 m die Druckverluste für die Zirkulation des Wärmeträgermediums sehr hoch sind, so dass sie kaum noch wirtschaftlich betrieben werden können.

In der Praxis haben sich aus den genannten Gründen in den letzten Jahren dickwandigere Doppel-U-Rohre durchgesetzt, die jeweils aus drei Schichten aufgebaut sind. Sie bestehen innen aus Kunststoff Polyethylen PE-Xa mit erhöhter Temperatur- und Spannungsrissbeständigkeit, dann folgt eine Edelstahldrahtarmierung und außen eine Ummantelung aus zähem Kunststoff (PE 100). Neben der erhöhten Wandstärke verfügen diese Sonden auch über größere Durchmesser.

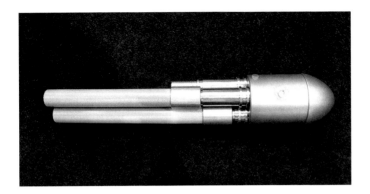

Abb. 6.19 Fuß einer Mitteltiefen Erdwärmesonde

Ein größerer Durchmesser ist auch wegen der Reibungskräfte, die mit zunehmender Sondenrohr-Länge ansteigen, notwendig. Durch den vergrößerten Innendurchmesser erhöht sich entsprechend die Durchflussmenge und damit natürlich auch die Entzugsleistung. Auch der Sondenfuß stellt eine Neuentwicklung dar (Abb. 6.19). Er besteht ebenso wie die für diesen Anwendungsbereich entwickelte Verbindungstechnik aus korrosionsbeständigem Edelstahl. Bislang wurden Einbautiefen bis 800 m realisiert. Eine entsprechend angefertigte Sonde gibt es auch als Koaxial-Sonde, wobei allerdings das Außenrohr abhängig von der Sondenlänge aus 2–3 Abschnitten besteht.

Die längere Sonde und das höhere Gewicht der Sonde machen größere Sondenspulen und ein spezielles Einbringgerät erforderlich. Größere Bohrdurchmesser sind ebenfalls erforderlich, weshalb gerne zumindest bei Bohrtiefen ab etwa 300 m auf das Rotary-Bohrverfahren umgestellt wird.

Da mit den tieferen Sonden höhere Temperaturen erschlossen werden, ist die passive Kühlung, wie sie mit den üblichen Sondenlängen im Sommer betrieben werden kann, so nicht mehr möglich. Jedoch bieten diese Mitteltiefen Erdwärmesonden wegen ihrer Temperaturbeständigkeit die Möglichkeit, Solarüberschusswärme im Sommer in den Untergrund einzuspeisen, die dann im Winter wieder genutzt werden kann.

6.7 Potentielle Risiken, Fehler und Schäden bei Erdwärmesonden

Erdwärmesondenanlagen sind ein etabliertes System zum Heizen und Kühlen von Gebäuden. Solche Anlagen benötigen eine fachgerechte Dimensionierung und Bauausführung. Eine nicht sachgerechte Vorgehensweise führt in aller Regel zu einem Schadensfall. In der Schweiz wurde von offizieller Seite für alle an der Planung, Installation bis hin zum Betrieb der Erdwärmesonde Beteiligten zur Schadensminimierung ein Fehlerkatalog aufgestellt (Basetti et al. 2006). Daneben gibt es verschiedene Einzelpublikationen über Schadensfälle (Greber et al. 1995;

Wyss 2001; Grimm et al. 2014). In der Schweiz und in SW-Deutschland wurde
für besonders problematische Fälle die Institutionen „Wärmepumpendoktor"
geschaffen, um betroffenen Bürgern eine Anlaufstelle zu bieten. In SW-Deutschland wurden zudem verschiedene Broschüren zur Qualitätssicherung sowie
Handlungsanleitungen erstellt (UM & WM 2009; LQS EWS 2018). Daneben
wurde vom Bundesverband Wärmepumpe e.V. Deutschland eine verschuldungs-
unabhängige Versicherung initiiert, um für unvorhergesehene Schäden aufzu-
kommen, welche durch Erdwärmesonden-Bohrungen verursacht werden (Sabel
2013). Zudem müssen in SW-Deutschland die Bohrfirmen über eine Haftpflicht-
versicherung in Höhe von mindestens 8 Mio. € Deckungssumme mit einer Nach-
haftung von mindestens 4 Jahren verfügen (LQS EWS 2018).

Auf Gefahren beim Bohren und entsprechende Präventionsmaßnahmen wurde
bereits in Abschn. 6.4.3 hingewiesen.

Insbesondere bei zu hohem Wärmeentzug aus der Erdwärmesonde kommt es
in der Regel zu Gefriererscheinungen um die Erdwärmesonde, die Leistung der
Anlage verschlechtert sich zusehends und führt im Extremfall zum vollständigen
Versagen der Heizungsanlage.

Schadensfälle können aber beispielsweise auch durch eine zu lange Laufzeit der
Wärmepumpe infolge schlechter Steuerung der Wärmepumpen-Erdwärmesonden-
Anlage und/oder schlechter Kopplung mit der Wärmedistributionsanlage ent-
stehen.

Häufig entstehen Fehler und damit spätere Schäden an Erdwärmesonden
bereits in der Planungsphase, wenn beispielsweise der Wärmebedarf des
Gebäudes fehlerhaft bestimmt wurde, die ganzjährig notwendige Warmwasseraufbereitung nicht einbezogen wurde oder wenn bei der Auslegung der Sonde
keine adäquaten thermischen Parameter des Untergrundes verwendet wurden,
wenn die Erdwärmesonde unterdimensioniert, d. h. zu kurz bemessen wurde,
oder wenn die gegenseitige Beeinflussung von Erdwärmesonden vernachlässigt
wurde. Aber auch bei der Installation und in Betriebnahme können beispielsweise bei fehlerhafter Regelung der Wärmepumpe oder Hydraulik Schäden an der
Erdwärmesonden-Heizung entstehen, genauso, wenn später in der Betriebsphase
vom Bauherrn zusätzliche Bauten oder Anlagen mitbeheizt werden, für die die
Sonde nicht ausgelegt wurde, also der Wärmebedarf signifikant erhöht wurde.

Während der Bauphase ist auf eine korrekt eingebrachte Hinterfüllung zu
achten. Fehlt die Hinterfüllung, ist sie unvollständig oder wurde die Hinterfüllung mit Aushubmaterial oder ungeeignetem Hinterfüllmaterial vorgenommen
(Abschn. 6.5), so besteht zum einen eine Gefahr für den Grundwasserschutz. Zum
anderen ist die Stabilität der Erdsonde gefährdet, und es ist mit einer schlechten
Entzugsleistung zu rechnen verbunden mit einem Betrieb der Sonde im Gefrierbereich. Daneben können Schäden am Gebäude und in der näheren und weiteren
Umgebung entstehen (z. B. Grimm et al. 2014).

So traten beispielsweise an neun Standorten in Baden-Württemberg
(SW-Deutschland) Schadensfälle auf, bei denen finanzielle Schäden für den
Bauherrn oder Dritte entstanden sind und die mit hoher Wahrscheinlichkeit als
Schadensfälle durch geothermische Erdwärmesonden-Bohrungen identifiziert

wurden. Als Schäden wurden dabei Gebäudeschäden, die durch Setzungen und/ oder Hebungen des Untergrundes verursacht wurden, bezeichnet, ebenso das dauerhafte Versiegen oder der dauerhafte Rückgang einer Quellschüttung, ein Kurzschluss mehrerer Grundwasserleiter, der zu einer Veränderung der physikalischen und chemischen Eigenschaften eines Grundwassers führt, und auch Beschädigungen von Kanälen oder das Verunreinigen von Oberflächengewässern (Grimm et al. 2014).

Der erste Schadensfall trat im Jahre 1997 in Tettnang (Bodenseekreis) durch das Anfahren eines Artesers im Quartär mit übertägigem Wasseraustritt auf. Ein vergleichbarer Schadensfall, allerdings zusätzlich mit Austrag von Sand, erfolgte in Ravensburg im Jahre 2006.

Die anderen Schadensfälle wurden durch Bohrungen im Keuper/Muschelkalk verursacht und sind auf unvollständige, teilweise auch fehlende Hinterfüllung der Erdwärmesonde zurückzuführen (Abb. 6.16). Die Bohrungen, die zu diesen Schadensfällen führten, wurden zwischen 2002 und 2011 erstellt, wobei die Schäden selbst oftmals erst deutlich später erkennbar waren.

Im Schadensfall Wurmlingen (LK Tübingen) wurde durch einen Kurzschluss zwischen zwei Grundwasserleitern (steigender hydraulischer Gradient, Abb. 6.16) mit anschließender Subrosion im Untergrund und Setzung der Erdoberfläche in Folge hervorgerufen. Die Setzung verursachte Gebäuderisse. Bei den drei Schadensfällen in Schondorf (Rems-Murr-Kreis), im Leonberger Stadtteil Eltingen (LK Böblingen) und in Renningen (LK Böblingen) wurden durch eine undichte Hinterfüllung zwei Grundwasserleiter mit fallendem hydraulischen Gradienten (Abb. 6.16) kurzgeschlossen mit der Folge einer Grundwasserabsenkung im oberen Grundwasserleiter. Dies führte im Schadensfall Renningen zum Versiegen eines Brunnens, in den Schadensfällen Schorndorf und Leonberg zu Setzungen an der Geländeoberfläche und in Folge zu Schäden (Risse) an mehreren Gebäuden.

Bei den Schadensfällen Rudersberg (Rems-Murr-Kreis), Böblingen und Staufen führten unvollständige Hinterfüllungen zu einem Eindringen von Grundwasser in Anhydrit-führende Schichten des Gipskeupers. Durch den Wasserzutritt wandelte sich Anhydrit mit erheblicher Volumenzunahme in Gips um und führte zu Geländehebungen. Dadurch entstanden insbesondere bei den Schadensfällen Staufen und Böblingen weitreichende Gebäudeschäden. Zusätzlich zu der vertikalen Hebung wurden in Staufen auch Horizontalbewegungen an der Oberfläche festgestellt. Im zentralen Bereich wurden in Staufen Hebungen von über 60 cm und Horizontalverschiebungen in NW-licher Richtung von ca. 46 cm gemessen, die zu Schäden an insgesamt 270 Gebäuden führten (Stand: 2019). Detaillierte Informationen zu diesen Schadensfällen können den entsprechenden Sachstandsberichten (LGRB 2010, 2012, 2013) entnommen werden. Im elsässischen Dorf Lochwiller (Frankreich) wurde 2013 ein ähnlicher Fall wie in Staufen bekannt.

Wird eine Erdwärmesonde mehrfach in den Gefrierbereich gefahren oder im Gefrierbereich betrieben, so können Schäden an der Sonde, der Hinterfüllung und dem umgebenden Boden entstehen, da es zur Eisbildung an den

Rohraußenwänden, in der Hinterfüllung und im anschließenden Erdreich kommt. Wasser dehnt sich beim Gefrieren aus. Infolge Frost-Tau-Wechsel entstehen Risse mit Eisbildung in der Hinterfüllung und im Erdreich, bevorzugt in den Material-Grenzbereichen, d. h. zwischen Sonde und Hinterfüllung einerseits sowie Hinterfüllung und Erdreich andrerseits. Die Risse werden nach und nach vergrößert. Durch die Eisbildung wird auch das Hinterfüllmaterial um die Erdwärmesonde zunehmend verdrängt, so dass ihre Funktion als Abdichtung gegenüber Grundwasser-führenden Horizonten (Grundwasserschutz, Grundwasser-Stockwerksbau) nicht mehr gegeben ist. Durch die Eisbildung ist im Winter mit Bodenhebungen im gesamten Umfeld der Sonde zu rechnen. Nach dem Auftauen kann das Erdreich im Sommer durch einen lokalen Grundbruch plötzlich durchbrechen und es bilden sich Senken (Trichterbildung um die Erdsonde, Setzungen im Zuleitungsbereich). Weitere Schäden im Umfeld der Erdwärmesonde entwickeln sich (Basetti et al. 2006). Außerdem steigt der Strombedarf der Erdwärmesonde-Anlage zunehmend. Der Grundwasserschutz ist nicht mehr gewährleistet.

Ähnliche Ergebnisse zeigten auch die am ZAE Bayern (Bayerisches Zentrum für Angewandte Energieforschung e. V.) im Großversuchsstand durchgeführten Systemdichtigkeitsuntersuchungen mit industriell gefertigten Baustoffmischungen, wonach die Durchlässigkeit (k_f) durch Einfrier- und Auftauzyklen bei -6 °C ansteigt (Kuckelkorn und Reuß 2013).

Allerdings muss es nicht immer zu den an der Erdoberfläche sichtbaren Schäden (Hebungen, Senkungen) kommen. Oft wird ein „Schaden" erst sichtbar durch eine Beeinträchtigung des Leistungsvermögens. Im Extremfall kann es auch zu einem Totalausfall kommen.

Werden die mit der Erdwärmesonde angetroffenen Schichten oder tiefe Grundwasserstände nicht oder nur unzureichend für die Auslegung berücksichtigt, besteht ebenfalls die Gefahr, dass die Erdwärmesonde zu kurz ausgeführt wurde und die Anlage damit in den Gefrierbereich gefahren wird, mit allen negativen Folgen.

Bei nicht sach- und fachgerechtem Umgang beim Abteufen von Bohrungen und den dabei möglicherweise verbundenen Bohrrisiken, können ebenfalls gravierende Schäden auch im weiteren Umfeld um die Sondenbohrung herum entstehen (Abschn. 6.4.3). Das Thema Bohrrisiko betrifft jedoch alle Bohrungen, ist daher nicht ein ausschließliches Erdwärmesondenproblem.

Schäden am Sondenmaterial können durch gewaltsames Einbringen ins Bohrloch entstehen, insbesondere dann, wenn das Bohrloch zu eng ist oder das Gebirge nicht standfest ist.

Erfolgt der Sondeneinbau im Winter ohne, dass die Sonde zuvor erwärmt wurde (oder in der Wärme gelagert wurde), so ist der Einbau wegen des relativ unflexiblen Sondenmaterials sehr schwierig. Häufig entstehen Schäden am Sondenmaterial, so dass beim späteren Betrieb in der Sonde Leckagen auftreten.

Falls die Erdwärmesonde zum Heizen und Kühlen verwendet werden soll bzw. auch zum Einspeisen von Wärme im Sommer, bspw. aus einer solarthermischen Anlage, ist zu beachten, dass das klassische Sondenmaterial bei Temperaturen über 30–40 °C Schaden nimmt. Für derartige Anwendungen können nur Sonden aus hochdruckvernetztem Polyethylen (PEX-Rohre) eingebaut werden.

Bei Erdwärmesonden, die deutlich tiefer als 150 m abgeteuft werden sollen, ist entweder ein Spezialsondenmaterial, das den höheren Druck und die höhere Beanspruchung bei klassischem Einbau aushält, erforderlich oder es ist eine spezielle Vorgehensweise beim Einbau der Sonde notwendig, damit die Sonde keinen Schaden nimmt (Abschn. 6.6).

Weitere Schadensfälle sind in Abschn. 6.5 aufgeführt. Einen Überblick über Maßnahmen zur Qualitätssicherung gibt Abschn. 6.8.4.

6.8 Spezielle Nutzungssysteme und Weiterentwicklungen

Benutzt man eine Erdwärmesonde in Verbindung mit einer Wärmepumpe, um ein Gebäude zu beheizen, spricht man von einem **monovalenten Heizsystem**. Man nutzt also nur einen Energieträger. Werden mehrere Erdwärmesonden nebeneinander abgeteuft, um einem größeren Energiebedarf im Objektbereich abzudecken, so spricht man von einem **Erdwärmesondenfeld**.

Bei diesen speziellen Nutzungssystemen dürfen ggf. vorhandene und für andere Zwecke vorgehaltene Grundwasserleiter nicht zu stark erwärmt oder abgekühlt werden, da dies zu nachhaltigen Veränderungen der chemischen und mikrobiologischen Beschaffenheit des Grundwassers führen kann (Schippers und Reichling 2006).

Werden mehrere Erdwärmesonden für ein Objekt benötigt, muss deren gegenseitige Beeinflussung berücksichtigt werden. Je mehr Erdwärmesonden in einem bestimmten Erdvolumen eingebracht werden, umso geringer ist das nutzbare Speichervolumen. Ohne entsprechenden Bewirtschaftungsplan kann mit der Zeit die Temperatur im Untergrund immer weiter absinken. Zur Bemessung der Auslegung dieser Anlagen müssen deshalb adäquate Berechnungsverfahren verwendet werden (Koenigsdorff 2011) (Abschn. 6.3.2).

Häufig werden Erdwärmesonden-Felder nicht nur zum Heizen sondern auch zum Kühlen betrieben. Jedoch kann auch mit einer einzelnen Erdsonde gekühlt werden. In den letzten Jahren hat sich auch eine Kombination von Erdwärmesonden mit der Solarthermie zu einer sogenannten **bivalenten Heizanlage** entwickelt, bei der dann zwei Heizquellen genutzt werden (Abschn. 6.8.3).

Eine weitere Neuentwicklung sind Sonden, die den Phasenwechsel eines Kältemittels benutzen (Abschn. 6.8.5).

Mit der ständigen Weiterentwicklung des Nutzungssystems Erdwärmesonde steigt auch der Bedarf, die Güte und die fachgerechte Ausführung von Erdwärmesonden zu kontrollieren, d. h. diese vermessen zu können (Abschn. 6.8.4).

6.8.1 Erdwärmesonden-Felder

Im Objektbereich reichen ein oder zwei Erdwärmesonden nicht mehr aus, um den hier erforderlichen Wärmebedarf abdecken zu können. Es sind in aller Regel sehr viel mehr Erdwärmesonden erforderlich. Anders als im Wohnungssektor spielen im Objektbereich in aller Regel auch Fragen der Klimatisierung, der Kühlung, der Nutzung von Prozesswärme und auch die Nutzung verschiedener erneuerbarer Energien, etwa der Sonnenenergie, von Biomasse oder geothermischer Energie eine Rolle (Abschn. 6.8.2 und 6.8.3). Daneben können Anlagen zur Kraft-Wärme-Kopplung eingebunden werden. Um diesen vielfältigen Spezifikationen und Einzelprofilen gerecht zu werden und die einzelnen Anlagentechniken sinnvoll und richtig einzusetzen und miteinander zu kombinieren, ist die Erstellung eines **Gesamtenergiekonzeptes** unerlässlich. Für Kurzzeitspeicherung sind jedoch Erdwärmesonden wegen der langen Zeitkonstanten nicht die geeigneten Instrumente.

Von Erdwärmesondenfeldern kann man dann sprechen, wenn mehr als 5 Erdwärmesonden in räumlichem Zusammenhang errichtet werden (Abb. 6.20). Je größer ein Erdwärmesondenfeld ist, desto mehr behindern die Nachbarsonden das passive Nachfließen von Wärme aus der Umgebung. Bei Sondenfeldern kann daher die spezifische Leistungsfähigkeit einer Einzelsonde nur dann erreicht werden, wenn das Sondenfeld im Sommer aktiv regeneriert wird, also Wärme in die Erdwärmesonden eingespeist wird (Huber 2015). Bei richtiger Auslegung kann daher auf den Einsatz von Frostschutzmitteln verzichtet werden, so dass die Gesamtanlage mit reinem Wasser betrieben werden kann, was zu einer beträchtlichen Effizienzsteigerung führt (Tab. 6.1. Für Erdwärmesondenfelder,

Abb. 6.20 Errichtung eines Erdwärmesondenfeldes in einer Baugrube. An der Baugrube ragen die einzelnen Erdwärmesonden-Rohrleitungen heraus, die Erdsonden befinden sich nach Fertigstellung des Gebäudes direkt unterhalb der Bodenplatte

die zusätzlich die Aufgabe von saisonalen Wärmespeichern aus der Solarthermie (Abschn. 6.8.3) oder dem Kühlbedarf von Gebäuden (Abschn. 6.8.2) übernehmen, können je nach Auslegung mehr als 100 in unmittelbarem räumlichen Zusammenhang befindliche Erdsonden errichtet werden. Dort wird im Sommer anfallende Solarwärme in den Untergrund eingespeichert und während der darauf folgenden Heizperiode über eine Wärmepumpe wieder entnommen. Zu den größten Erdsondenfeldern gehören beispielsweise die Anlage in Lørenskog für das Nye Ahus Krankenhaus (Norwegen) mit 350 Erdwärmesonden, die jeweils 200 m tief sind, oder die Anlage in Istanbul für das Ümraniye Einkaufszentrum (Türkei) mit 208 Erdwärmesonden.

Grundsätzlich müssen der Bau und Betrieb von Erdsondenfeldern speziellen Anforderungen genügen. Für die Auslegung größerer Erdsondenfelder als Wärmesenke oder Wärmequelle ist die Kenntnis der thermischen und hydrogeologischen Eigenschaften des Untergrundes unerlässlich. Dies erfordert das Abteufen und die Erfassung der thermischen und hydrogeologischen Kenngrößen an einer oder mehreren Mustersonden an der vorgesehenen Baustelle. Dafür ist eine detaillierte geologische Aufnahme dieser Bohrungen unerlässlich. Falls Grundwasser führende Schichten angetroffen wurden, ist der Wasserstand, die Durchlässigkeit sowie bautechnisch wichtige hydrochemische Parameter (sulfatbeständige Materialien) zu ermitteln. Außerdem sollten die thermischen Eigenschaften des Untergrundes in ausgewählten Erdsonden mittels Thermal-Response-Tests (Abschn. 6.3.2) sowie die Temperaturen im Erdreich erfasst werden. Entscheidend sind ebenfalls die klimatischen Verhältnisse vor Ort.

Von Erdwärmesondenfeldern, insbesondere wenn sie sich in Grundwasserleitern befinden und auch zur Einspeisung von Wärme oder Kälte in den Untergrund genutzt werden (Abschn. 6.8.2 und 6.8.3), können beträchtliche thermische Auswirkung mit signifikanten Kälte- und Wärmefahnen resultieren. Die dadurch hervorgerufenen Temperaturänderungen können zu lokalen chemischen und biologischen Veränderungen führen. Beispielsweise kann es bei einer signifikanten Temperaturzunahme zu einer Erhöhung der bakteriellen Aktivität im Untergrund kommen, die durch weitergehende Abbau- und Umwandlungsprozesse im Grundwasserraum zusätzlich eine Veränderung der Hydrochemie bewirken kann. Auch können Unterdimensionierungen von einem Sondenfeld im Grundwasser zu so genannten Eisbarrieren führen.

Die Wärmespeicherung im Grundwasser kann zu Veränderungen der geochemischen Eigenschaften des Untergrundes durch Veränderung der Lösungsgleichgewichte der mineralischen Komponenten führen. Dadurch können Minerale ausfallen, andere verstärkt in Lösung gehen. Verstärkte Ausfällungen treten dann auf, wenn zusätzlich Sauerstoff ins Wasser gelangt. Anhand von Modellierungen und Laborversuchen konnte beispielsweise in quartären Sanden NW-Deutschlands von Arning et al. (2006) gezeigt werden, dass bei Temperaturabsenkungen von 10 °C auf 2 °C verstärkte Fällungen von Illit und amorpher Kieselsäure bei gleichzeitiger Lösung von Kalifeldspat und Albit auftraten. Bei einem Temperaturanstieg im Grundwasser ist mit Kalzitausfällungen zu rechnen. Prognosen für potentielle geochemische Auswirkungen bei Temperaturveränderungen können beispielsweise mit dem Computerprogramm PHREEQC (Parkhurst und Appelo 1999) erstellt werden (Abschn. 15.3).

Diese geochemischen und physikalischen Vorgänge stehen über die Veränderung des Mikroklimas in Wechselwirkung mit mikrobiologischen Prozessen. Dabei können Mikroorganismen in ihrer Populationsdichte grundsätzlich stark verändert werden. Bei einem Hochtemperaturspeicher besteht die Gefahr, dass sich bei ausreichendem Nahrungsdargebot zunächst thermophile, dann mesophile Keime – von innen nach außen – entwickeln, wobei die ursprüngliche Biomasse zuerst abgetötet wird. Bisher konnten diesbezüglich jedoch nur sehr lokale, keine überregionalen Auswirkungen festgestellt werden (Ruck et al. 1990).

In verschiedenen Ländern werden daher zur Vermeidung bzw. Minimierung der vorstehend beschriebenen potentiellen Auswirkungen Auflagen für die thermischen Beeinflussungen auf den Untergrund oder den Grundwasserleiter erteilt, wie z. B. dass bis in eine Entfernung von 10 m die Temperaturbeeinflussung im Aquifer nicht größer als 5 °C und bis 50 m nicht größer als 2 °C sein darf. Daher kann es erforderlich sein, dass bereits vor der Inbetriebnahme des Erdwärmesondenfeldes Berechnungen (ggf. numerische Modellierung) zur Bestimmung der thermischen Auswirkungen durchgeführt werden, an denen sich der spätere Betrieb des Sondenfeldes ausrichtet. Zur Verifizierung der Einhaltung der Auflagen werden im Abstrom oftmals Grundwassermessstellen zur Feststellung der Temperaturbeeinflussung eingefordert.

Wärmepumpen können auch als Teil von Wärmenetzen ganzer Siedlungen eingesetzt werden. Dabei wird die Wärme aus einer oder mehreren Wärmequellen, die miteinander kombiniert sind, gewonnen und dann durch ein Wärmenetz an die umliegenden Gebäude verteilt. Nachstehendes Beispiel zeigt eine derartige integrative Lösung: Erdwärmesondenfelder mit insgesamt 382 Bohrungen werden seit 2013 in der Innenstadt von Frankfurt/Main rund um das Henninger Turm Areal abgeteuft. Ein Sondenfeld mit 122 jeweils 100 m tiefen Erdwärmesonden übernimmt die Heizungs- und Kühlanforderungen für die Wohnungen im Henninger Turm. In unmittelbarer Nähe befindet sich auf vier Baufeldern verteilt ein großes Quartier „Stadtgärten", das über ein Nahwärmenetz verfügt. 800 Wohnungen in mehreren Mehrfamilienhäusern hängen an diesem Netz, welches aufgeteilt ist auf ein Hochtemperaturnetz für Trinkwarmwasser und ein Niedrigtemperaturnetz für Heizwärme im Winter und Kühlung im Sommer. Das Herzstück bildet die 600 kW Erdwärmesondenanlage mit 260 Erdwärmesonden à 100 m Tiefe, die aus dem Untergrund Wärme entnehmen, die über die Wärmepumpe in das Nahwärmenetz eingespeist wird. Zusätzliche Wärme liefert ein im System integriertes Gasbrennwertgerät, während ein lokales Blockheizkraftwerk den Strom für die Wärmepumpe liefert. Ein zusätzlicher solarthermischer Kollektor ist an das Erdwärmesondenfeld gekoppelt und erhöht so die Effizienz der Wärmepumpe. Dezentrale solarthermische Anlagen auf den einzelnen Mehrfamilienhäusern unterstützen die Trinkwassererwärmung. Jede einzelne Wohnung verfügt über eine eigene Übergabestation für Heizwärme und Warmwasser. Drei der vier Baufelder sind bereits fertiggestellt; das Gesamtprojekt soll Ende dieses Jahres (2019) abgeschlossen sein (BWP 2018).

6.8.2   Erdsonden und Kühlung

Speziell im Objektbereich stellen sich beim Planungsprozess Fragen der Klimatisierung oder der Temperierung. Aber selbst im Wohnungssektor kann diese Frage inzwischen vor dem Hintergrund der klimatischen Entwicklung zunehmende Bedeutung erlangen. Erdwärmesonden sind durch die moderate Temperatur von etwa 10–12 °C im umgebenden Bodenkörper durchaus dafür geeignet, Kühlungsaufgaben zu übernehmen. In Verbindung mit einer Heizanlage können sich dadurch interessante Synergieeffekte ergeben.

Im Sommer anfallende Wärmeenergie lässt sich über Erdwärmesonden in den Untergrund einbringen. Das kann sommerlich erhöhte Raumtemperatur sein, aber auch überschüssige Wärmeenergie aus Anlagen oder Fertigungsprozessen, wie etwa die Wärme, die bei der Kühlung von EDV-Anlagen anfällt. Die sommerliche Einspeicherung von Wärmeenergie in den Untergrund trägt auch zu einer rascheren thermischen Regeneration des die Erdwärmesonde umgebenden Bodenkörpers bei, der in der winterlichen Heizperiode ausgekühlt wurde.

Durch den Betrieb der geothermischen Heizanlage wird mit den Erdwärmesonden im Winter dem Untergrund Wärme entzogen. Der Untergrund um die Sonde ist am Ende der Heizperiode um einige Grad abgekühlt. Soll das Gebäude im Früh-Sommer und Sommer gekühlt werden, so kann dies zunächst allein durch das kalte Wasserträgermedium in den Erdwärmesonden erfolgen, das für die Gebäudekühlung erwärmt über die Erdsonde wieder in die Tiefe gelangt. Dabei heizt sich der Untergrund wieder langsam auf. Später im Sommer wird es dann notwendig, die Wärmepumpe als Kältemaschine zu betreiben, um die aus dem Gebäude abgeführte Wärme in den Untergrund einzuspeisen. Der Untergrund erwärmt sich dadurch stetig. Für einen derartigen Betrieb sind **umschaltbare Wärmepumpen** erforderlich, die Kühlen und Heizen können.

Erdsonden können jedoch auch ausschließlich für Kühlzwecke genutzt werden. Dabei ist in Sinne der Nachhaltigkeit der Anlage darauf zu achten, dass die eingespeicherte Wärmeenergie während der Stillstandszeit, bspw. im Winter, abgeführt werden kann. Dies geschieht innerhalb von Aquiferen überwiegend konvektiv aber auch konduktiv durch die Wärmeleitung des Untergrundes. Problematisch kann es dann werden, wenn die Sonde im Untergrund ausschließlich von tonigem oder bindigem Material umgeben ist.

6.8.3   Kombination Solarthermie/Erdwärmesonden

Durch die Kombination von solarer Wärme mit Erdsonden ergeben sich bemerkenswerte Synergieeffekte. Im Sommer, wenn solare Energie in großem Umfang zur Verfügung steht, wird keine Heizenergie benötigt. Solarenergie wird daher bisher in größerem Umfang nur zur Warmwasserbereitung eingesetzt. Bei einer richtig dimensionierten Solaranlage kann man dann praktisch während des ganzen Sommers den Heizkessel ausschalten, denn die Solaranlage stellt genügend Heizwärme für das Warmwasser bereit.

Um Solaranlagen auch zur Wohnraumbeheizung effizient einsetzen zu können, benötigt man einen Langzeitwärmespeicher. Er ermöglicht es, die im Sommer reichlich zur Verfügung stehende solare Wärme zu speichern und dann während der Heizperiode nutzbar zu machen. Erdwärmesonden können diese Aufgabe übernehmen. Wenn geeignete geologische Untergrundbedingungen vorliegen und die ggf. erforderlichen Umweltaspekte eingehalten werden, ist eine derartige Kombination von Solartechnik und oberflächennaher Geothermie ein sehr effizientes Heizsystem.

Ein weiterer, sehr wichtiger Vorteil dieser Kombination zweier Techniken zur Nutzung erneuerbarer Energien ist darin zu sehen, dass mit der Einspeisung solarer Wärme in die Erdwärmesonde eine schnellere Regeneration der Erdwärmesonde erfolgt. Während der Heizperiode wird über die Erdwärmesonde dem sie umgebenden Bodenkörper kontinuierlich Wärmeenergie entzogen, die aus dem Untergrund in den Sommermonaten wieder regeneriert wird. Mit einer Solaranlage kann der Prozess der natürlichen thermischen Regeneration des Bodenkörpers um die Erdsonde nach dem Ende der Heizperiode beschleunigt werden. Der Sommer, wenn die Solaranlage deutlich mehr Energie zur Verfügung stellt, als zur täglichen Warmwasserbereitung erforderlich ist, ist die entscheidende Phase, um die natürliche thermische Regeneration des Bodenkörpers zu unterstützen. Vor Beginn der Heizperiode macht es Sinn, die Temperatur des Bodenkörpers um die Erdwärmesonde noch über das dort natürlich vorhandene Temperaturniveau hinaus zu erhöhen. Man benutzt den Bodenkörper um die Erdwärmesonde als Wärmespeicher. Mit Beginn der Heizperiode findet die Wärmepumpe dann sehr gute Startbedingungen vor. Dadurch entsteht über das Jahr eine deutliche Verbesserung der Effizienz des Wärmepumpenbetriebs, was sich in einer signifikanten Erhöhung der Jahresarbeitszahl niederschlägt. Beim Betrieb der Wärmepumpe mit Strom ist dies ein wichtiger wirtschaftlicher Gesichtspunkt.

Je größer ein thermischer Speicher ist, umso höher ist die Effizienz des Speichers, da das Speichervolumen mit der dritten Potenz der Größe zunimmt, die Speicheroberfläche, an der die Wärmeverluste stattfinden, aber nur quadratisch. Daher nimmt prinzipiell die Effizienz der Wärmespeicherung mit der Größe des Sondenfeldes zu. Die Wärmespeicherung ist außerdem umso effizienter, je geringer die Temperaturdifferenz zwischen Speicher und umgebendem Erdreich ist, weil dann die Wärmeverluste geringer sind. Daher sollte die Speichertemperatur nur geringfügig über der Temperatur im einzuspeichernden Untergrund liegen, da dann der Wärmeverlust minimal ist (Huber 2015).

In sehr vielen Ländern gibt es für Grundwasserleiter die Vorgabe, dass die Temperaturen aus bakteriologischen und mikrobiologischen Gründen dauerhaft nicht über 20 °C liegen dürfen.

Eine weitere Anwendung ist die der saisonalen Wärmespeicherung in einem Hochtemperatur-Wärmespeicher, der aus z. T. über 100 einzelnen Erdwärmesonden bestehen kann. Derartige Hochtemperatur-Erdwärmespeicher werden von großen thermischen Solaranlagen über die Sommermonate mit solar erzeugter Wärme auf ein Temperaturniveau von bis etwa 90 °C erwärmt und unterstützen so in der Heizperiode die Wärmeversorgung der über ein Nahwärmenetz angeschlossenen

Gebäude. Im langjährigen Betrieb können damit rund 50 % des Wärmebedarfs der Verbraucher mit erneuerbaren Energien gedeckt werden (Schmidt et al. 2003). Bei einem **Erdsonden-Wärmespeicher** sind die Sonden in großer Anzahl und Dichte (Sondenabstand 1,5–4 m) i.d.R. kreisförmig angeordnet, entsprechend hydraulisch miteinander verbunden und zur Oberfläche hin wärmegedämmt (Abb. 6.21a). Um ein möglichst gutes Verhältnis zwischen Speicheroberfläche und –volumen zu erreichen, sollten die Sonden möglichst im Kreis angeordnet werden und nicht allzu tief sein. Für die Effizienz eines saisonalen Wärmespeichers ist das Verhältnis von Oberfläche zu Volumen des Speichers entscheidend. Je kleiner dieses Verhältnis ist, desto geringer sind die Wärmeverluste bezogen auf die speicherbare Wärme. Zum Beladen des Speichers durchströmt ein Wärmeträgerfluid die Sonden nacheinander vom Kreisinnern nach außen, um eine optimale Temperaturverteilung zu erreichen. Beim Entladen wird die Strömungsrichtung umgekehrt (Abb. 6.21b). In SW-Deutschland gibt es zwei Erdsonden-Wärmespeicher, in Crailsheim und in Neckarsulm (Schmidt et al. 2003; Riegger 2008). Neben Erdsonden-Wärmespeichern existieren weitere Typen für Langzeit-Wärmespeicher, wie Behälter-, Erdbecken- oder Aquiferwärmespeicher. Bei geologischer Eignung sind in der Regel Aquifer- oder Erdsonden-Wärmespeicher kostengünstiger zu realisieren (Schmidt et al. 2003; Riegger 2008).

Der Erdsonden-Wärmespeicher in Crailsheim (NE-Baden-Württemberg) besteht gegenwärtig (1. Bauabschnitt) aus 80 jeweils 55 m tiefen Erdwärmesonden im Unterkeuper und Oberen Muschelkalk und dient der Speicherung solar erzeugter Wärme der größten thermischen Solaranlage Deutschlands (7300 m^2 Kollektorfläche). Er verfügt über eine thermisch optimale, kreisförmige Grundfläche mit einem orthogonalen 3×3 m Bohrraster (Abb. 6.21b). Das Speichervolumen des Erdsonden-Wärmespeichers beträgt 37.500 m^3. Die heißesten Bereiche des Speichers befinden sich in dessen Zentrum. Da die maximale Beladetemperatur des Erdsonden-Wärmespeichers über 90 °C beträgt und Temperaturen im Speicherkern von bis zu 65 °C erreicht werden, kamen für die Erdsonden temperaturresistente, vernetzte Polyethylen-Rohre zum Einsatz. Im Vorfeld wurde ein Thermal-Response-Test (Abschn. 6.3.2) durchgeführt, um die Wärmeleitfähigkeit und die Wärmekapazität des Untergrunds zu ermitteln (0–80 m: 2,46 W/mK; 2400 kJ/m^{3}K). Die einzelnen Erdwärmesonden wurden mit thermisch verbessertem Hinterfüllmaterial versehen. Zur Erdoberfläche hin ist der Erdsonden-Wärmespeicher wärmegedämmt (Abb. 6.21a). Die Solarwärme wird von den Solarkollektoren über ein Solarnetz in die Heizzentrale geliefert und kann entweder direkt zur Wärmeversorgung oder im solaren Wärmespeicher eingelagert werden (Riegger 2008). Die Wärmeversorgung der Gebäude zur Heizung und Warmwasserbereitung erfolgt über ein Wärmenetz, das in der Heizzentrale durch solar erzeugte Wärme oder bei Bedarf durch eine konventionelle Nachheizung versorgt wird. Aktuell werden in Crailsheim etwa 260 Wohneinheiten, eine Schule und eine Sporthalle mit solar erzeugter Wärme versorgt. Für den Endausbau ist die Wärmeversorgung von 211 weiteren Wohneinheiten vorgesehen. Durch die Einbindung eines Pufferspeichers war die Auslegung des Erdsonden-Wärmespeichers auf die erforderliche Wärmespeicherkapazität und nicht auf die maximale

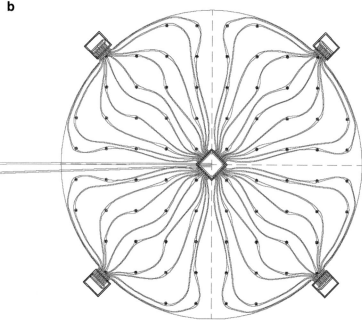

Abb. 6.21 a Bau des Erdsonden-Wärmespeichers in Crailsheim. Der rechte Bereich ist bereits mit Wärmedämmmaterial überzogen, links im Bild sind die einzelnen Sondenschläuche, die aus den jeweiligen Bohrungen herausragen erkennbar. **b** Erdsonden-Wärmespeicher zur saisonalen Energiespeicherung. Schematisch ist das Beladen und Entladen dargestellt (WM 2008 nach Unterlagen von Solites)

Beladungsleistung möglich. Durch die Integration einer Hochtemperatur-Wärme-pumpe (max. Leistung: 480 kW$_{th}$, max. erzeugte Temperatur: 75 °C) in das System kann der Erdsonden-Wärmespeicher auf tiefere Temperaturen entladen werden (ca. 20 °C), so dass seine Wärmeverluste sinken. Temperaturmessungen und numerische Modellierungen zeigten, dass die Temperaturausbreitung im Abstrom in 100 m Entfernung vom Erdsonden-Wärmespeicher nach 30 Jahren Betriebszeit 2 °C beträgt (Bauer et al. 2010).

Wird Energie im Untergrund eingespeichert, muss beachtet werden, dass die normalen PE-100 Erdwärmesonden für den Betrieb mit erhöhter Temperatur (> 30 °C) über keine ausreichende Langzeitbeständigkeit verfügen (Abschn. 6.7). Grundsätzlich kann eingelagerte Wärme auch als Überschusswärme von anderen Anlagen (z. B. Blockheizkraftwerk) stammen.

6.8.4 Vermessung von Erdwärmesonden, Qualitätskontrolle

Trotz der großen Anzahl an realisierten Erdwärmesondenanlagen bleiben bis-lang einige Fragestellungen ungeklärt. So z. B. die Fragestellung nach der Quali-tät und Dauerhaftigkeit der Hinterfüllung im Bohrloch hinsichtlich hydraulischer Abdichtung und thermischer Leistungsfähigkeit der Erdwärmesonde oder nach dem tatsächlichen Verlauf einzelner Sondenrohre in der Tiefe.

In diesem Zusammenhang sind Messverfahren wünschenswert und notwendig, die eine in-situ-Vermessung von Erdwärmesonden mit Rückschluss auf die Quali-tät der Hinterfüllung erlauben. Ein Problem stellen dabei der kleine Durchmesser der Erdwärmesonde und der gewundene Verlauf der Sondenstränge im Bohrloch dar. Die meisten Erdwärmesonden haben einen Durchmesser von 32 mm. Daher sind die üblichen geophysikalischen Bohrlochmessverfahren, die in Brunnen oder Grundwassermessstellen eingesetzt werden, nicht verwendbar. In jüngster Zeit wurden und werden daher Messgeräte entwickelt, die in den kleinen Sonden-Durchmessern funktionsfähig sind (Riegger 2011).

Eine Kontrolle der Verfüllqualität ist grundsätzlich bislang nur schwer möglich. Das Problem bei sämtlichen Messungen besteht neben den kleinen Durchmessern der Sondenrohre darin, dass sich in der näheren und weiteren Umgebung zur ver-messenen Sonde weitere Sondenrohre befinden, so dass es dadurch schwierig ist, zwischen Hohlräumen infolge nahe gelegener Sondenrohre und auf Grund von fehlender Hinterfüllung zu differenzieren. Neben den Erdsondenrohren befindet sich zusätzlich i.d.R. der mit Hinterfüllmaterial aufgefüllte Verfüllschlauch. Erschwerend kommt hinzu, dass sich die Raumlage der Sondenrohre und des Verfüllschlauchs zwischen zentraler Lage im Bohrloch und Lage direkt an der Bohrlochwandung auf kürzester Distanz stark ändern kann. Letzteres ist eine Frage der Funktionalität der Abstandshalter und Zentrierhilfen sowie des Abstands, mit dem sie eingebaut wurden, falls sie installiert wurden. Unter-suchungen haben gezeigt, dass Abstandshalter und Zentrierhilfen unwirksam sind, auch wenn sie auf kürzester Distanz (< 1 m) eingebaut sind. Als Lösung für die Interpretation der Bohrlochmessung käme daher eigentlich nur in Frage, zunächst in allen Sondenrohren die Raumlage zu erfassen, um danach ggf. die Messungen in den einzelnen Sondensträngen richtig interpretieren zu können, wobei die Messung in allen Sondenrohren dann zwingend notwendig wäre.

Derzeit gibt es für 32er U-Rohrsonden einen **kabellosen Minidatenlogger (Bohrlochsonde) NIMO-T,** auch „Fisch" genannt, mit dem die Temperatur und der Druck in einer Erdwärmesonde gemessen werden kann, so dass damit die Temperatur in Abhängigkeit von der Tiefe (Temperaturlog) aufgezeichnet werden kann (Abb. 6.22). Der kabellosen Minidatenlogger dient der kabellosen Aufnahme von Temperaturprofilen in fertig erstellten, nicht in Betrieb befindlichen und zugängigen Erdwärmesonden. Der Minidatenlogger hat einen Durchmesser von 23 mm und eine Länge von 219 mm. Da der Innendurchmesser einer 32er U-Sonde 26 mm beträgt, ist es manchmal schwierig, die Sonde „einzufädeln". Die Sonde sinkt in einem Erdwärmesondenrohr durch das abgeglichene Eigengewicht mit einer Geschwindigkeit von etwa 0,1 m/s zum Sondenfuß und zeichnet dabei den Druck und die Temperatur auf. Durch die Möglichkeit das spezifische Gewicht des Datenloggers zu verändern, kann die Sinkgeschwindigkeit den Erfordernissen angepasst werden. Der Druck entspricht der Tiefe. Das Bergen der Sonde erfolgt durch Herausspülen mit Wasser vom anderen Ende des U-Rohres her. Dadurch ist eine Wiederholungsmessung des ungestörten Temperaturverlaufes nicht sofort möglich. Das Auslesen und die Weiterverarbeitung der Messresultate können direkt nach der Bergung der Sonde mit einem Laptop vor Ort erfolgen. Die Sonde ist bis 350 m Tiefe einsatzfähig. Die Temperaturauflösung beträgt 0.0015 °C (Forrer et al. 2008).

Ähnliche Messungen können mit der sogenannten „Pille", auch „Messmolch" oder „GEOsniff" genannt, einer Kugel mit einem Durchmesser von 2,0 cm, durchgeführt werden. Der entscheidende Vorteil liegt hierbei in der geringen Größe der Messsonde, so dass sie die Erdwärmesonde komplett durchlaufen kann. Die Sonde sinkt durch ihr Eigengewicht mit einer Geschwindigkeit

Abb. 6.22 Kabelloser Minidatenlogger für Temperaturmessungen

von 6,5 m/min bis zum tiefsten Punkt der Sonde und sendet kontinuierlich Druck-
und Temperaturdaten, somit ein Tiefen-Temperaturprofil, nach oben. Die Sensor-
daten (Temperatur, Druck) werden drahtlos nach Übertage zu einer Dockingstation
weitergeleitet und sind dort über ein Online-Portal und die zugehörige Smart-
phone-App verfügbar (Meier und Zorn 2016). Es können hintereinander bis zu 15
Messmolche eingesetzt werden, somit kann das System auch bei einem Thermal-
Response-Test zum Einsatz kommen.

Daneben existiert eine **faseroptische Temperaturmessung** in der Vertikalen
über Glasfaserkabel, wobei das Glasfaserkabel entweder bereits beim Einbau
der Sonde außen an der Sonde befestigt wird oder aber nach Einbau innen in der
Sonde verläuft, somit in diesem Fall nachträglich hineingeschoben werden muss.
Echte Temperaturmessungen erfolgen hier etwa alle 0,5 m, dazwischen wird interpoliert. Optische Fasern wirken auf Grund ihrer spezifischen Eigenschaften als
thermische Sensoren und ermöglichen eine zeitgleiche Temperaturmessung mit
hoher Orts- und Temperaturauflösung über ihre gesamte Länge. Der Übergang
von Messungen mit Temperaturfühlern an diskreten Punkten zu einer verteilten
Sensorik mit zeitgleichen Messungen war ein großer Fortschritt in der Temperatur-
messtechnik (Hurtig et al. 1997). Dadurch, dass das Temperatursensorkabel mit
dem Einbau der Erdsondenrohre eingebracht und somit permanent installiert
werden kann, kann die vertikale Temperaturverteilung zu jedem beliebigen Zeitpunkt oder sogar kontinuierlich abgerufen werden. Die faseroptische Temperaturmessung kann daher in idealer Weise mit einem Thermal Response Test (TRT)
kombiniert werden (sog. „Enhanced Geothermal Response Test", EGRT), so
dass entlang der Bohrlochachse schichtgebundene Wärmeleitfähigkeiten ermittelt
werden können und so auf Defekte der Hinterfüllung geschlossen werden kann
(Riegger et al. 2012) (Abschn. 6.3.2). Die faseroptische Temperaturmessung
erlaubt außerdem eine Überwachung des Verpressvorgangs von Erdwärmesonden-
bohrungen während und unmittelbar nach Abschluss der Verpressarbeiten.

Neu entwickelt wurde auch eine **Temperatursonde** mit 18 mm Sondendurch-
messer, die an einem Kabel in die Sonde hinabgelassen und wieder emporgezogen
werden kann (Abb. 6.23). Die Sonde kann damit auch dazu benutzt werden, um
die Abbindung der Hinterfüllung zu kontrollieren.

Aus Störungen (Peaks) in vertikalen Temperaturprofilen (Abb. 6.24) können
eventuell Hinweise auf Leckagen, auf Wasserumläufigkeiten, und damit auf eine
unvollständige Hinterfüllung, gewonnen werden. Allerdings ist dies im Gegensatz
zu der faseroptischen Temperaturmessung mit TRT (EGRT) nur dann möglich,
wenn an den Leckagestellen Wässer auf- oder absteigen oder anders temperierte
Wässer zuströmen. Für die Entstehung einer vertikalen Fließbewegung ist eine
unterschiedliche Potentialverteilung in einzelnen Wasser führenden Stock-
werken erforderlich (Abb. 6.16). Vertikale Fließbewegungen mit einer konkaven
Form des Temperaturverlaufs deuten auf einen absteigenden Grundwasserfluss,
während ein konvexer Temperaturverlauf auf aufsteigende Wässer hinweist.
Diese Kurven können ausgewertet und Fließgeschwindigkeiten der zirkulierenden
Wässer ermittelt werden (Abb. 14.16, Abschn. 14.4). Leckagen ohne ausreichende vertikale Wasserbewegung können mit der Temperatursonde nur in

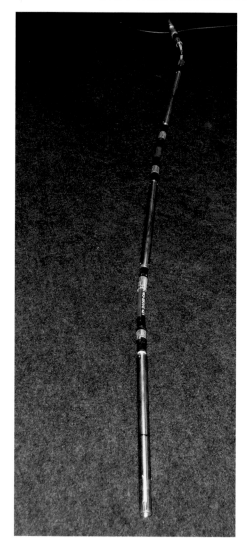

Abb. 6.23 Geophysikalisches Tool zur Vermessung von Erdwärmesonden

Ausnahmefällen detektiert werden. In diesen Fällen ist die Durchführung eines sog. EGRT (faseroptischen Temperaturmessung mit TRT) hilfreich (Riegger et al. 2012).

Mit derselben Sonde, mit der der Temperaturverlauf in der Erdwärmesonde an einem Kabel aufgezeichnet wird, kann auch die natürliche Gamma-Strahlung in den Erdwärmesonden gemessen werden (Abb. 6.23 und 6.25). Zwischen den einzelnen Segmenten des Sondenkörpers sind flexible Verbindungen, so dass der Sondenstrang den sich windenden Erdsondenrohren folgen kann. Falls

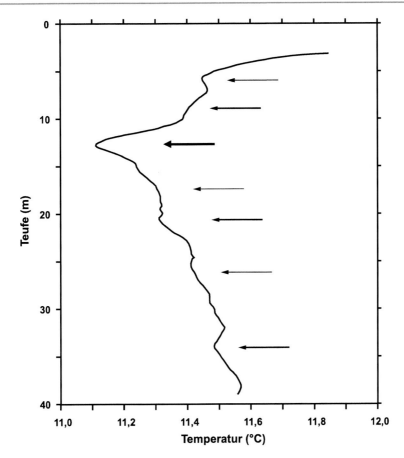

Abb. 6.24 Beispiel für ein gestörtes Temperaturprofil mit Hinweisen auf stärkere und schwächere Wasserzutritte (Pfeile)

das Hinterfüllmaterial mit einem strahlenden Medium markiert ist, könnte mit der **Gamma-Sonde** analog zu klassischen Bohrlochmessungen in Brunnen (Abschn. 13.2) die Vollständigkeit der Hinterfüllung kontrolliert werden (Baumann 2008). Derzeit sind entsprechend markierte Hinterfüllmaterialien probeweise im Einsatz. Eine Nullmessung vor Einbringen der markierten Hinterfüllsuspension, z. B. in der unverrohrten Aufschlussbohrung, ist für die abschließende Interpretation sehr hilfreich. Wie bereits angesprochen, superponiert das Vorhandensein der drei weiteren Erdwärmesondenrohre die Messdaten und erschwert damit die Auswertung; hinzu kommt die unterschiedliche Raumlage der Sondenstränge im Bohrloch. Für den Einsatz markierten Hinterfüllmaterials kann es rechtliche Einschränkungen geben.

Außerdem existiert auf derselben Sonde die Möglichkeit einer **Verlaufs-messung** in den Erdsonden auf der Basis eines Magneten (Abb. 6.23). Ein

Abb. 6.25 Einfahren der Gamma-Sonde in eine Erdwärmesonde

3-Achs-Neigungs- und Richtungssensor dient der Bestimmung der relativen Raumlage. Zur Ermittlung der Neigung von Erdwärmesonden gibt es daneben auch noch eine sogenannte **flexible Inklinometerkette,** mit der der tatsächliche räumliche Verlauf einer Erdwärmesonde festgestellt werden kann. Die maximale Länge ist allerdings auf 100 m begrenzt und der Durchmesser beträgt 27 mm, so dass die Inklinometerkette somit gerade noch in eine klassische Erdwärmesonde passt. Die Messgenauigkeit liegt bei 0,001 Grad. Erste Versuche lassen erkennen, dass die Erdwärmesonden oft zu stark in sich verdrillt sind, so dass die Inklinometerkette meist nicht vollständig in die Sonden eingebracht werden konnte.

Neu entwickelt wurde eine **Gamma-Gamma-Sonde** für Erdwärmesonden, mit der über die Bestimmung der Dichte auf die Vollständigkeit der Hinterfüllung geschlossen werden soll (Voelker und Voutta 2013). Das Grundprinzip der Gamma-Gamma-Methode beruht auf atomphysikalischen Wechselwirkungsprozessen zwischen der Gamma-Strahlung einer künstlichen radioaktiven Quelle und den Atomen der am Gesteinsaufbau beteiligten Elemente. Diese

Wechselwirkungsprozesse verursachen eine Energieabnahme (Absorption) der Gamma-Strahlung beim Gesteinsdurchgang. Die Reststrahlung (gestreute Gamma-Strahlung) wird an einem Detektor (Zählrohr, Szintillationszähler) registriert. Die Sonde ist 80 cm lang, beweglich und hat einen Durchmesser von 15 mm. Je nach Lage der EWS im Bohrloch und Abstand der Sonde zum z. T. geklüfteten oder verkarsteten Gebirge ergeben sich Anomalien im Messverlauf, weshalb der Vergleich von Messungen vor und nach Einbringen der Hinterfüllung zwingend erforderlich ist. Nach Lux et al. (2012) muss der Vergleich die direkte quantitative Gegenüberstellung der Dichten in der noch nicht verfüllten und der verfüllten EWS beinhalten, d. h. die eingesetzten Messsonden müssen an entsprechenden Dichtemodellen für unterschiedliche Verpressgüter und Einsatzdurchmesser (Sonde, Bohrloch) in kg/m³ kalibriert werden. Angaben allein in Impulsen sind mehrdeutig (Lux et al. 2012). Die Messung mit einer Gamma-Gamma-Sonde ist nicht in allen Objekten und Gebieten unbedenklich.

Mit der **Suszeptibilitätssonde** (Ø 16 mm) können ebenfalls Rückschlüsse auf die Vollständigkeit des Hinterfüllmaterials von Erdwärmesonden gezogen werden. Voraussetzung dafür ist, dass die eingebrachte Hinterfüllung aus magnetisch markiertem Material besteht. Die Suszeptibilitätssonde wird dabei an einem Kabel in ein Erdwärmesondenrohr abgelassenen, um die Messsignale in der Vertikalen aufzuzeichnen (z. B. Neumann 2015). Am Ende der Messung kann über eine USB-Schnittstelle das Protokoll ausgelesen werde. Die Suszeptibilitätssonde wird auch zur automatischen Abdichtungsüberwachung beim Bau von Erdwärmesonden eingesetzt (Abschn. 6.2).

Mit der **Ultraschall-Messsonde,** die derzeit noch in der Entwicklung steckt, will man zu Aussagen gelangen, ob die Hinterfüllung hinter den Erdwärmesondenrohren vollständig ist. Das Ultraschall-Verfahren ist ein Impuls-Echo-Verfahren. Es gibt berechtigte Hoffnung, dass aus den Reflektionssignalen Hinweise auf Unregelmäßigkeiten hinsichtlich Dichte, Homogenität und Gefüge des Umgebungsraums bzw. des umgebenden Materials gewonnen werden können. Mit einer ebenfalls noch in Entwicklung befindlichen **Kappa-Sonde** soll die Magnetisierbarkeit von Gesteinen bzw. Mineralien erfasst werden, so dass dadurch indirekt Rückschlüsse auf die Qualität der Hinterfüllung gezogen werden können.

Weitere Verfahren befinden sich derzeit in Entwicklung. Für eine zukünftige Abnahme von Erdwärmesonden und für ihre Qualitätskontrolle werden derartige Untersuchungsverfahren unverzichtbar sein. Allerdings existiert derzeit noch keine anerkannte Methode, um Fehlstellen in der Hinterfüllung von EWS in jedem Fall eindeutig nachzuweisen. Riegger et al. (2012) entwickelten ein neues Auswerteverfahren zur Detektion von Fehlstellen in der Hinterfüllung mit Hilfe faseroptischer Temperaturmessungen im Ringraum im Zuge eines Enhanced Geothermal Response Tests (EGRT). Der Temperaturangleich in verschiedenen Teufen wurde als sogenannter Horner-Plot ausgewertet. Der Vergleich der Messreihen erlaubte eine exakte Bestimmung von Fehlstellen, auch bei Abwesenheit von Grundwasserfluss.

Im Hinblick auf die Qualitätssicherung wird in diesem Zusammenhang auch auf Verfahren zur Kontrolle des Hinterfüllvorgangs beim Bau von Erdwärmesonden, die automatische Abdichtungsüberwachung, aufmerksam gemacht, die in Abschn. 6.2 besprochen sind.

6.8.5 Erdwärmesonden mit Phasenwechsel

Synonyme für Erdwärmesonden mit Phasenwechsel sind Gravitationswärmerohr, Thermosyphon oder Heat Pipe. Mit der Direktverdampfung von Kältemitteln zur Gewinnung von Heizwärme aus Erdwärmesonden existiert eine Alternative zu mit Wärmeträgerflüssigkeiten betriebenen Sonden (Abschn. 4.1). Phasenwechselsonden sind als stromlose Varianten für den Transport von Wärme entgegen der Schwerkraft bekannt (Storch 2014). Wie bei der traditionellen Erdwärmesonde so erfolgt auch bei diesem System die Energiegewinnung in einem geschlossenen Kreislauf. Daher sind ebenfalls die Phasenwechselsonden weitgehend unabhängig von den geologischen Eigenschaften des Untergrundes. Sie gewinnen die Wärme durch Verdampfung eines flüssigen Kältemittels im Sondenrohr und der Aufnahme der latenten Verdampfungswärme des Kältemittels am Sondenkopf. Derzeit sind die Kältemittel Propan, Ammoniak und Kohlendioxid im Einsatz. Tab. 6.3 gibt einen Überblick über die wichtigsten physikalischen Eigenschaften dieser Arbeitsmittel.

Da das Kältemittel Ammoniak toxisch ist und somit bei einer Leckage der Anlage auch eine Gefahr für das Grundwasser darstellt und da beim Kältemittel Propan bei unsachgemäßem Umgang Explosionsgefahr besteht, ist der Einsatz dieser beiden Stoffe nicht in allen Ländern erlaubt. Aus diesem Grund wurden in den letzten Jahren maßgeblich Sonden mit dem Kältemittel Kohlendioxid, sogenannte CO_2-Sonden, weiterentwickelt (Vasiliev 2005; Ochsner 2008; Kruse und Russmann 2010). In der DIN EN 378-1 sind die sicherheitstechnischen und umweltrelevanten Anforderungen an Kältemittel klassifiziert. CO_2 verfügt als Kältemittel über eine niedrige, kritische Temperatur von 31,1 °C und über einen hohen kritischen Druck von 73,8 bar.

Üblicherweise sickert in den CO_2-Sonden das flüssige Kältemittel entlang der spiral gewellten Sondenrohrinnenwandung unter Aufnahme von Wärme aus dem die Sonde umgebenden Untergrund nach unten und geht dadurch in den dampfförmigen Zustand über. Anschließend steigt das Gas im Innern des Sondenrohres

Tab. 6.3 Eigenschaften verschiedener Arbeitsmittel von Phasenwechselsonden

	Ammonik	Kohlendioxid	Propan
Siedetemperatur (°C) bei Normaldruck (1 bar)	−33	−78	−42
Dichte (10^{-3} kg/m³) bei Siedetemperatur	0,682	1,032	0,58
Dampfdruck (bar) bei 0 °C	4,82	34,91	4,76
Verdampfungsenthalpie (kJ/mol)	21,4	23,2	19,0

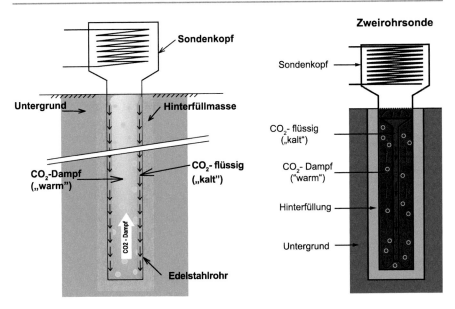

Abb. 6.26 a, b: Schematische Darstellung einer Phasenwechselsonde (Heat Pipe), Einrohrsonde (**a**) und Zweirohrsonde (**b**)

nach oben und gibt am Sondenkopf durch Kondensation Wärme an den Wärmepumpenkreislauf ab (Abb. 6.26a).

Die Phasenwechselsonden haben den Vorteil, dass für den Betrieb keine Pumpen zur Zirkulation der Wärmeträgerflüssigkeit wie bei den klassischen Erdwärmesonden notwendig sind. Auch treten keine Wärmeverluste auf, wie sie bei den Einfach- und Doppel-U-Rohrsonden durch den Wärmeübergang zwischen den beiden Sondenschenkeln zwangsweise erfolgen. Mit Phasenwechselsonden lassen sich daher vergleichsweise hohe Jahresarbeitszahlen erreichen.

Da CO_2 durch herkömmliche PE-Rohre diffundiert, besteht der Prototyp einer modernen **CO_2-Sonde** aus einem flexiblen, druckfesten spiralgewelltem Edelstahl-Wellrohr, da Eisen-, Stahl- oder Kupferrohre empfindlich gegenüber Korrosionsschäden sind. Der Durchmesser der heute in der Regel verwendeten Rohre beträgt zwischen 40 und 60,3 mm. Der CO_2-Flüssigkeitsfilm läuft an der Innenwand des Wellrohres spiralförmig, geschützt durch die Wendel, hinab. Nach der Verdampfung strömt das Gas im freien Querschnitt des Edelstahlwellrohrs ohne Behinderung des Films aufwärts zum Wärmetauscher, an dem es wieder kondensiert. Der Bündelrohrwärmetauscher verfügt über ein druckfestes Gehäuse mit Kupferwendel (Abb. 6.26a). Das Arbeitsmittel der Wärmepumpe zirkuliert als Wärmeträgermedium im Kühlkopf der CO_2-Sonde (Abb. 6.26a) und kommt dort zum Verdampfen (Gebhardt und Kruse 2001; Ochsner 2008).

Die Phasenwechselsonde steht gerade bei der Versorgung von größeren Wohngebäuden oder Objekten noch am Anfang ihrer Markteinführung. So wird beispielsweise an der Entwicklung von einzelnen CO_2-Sonden zu CO_2-Sondenfeldern gearbeitet. Derzeit wird hierbei an der technischen Lösung zur mehrfachen Anbindung einzelner CO_2-Erdwärmerohre an einen Wärmeüberträger zwecks Verflüssigung und Verteilung des flüssigen CO_2 auf mehrere Sonden geforscht (Kruse et al. 2015). Weitere Untersuchungen gehen in Richtung erhöhter Sondentiefen von 400–600 m. Derzeit ist nach Kenntnisstand die 250 m tiefe CO_2-Sonde bei Triberg in den Graniten des Schwarzwaldes am tiefsten (Zorn et al. 2007) (Abb. 6.28). Bei den neu konzipierten noch tieferen Sonden müssen der zunehmende hydrostatische Druck innerhalb der CO_2-Gassäule in der Sonde und auch die mit der Tiefe zunehmende Untergrundtemperatur bei der Auslegung stärker berücksichtigt werden. Außerdem kann es beim Betrieb von sehr langen CO_2-Sonden an den Wandungen der Sonde insbesondere bei erhöhter Wärmestromdichte zum Abriss des CO_2-Flüssigkeitsfilms kommen (Kruse et al. 2015).

Neben dieser sogenannten Einrohrsonde (Abb. 6.26a) können CO_2-Erdwärmesonden auch als Zweirohrerdwärmesonden (Abb. 6.26b) ausgeführt werden. Bei der Zweirohrsonde erfolgt eine Trennung von flüssiger und gasförmiger Phase durch zwei ineinander geführte Rohre. Das dampfförmige CO_2 steigt im äußeren Rohr zum Wärmetauscher auf, kondensiert und wird in das innere Rohr geleitet, an dem es wieder hinabläuft. Dadurch soll verhindert werden, dass der nach unten rieselnde Flüssigkeitsfilm bei zu geringem Rohrdurchmesser den nach oben steigenden CO_2-Dampf behindert. Mit den CO_2- Zweirohrerdwärmesonden ist neben dem Heizen auch ein Kühlen möglich, wofür dann natürlich der Einsatz einer Pumpe notwendig wird.

Abb. 6.27 zeigt das Phasendiagramm für CO_2 in Abhängigkeit von Druck und Temperatur. Für die CO_2-Sonde ist ein Druck von etwa 35–55 bar erforderlich, damit sie im Temperaturbereich der oberflächennahen Geothermie

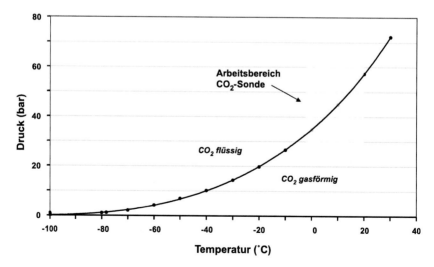

Abb. 6.27 CO_2-Phasendiagramm, eingetragen ist der Arbeitsbereich einer CO_2-Sonde (nach Daten aus Weast & Selby 1967)

Abb. 6.28 Blick auf den Sondenkopf mit inliegendem Wärmetauscher einer CO_2-Sonde

(-2 bis $+20\,°C$) arbeiten kann. Bei entsprechender Druckbeaufschlagung kann die CO_2-Erdsonde somit im positiven Temperaturbereich betrieben werden, d. h. das Einfrieren von Sonde und Sondenumfeld mit allen unerwünschten Begleiterscheinungen (Abschn. 6.7) kann bei richtiger Auslegung der Sonde vermieden werden. Allerdings kann es speziell im Winter durch die tiefen Umgebungstemperaturen in den obersten Metern an der Sondenwand zu einer zusätzlichen Wärmeabgabe und einem weiteren Wärmeentzug, d. h. einem unerwünschten Wärmeverlust, kommen. Durch die erforderlichen hohen Drücke beim Betrieb einer einer CO_2-Sonde ist es zwingend notwendig, dass die Bohrlochringraumverfüllung vollständig und dauerhaft dicht ist, da ansonsten die Gefahr einer Deformation des Wellrohres besteht und die Sonde damit nur noch unzureichend funktionstüchtig ist (Storch 2014). Grundsätzlich lassen sich jedoch mit CO_2-Erdwärmesonden deutlich höhere Jahresarbeitszahlen erzielen als bei den klassischen Erdwärmesonden.

Heat Pipes haben seit vielen Jahren bereits ein weites Anwendungsspektrum. Sie werden beispielsweise mit Ammoniak als Kältemittel zur Stabilisierung des Permafrostuntergrundes, d. h. zur Kühlung des Untergrundes, bei der Transalaska-Pipeline eingesetzt. Heat Pipes werden jedoch auch in modernen Laptops zur Kühlung eingesetzt oder zur Schneefreihaltung von Gehwegen und bei der Enteisung von Weichen im Schienenverkehr (Narayanan 2004).

Geothermische Brunnenanlagen 7

Steuerpult eines Bohrgerätes

© Springer-Verlag GmbH Deutschland, ein Teil von Springer Nature 2020
I. Stober und K. Bucher, *Geothermie*, https://doi.org/10.1007/978-3-662-60940-8_7

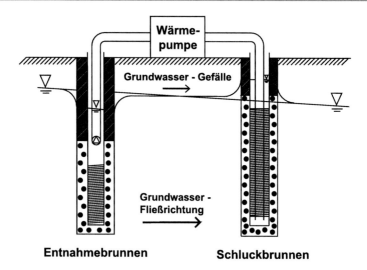

Abb. 7.1 Geothermische Brunnenanlage mit Förder- und Injektionsbrunnen

In Bereichen, in denen gut durchlässige Grundwasserleiter vorliegen und in denen das Grundwasser bis knapp unter der Erdoberfläche ansteht und in entsprechender Güte zur Verfügung steht, bietet es sich an, eine geothermische Brunnenanlage

(Abb. 7.1) zur oberflächennahen energetischen Nutzung der Erdwärme als Entzugsquelle zum Betrieb einer Wärmepumpe zu installieren (Abschn. 4.1). Brunnenanlagen können zum Heizen und/oder zum Kühlen verwendet werden. Synonyme Begriffe sind Zweibrunnensysteme, Wasser-Wasser-Wärmepumpen-anlagen oder Grundwasserwärmepumpe. In jedem Fall handelt es sich um eine unmittelbare Nutzung von oberflächennahem Grundwasser zur Energiegewinnung. Diese Art der Nutzung von Erdwärme durch unmittelbare Nutzung von Grundwasser kann energetisch besonders effizient sein, da durch die direkte Nutzung des Grundwassers als Wärmeträgermedium nur geringe Wärmetauscherverluste entstehen und da oberflächennahe Grundwasserströme wegen der relativen Konstanz der Quelltemperatur sehr gut geeignet sind, um daraus mittels einer Wärmepumpe Energie zu gewinnen. Zudem bietet die direkte Grundwassernutzung zur Wärmegewinnung mittels Wärmepumpen oder zur Kühlung gegenüber der meist rein konduktiven Erdwärmenutzung durch Erdwärmesonden energetische und finanzielle Vorteile. Voraussetzung zur Direktnutzung ist neben der Verfügbarkeit und adäquaten Erschließbarkeit geeigneten Grundwassers auch die Begrenzung der thermischen Beeinflussung des Grundwassers.

Ausschließlich für Heizzwecke genutzte Brunnensysteme sind besonders effizient in Regionen, in denen die Grundwassertemperatur erhöht ist, wie beispielsweise im Umfeld größerer Städte. Brunnensysteme können dann durch die hervorgerufene Abkühlung des Grundwassers einen wesentlichen Beitrag zum Umweltschutz leisten.

In den letzten Jahren erfreute sich diese Form der geothermischen Nutzung verstärkter Beliebtheit. So hat sich beispielsweise in der Schweiz im Zeitraum

2007–2017 die Nutzung des Grundwassers mit geothermischen Brunnenanlagen mehr als verdoppelt und beträgt im Jahre 2017 5802 Anlagen. Mit geothermischen Brunnenanlagen wird in der Schweiz nahezu 12 % der gesamten geothermisch erzeugten Heizwärme bereitgestellt (energieschweiz 2018). Vielerorts gibt es nicht nur Einzelsysteme sondern Anlagen mit mehreren Förder- und Injektionsbrunnen, die ganze Siedlungen mit Wärme versorgen und im Sommer zur Kühlung eingesetzt werden. Eine entsprechende Anlage befindet sich beispielsweise in March-Hugstetten unweit von Freiburg in SW-Deutschland. Hier werden 38 dreistöckige Wohnblocks mit 151 Wohneinheiten durch 7 Förderbrunnen mit einer Gesamtförderrate von maximal 42 l/s und 12 Injektionsbrunnen beheizt, das Brauchwasser erwärmt und im Sommer klimatisiert. Jeder Wohnblock verfügt über eine eigene Wärmepumpe. Die Jahresarbeitszahl der Gesamtanlage liegt bei $JAZ = 4$, in einzelnen Wohnblocks sogar bei $JAZ = 5$ (Isele und Kölbel 2006).

Eine weitere neuere Nutzungsform eines Aquifers mit Brunnensystemen erfolgt durch die Einlagerung von ‚Überschusswärme‘ (zumeist im Sommer) und die Wiedergewinnung für Heiz- oder Beheizungszwecke in den Wintermonaten. Derartige Systeme, sog. **Aquiferspeicher,** können zum Heizen und Kühlen verwendet werden (Fleuchaus et al., 2018). Die Beschreibung derartiger Systeme erfolgt in Zusammenhang mit der tiefen Geothermie in Abschn. 8.7.2.

7.1   Bau von Grundwasserbrunnen

Für eine geothermische Nutzung von Grundwasserbrunnen werden für kleine bis mittelgroße Anlagen (Wohnhausbereich) auf dem Grundstück ein Förderbrunnen und ein Schluckbrunnen benötigt. Für den Objektbereich ist ein System mehrerer Brunnenanlagen (Zweibrunnengalerie) notwendig, deren relative Lage zueinander sowie die Leistung der einzelnen Brunnen zuvor im Detail mit einem numerischen Modell berechnet werden muss. Voraussetzung dafür ist eine kompetente Beurteilung der Untergrundverhältnisse. Die Simulation der Wärme- und Kältespeicherung im Untergrund ermöglicht auch eine für den Langzeitbetrieb optimierte Auslegung der Brunnenanlage sowie eine Vorhersage der Auswirkungen auf die Umgebung.

Der **Ausbau** des Förder- und Injektionsbrunnens erfolgt ähnlich wie bei gewöhnlichen Brunnen oder Messstellen mit Voll- und Filterrohren, mit adäquater Kieshinterschüttung und Abdichtung im Bereich von Trennhorizonten und im oberflächennahen Teil. Allerdings weisen die geothermischen Brunnenanlagen wegen ihrer geringen Förderraten meist geringere Durchmesser auf. Aufgrund der unterschiedlichen Strömungscharakteristik von Förder- und Injektionsbrunnen sollte der Förderbrunnen tiefer verfiltert sein als der Injektionsbrunnen (Abb. 7.1). Auch muss die Pumpe wegen der erhöhten Anströmgeschwindigkeit im Bereich des Pumpeneinlaufs oberhalb der Filterstrecke abgehängt sein. Beim Injektionsbrunnen sollte die Filterstrecke länger sein und weiter oben beginnen, um bei der Wiedereinleitung einem Überlaufen des Brunnens auch bei hohen Grundwasserständen oder Alterungserscheinungen vorzubeugen, denn Schluckbrunnen altern erfahrungsgemäß schneller als Entnahmebrunnen. Die Rückflussleitung muss zur

Vermeidung einer vorzeitigen Alterung tief unterhalb des Ruhewasserspiegels in den Schluckbrunnen geleitet werden und die Filterstrecken müssen in jedem Betriebszustand im Grundwasser liegen.

Das etwa 10 °C warme Grundwasser wird mittels Unterwasserpumpe (U-Pumpe) an die Erdoberfläche geleitet. Ihm wird durch eine Wärmepumpe Wärme entzogen. Das auf bis zu 5 °C abgekühlte Wasser wird in einer zweiten Bohrung, dem sogenannten Schluck- oder Injektionsbrunnen, wieder in den Grundwasserleiter zurückgegeben. Die Reinjektion oder Wiederversickerung des energetisch genutzten Grundwassers sichert die quantitative Bilanzierung und schont die Ressource Grundwasser.

Die beiden Brunnen dürfen sich nicht gegenseitig thermisch beeinflussen. Die Rückeinspeisung des abgekühlten Wassers sollte in keinem Fall oberstrom der Entnahmebohrung liegen, sondern ungefähr in Fließrichtung unterhalb des Förderbrunnens. Weiterhin sind die chemischen Eigenschaften des Grundwassers zu beachten, da manche Wässer zu Ausfällungen neigen (Kühn 1997; Arning et al. 2006). Vorab ist daher eine qualitative Wasseruntersuchung notwendig.

Im Vorfeld der Anwendung ist die **Ergiebigkeit** des Förder- und des Schluckbrunnens zur Gewährleistung einer nachhaltigen Nutzung durch Pumpversuche (Kap. 14) zu ermitteln. Die Brunnentiefe beträgt in den für dieses geothermische Nutzungssystem geeigneten Regionen zwischen 5 und 15 Metern. Die Grundwasserflurabstände sollten gering und die Durchlässigkeit des Grundwasserleiters gut sein. Mit einer Tauchpumpe wird Grundwasser entnommen und über den Verdampfer einer Wärmepumpe geleitet. Das abgekühlte Wasser wird im Schluckbrunnen wieder in den Grundwasserstrom eingeleitet. Üblicherweise handelt es sich um Zirkulationsraten von bis zu einigen wenigen l/s (größere Anlagen). Bei einem Einfamilienhaus reichen in der Regel < 1 l/s.

Die Zuleitungen zu den Brunnen sollten frostsicher verlegt werden. Damit die Leitungen bei Bedarf auch entleert werden können, müssen sie im Gefälle zum Brunnen hin verlegt werden. Bei der Rohrführung muss sichergestellt werden, dass das Ende des Injektionsrohrs ständig unterhalb des Wasserspiegels liegt.

Die Temperaturschwankungen des Grundwassers sind relativ gering. Die Temperaturen liegen das ganze Jahr über bei etwa 7 bis 12 °C, so dass die Wärmepumpe sehr effizient arbeiten kann. Im Umfeld größerer Städte kann die Grundwassertemperatur auch deutlich über diesem Wert liegen, so dass der Einsatz einer Brunnenanlage für Heizzwecke dann besonders günstig ist. Die Temperaturabsenkung des entnommenen Grundwassers sollte maximal 6 °C betragen. Ein monovalenter Betrieb ist in der Regel problemlos möglich. Die Jahresarbeitszahl (Abschn. 6.3.1) einer solchen Anlage sollte sich etwa im Bereich von 5 bewegen. In Deutschland wird beispielsweise vom Gesetzgeber für Wasser/Wasser-Wärmepumpen für Heizzwecke zur Gewährleistung der energetischen Effizienz der Anlage eine Jahresarbeitszahl gefordert, die mindestens bei 4 und größer liegt. Wird die Wärmepumpe hingegen auch für die Warmwasserbereitung genutzt, muss mindestens ein Wert von 3,8 erreicht werden.

Für eine Heizleistung von 7 kW bzw. 10 kW ist eine Grundwasserentnahme in der Größenordnung von etwa 2 m³/h (0,6 l/s) bzw. 3 m³/h (0,9 l/s) erforderlich.

Trotz der relativ geringen Entnahmerate, sollte der Ausbaudurchmesser des Förder-brunnens zumindest im oberen Bereich, bis in den die Pumpe abgehängt wird, nicht zu knapp bemessen werden, um hydraulische Widerstände beim Pumpen (Reibungsverlust) und damit einen unkontrollierbaren Stromverbrauch bei der Förderung zu vermeiden. Der Förderbrunnen muss so bemessen sein, dass die Pumpe so tief abgehängt werden kann, dass sie auch bei tiefem Grundwasserstand unproblematisch arbeiten kann. Bei Einzelobjekten sind die erforderlichen Förder-raten in der Regel so gering, dass der Einsatz von 3" oder 4" U-Pumpen ausreichend ist.

Durch eine Verlängerung der Filterstrecke oder Vergrößerung des Brunnen-durchmessers kann bis zu einem gewissen Grad eine Verbesserung der Brunnen-leistung erreicht werden. Grundsätzlich sollte am Brunnendurchmesser nicht gespart werden, da er auch bei Alterungserscheinungen des Brunnens oder im Falle eines späteren höheren Wärmebedarfs die notwendigen Leistungsreserven schafft.

Zwischen den beiden Brunnen, dem Förder- und dem Schluckbrunnen, ist auf einen ausreichenden **Abstand** zu achten (Gl. 7.1), damit beim Pumpbetrieb keine unerwünschten Temperaturbeeinflussungen im Entnahmebrunnen auftreten. Üblicherweise muss mit Abständen von einigen 10er Metern zwischen den beiden Brunnen gerechnet werden. Auch sind weitreichende thermische Beeinflussungen des Grundwassers zu vermeiden. Im Vorfeld sollte daher auf der Basis eines **Pumpversuches** (Abschn. 14.2) in der ersten Bohrung und der daraus ermittelten Aquiferparameter die jeweilige Reichweite des Absenk- und des Injektionstrichters ermittelt werden und anschließend nach Abteufen der 2. Bohrung und Durch-führung eines weiteren Pumpversuches der Mindestabstand der beiden Brunnen voneinander verifiziert werden. Notfalls ist ein weiterer Brunnen erforderlich.

Unter der Annahme, dass der Grundwasserleiter eine etwa konstante Mächtig-keit (H, in m) und Durchlässigkeit (k_f, in m/s) aufweist, dass beide Brunnen gleichlange Filterstrecken aufweisen und dass der Betrieb der Wärmepumpen-anlage kontinuierlich erfolgt, kann der erforderliche Mindestabstand (d) zwischen Förder- und Injektionsbrunnen mit Gl. 7.1 abgeschätzt werden (ÖWAV 2008).

$$d = 0.6\,Q\big/\,(i\,k_f H) \qquad [m] \qquad\qquad (7.1)$$

Dabei ist Q (m^3/s) die Entnahme- bzw. Eingaberate und i der hydraulische Gradient (-). Diese Beziehung gilt natürlich nicht, wenn die Brunnen in Grundwasserfließrichtung angeordnet sind. Grundsätzlich sollte der Injektions-brunnen nicht oberstrom des Förderbrunnens liegen.

Wichtig ist, dass der Injektionsbrunnen die entsprechenden Durchlässigkeiten aufweist, damit die Entnahmerate aus dem Förderbrunnen nach der Abkühlung wieder problemlos versenkt werden kann. Im Injektions- oder Schluckbrunnen entsteht durch die Wassereingabe ein „Aufhöhungstrichter", der bei geringen Grundwasserflurabständen problematisch werden könnte. Für die Bemessung des Schluckbrunnens sollte man sich an den im Jahresverlauf höchsten Grundwasser-ständen orientieren, um ein „Überlaufen" aus dem Schluckbrunnen zu vermeiden. An der Bohrtiefe und Länge der Filterstrecke der Injektionsbohrung sollte daher ebenfalls nicht gespart werden.

7.2   Wasserqualität

Die an der Förder- und Injektionsbohrung geschaffenen Leistungsreserven (Bohrtiefe, Länge der Filterstrecke, Bohrdurchmesser) erhöhen grundsätzlich die Lebensdauer der Brunnen erheblich und machen ggf. notwendige Regenerierungsarbeiten erst nach längeren Zeiträumen erforderlich. Eine vergrößerte Filterstrecke oder Ausbaudurchmesser verringern die Anströmgeschwindigkeit im Förderbrunnen signifikant und führen damit zu einer markanten Reduzierung der Brunnenalterung. Zudem werden dadurch für ggf. spätere Belange notwendigen Reserven geschaffen. Wie bei allen Brunnen ist auch bei einer geothermischen Brunnenanlage darauf zu achten, dass der Beginn der **Filterstrecke** des Entnahmebrunnens stets wesentlich unterhalb des abgesenkten Wasserspiegels liegt, d. h. auch bei niedrigem Grundwasserstand und höchster Entnahme nach mehrjährigem Betrieb, da ansonsten Sauerstoff über die Filter in den Brunnen gelangt und es zu Sinterbildung (Verockerung) kommt.

Bei der **Brunnenalterung** spielen neben der Verockerung und Versinterung, die Versandung, die Korrosion und die Verschleimung eine große Rolle (Tholen und Walker-Hertkorn 2008). Bei geothermischen Brunnenanlagen kann eine Sauerstoffanreicherung (Belüftung) häufig nicht völlig ausgeschlossen werden. Diese kann einerseits zu einer verstärkten mikrobiologischen Aktivität mit der Folge von Biofilmbildung durch Bakterien und Algen in den Anlagen, andererseits zu einer Ausfällung von Eisen und Mangan (Verockerung) in den Brunnen führen. Diese Erscheinungen können auch den Grundwasserleiter selbst betreffen. Werden die Anlagen auch zur Kühlung eingesetzt, ist mit verstärkter mikrobiologischer Aktivität zu rechnen.

Korrosion tritt gerne auf, wenn die Parameter Sauerstoffgehalt, pH-Wert, Sulfat, Ammonium, Chlorid oder Kohlendioxid erhöht sind (Abschn. 15.3). Geothermische Brunnenanlagen sollten daher keinesfalls im Abstrombereich von Deponien, Altlasten oder Grundwasserschadensfällen errichtet werden. Bei natürlich erhöhten Sulfatgehalten im Grundwasser ist bspw. die Verwendung von sulfatbeständigen Materialien obligatorisch. Erhöhte Sauerstoffgehalte treten meist dann auf, wenn im Förderbrunnen bis in den Filterbereich hinein abgesenkt wurde.

Die **Grundwasserbeschaffenheit** hat einen wesentlichen Einfluss auf den Betrieb und die Lebensdauer der Anlage. Bei Ausbildung von Biofilmen, Verockerungen oder sonstigen Ausfällungen vor allem auf den wärmeübertragenden Anlagenteilen reduziert sich die Effizienz der Anlage rasch. Die Effizienz der Anlage nimmt jedoch auch bei Ausfällungen im Bereich der Brunnenfilter ab, da dann der benötigte Druck erhöht werden muss, um die Fließrate aufrecht zu erhalten. Zu den wesentlichen Parametern der Untersuchung der Grundwasserbeschaffenheit gehören: pH-Wert, elektrische Leitfähigkeit, Gesamthärte, freie aggressive Kohlensäure, Eisen, Mangan sowie weitere Parameter, die von den lokalen hydrogeologischen Verhältnissen abhängen.

Aus den Inhaltsstoffen des Wassers, des pH-Wertes, der Temperatur und dem Redoxpotential können mit Hilfe von gängigen Computerprogrammen (z. B.

PHREEQC von Parkhurst und Appelo 1999) vorab Rückschlüsse auf die Versinterungsgefahr der Brunnen sowie auf die Korrosionsgefahr für Werkstoffe gezogen werden. Notfalls sollte auf eine derartige Anlage verzichtet werden.

7.3 Thermischer Einflussbereich, Modellrechnungen

Bei der Berechnung für die energetische Nutzung muss zunächst zwischen ausschließlicher Nutzung für Heizzwecke oder nur für Kühlzwecke oder einer Kombination von beidem unterschieden werden. Sodann muss aus dem Energiebedarf des Objektes der dafür notwendige Grundwasserbedarf ermittelt werden, d. h. es muss das jährliche Maximum des Grundwasserbedarfs zur Auslegung der Brunnen (Anzahl und Ausbau) und der über das Jahr gemittelte Grundwasserbedarf inklusive dessen thermischer Veränderung bestimmt werden. Damit kann die thermische Beeinflussung bewertet werden und bei der Optimierung der Anordnung und der Abstände der Brunnen berücksichtigt werden.

Erste Modellrechnungen zur Wärmenutzung oberflächennaher Grundwasservorkommen erfolgten bereits in den 1980er und 1990er-Jahren. Für kleinere bis mittelgroße Anlagen gibt es **Näherungslösungen** (z. B. Kobus und Mehlhorn 1980; Stauffer 1983; Ingerle 1988), die auch heute noch Gültigkeit haben und Anwendung finden. Grundsätzlich sollten im Vorfeld der Installation einer Anlage Abschätzungen für den Abstand der beiden Brunnen voneinander zumindest auf der Basis von Näherungslösungen (z. B. Gl. 7.1) vorgenommen werden.

Vom Injektionsbrunnen ausgehend entsteht eine von der unbeeinflussten Grundwassertemperatur abweichende Temperaturverteilung, die entlang der Grundwasserströmungsrichtung näherungsweise nach einer Exponentialfunktion abnimmt. Das Ende der Temperaturanomalie gilt üblicherweise dann erreicht, sobald die Temperaturdifferenz zur unbeeinflussten Grundwassertemperatur $< 1\,°C$ beträgt.

Unter stationären Strömungsverhältnissen bei eindimensionaler Betrachtung und vernachlässigbaren longitudinalen Vermischungsprozessen kann die Abkühllänge L (m) bei Parallelströmung nach Gl. 7.2a abgeschätzt werden (Söll und Kobus 1992).

$$L = 2{,}303\ \rho_w\, c_w\, n_d\, H\, H_D\, u \big/ \lambda_D \qquad (7.2a)$$

Darin bedeuten ρ_w (kg/m^3) die Dichte und c_w (J kg^{-1} K^{-1}) die spezifische Wärmekapazität von Wasser, n_d (-) die durchflusswirksame Porosität, H (m) die Aquifermächtigkeit, H_D (m) die Mächtigkeit der Deckschicht, u (m/s) die effektive Grundwassergeschwindigkeit und λ_D (J s^{-1} m^{-1} K^{-1}) die Wärmeleitfähigkeit der Deckschicht. Bei Radialströmung, hervorgerufen durch die Injektionsrate Q (m^3/s), gilt entsprechend Söll und Kobus (1992) Gl. 7.2b.

$$L = \sqrt{0{,}733\ \rho_w\, c_w\, Q\, H_D \big/ \lambda_D} \qquad (7.2b)$$

In diesem Fall ist der hydraulische Gradient verschwindend gering, d. h. es liegt damit auch keine nennenswerte Grundwasserströmung vor und es entsteht durch

die Einleitung des abgekühlten Wassers quasi eine kreisrunde Temperaturanomalie, deren **Ausdehnung** (L) nach sehr langer Dauer näherungsweise nach
Gl. 7.2b bestimmt werden kann.

Ist der hydraulische Gradient nicht verschwindend gering, sondern so groß,
dass eine signifikante Grundwasserströmung vorliegt, dann entwickelt sich vom
Injektionsbrunnen ausgehend eine langgestreckte Temperaturanomalie.

In Kinzelbach (1987) sind ausführliche analytische Lösungen der Kältefahne
für verschiedene Rand- und Anfangsbedingungen enthalten. Ingerle (1988) entwickelte eine iterative Berechnungsformel zur Ermittlung der **Länge dieser
Temperaturausbreitung** ausgehend vom Injektionsbrunnen in Grundwasserströmungsrichtung. Eine MS-Excel™ Rechentabelle, in welcher die Formel
implementiert ist, findet sich z. B. im Internet auf www.oewav.at (im Bereich
„Download").

Nach ÖWAV (2008) wird die Breite der Temperaturanomalie B_T (m) häufig
vereinfacht mit Hilfe der **hydraulischen Breite** B_H (m) nach Gl. 7.3 abgeschätzt.

$$B_H = Q/(i\,k_f\,H) \qquad [m] \tag{7.3}$$

In manchen Gebieten ändert sich die Grundwasserfließrichtung je nach Grundwasserstand innerhalb eines Jahres. Z. T. liegen auch aus anderen Untersuchungen
Angaben zu Dispersionskoeffizienten (Abschn. 14.3) vor. Sind derartige Einflussfaktoren und Informationen über den Untergrund bekannt und signifikant, so
können sie entsprechend Gl. 7.4 berücksichtigt werden. Die seitliche Ausbreitung
der Thermalfront infolge von jahreszeitlich bedingten Änderungen der Grundwasserströmungsrichtung und Dispersionseffekten wird mit Hilfe des Winkels
α ausgedrückt. Die Größe des seitlichen Ausbreitungswinkels α basiert auf
Erfahrungswerten und liegt zwischen 5°(keine Änderung der Strömungsrichtung,
nur Dispersion) und 15°(starke Änderung der Strömungsrichtung und Dispersion).
Die **Breite der Temperaturanomalie** B_T beträgt somit in Abhängigkeit von der
unterstromigen Entfernung x (m) vom Injektionsbrunnen:

$$B_T = B_H + 2 \cdot \tan \alpha \qquad [m] \tag{7.4}$$

Kobus und Mehlhorn (1980) geben für die Temperaturausbreitung mit den Gl. 7.5
und 7.6 vier Rechenpunkte auf einer Isothermen um den Injektionsbrunnen an.
Der Schnittpunkt der Isothermen ΔT mit der x-Achse, d. h. mit der Stromlinie
durch den Injektionsbrunnen beträgt:

$$x_0 = (4\,\pi\,\alpha_T)^{-1}\left(Q\,\Delta T_E/H\,u\,n_d\,\Delta T\right)^2 \qquad [m] \tag{7.5}$$

α_T ist die transversale Dispersivität (m), u die effektive Fließgeschwindigkeit
(m/s), n_d die durchflusswirksame Porosität (-) und ΔT_E die Temperaturdifferenz
(K) des injizierten Wassers. Der Schnittpunkt der Isothermen ΔT mit der y-Achse,
d. h. senkrecht zur Stromlinie durch den Injektionsbrunnen beträgt für $x \le x_0$:

$$y = \pm \sqrt{4\,\alpha_T\,x \ln\left(Q\,\Delta T_E/H\,u\,n_d\,\Delta T\,\sqrt{(4\pi\,\alpha_T\,x)}\right)} \qquad [m] \tag{7.6}$$

Neben diesen einfachen Berechnungsansätzen gibt es für den Wohnraumbereich verschiedene benutzerfreundliche **Spezialsoftware,** wie z. B. die Programme GED (Poppei et al. 2006), EGON (Rauch 2009, hydr-IT GmbH, Innsbruck), GW-TEMPIS (Rauch und Steger 2004) oder GWP-SF (Ingenieurgesellschaft kup & Partner GmbH). Diese Spezialsoftware liefert natürlich keine allgemeine Lösung für die Vielfalt von Brunnenkonfigurationen, ihren Betrieb, variierende Grundwasserströmungen und Wärmetransport, sondern immer nur vereinfachte Ansätze für spezielle Problemstellungen, wie z. B. für einzelne Brunnenanlagen in idealen Aquiferen und speziellen Randbedingungen.

Der Groundwater Energy Designer (GED) von Poppei et al. (2006) berechnet beispielsweise für ein ideales Strömungsfeld mit homogen isotropen Verhältnissen für mehrere Brunnenanlagen die Strömungsverhältnisse und den Wärmetransport entkoppelt voneinander. Die Berechnung von instationären Bedingungen oder unterschiedlichen Untergrundverhältnissen ist nicht möglich. Das Programm EGON (Energie aus Geothermischer Oberflächennutzung) von Rauch (2009) führt eine vertikal-ebene Berechnung der Temperaturanomalie aus. Es erlaubt in der Zentralstromlinie für einen singulären Brunnen die Ermittlung der Strömung und des Wärmetransports entkoppelt voneinander, wobei die Lösung auf einer Koppelung von analytischen, numerischen und empirischen Ansätzen beruht. Dieses Programm berechnet instationäre Strömungs- und Temperaturverhältnisse.

Für den Objektbereich mit mehreren Brunnen, die meist zum Heizen und Kühlen verwendet werden sollen, sind **Grundwassermodelle** unabdingbar. Die miteinander gekoppelte Simulation der Grundwasserströmung und des Wärmetransports erfolgt mit numerischen Finite Differenzen oder Finite Elemente Modellen. Insbesondere im Brunnennahbereich ist eine Simulation in 3 Dimensionen notwendig. Für die allgemeine Simulation des Wärme- und Stofftransportes gibt es bereits jahrzehntelange Erfahrungen. Die strömungsmechanischen Grundlagen und die hydrothermischen Gesetzmäßigkeiten des Wärmeenergietransports und -austauschs sind z. B. in Bear (1979) oder Carslaw und Jaeger (1959) beschrieben. Der Wärmeenergietransport im Grundwasser, der im Wesentlichen durch Wärmeleitung, Konvektion und Dispersion erfolgt, ist beispielsweise in Sauty (1980) dargelegt. Modelle und Berechnungscodes decken eine umfassende Palette zu berücksichtigender Prozesse ab. Zu nennen sind beispielsweise die Programme FEFLOW der WASY GmbH (Diersch 1994), TOUGH2 des Lawrence Berkley Laboratory (Pruess 1987) oder HST3D vom U.S. Geological Survey (Kipp Jr. 1997).

Für die Brunnendimensionierung sowie die Anzahl der erforderlichen Brunnen ist die Kenntnis der hydrogeologischen Parameter (Durchlässigkeit, Speichervermögen, Aquifermächtigkeit, hydraulischer Gradient) entscheidend. Zusätzlich ist die Kenntnis der Injektionstemperatur und der natürlichen Temperaturverhältnisse im Grundwasserleiter sowie der Fließrichtung, des hydraulischen Gradienten, der spezifischen Wärmekapazität und der Wärmeleitfähigkeit der Gesteinsmatrix erforderlich, um die wichtigsten Parameter zu benennen. Mit den o. g. numerischen Modellen können z. B. die Temperaturänderung im Grundwasserleiter durch die Reinjektion des abgekühlten, energetisch genutzten

Wassers, d. h. die Reichweite der thermischen Beeinflussung sowie ggf. ein thermischer Durchbruch berechnet werden.

Die vergleichsweise große spezifische Oberfläche des porösen oder intensiv geklüfteten Untergrunds begünstigt einen raschen Wärmeaustausch des injizierten Wassers mit dem Gestein primär durch Wärmeleitung, so dass sich die Temperatur des Gesteins der des Wassers annähert und gleichzeitig die Ausbreitung der „Kältefahne" im Raum und in der Zeit reduziert. Der Vorgang ähnelt daher der Vermischung und Verteilung eines sorbierenden Tracers. Daher können indirekte Lösungen für den Wärmetransport auch mit Hilfe reiner Strömungsmodelle für den Stofftransport, wie z. B. MODFLOW (Harbaugh 2005), vorgenommen werden. Der Wärmetransport kann z. B. unter Berücksichtigung der Relation Geschwindigkeit des Wärmetransports (v_T) zu Abstandsgeschwindigkeit (v_a) von etwa: $v_T \sim 0,5\ v_a$ mit der Gleichung des Schadstofftransportes approximiert werden. Die Wärmeleitung kann dabei als zusätzlicher Faktor im Dispersionsterm berücksichtigt werden.

Die in Abschn. 7.3 vorgestellten Berechnungsansätze, Programme und Modellierungen gelten entsprechend für tiefe Grundwasserleiten, d. h. für hydrothermale Anlagen (Kap. 8).

Hydrothermale Nutzung, Geothermische Dublette

Probepumpversuch in einer Geothermieanlage

© Springer-Verlag GmbH Deutschland, ein Teil von Springer Nature 2020
I. Stober und K. Bucher, *Geothermie*, https://doi.org/10.1007/978-3-662-60940-8_8

Bei den hydrothermalen Systemen wird zwischen Systemen mit **niedriger und hoher Enthalpie** (Wärmeinhalt) unterschieden. Beim ersten System erfolgt eine Nutzung des im Untergrund vorhandenen warmen oder heißen Wassers entweder direkt oder über Wärmetauscher zur Speisung von Nah- oder Fernwärmenetzen, zur industriellen bzw. landwirtschaftlichen Nutzung oder für balneologische Zwecke. Bei Temperaturen über 120 °C ist eine wirtschaftlich vertretbare Stromproduktion möglich. Das thermale, warme oder heiße Wasser entstammt Grundwasserleitern (Aquifere). Beim zweiten System sind die Temperaturen so hoch, dass eine direkte Nutzung von Dampf oder einem Zweiphasenfluid zur Stromerzeugung möglich ist (Abschn. 4.2 und 4.4).

Grundsätzlich ist es zwar auch möglich, dass Störungen bzw. Störungszonen thermale bis heiße Wässer entnommen werden können. Das klassische hydrothermale System ist jedoch an Aquifere gekoppelt.

Hydrothermale Nutzungssysteme mit hoher Enthalpie kommen nur in Gebieten mit anomal hohen Temperaturen vor, während Nutzungssysteme mit niedrigen Enthalpien auf Regionen mit normalen bis leicht erhöhten geothermischen Gradienten fokussiert sind. Letztere haben daher streng genommen eine größere Bedeutung sowie ein größeres Potential, da sie weltweit betrachtet wesentlich weiter verbreitet sind als Hochenthalpie-Vorkommen (Abschn. 1.3 und 3.4, Kap. 10).

Tief liegende Grundwasserleiter im mittleren Temperaturbereich, die die Installation einer geothermischen Dublette gestatten, können auch als saisonale Wärmespeicher genutzt werden (Abschn. 4.2). Das kann ein großer Vorteil sein, wenn beispielsweise sommerliche Überschusswärme aus einem Blockheizkraftwerk (BHKW), solare Überschusswärme oder industrielle Abwärme in den Untergrund eingebracht wird, um diese dann in der Winterzeit zur Wärmeversorgung in verstärktem Maße zu nutzen. Ein **Aquifer-Wärmespeicher (ATES)** (Abschn. 8.7.2) nutzt im Gegensatz zu einem Erdsonden-Wärmespeicher (Abschn. 6.8.3) die Wärmekapazität von Wasser und Gestein eines natürlichen, nach oben und unten hydraulisch weitgehend dichten Grundwasserleiters.

8.1   Geologischer und tektonischer Bau

Für die Nutzung hydrothermaler Systeme ist die Kenntnis des Aufbaus des geologischen Untergrundes ganz entscheidend. Die geothermische Prospektion bzw. Erkundung richtet sich in erster Linie auf das Vorhandensein, die Tiefenlage und Mächtigkeit potentieller geothermischer Reservoire, d. h. Aquifere, und erfolgt vorwiegend mit Hilfe von **seismischen Vermessungen**, aber auch unterstützend mit Gravimetrie und Geomagnetik, bzw. Aeromagnetik (Abschn. 13.1). Die seismischen Vermessungen müssen zielgerichtet mit aufwändigen mathematischen Verfahren bearbeitet werden und aus einer Zeit- in eine Tiefeninformation umgewandelt werden („Processing"). Bohrungen stellen Informationen längs einer Linie im Untergrund dar, während seismische 2D-Sektionen (vertikale) Flächen-Informationen in der Tiefe zeigen. Erst die 3D-Seismik kann ein räumliches Modell des Untergrundes liefern.

Für eine hydrothermale Nutzung kommen Aquifere in Frage, die hohe Durchlässigkeiten aufweisen. Der entscheidende Parameter neben der Temperatur des Aquifers ist somit die Ergiebigkeit, d. h. die zu erzielende Förderrate bei einer (wirtschaftlich und technisch) vertretbaren Absenkung (Druckentlastung). Diese Größe, Förderrate pro Druckabsenkung, wird als **Produktivitätsindex** (Abschn. 8.2, 8.6) bezeichnet. Er kann für Bohrungen natürlich nur wie alle hydraulischen Parameter (Abschn. 8.2) aus hydraulischen Testdaten ermittelt werden und nicht vorab aus geophysikalischen Erkundungen von der Oberfläche.

Die geothermische Prospektion versucht dennoch zumindest indirekte Hinweise auf erhöhte Durchlässigkeiten im Untergrund zu erhalten, bspw. Hinweise auf Störungen oder Änderungen in der Fazies mit Hilfe von Seismik, aber die letztendliche Gewährleistung über die tatsächlichen Untergrundverhältnisse kann gegenwärtig nur durch das Niederbringen einer Bohrung erfolgen. Die seismische Vermessung zielt beispielsweise darauf ab, erhöhte junge Klüftigkeit zu erkennen und zu erkennen, ob in einer Region Kompression oder Dehnung vorliegt. Die Chancen für eine erhöhte Durchlässigkeit steigen, wenn man in klüftiges oder verkarstetes Gebirge oder Gebirge mit Störungen bohrt, aber es ist trotzdem bislang nicht möglich festzustellen, ob diese Klüfte oder Störungen – auch wenn sie „jung" sind – offene Fließwege bieten oder ob sie verheilt und damit relativ dicht sind. Ebenso ist die Chance eine erhöhte Durchlässigkeit in einer Region mit Dehnung vorzufinden prinzipiell größer als wenn Kompression, also Einengung, vorliegt.

Auf Abb. 8.1 ist beispielhaft ein geologisch interpretiertes, seismisches Profil durch den Oberrheingraben südlich von Strasbourg abgebildet. Die Interpretation der seismischen Sektion bzw. ihre Eichung erfolgte mit Hilfe von Tiefbohrungen. Anhand des Profils sind nicht nur Tiefenlage und Mächtigkeit der potentiellen geothermischen Nutzhorizonte erkennbar, sondern darüberhinaus auch, dass der Schnitt durch einen Halbgraben verläuft mit einer „umgekehrten" Flowerstruktur im Westen. Die Flowerstruktur deutet auf Scherbewegungen und eine damit verbundene Ausbildung von Pull-Apart-Strukturen. Die Halbgrabenstruktur der Kehler Mulde wird nach Osten in Richtung Schwarzwald durch eine relative Hochlage mit einem Versatz von über 1000 m abgegrenzt. Beides sind Indizien für eine Dehnungsstruktur.

Der Schnitt zeigt auch, dass mehrfach Störungen, eigentlich kleinere Schichtversätze auftreten, die jedoch weitestgehend auf den tieferen Teil beschränkt sind und in den hangenden Schichten, d. h. den jüngeren Ablagerungen fehlen. Es handelt sich somit um ältere Störungen, die nicht mehr aktiv sind. Eine gewisse Wahrscheinlichkeit besteht daher, dass sie möglicherweise in der langen Ruhephase wieder verheilten und daher auch keine bevorzugte Durchlässigkeit mehr aufweisen.

Die Basis der tertiären Sedimente deutet sich im Vergleich zu den darunter anstehenden Schichten des Mitteljura mit einer bereichsweise leicht diskordanten Lagerung an. In den prätertiären Einheiten des Mesozoikums lassen sich der Top der Hauptrogenstein-Formation sowie die Übergangsbereiche zwischen Unterjura- und Keuper-Formation sowie Lettenkeuper- und Oberer Muschelkalk-Formation

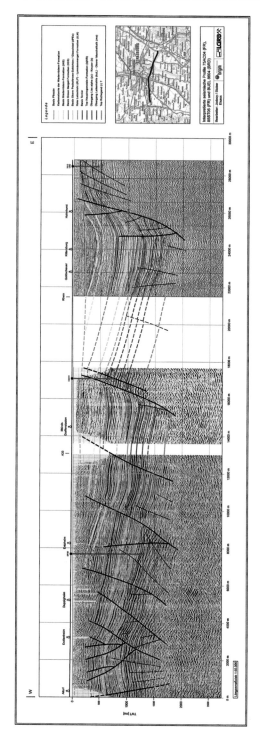

Abb. 8.1: Interpretierte seismische Sektion durch den Oberrheingraben (Jodocy und Stober 2008)

abgrenzen. Darunter dürfte das Dach der paläozoischen Rotliegend-Formation erkennbar sein, welches mit rund -3100 mNN seine größte Tiefenlage in der östlich abgebildeten Halbgrabenstruktur der Kehler Mulde erreicht. Bei einer erwarteten Mächtigkeit der Rotliegend-Formation zwischen 50 und 60 m ergibt sich im Querschnitt eine maximale Tiefenlage der Oberfläche des Kristallinen Grundgebirges von rund -3150 mNN.

Im Zuge von Erkundungsmaßnahmen wird empfohlen, zunächst ggf. existierende **Alt-Seismik** sowie bereits vorhandene Tiefbohrungen zu untersuchen. Eventuell ist ein Reprozessing der Alt-Seismik möglich und weiterführend. Vorhandene Tiefbohrungen erleichtern eine geologische Interpretation der Seismik. Darüberhinaus kann und sollte die Seismik an Bohrprofilen geeicht werden (Abschn. 13.1). Das weitere Interpretationsziel der Seismik sollte in einer genauen Aufnahme von Störungen liegen. Störungen weisen jedoch nicht notwendigerweise eine höhere Durchlässigkeit auf als das umgebende ungestörte Gestein; sie können ebenfalls bei starker Mylonitisierung oder infolge von Ausfällungen äußerst gering durchlässig sein (Stober et al. 1999; Agemar et al. 2017). Typischerweise zeigen Störungszonen mit hohen Versatzbeträgen im Zentrum einen sehr gering durchlässigen Störungskern flankiert von einem Auflockerungsbereich mit erhöhter Durchlässigkeit insbesondere auch gegenüber dem ungestörten Gestein (Choi et al. 2016; Agemar et al. 2017). Störungszonen können daher gleichzeitig beides sein: Zonen erhöhter Durchlässigkeit und hydraulisch ‚dichte' Bereiche (Stober et al. 1999). Störungszonen in tektonisch aktiven Gebieten können bei hydraulischer Beanspruchung spürbare seismische Ereignisse hervorrufen (Abschn. 11.1).

Ganz entscheidend in diesem Zusammenhang ist auch, ob der Schichtversatz durch die Störung so groß ist, dass die direkte Verbindung des Aquifers unterbunden ist und ggf. nur noch eine indirekte hydraulische Verbindung über die Störung erfolgen kann. Die Erkundung des Verlaufs von Störungen im kristallinen Grundgebirge ist generell natürlich wesentlich schwieriger als in sedimentären Ablagerungen, falls überhaupt möglich. Die Interpretation seismischer Profile bis ins kristalline Grundgebirge hinein wird jedoch durch die Möglichkeit einer Extrapolation des Verlaufs von Störungen durch die Sedimente ins kristalline Grundgebirge hinein erleichtert. Auf der Basis der Ergebnisse aus der Alt-Seismik und vorhandener Tiefbohrungen ist über die Notwendigkeit weiterer seismischer Untersuchungen, ggf. auch über eine 3D-Seismik, zu befinden. Anhand eine 3D-Seismik ist der räumliche Verlauf von Störungszonen wesentlich einfacher feststellbar (Hartmann et al. 2015).

Die Auswertung von **Bohrlochmessungen** (Bohrlochgeophysik) in benachbarten Tiefbohrungen liefert lithologische, petrophysikalische, lagerstättentechnische und gefügekundliche Eigenschaften sowie bohrtechnische Daten (Abschn. 13.2). Bohrlochmessungen haben heutzutage das zeit- und kostenintensive Kernen von Bohrstrecken weitgehend ersetzt. Die Messdiagramme (Bohrloch-Logs) von Kaliber-Logs beispielsweise erfassen den Querschnitt einer Bohrung. Akustische Kaliber-Logs (Televiewer) ermöglichen Aussagen über Anzahl und Neigungswinkel von Klüften. Mit dem Kaliber-Log können auch

Bohrlochwandausbrüche kartiert werden, die Informationen über das **Spannungs-feld** liefern können. Überregionale Informationen über das Spannungsfeld können aus der so genannten World-Stress-Map (www.world-stress-map.org) entnommen werden. Das Spannungsfeld wird als wesentlicher Eingangsparameter bei einer geomechanischen Modellierung zur Erfassung der potentiellen Seismizität benötigt (Abschn. 8.3) und liefert Hinweise, welche Klüfte bzw. Störungszonen eher eine erhöhte und welche eher eine niedrigere Durchlässigkeit aufweisen.

8.2   Thermische und hydraulische Eigenschaften des Nutzhorizontes

Zu den wichtigen thermischen Eigenschaften zählen die **Wärmeleitfähigkeit** λ [W m^{-1} K^{-1}] und die spezifische **Wärmekapazität** c [J kg^{-1} K^{-1}] (Abschn. 1.4 und 1.5). Die Wärmeleitfähigkeit beschreibt das Vermögen eines Stoffes thermische Energie in Form von Wärme zu transportieren, die Wärmekapazi-tät das Vermögen, Wärme zu speichern. Letzterer Parameter ist wichtig für die Charakterisierung transienter, d. h. zeitlich veränderlicher Prozesse.

Eine weitere wichtige Größe ist die **Wärmestromdichte** q [W m^{-2}], der Wärmestrom pro Fläche. Im Wärmestrom ist der Faktor Zeit integrativ enthalten. Die Wärmestromdichte entspricht dem Produkt aus der Wärmeleitfähigkeit λ und dem **Temperaturgradienten** grad T [K m^{-1}] und ist durch die Fouriergleichung definiert, welche die konduktive Wärmeleitung beschreibt (Abschn. 1.4, Gl. 8.1):

$$q = \lambda \ \text{grad T} \qquad\qquad (8.1)$$

Die Wärmeleitfähigkeit schwankt im Festgestein zwischen $\lambda = 2$ W m^{-1} K^{-1} und $\lambda = 6$ W m^{-1} K^{-1}, während die Wärmeleitfähigkeit von Wasser nur $\lambda = 0{,}598$ W m^{-1} K^{-1} (bei 20 °C) beträgt. Hochdurchlässige Grundwasserleiter mit hoher Porosität besitzen daher eine niedrigere Wärmeleitfähigkeit als Aquifere mit geringerer Durchlässigkeit und Porosität. Die spezifische Wärmekapazität liegt für Festgesteine zwischen $c = 0{,}75$ kJ kg^{-1} K^{-1} und $c = 0{,}85$ kJ kg^{-1} K^{-1}; die Bandbreite ist somit sehr gering. Die spezifische Wärmekapazität von Wasser ist mit $c = 4{,}187$ kJ kg^{-1} K^{-1} wesentlich größer. Das bedeutet, dass Wasser Wärme zwar schlechter leiten kann als Gestein, dafür aber diese wesentlich besser speichert (Kappelmeyer und Haenel 1974; Stober et al. 2009).

Die **Dichte** der Gesteine liegt i. d. R. zwischen 2000 und 3000 kg m^{-3}. Ver-einzelt können höhere (z. B. bei Eklogiten) oder niedrigere Werte (z. B. Kohle) angetroffen werden. Die Dichte von Wasser ist temperatur- und druckabhängig (Abb. 8.2a). Bei Gesteinen kann die Druck- und Temperaturabhängigkeit der physikalischen Eigenschaften im für Geothermieanlagen relevanten p-, T-Bereich zumeist vernachlässigt werden.

Zu den wichtigsten physikalischen Eigenschaften der Tiefenwässer für geo-thermische Bohrungen und für thermodynamische Berechnungen gehören die Dichte, die Viskosität sowie die Kompressibilität. Auf Abb. 8.2 ist weiterhin die Temperatur- und Druckabhängigkeit der Wärmeleitfähigkeit dargestellt.

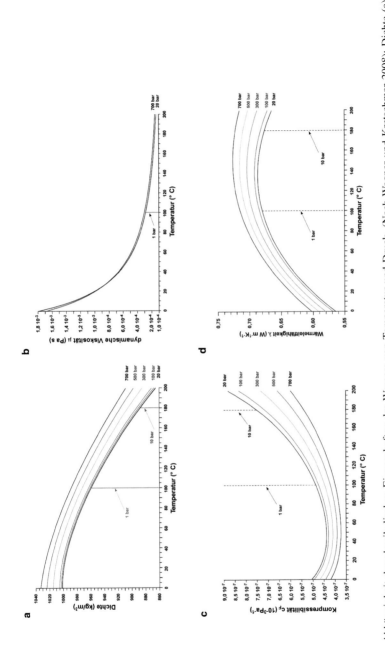

Abb. 8.2a–d Abhängigkeit der physikalischen Eigenschaften des Wassers von Temperatur und Druck. (Nach Wagner und Kretschmar 2008): Dichte (a), dynamische Viskosität (b), Kompressibilität (c), Wärmeleitfähigkeit (d)

Die **Dichte** ρ [kg m^{-3}] wird von Druck und Temperatur beeinflusst. Reines Wasser hat unter Normaldruck seine größte Dichte bei 4 °C. Die Dichte nimmt mit zunehmender Temperatur ab und mit ansteigendem Druck zu (Abb. 8.2a). Bei normalen geothermischen Gradienten dominiert der Temperatureffekt geringfügig, so dass mit zunehmender Tiefe mit einer Abnahme der Dichte zu rechnen ist. Einem Aufstieg von heißem Wasser stehen jedoch im Allgemeinen eine mit der Tiefe abnehmende Gesteinsdurchlässigkeit und eine zunehmende Mineralisation der Wässer entgegen. Tiefenwässer können Gesamtlösungsinhalte (TDS) von einigen 100 g/kg aufweisen; damit nimmt auch die Dichte entsprechend zu.

Der **Siedepunkt** von Wasser erhöht sich mit zunehmendem Druck und zunehmender Salinität.

Die **dynamische Viskosität** eines Fluids μ [Pa s] ist ein Maß für seine Zähigkeit; sie ist fast ausschließlich temperaturabhängig (Abb. 8.2b). Zwischen 0 °C und 200 °C schwankt die dynamische Viskosität von Wasser im Vergleich zur Dichte um ein Vielfaches ($\mu = 0{,}2 - 1{,}75 \cdot 10^{-3}$ Pa s). Sie ist deshalb für das Fließverhalten thermaler Grundwässer von ausschlaggebender Bedeutung. Unter **kinematischer Viskosität** ν [m^{2}s^{-1}] wird der Quotient aus dynamischer Viskosität und Dichte des Fluids verstanden ($\nu = \mu/\rho$).

Die **Kompressibilität** c_F [Pa^{-1}] eines Fluids ist ein Maß für seine Volumenänderung pro Druckänderung bezogen auf das Ausgangsvolumen (Gl. 8.2)

$$c_F = \Delta V / (\Delta p \cdot V) \tag{8.2}$$

Die Kompressibilität verhält sich umgekehrt proportional zum Druck. Bei Temperaturen über 50 °C nimmt sie mit der Temperatur zu, während sie für Temperaturen unter 50 °C abnimmt (Abb. 8.2c). Die Kompressibilität liegt im Allgemeinen zwischen $4 - 5{,}5 \cdot 10^{-10}$ Pa^{-1}.

Die **Permeabilität** und der **Durchlässigkeitsbeiwert** (hydraulische Leitfähigkeit) beschreiben die Durchlässigkeit eines Mediums gegenüber einer viskosen Flüssigkeit mit einer bestimmten Dichte, wobei sich die Permeabilität auf die Gesteinseigenschaften beschränkt und der Durchlässigkeitsbeiwert die Eigenschaften des – z. T. hoch mineralisierten und gasreichen – Wassers zusätzlich einbezieht. Der Durchlässigkeitsbeiwert k_f [m s^{-1}] gibt an, welcher Volumenstrom Q [m^3 s^{-1}] bei einem gegebenen hydraulischen Gradienten i [-] pro Fläche A [m^2] strömt (Bear 1979).

$$k_f = Q/(i\,A) \tag{8.3a}$$

Die Permeabilität k [m^2] steht mit dem Durchlässigkeitsbeiwert unter Berücksichtigung der physikalischen Eigenschaften des Wassers (Viskosität μ, Dichte ρ) in Beziehung (Gl. 8.3b), wobei g die Erdbeschleunigung ist.

$$k_f = k(\rho\,g/\mu) \tag{8.3b}$$

Die **physikalischen und thermischen Eigenschaften von Wasser** sind in ihrer Größe grundsätzlich druck- und temperaturabhängig (Abb. 8.2). Dadurch, dass bei einem Pumpversuch aus einem thermalen Grundwasserleiter zunächst das relativ kühle, in der Bohrung stehende Wasser, im Laufe des Betriebs jedoch zunehmend wärmeres Wasser gefördert wird, ändert sich temperaturbedingt die Dichte des Wassers in der Bohrung. Zu Beginn des Pumpversuches ist die Dichte im Mittel größer, daher der Wasserstand niedriger, danach ist sie kleiner, d. h. der Wasserstand höher (Stober 1986). Durch die förderbedingte Absenkung des Wasserspiegels in der Bohrung macht sich dieser Dichteeffekt besonders in hoch durchlässigen Aquiferen bemerkbar (Abb. 8.3).

Die Abhängigkeit des Durchlässigkeitsbeiwertes von den physikalischen Eigenschaften des Wassers bedeutet praktisch, dass – gleiche geometrische Aquifereigenschaften vorausgesetzt – die Durchlässigkeit eines 70 °C warmen Aquifers etwa dreimal so durchlässig ist als bei 10 °C (Abb. 8.4). Die wesentliche Einflussgröße ist die dynamische Viskosität, die mit zunehmender Temperatur stark abnimmt (Abb. 8.2b). Der Einfluss von Schwankungen der Dichte auf den Durchlässigkeitsbeiwert ist gegenüber den Auswirkungen der dynamischen Viskosität wesentlich geringer und trägt somit nur einen sehr kleinen Beitrag bei (Abb. 8.2a). Zwischen 0–200 °C schwankt die dynamische Viskosität von Wasser im Vergleich zur Dichte nämlich um ein Vielfaches. Sie ist deshalb für das Fließverhalten thermaler Grundwässer von ausschlaggebender Bedeutung.

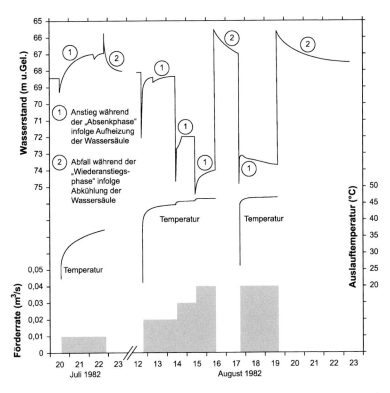

Abb. 8.3 Scheinbar paradoxer Verlauf des Wasserspiegels während eines Pumpversuches aus einer Thermalwasserbohrung (Stober 1986). Dargestellt von unten nach oben sind die Entnahmerate, die Auslauf-Temperatur und der Wasserspiegelgang

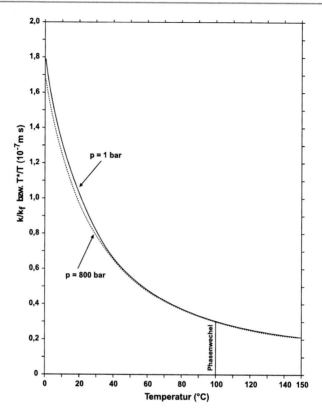

Abb. 8.4 Durchlässigkeitsbeiwert in Abhängigkeit von den physikalischen Eigenschaften von reinem Wasser (Temperatur, Druck). Beziehung zwischen Permeabilität k (bzw. Transmissibilität T*) und Durchlässigkeitsbeiwert k_f (bzw. Transmissivität T) in Abhängigkeit von der Wassertemperatur und dem Wasserdruck. (Nach Stober 1986)

Die Abhängigkeit des Durchlässigkeitsbeiwertes von den physikalischen Eigenschaften des Wassers hat auch unmittelbare Auswirkungen auf eine geothermische Dublette. Denn durch die übertägige Wärmeentnahme ist das in die Injektionsbohrung zurückgeleitete Wasser deutlich kälter und die Durchlässigkeit, d. h. das Wasseraufnahmevermögen der Injektionsbohrung, sinkt markant, so dass der „Injektionstrichter" wesentlich stärker ausgebildet ist im Vergleich zum „Absenktrichter" (Abb. 8.5). Dies sollte unbedingt bereits in der Planungsphase berücksichtigt werden. Die Bohrung mit der größeren Durchlässigkeit ist möglichst als Injektionsbohrung vorzusehen.

Neben den Einflüssen von Druck und Temperatur auf die physikalischen und thermischen Eigenschaften von Wasser sind sie auch vom Grad und der Art der Mineralisation (TDS, Wassertyp) und vom Gasgehalt abhängig. Sie zu kennen ist u.a. auch für die Bestimmung der thermischen Leistung von zentraler Bedeutung (Abschn. 8.6, Gl. 8.6, Abb. 8.11).

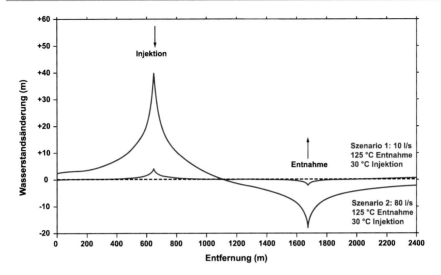

Abb. 8.5 Vergleich zwischen Injektions- und Absenkungstrichter bei einer geothermischen Dublette. Durch die Injektion von abgekühltem Wasser ist der Injektionstrichter wesentlich größer als der Entnahmetrichter

Der Durchlässigkeitsbeiwert ist von zentraler Bedeutung, wenn es um die Quantifizierung von Durchflussmengen im Untergrund geht. Er geht als Faktor in das **Darcy-Gesetz** ein (Gl. 8.3a). Kennt man den durch den Grundwasserfluss erfassten Querschnitt, so lässt sich dadurch die Wassermenge pro Zeiteinheit Q [m^3 s^{-1}] bestimmen. Durch die Abhängigkeit des Durchlässigkeitsbeiwertes von den physikalischen Eigenschaften des Wassers (Gl. 8.3b), verändert sich der Durchfluss in Abhängigkeit von Temperatur und Druck des Grundwassers, d. h. in der Regel ist der Durchfluss bei hohen Temperaturen deutlich größer als bei niedrigen Temperaturen.

Das Darcy-Gesetz ist streng genommen nur im Bereich laminaren (linearen) Fließens gültig. Bei sehr geringen Durchlässigkeiten mit äußerst niedrigen hydraulischen Gradienten sowie bei sehr hohen Durchlässigkeiten mit extrem hohen Gradienten sind jeweils andere Fließgesetze gültig. Beide Extreme liegen jedoch bei hydrothermalen Nutzungen i. d. R. nicht vor (Kappelmeyer und Haenel 1974; Stober et al. 2009).

Bei **hydraulischen Tests** in Bohrlöchern wird von der Förder- oder Injektionsrate und den beobachteten Gradienten (Wasserspiegel-Absenkung und -Anstieg, Druckauf- und -abbau) auf die Durchlässigkeit des Untergrundes geschlossen (Abschn. 14). Dabei ergibt sich jedoch nicht direkt die oben beschriebene Permeabilität oder der Durchlässigkeitsbeiwert, sondern man erhält primär einen integralen Wert über den Testhorizont (bzw. Aquifermächtigkeit H), die Profildurchlässigkeit oder auch **Transmissivität** T [m^2 s^{-1}]. Ist der Grundwasserleiter homogen und isotrop, so kann der Durchlässigkeitsbeiwert direkt aus der Transmissivität errechnet werden (Gl. 8.4a).

$$T = k_f H \tag{8.4a}$$

Falls der Aquifer in einzelne Horizonte unterschiedlicher Durchlässigkeit (k_{fi}) mit jeweils entsprechenden Mächtigkeiten (H_i) untergliedert ist, gilt Gl. 8.4b.

$$T = \sum k_{fi} H_i \tag{8.4b}$$

Oder ganz allgemein gilt Gl. 8.4c.

$$T = \int_0^H k_f \, \mathrm{dh} \tag{8.4c}$$

Eine vergleichsweise einfache Hilfsgröße ist der sogenannte **Produktivitätsindex** PI [$m^3 \, s^{-1} \, MPa^{-1}$], der dem Quotienten aus Förderrate Q [$m^3 \, s^{-1}$] pro Druckabsenkung Δp [Pa] entspricht (PI = $Q/\Delta p$) und häufig dann ermittelt wird, wenn keine auswertbaren hydraulischen Versuche durchgeführt wurden. Der Produktivitätsindex beschreibt somit nicht nur die reinen Aquifereigenschaften, sondern er beinhaltet auch die brunnenspezifischen Eigenschaften wie Eigenkapazität der Bohrung (Brunnenspeicherung) und Skineffekt (Abschn. 14).

Der (absolute) **Hohlraumanteil** (Porosität) n [-] ist der Quotient aus dem Volumen aller Hohlräume eines Gesteinskörpers und dessen Gesamtvolumen. Er charakterisiert das Speichervermögen eines Aquifers und umfasst sowohl die Hohlräume bzw. Poren der Gesteinsmatrix als auch die durch Haarrisse entstandenen Hohlräume im Gestein bis hin zu Klüften und Kavernen (DIN 4049, Teil 3). Durchlässigkeit und Ergiebigkeit eines Gebirges werden maßgeblich vom Kluftnetz und Kavernensystem bestimmt. Die wesentlich wichtigere Größe im Hinblick auf den Wassertransport ist jedoch der **durchflusswirksame Hohlraumanteil** (durchflusswirksame Porosität) n_f [-], der den Hohlraumanteil kennzeichnet, der im Unterschied zum absoluten Hohlraumanteil nur den Teil umfasst, in dem Wasser frei beweglich ist und damit für eine Nutzung zur Verfügung steht. Mit dem durchflusswirksamen Hohlraumanteil wird berücksichtigt, dass Haftwasser, das mit großen Kräften an den Partikeloberflächen gehalten wird, oder Wasser, das in „dead-end-pores" stagniert, die Fließmöglichkeiten reduziert: $n_f < n$. In Tonen und schluffigem Material ist der Unterschied zwischen absoluter und durchflusswirksamer Porosität besonders groß. Tone haben meist einen sehr hohen absoluten Hohlraumanteil, jedoch nur eine sehr geringe durchflusswirksame Porosität und entsprechend niedrige Durchlässigkeit. Der durchflusswirksame Hohlraumanteil bietet Durchlässigkeit, ist jedoch nicht direkt in diese umsetzbar, da zusätzlich auch die Größe, Gestalt und Verbindung der Hohlräume entscheidend sind. Er kann aus Markierungsversuchen oder aus Pumpversuchen bestimmt werden (Kap. 14).

Mit Hilfe von hydraulischen Tests kann neben der Transmissivität auch der **Speicherkoeffizient** S [-] ermittelt werden (Kap. 14). Der Speicherkoeffizient ist ein Maß für die volumetrische Änderung des gespeicherten Wassers ΔV bei Änderung der Druckhöhe der Wassersäule Δh pro Oberfläche F.

$$S = \Delta V / (\Delta h \, F) \tag{8.5a}$$

Der **spezifische Speicherkoeffizient**
S_s [m^{-1}] bezieht sich nicht auf die Fläche, sondern auf das Aquifervolumen. Die Beziehung zwischen Speicherkoeffizient und spezifischem Speicherkoeffizient ist analog der Beziehung zwischen Transmissivität und Durchlässigkeitsbeiwert. Bei homogenen isotropen Grundwasserleitern gilt Gl. 8.5b.

$$S = S_s \cdot H \tag{8.5b}$$

Für geschichtete oder inhomogene, anisotrope Aquifere gelten die entsprechend formulierten Gleichungen (Gl. 8.4b, 8.4c).

In Kap. 14 sind die verschiedenen Testverfahren zur Ermittlung hydraulischer Untergrundparameter beschrieben.

8.3 Hydraulische und thermische Reichweite geothermischer Dubletten, numerische Modellierungen

Bei hydrothermalen Nutzungen darf es zu keinem **hydraulischen oder thermischen „Kurzschluss"** zwischen Förder- und Injektionsbohrung kommen (vgl. Abschn. 7.3). Hydraulische Verbindungen zu anderen Grundwasserstockwerken sind durch entsprechende Abdichtungen auszuschließen. Abb. 8.6 zeigt ein Schema für eine Injektionsbohrung. Der Abstand zwischen Injektions- und Förderbohrung muss so groß sein, dass innerhalb des vorgesehenen Bewirtschaftungszeitraums (etwa 30 Jahre) keine nachteiligen Temperaturerniedrigungen in der Förderbohrung infolge der Einleitung des abgekühlten Wassers in den Nutzhorizont über die Injektionsbohrung auftreten können. Bestimmte Mindestabstände zwischen den beiden Bohrungen im Aquifer müssen daher eingehalten werden. Allerdings darf der Abstand auch nicht zu groß sein, damit eine hydraulische Verbindung der beiden Bohrungen und somit eine dauerhafte Ergiebigkeit der Förderbohrung im Sinne eines Recharges gewährleistet ist.

Die räumliche Ausdehnung eines geothermischen Reservoirs spielt für die geothermische Nutzung eine wichtige Rolle. Aus der geometrischen Form des Reservoirs, d. h. aus der Ausdehnung und Mächtigkeit, kann das Volumen und damit der Energieinhalt des Reservoirs berechnet werden. Eine größere Mächtigkeit erhöht bei gleicher Durchlässigkeit die Transmissivität und folglich auch die mögliche Förderrate (Abschn. 8.2).

Als Grundlagen für ein geometrisches Untergrundmodell dienen Daten aus der geophysikalischen Explorationstätigkeit, meist mittels seismischer, seltener mit geoelektrischen Verfahren, und Ergebnisse von Bohrungen (Abschn. 8.1). Mit Hilfe von **numerischen Modellen** (Abschn. 7.3) wird versucht, den Abstand zwischen Förder- und Injektionsbohrung zu optimieren, bevor die Zweitbohrung abgeteuft wird. Bei der Modellierung müssen natürlich gewisse Eigenschaften für den Untergrund angenommen werden, die z. T. nur indirekt aus der Seismik (Tiefenlage, Schichtlagerung, Störungs- bzw. Kluftmuster) und aus den hydraulischen Tests in der Erstbohrung (Durchlässigkeit, Temperatur,

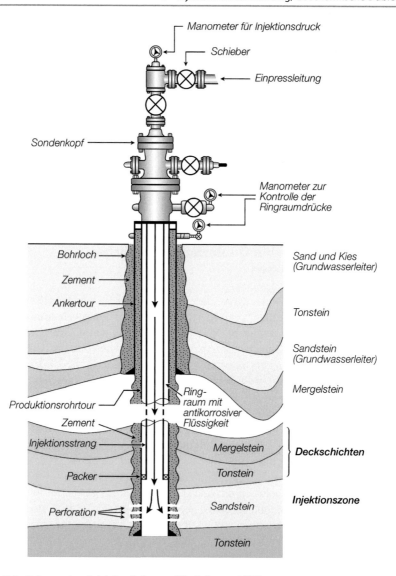

Abb. 8.6 Schema einer Injektionsbohrung. (Nach Owens 1975)

Hydrochemie) bekannt sind. Aufgrund nur beschränkt vorhandener Untergrund-
daten und numerischer Modellannahmen können die Untergrundverhältnisse meist
nur sehr stark vereinfacht wiedergegeben werden.

Bestandteil der numerischen Modellierung ist zunächst das Konzeptmodell,
das die geologischen, hydrogeologischen und thermischen Kenntnisse über
den Untergrund bündelt. Aufgabe eines Geologen ist es dabei, aus den meist
unregelmäßig verteilten 1D-Bohrungsinformationen und 2D-Seismikinformationen

(ggf. 3D-Seismikinformationen) ein dreidimensionales geologisches Struktur-
modell aufzubauen. Das so generierte dreidimensionale geologische Modell
beinhaltet die Lagerungsverhältnisse der Schichten sowie deren Schichtmächtigkeit. Auf Basis des Strukturmodells und der hydrostratigraphischen Daten wird
die thermisch-hydraulische Modellvorstellung entwickelt, die als Grundidee des
hydrogeologischen Modells dient. Dabei werden insbesondere die lithologisch-
stratigraphischen Einheiten des 3D-Strukturmodells in hydrostratigraphische Einheiten überführt und hydraulische Parameter den hydrostratigraphischen Einheiten
zugeordnet. Zusätzlich müssen den einzelnen Horizonten die entsprechenden
thermischen Parameter übertragen werden. Das (vereinfachte) hydrogeologische
Modell ist Grundlage der numerischen Modellierung für den Wärme- und Stofftransport. Unter Annahme geohydraulischer Randbedingungen sowie eventuell
von Grundwasserneubildung oder Tiefengrundwasseraufstieg wird ein stationäres
Grundwasserströmungsmodell entwickelt.

Numerische Reservoirmodellierungen stellen ein effektives Hilfsmittel bei der
Entwicklung, Charakterisierung und Optimierung geothermischer Lagerstätten dar
(Abb. 8.7a, b). Derzeit gibt es viele verschiedene dreidimensionale numerische
Modelle auf der Basis von finiten Differenzen (FD) oder finiten Elementen (FE)
mit gekoppelter Berechnung von Strömung und Wärmetransport (z. B. SPRING
von Câmara et al. 1996; FEFLOW in Trefry und Muffels 2007 oder SHEMAT in
Clauser 2003). Durch Integration von Temperaturdaten, Durchlässigkeiten und
hydrochemischen Daten (Abschn. 8.2 und 8.4) wird es möglich, sog. thermisch-
hydraulisch-chemisch gekoppelte Modelle (**THC-Modell**) zu erstellen. Damit
können neben den hydraulischen Auswirkungen durch die Förderung (Druck-
Absenkung) und Injektion (Druck-Erhöhung), die Reichweite der thermischen
Beeinflussung (Abkühlung) und die Änderung der Wasserzusammensetzung
infolge Temperatur- und Druckänderung mit ihrer Auswirkung auf Scaling (Ausfällung) und/oder Korrosion im Vorhinein untersucht werden (Abschn. 8.4
und 15.3). Häufig werden auch nur thermisch-hydraulisch gekoppelte Modelle
(TH-Modell) benutzt, wenn die hydrochemischen Änderungen relativ unwichtig
sind.

Selbstverständlich muss ein derartiges Modell im Vorfeld geeicht und validiert
werden. Im Rahmen der stationären Kalibrierung sind die geohydraulischen
Aquiferparameter und Randbedingungen im numerischen Grundwasserströmungsmodell so anzupassen, dass sich eine bestmögliche Übereinstimmung gemessener
und berechneter Potenzialwerte und Potenzialverteilungen sowie eine plausible
Grundwasser-Bilanz ergeben. Parameteränderungen sollten nur innerhalb einer
plausiblen Bandbreite vorgenommen werden. Aufgrund von i. d. R. wenigen
vorhandenen Stützpunkten kann diese Kalibrierung allerdings mit erheblichen
Unsicherheiten behaftet sein. Mit Hilfe des stationär kalibrierten Grundwasser-
strömungsmodells wird das natürliche Temperaturfeld modelliert, wobei in diesem
stark vereinfachten Modell die natürliche Konvektion aufgrund der meist geringen
Datenbasis möglicherweise noch nicht berücksichtigt wird.

Ein weiterer Bestandteil neben der Kalibrierung des Modells ist die Durchführung einer Sensitivitätsanalyse. Hydraulische Tests mit Messwerten sind daher

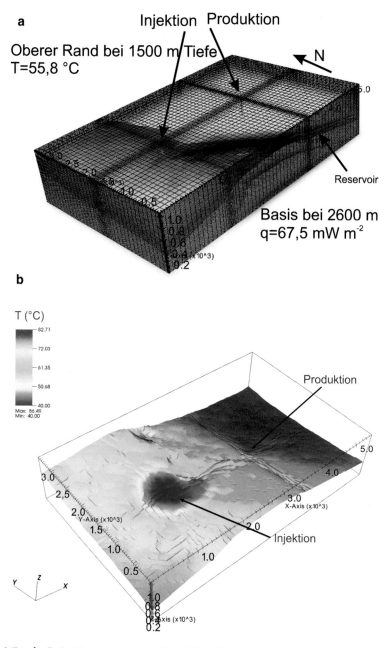

Abb. 8.7a, b Beispiel einer numerischen Modellierung einer hydrothermalen Dublette, **a** Modellgeometrie, **b** Modellierungsergebnisse nach 50 Jahren Betrieb. (Mit freundl. Genehmigung von Geophysica GmbH)

unerlässlich, denn in der Kalibrierungs-Phase müssen die vom Modell berechneten Ergebnisse anhand der gemessenen Werte überprüft werden können. Bei der Anwendung von numerischen Modellen ist darauf zu achten, dass programmintern die Massenbilanz erhalten bleibt. Daher muss beispielsweise mit „kg/s" zirkuliert werden, nicht mit „l/s", da sich die Dichte der Flüssigkeit durch den Wärmeentzug ändert und somit bei der Zirkulation mit „l/s" massenmäßig mehr verpresst wird als gefördert wird. Grundsätzlich wird auf die jeweiligen Programminterna verwiesen.

Mit numerischen Modellen lässt sich die lokale Untergrundsituation im Vorfeld auf ihre Eignung untersuchen. So kann beispielsweise der untertägige Abstand der Förder- und Injektionsbohrung optimiert werden, damit auch über die Betriebsdauer hinweg mit keiner negativen thermischen Beeinflussung zu rechnen ist. Oder es lassen sich Druckänderungen in den beiden Bohrungen nach langjährigem Betrieb prognostizieren, ebenso Einflüsse einer hydrochemischen Veränderung des Thermalwassers. Ein numerisches Modell kann beispielsweise für Prognosezwecke des späteren Betriebs benutzt werden und es lassen sich darüberhinaus auch Nutzungskonzepte entwickeln und hinsichtlich ihrer ökonomischen Effizienz optimieren.

Trotz gleicher Durchlässigkeitsverteilung kann die Wasseraufnahmefähigkeit der Injektionsbohrung problematisch werden, wie Abb. 8.5 zeigt. Die Durchlässigkeit im Injektionsbereich wird nämlich durch die Injektion von kühlem Wasser – hauptsächlich durch die geringere Viskosität des kühlen Wassers – stark reduziert (Abschn. 8.2). In der Praxis wird daher gerne die durchlässigere Bohrung als Injektionsbohrung benutzt.

Die fortgeschriebenen numerischen Berechnungen werden später häufig auch dazu benutzt, um das **Bewilligungsfeld (Claim)** abzugrenzen, d. h. um den hydraulischen und thermischen Einflussbereich der geothermischen Dublette zu erfassen, der dann von der Bergbehörde abgegrenzt wird.

Heutzutage gehört zu den Vorarbeiten i. d. R. auch die Erstellung eines **strukturgeologisch-geomechanischen Modells**. Das geomechanische Modell setzt auf dem geologischen Modell auf, bzw. auf den tektonischen, also den strukturgeologischen Verhältnissen des Untersuchungsgebietes (Abschn. 8.1 und 8.2). Unter Einbeziehung des lokalen Stressfeldes wird dann untersucht, welche Strukturen (Störungszonen, Kluftzonen) eine erhöhte Schertendenz in Abhängigkeit von Injektions- und Förderraten aufweisen. Auf diese Weise kann die potentielle induzierte Seismizität (Abschn. 11.1) abgeschätzt werden. Daher erlangten in den letzten Jahren numerische Modellierungen auch Bedeutung in Zusammenhang mit der Beurteilung des seismischen Risikos beim Bau und Betrieb petrothermaler und hydrothermaler Systeme (Abschn. 11.1.6).

Sämtliche Simulationsergebnisse bei allen numerischen Modellierungen hängen natürlich stark ab vom Kenntnisstand über die Geometrie des Untergrundes und von der Dichte und Güte der gemessenen, berechneten oder erhobenen hydraulischen, thermischen, hydrochemischen und mechanischen Parameter. Auch der Modellierungsmaßstab spielt für die Genauigkeit des numerischen Modells eine entscheidende Rolle.

Abb. 8.7 zeigt beispielhaft eine numerische Modellierung bei Den Haag (Niederlande) für die Wärmeversorgung mit Hilfe einer geothermischen Dublette. Zielhorizont der Dublette ist der Delftsandstein an der Grenze Jura/Kreide in etwa 2200 m Tiefe. Für die numerische 3D-Simulation des Wärmeflusses wurde der 3D Finite Differenzen Kode SHEMAT zur Lösung der gekoppelten Wärme-, Transport- und Strömungsgleichung verwendet. Das Gesamt-Modell (Regionales Modell) erstreckt sich über 22,5 km × 24,3 km und bis in eine Tiefe von 5 km. Abb. 8.7a repräsentiert ein eigenständiges Teil-Modell (Reservoirmodell) über eine Fläche von 5,5 km × 3,5 km zwischen 1500 m und 2600 m Tiefe. Die Anzahl der Zellen liegt bei etwa 170.000. Abb. 8.7b zeigt die Simulationsergebnisse nach 50 jährigem Betrieb mit einer Produktionsrate von 150 m^3/h und einer Temperatur von ca. 79 °C, wobei das injizierte Wasser eine Temperatur von 40 °C aufweist. Das Temperaturfeld zeigt eine signifikante Abkühlung innerhalb eines Radius von < 1 km um die Injektionsbohrung (Mottaghy und Pechnig 2009).

8.4   Hydrochemie heißer Wässer aus großer Tiefe

Den chemischen Eigenschaften der Tiefenwässer kommt eine große Bedeutung zu, denn sie sind fast immer hoch mineralisiert, heiß und stehen in der Lagerstätte unter hohem Druck. Sehr viele Tiefenwässer verfügen außerdem über hohe bis sehr hohe Gasgehalte. In vielen Fluiden sind zudem Mikroorganismen vertreten oder sie werden eingetragen und können sich in der (neuen) nährstoffreichen Umgebung vermehren. Das zirkulierende Fluid stellt wegen seiner hohen Temperatur, hohen Salinität und seinem Anteil an gelösten Gasen hohe Anforderungen an die Qualität der beteiligten Materialien, wie z. B. an die Tiefpumpe, den Wärmetauscher, die Rohrleitungen oder die Filter (Abschn. 15).

Schon die Probennahme dieser heißen Wässer ist schwierig. Grundsätzlich wird zwischen einer Probennahme unten im Bereich des Aquifers (downhole samble) und der Probennahme am Bohrlochkopf bzw. in unmittelbarer Nähe davon unterschieden. Die Probenahme unten im Bereich des Aquifers erfolgt unter In-Situ-Bedingungen, d. h. bei den Temperaturen und Drucken im Zulaufbereich. Dort wird dann auch die Wasserprobe automatisch dicht verschlossen, so dass kein Gasaustausch auf dem Weg nach oben stattfinden kann. Bei der Probennahme am Bohrlochkopf an der Erdoberfläche ist das völlig anders (Abb. 8.8). Die Probe ist zwar noch annähernd so heiß, wie unten im Aquifer, aber der Druck hat entsprechend abgenommen und ein Gasaustausch mit der Atmosphäre ist nicht völlig auszuschließen. Manche Wässer sind so gasreich, dass durch Druckreduktion oben im geschlossenen System trotz Druckbeaufschlagung ein Zweiphasen-Fluid entsteht.

Je geringer die Förderrate ist, desto niedriger ist die Auslauftemperatur, d. h. die Fördertemperatur ist u.a. fließratenabhängig (Abb. 8.9). Damit verbunden ist natürlich auch eine Dichteänderung, so dass bei geringer Förderrate die Dichte größer ist als bei hoher Förderrate (Abb. 8.2a). Derartige Einflüsse beeinflussen daher auch die Größe des Produktivitätsindexes (Abschn. 8.2).

Abb. 8.8 Beispiel für die Einrichtung einer hydrochemischen Probennahme von Thermal-wasser. Das heiße Wasser wird zunächst unter Druck abgekühlt, bevor es in die transparente Durchflußzelle gelangt. Dort werden Temperatur, pH, Redoxpotenzial und elektr. Leitfähigkeit gemessen (mit freundl. Genehmigung von GEIE EMC, Foto: J. Scheiber)

Die Wässer verändern ihren Sättigungszustand bezüglich verschiedener Minerale, wenn ihnen die Wärme entnommen wird und wenn sie durch die Förderung an die Erdoberfläche einem anderen Druck ausgesetzt werden. Grund-sätzlich ist Gasaustausch zu vermeiden, da es dadurch ebenfalls zu einer Änderung von Sättigungszuständen in Bezug auf vielfältige Minerale kommt, d. h. das geo-thermale Fluid muss über Tag in einem geschlossenen Kreislauf zumeist mit einem gewissen Überdruck zirkuliert werden (Abschn. 15.3).

Werden die Sättigungszustände verändert, so kann es zu dramatischen Aus-fällungen und Ablagerungen im Oberflächensystem, wie z. B. dem Wärme-austauscher, und in der Verrohrung, im Gestänge, im Bereich der Pumpe usw. kommen (Abb. 8.10). Ausfällungen von Calcit oder Eisen gelten als beherrschbar.

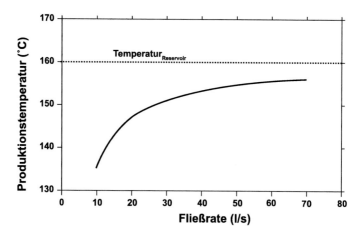

Abb. 8.9 Beispiel für die Abhängigkeit der Produktionstemperatur von der Förderrate bei einer 4000 m tiefen Bohrung mit 7" Ø (Berechnungen nach Ramey 1962)

Abb. 8.10 Ausfällung von Calcit in einer Rohrleitung infolge Entgasung und Drucksenkung

Als besonders kritisch muss in diesem Zusammenhang die Ausfällung von Sulfat-mineralen angesehen werden, da diese durch klassische Säuerungen kaum ver-meidbar oder zu beseitigen sind. Ausfällungen von Ba/Sr-Sulfaten wurden nach der Abkühlung des Thermalwassers im Bereich der übertägigen Anlagenteile aber auch auf der Reinjektionsseite beobachtet. Problematisch sind ebenfalls Blei-Ablagerungen (PbS). Zur Vermeidung oder Verminderung derartiger Ausfällungen werden sogenannte Inhibitoren eingesetzt (Abschn. 15.3). Die Vermeidung der Bildung von Scales ist nicht nur für den reibungslosen Anlagenbetrieb ein sehr wichtiges Thema sondern auch aus umwelt- bzw. entsorgungstechnischen

Gründen, da Sulfat- und Sulfid-Ausfällungen radioaktive Elemente beinhalten können wie ^{226}Ra und ^{210}Pb (Abschn. 11.2). Weitere problematische Ausfällungen sind in den Abschn. 8.5, 11.3 und 15.3 beschrieben.

Beispielsweise bilden sich bei der geothermischen Nutzung von Aquiferen des Norddeutschen Beckens aus Tiefen > 1800 m und Temperaturen > 90 °C hauptsächlich Calciumcarbonat, Barium-Strontium-Sulfate, Metallsulfide wie Eisen-, Kupfer-, Nickelsulfid und Bleiablagerungen (Bleisulfid, elementares Blei). Die Ablagerungen in Anlagen des Oberrheingrabens haben zwar eine ähnliche Zusammensetzung (Seibt et al. 2018), jedoch sind die Wässer im Oberrheingraben grundsätzlich geringer mineralisiert. Im Oberrheingraben verfügen die Thermalwässer in Tiefen > 1000 m über einer Gesamtlösungsinhalt von > 10 g/kg, während im Norddeutschen Becken > 50 g/kg erreicht werden. Die Hauptinhaltsstoffe der Tiefenwässer im Oberrheingraben und in den mesozoischen Tiefengrundwasserleitern des Norddeutschen Beckens sind Natrium und Chlorid, während im Paläozoikum des Norddeutschen Beckens Na-(Ca)-Cl oder Na-Ca-Cl Wässer vorherrschen (Stober et al. 2014).

Bei den hochmineralisierten, oft gasreichen Wässern kann es in Geothermieanlagen auch zu Korrosions-, Erosions- und Lösungsprozessen mit Beschädigung entsprechender Bauteile kommen. Vereinzelt werden daher zur Vermeidung von Korrosion noble Materialien verwandt. Eine Schadensanalyse an Tauchpumpen durch die Bundesanstalt für Materialforschung und -prüfung in Berlin/Deutschland hat beispielsweise gezeigt, dass eine stählerne Pumpenwelle aufgrund von Schwingungsrisskorrosion versagte, hervorgerufen durch eine reduzierte Schwingfestigkeit bei den hohen Temperaturen des Thermalwassers und bei sehr hoher Lastspielzahl. Ein weiterer Pumpenausfall resultierte infolge massiver Korrosion von Gehäuseteilen sowie durch Scaling.

Grundsätzlich muss auch im Reservoir mit Lösungs- und Fällungsprozessen gerechnet werden, insbesondere im Injektionsbereich wegen der Temperaturreduktion durch die Wärmeauskopplung und ggf. wegen Zugabe von Fremdstoffen. In jedem Fall muss jede Lagerstätte auf Grund ihrer Singularität gesondert betrachtet werden. In manchen Lagerstätten treten zudem biogeochemische Alterationen auf, so dass entsprechende Strategien gegen mikrobiell verursachte Korrosion und Ausfällung entwickelt werden müssen (Amann et al. 1997; Dingh et al. 2004).

Die hydrochemischen Eigenschaften wirken sich auch auf die Größe des **Wärmeinhaltes** des heißen Thermalwassers aus. Der Wärmeinhalt hängt von der Dichte und der spezifischen Wärmekapazität ab, die beide eine Funktion von Temperatur, Druck und Salinität sind (Gl. 8.6, Abb. 8.2). Abb. 8.11 zeigt, dass mit zunehmender Salinität und mit zunehmender Temperatur die thermische Leistung abnimmt. Mit zunehmender Salinität nimmt die Dichte zwar zu, die Wärmekapazität jedoch ab (Abb. 8.11).

Während der Erschließung aber insbesondere auch während des Betriebs einer geothermischen Anlage sollten begleitende hydrochemische Analysen, Gasanalysen sowie mikrobiologische Untersuchungen durchgeführt werden, um festzustellen, ob sich im Zuge des Betriebs der Anlage die Zusammensetzung

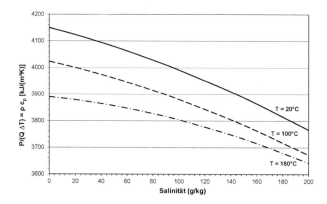

Abb. 8.11 Abhängigkeit der thermischen Leistung, d. h. des Quotienten $P/(Q\,\Delta T)$ oder des Produktes aus Dichte und spezifischer Wärmekapazität, von der Salinität (NaCl) und der Temperatur

des Fluids ändert. Dieses hydrochemisch-mikrobiologische **Monitoring** wird auch von einem hydraulischen Monitoring begleitet, d. h. Messung der Förderrate, Druckabsenkung, Temperatur. Das Reservoirverhalten auf den Dauerbetrieb muss gesamtheitlich dokumentiert werden, denn nur so kann bei eventuellen Änderungen möglichst rasch mit gezielten Gegenmaßnahmen reagiert werden.

In den letzten Jahren wurden verschiedentlich Forderungen zur **Gewinnung strategisch seltener Metalle,** insbesondere von Lithium, aus Thermalwässern zur ökonomischen Unterstützung von Geothermieanlagen erhoben. Nach derzeitigem Kenntnisstand stehen diese Vorhaben, aus einem relativ hohen Volumenstrom zwischen Förder- und Injektionsbohrung, noch am Anfang von Forschung und Entwicklung. Für die Gewinnung seltener chemischer Elemente aus Thermalsolen scheinen die galvanische Abscheidung und selektive Adsorption potentiell geeignete Methoden zu sein (Friedrich et al. 2018).

8.5   Ertüchtigungsmaßnahmen, Stimulation

Für eine hydrothermale Nutzung kommen im Gegensatz zu EGS-Verfahren primär Standorte in Frage, bei denen im Untergrund ein tief liegender Grundwasserleiter mit hohen natürlichen Durchlässigkeiten und Temperaturen vorhanden ist. Wird die erwartete bzw. für die Zirkulation benötigte Durchlässigkeit bei der Erschließung des Grundwasserleiters zunächst nicht angetroffen, so kann gegebenenfalls die Bohrung vertieft und zusätzlich ein zweiter, tiefer liegender Grundwasserleiter erschlossen werden. Unabhängig davon werden heutzutage bei hydrothermalen Dubletten Schrägbohrungen abgeteuft, die höhere Ergiebigkeiten als Vertikalbohrungen erzielen können, da die Wahrscheinlichkeit, Klüfte und Kluftsysteme anzutreffen, mit der Bohrlänge im Nutzhorizont zunimmt.

Der für hydrothermale Systeme entscheidende Parameter ist neben der Temperatur des Aquifers die Ergiebigkeit, d. h. die zu erzielende Förderrate bei einer noch (wirtschaftlich und technisch) vertretbaren Absenkung (Druckent-lastung). In Festgesteins-Grundwasserleitern beruht die Durchlässigkeit und damit die Ergiebigkeit des Aquifers auf dem Vorhandensein von offenen Klüften oder Karsthohlräumen. Wird die erwartete Durchlässigkeit bei der Erschließung zunächst nicht angetroffen, so können bis zu einem gewissen Grad sog. **Ertüchtigungsmaßnahmen** oder **Stimulationen** zur Steigerung der Ergiebigkeit durch Verbessern des Grundwasseranschlusses durchgeführt werden.

Als klassische Ertüchtigungsmaßnahme ist das Verfahren der **hydraulischen Druckbeaufschlagung** oder auch das **Schocken** zu nennen. Mit leicht erhöhten hydraulischen Drucken bzw. einem raschen Wechsel in der Förderhöhe wird beim Schocken versucht, Klüfte und sonstige Hohlräume von Sand oder Schluff frei zu spülen. Diese Verfahren sind in der oberflächennahen Hydrogeologie üblich und werden, insbesondere das Schocken, standardmäßig benutzt, um Trinkwasser-brunnen sandfrei zu bekommen oder um die Ergiebigkeit zu erhöhen.

Das **(Druck)säuern** mit und ohne leichten Überdruck ist ebenfalls eine Standardmethode, die seit vielen Jahrzehnten im Brunnenbau in der Trink-, Mineral- aber auch in der Thermalwassererschließung bei karbonatischem Gesteinsmaterial (bspw. Muschelkalk) oder bei Gebirgen mit Kalzitbelägen auf Klüften eingesetzt wird. Beim Lösungsvorgang entsteht CO_2.

Beim reinen **Säuern ohne Druckbeaufschlagung,** häufig mit 15 %-iger Salzsäure oder verdünnter Ameisen- oder Essigsäure, erfolgt die Reichweite ins Gebirge nur wenige cm bis dm. Mit dieser Maßnahme ist nur eine flächenhafte „Reinigung" zielführend. Sie ist damit neben anderen eine Behandlungsmethode zur Beseitigung von Ausfällungen, die im Zuge der Produktion entstanden. Allerdings können diese bereits im Vorfeld durch eine entsprechende Betriebs-führung und/oder durch Einsatz von Inhibitoren gänzlich oder zumindest größtenteils verhindert werden. Auch ist darauf zu achten, dass am Bauwerk selbst durch den Einsatz der Säure keine Korrosion auftritt, zumal sich die zu ent-fernenden Ausfällungen i. d. R. nicht gleichmäßig verteilen.

Bei einer **Säuerung mit Druckbeaufschlagung** ist die Eindringtiefe in die Klüfte und Hohlräume natürlich entsprechend weitreichender. Die Effizienz der Drucksäuerung ist auch von der Eingabemenge, der Art der Säure und dem Grad der Verdünnung der Säure abhängig. Man spricht dann von „sanftem Säuern" oder von „konzentrierter Säuerung". Art, Grad und Intensität der Säuerung erfolgen in Abhängigkeit von der Verrohrung und dem Ausbau der Bohrung, die vor Korrosion zu schützen sind. Je nach Ergebnis der im Anschluss daran durch-geführten hydraulischen Testarbeiten werden weitere Drucksäuerungen und sonstige Maßnahmen durchgeführt.

Durch die erhöhten Wasserdrucke, ggf. in Kombination mit Säure, ist vor-gesehen, vorhandene Hohlräume im Gebirge frei zu spülen bzw. durch Lösung zu erweitern. Die Druckbeaufschlagung dient nicht der Schaffung eines neuen Kluft-netzes, sondern lediglich dem verbesserten hydraulischen Anschluss des Bohr-lochs an einen bestehenden, geklüfteten oder verkarsteten Grundwasserleiter. So werden beispielsweise bei Thermalwassererschließungen im Oberjura-Aquifers des voralpinen Molassebeckens die neu abgeteuften Tiefbohrungen systematisch mit verdünntem HCl mehrfach stimuliert.

Üblicherweise werden beim Drucksäuern Drucke von bis zu 30 bar aufgebracht. Müssen Karbonate gelöst werden, so werden häufig Essigsäure-HCl- oder Ameisensäure-HCl-Mischungen eingesetzt. Für die Lösung von Silikaten ist i. d. R. eine Mischung von verdünnter Ameisen-Flusssäure-Mischung erforderlich oder aber eine verdünnte HCl-HF-Säure. Bei der Handhabung von Flusssäure sind extreme Sicherheitsvorkehrungen zu treffen (Portier et al. 2007; McLeod 1984; Smith und Hendrickson 1965; Thiede und Eschner 1978). Treten im Aquifer verstärkt Tonminerale auf, so kann auch ein Schwellen erfolgen, d. h. statt einer Durchlässigkeitserhöhung eine Erniedrigung. Nach Untersuchungen von Portier et al. (2007) an Erdölbohrungen der USA nahm die Produktivität bei 90 % der Bohrungen durch Säurestimulation um das 2–4 fache zu.

Unabhängig davon ist, bei einer abgelenkten Bohrung, d. h. bei einer **Schrägbohrung**, die den Aquifer nicht vertikal sondern mit einer gewissen Neigung durchteuft, eine höhere Ergiebigkeiten als bei einer klassischen Vertikalbohrung zu erwarten, da die Wahrscheinlichkeit, eine höhere Anzahl offener Klüfte anzufahren, deutlich größer ist. Von der Erdöl-/Erdgas-Industrie werden daher seit vielen Jahren Horizontalbohrungen über Distanzen von einigen Kilometern ausgeführt. Eine Ergiebigkeitssteigerung lässt sich auch durch einzelne von der Bohrung ausgehende **Ablenkbohrungen (Sidetracks)** im Nutzhorizont erzielen. Eine erhöhte Ergiebigkeit wird auch erwartet, wenn die Bohrung in **hydraulisch aktive Störzonen** abgeteuft wird (Abschn. 8.1).

Weitergehende Stimulationsmaßnahmen, wie die **massive hydraulische Stimulation**, werden typischerweise bei EGS (Enhanced Geothermal System) bzw. bei HDR-Projekten vorgenommen (Abschn. 9.3).

Massive hydraulische Stimulationen werden von der Erdöl-Erdgas-Industrie seit vielen Jahren in Sedimenten zur Steigerung der Ergiebigkeit von Bohrungen, d. h. der Produktionsrate durchgeführt. Bei einer massiven hydraulischen Stimulation werden meist große Wassermengen unter hohen Drucken verpresst, um Klüfte zu weiten bzw. zu erweitern. Häufig werden dem Injektionswasser zur Effizienzsteigerung und dauerhaften Ergiebigkeit Sand (Stützmittel) und chemische Zusätze beigegeben. Massive hydraulische Stimulationen in unkonventionellen Lagerstätten, d. h. Lagerstätten, in denen das Fluid sich nicht frei bewegen kann, werden von der Kohlenwasserstoff-Industrie (Abschn. 11.1.6) in den letzten Jahren insbesondere in gering mächtigen sedimentären Horizonten von einer schichtparallelen Horizontalbohrung aus als vertikaler Frac alle 100–200 m durchgeführt (Soeder 2010).

8.6   Fündigkeit, Risiko, Wirtschaftlichkeit

Ausschlaggebend für den Erfolg eines Geothermieprojekts mit der Erschließung tiefer Reservoire sind die lokalen geologischen Verhältnisse in großer Tiefe. Eine Prognose über die geologischen Verhältnisse muss in der Regel aus weiter entfernten Bohrungen, oder aus linienhaften oder flächenhaften geophysikalischen Erkundungen abgeleitet werden (z. B. 2D- oder 3D-Seismik). Diese geben jedoch nicht Auskunft über die wichtigen Eigenschaften (Temperatur, Förder- bzw. Injektionsmenge), die ein Geothermieprojekt zum Erfolg werden lassen. Daher sind in der tiefen Geothermie die Risiken bei der Umsetzung von Projekten höher als in der oberflächennahen Geothermie. Die Risiken sind jedoch nicht größer als in der Erdöl-Erdgas-Industrie, jedoch ist die Rendite, die das jeweils geförderte Produkt abwirft, sehr unterschiedlich. Aus diesem Grund fällt zum einen der Vorerkundung und ihrer akkuraten Auswertung eine sehr hohe Bedeutung zu, zum anderen erfolgten in den letzten Jahren große Bestrebungen, in der Geothermie alles und jedes zu versichern. Das geothermische Gesamtrisiko eines Projektes wird daher in verschiedene Risikogruppen untergliedert, die jeweils als separater Block von Versicherungen bewertet und als Versicherungsgegenstand angeboten werden.

Generell werden fünf Risikogruppen in Betracht gezogen: Fündigkeitsrisiko, geologische & geotechnische Risiken, wirtschaftliche Risiken, Umweltrisiken und politische Risiken. Diese Risikogruppen sind dabei nicht immer scharf voneinander zu trennen. Treten bei den Bohrarbeiten etwa Schwierigkeiten wie unerwartete geologische Verhältnisse auf, so ist dies zwar als geologisches oder geotechnisches Risiko einzuordnen, jedoch bedeuten die damit unweigerlich verbundenen Mehrkosten zugleich auch ein wirtschaftliches Risiko (Blank et al. 2010).

Das Hauptrisiko in der tiefen Geothermie ist das so genannte **Fündigkeitsrisiko**. Das Fündigkeitsrisiko bei geothermischen Bohrungen ist das Risiko, ein geothermisches Reservoir mit einer (oder mehreren) Bohrung(en) in nicht ausreichender Quantität oder Qualität zu erschließen (Schulz 2005).

Die **Quantität** wird hierbei über die thermische Leistung (P), die mit Hilfe einer Bohrung erreicht werden kann, definiert. Die Leistung verhält sich proportional zu Förderrate und Temperatur (Gl. 8.6).

$$P = \rho_F c_F Q (T_i - T_o) \ [\text{J/s}] \tag{8.6}$$

In Gl. 8.6 bedeuten ρ_F die Dichte (kg m^{-3}) und c_F die spezifische Wärmekapazität (J kg^{-1} K^{-1}) der Flüssigkeit. Q ist die Förderrate (m^3 s^{-1}), T_i die Fördertemperatur und T_o die Reinjektionstemperatur.

Für stark salinare Fluide beträgt die spezifische Wärmekapazität $c_F \leq 3{,}9$ kJ/ (kg K) und die Dichte von 120 °C heißem Wasser etwa 943 kg/m^3. Beide Parameter sind druck- und temperaturabhängige Größen, die zusätzlich vom Gesamtlösungsinhalt und Gasgehalt des Thermalwassers abhängen (Abschn. 8.2). Der Einfluss des Gesamtlösungsinhaltes auf die thermische Leistung ist dramatisch. Mit zunehmendem Gesamtlösungsinhalt und mit zunehmender Temperatur nimmt die thermische Leistung signifikant ab. Der „Dichtebonus" geht somit wegen der stärkeren Abnahme der spezifischen Wärmekapazität bei zunehmender Temperatur und Salinität verloren (Abb. 8.11).

Unter **Qualität** versteht man im Wesentlichen die chemische Zusammensetzung des Wassers. Beispielsweise könnten Bestandteile im Wasser auftreten, wie unerwünschte Gase, hohe Salinität, o. ä., die eine geothermische Nutzung ausschließen oder stark erschweren. Allerdings gelten bisher die meisten bei geothermischen Bohrungen angetroffenen Wässer hinsichtlich ihrer Zusammensetzung für geothermische Nutzungen, zwar mit unterschiedlichem technischem Aufwand, als beherrschbar. Somit gilt eine Geothermiebohrung als fündig,

- wenn die Thermalwasser-Schüttung mehr als eine Mindestförderrate Q bei einer max. Absenkung Δs erreicht und
- wenn eine Mindesttemperatur T erreicht wird.

Die Angaben zur Mindestförderrate, Absenkung und Mindesttemperatur ergeben sich in der Regel aus den Wirtschaftlichkeitsüberlegungen des Betreibers (Stober et al. 2009), allerdings sind bei der Vorgabe „Stromproduktion" aus wirtschaftlicher Sicht meistens Temperaturen oberhalb von 120 °C und Förderraten von über 50 kg/s erforderlich. Durch die Begrenzung der nutzbaren Temperatur (~200 °C) und des Thermalwasser-Massenstromes (~150 kg/s) aus technischen und geologischen Gründen nach oben ergeben sich die energetischen Randbedingungen der geothermischen Energienutzung für eine Bohrung zu etwa maximal 50 MW$_{th}$.

Die Energie, die einer Bohrung entnommen werden kann, berechnet sich mit Gl. 8.7, mit der Leistung P [W] und der Zeitdauer der Förderung Δt [s].

$$E = P \, \Delta t \; [\text{J}] \tag{8.7}$$

Während der Betriebsdauer sollten die wichtigen Parameter Förderrate Q und Fördertemperatur T_i nicht wesentlich absinken. Eine Voraussetzung hierfür ist ein hinlänglich ausgedehntes Reservoir und der Ausschluss einer Beeinträchtigung durch Nachbaranlagen.

Die erforderlichen Massenströme in Geothermiebohrungen sind um ein vielfaches höher, als in Erdöl- oder Erdgasbohrungen, bei denen bereits eine Förderrate von 3 kg/s als gut bezeichnet wird. An das Reservoir und an die Fördertechnik bei Geothermiebohrungen werden daher deutlich höhere Anforderungen gestellt (Abschn. 12). Ein für die Kohlenwasserstoff-Industrie als ergiebig bezeichneter Horizont kann daher für geothermische Zwecke grundsätzlich wenig interessant sein.

In Festgesteins-Grundwasserleitern beruht die Durchlässigkeit und damit die Ergiebigkeit des Aquifers auf dem Vorhandensein von offenen Klüften oder Karsthohlräumen, auf einer ausreichenden durchflusswirksamen Porosität sowie auf anderen makroskopischen Hohlräumen, wie sie u. a. in Störungszonen angetroffen werden können. Aquifere können je nach der Art des dominierenden Hohlraumanteils in drei Grundtypen unterteilt werden: porös, klüftig und karstig (Abb. 8.12 und 8.13).

Wird die erwartete Durchlässigkeit bei der Erschließung zunächst nicht angetroffen, so sind Ertüchtigungsmaßnahmen erforderlich (Abschn. 8.5). Zu diesen Maßnahmen gehören beispielsweise das Säuern bei karbonatischem Gestein oder das hydraulische Stimulieren (z. B. Schocken) ggf. in Kombination mit einer Säuerung. Vergleiche hierzu die Ausführungen in Abschn. 11.1.6.

Abb. 8.12   Beispiel für einen Kluftaquifer (Buntsandstein)

In Anlehnung an Erfahrungen aus der Erdölindustrie können zur Steigerung der Ergiebigkeit auch Ablenkbohrungen im Nutzhorizont durchgeführt werden.

Die Fündigkeit wird meist zu Beginn eines Projektes definiert, d. h. der Projektentwickler und der Investor legen fest, ab welcher Mindestförderrate und welcher Temperatur das Projekt wirtschaftlich – entsprechend der Renditeerwartung des Investors – und damit erfolgreich ist. Eine Bohrung gilt dabei als fündig, wenn diese Kriterien erreicht oder überschritten werden.

Eine sogenannte Teilfündigkeit liegt vor, wenn die Kriterien zur Fündigkeit nicht erreicht sind, jedoch eine Nachnutzung mit einem anderen Konzept technisch möglich und z. B. mit der Auszahlung eines Teils der Versicherungssumme auch wirtschaftlich ist.

Abb. 8.13 Beispiele für einen Karstaquifer (Muschelkalk)

Das Fündigkeitsrisiko ist in der Regel jedoch nicht in Regionen, aus denen noch keine Erfahrungen, d. h. keine Geothermie-Projekte, vorliegen, versicherungsfähig. Neuere Technologien, die Aspekte mit Forschungs- und Entwicklungscharakter beinhalten, wie EGS (Abschn. 9), lassen sich ebenfalls nicht versichern.

Aussagen über Effizienz, Dauerhaftigkeit und **Wirtschaftlichkeit** der Anlage sind entscheidend von den hydraulischen und thermischen Eigenschaften des Nutzhorizontes sowie der Zusammensetzung des Thermalwassers abhängig. Diese Eigenschaften müssen vorab bestmöglich erkundet werden. Angaben zu den gewählten Untersuchungs- und Auswerteverfahren sind detailliert festzuhalten. Die Entscheidung über die Wirtschaftlichkeit geothermischer Anlagen trifft aber letztendlich der Betreiber bzw. der Investor aufgrund betriebswirtschaftlicher Überlegungen. Dabei hat die Abnehmerstruktur eine hohe Priorität.

Die wirtschaftlichen Risiken resultieren in erster Linie aus dem Fündigkeitsrisiko. Erst nach erfolgreicher Durchführung und dem Test der Erstbohrung ist das Fündigkeitsrisiko für das Projekt stark reduziert, jedoch muss auch die Injektionsbohrung in der Lage sein, die anfallende Wassermenge aufzunehmen, um einen wirksamen Kreislauf zu ermöglichen (Abschn. 8.2). Die Erschließungskosten (Bohrungen, Stimulationsmaßnahmen und Tests) stellen zwischen 50 und 70 % der Gesamtkosten eines Geothermieprojekts dar. Um dieses Risiko so gering wie möglich zu halten, bedarf es einer sorgfältigen Projektentwicklung mit klar definierten Projektentwicklungsphasen, Meilensteinplanung und Abbruchkriterien (Abschn. 8.8).

Standorte mit erhöhten Temperaturgradienten (Temperaturanomalien) können zu Kostenersparnissen infolge geringerer Bohrtiefen führen. Allerdings muss immer die zu erzielende Förderrate berücksichtigt werden. Wegen der meist durchschnittlichen Temperaturverhältnisse im Untergrund kann die geothermische Energienutzung grundsätzlich vor allem den Wärmemarkt beliefern. Für den wirtschaftlichen Betrieb einer geothermischen Heiz-Anlage ist es erstrebenswert, die Wärme über ein Nah- oder Fernwärmenetz möglichst ganzjährig zu nutzen. Dabei ist die Nutzung der Wärme hintereinander auf verschiedenen Temperaturniveaus (**Kaskadenprinzip**) aus ökonomischer und ökologischer Sicht bei geeigneter Wasserchemie anzustreben (Abb. 8.14), beispielsweise in der Kombination Fernwärme (90–60 °C), Gewächshäuser (60–30 °C) und Fischzucht (unter 30 °C). Grundsätzlich sind jedoch noch innovative Konzepte für Nah- und Fernwärmenetze gesucht. Auch lässt sich Kälte aus Fernwärme erzeugen.

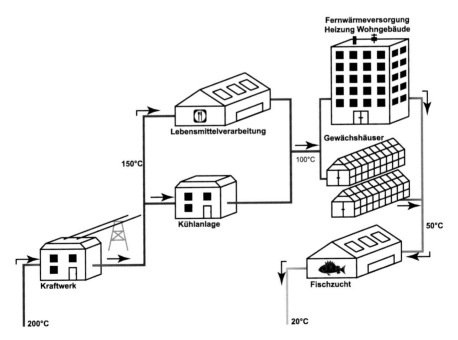

Abb. 8.14 Kaskadenprinzip der Energienutzung. (Nach Dickson und Fanelli 2004)

Erst bei Temperaturen oberhalb von 120 °C ist mit entsprechender Technologie die Erzeugung von Strom auch aus wirtschaftlicher Sicht machbar. Je höher das erzielte Temperaturniveau ist, umso besser ist der Wirkungsgrad bei der Stromerzeugung. Auch bei dieser Technik sollte die Vermarktung der (Rest-)Wärme (meist um 90 °C) nicht außer Acht gelassen werden. Derzeit fehlt es noch an Ansiedlungskonzepten und an Anreizen für Prozesswärmeabnehmer. Analoge Überlegungen gelten für die Nutzung bei EGS-Systemen (Kap. 9).

Der Begriff **geologische und geotechnische Risiken** beinhaltet die Frage, ob bestimmte geologische Untergrundstrukturen und -verhältnisse, die in der Regel aus seismischen Untersuchungen abgeleitet worden sind, tatsächlich existieren. Zum geologischen Risiko beim Bohren gehört z. B. das Auftreten von unerwarteten Schichten, Gebirgsdrücken oder Fluiden, mit den bekannten potentiellen Auswirkungen wie Ausspülungen und Setzungen beim Setzen der Ankerrohrtour, falsches Einschätzen von überhydrostatischen Drücken, Festwerden, Zufallen des (offenen) Bohrlochs nach Fertigstellung der Bohrung etc. Unerwartete geologische Verhältnisse führen bei falscher Behandlung meist auch zu bohrtechnischen Problemen (Blank et al. 2010).

Unter dem **Bohrrisiko** werden alle technischen Risiken, die der Bohranlage und dem Bohrprozess zugeordnet werden können, zusammengefasst, wie z. B. Fangarbeiten, Absturz Liner, Verrohrungsschäden, fehlerhafte Zementation, Sondenverluste bei Wireline-Messungen etc. (Kap. 12). Diese Risiken können vor allem zu einer deutlichen Verlängerung der Bohrzeit führen. Technische Risiken können im schlimmsten Falle mit der Aufgabe des Bohrlochs und dem Verlust des bis dahin eingesetzten Kapitals enden. Bohrrisiken sind Risiken des Bohrunternehmers, hierfür existieren in aller Regel entsprechende Versicherungen.

Die Kraftwerkstechnik und die Stabilität des Kraftwerksbetriebs bedingen das **Betriebsrisiko.** Das Betriebsrisiko im Zusammenhang mit der Kraftwerkstechnik ist versicherbar. Ob allerdings das Reservoir über den geplanten Zeitraum hinweg mit gleicher Temperatur und Fördermenge betrieben werden kann, diese Option kann im Moment noch nicht versichert werden. Unter das Betreiberrisiko fallen daher alle Veränderungen der Quantität (Förderrate, Temperatur) und Qualität (Zusammensetzung) des Fluids während der geothermischen Nutzung der Bohrung. Dazu zählen damit aber auch die dadurch hervorgerufenen Veränderungen an den technischen Anlagen im geothermischen Kreislauf, die durch das Fluid direkt oder indirekt verursacht werden. Zum Betriebsrisiko gehört auch, dass die Energiebereitstellung sich verändern kann. In der Planung der Reservoirerschließung kann das Risiko durch ein konservatives Konzept (z. B. Abstand der Bohrungen voneinander und Beschränkung der Förder- bzw. Injektionsmenge) lediglich minimiert werden.

Entsprechend der oberflächennahen Geothermie besteht auch in der tiefen Geothermie die Möglichkeit einer Gefährdung des Schutzgutes Boden und Grundwasser (**Umweltrisiko**). Bei großen Projekten mit tiefreichenden Eingriffen in den Untergrund werden entsprechende Vorkehrungen getroffen und Sicherheitseinrichtungen bereitgehalten, um Gefährdungen möglichst auszuschließen. Die Durchführung einer Tiefbohrung unterliegt in vielen Ländern dem bergrechtlichen

Betriebsplanverfahren, das auch die Interessen der Anwohner und Nachbarn wahrt. Auswirkungen auf die Umwelt und die damit verbundenen Risiken, die durch Geothermieanlagen entstehen können, sind in Abschnitt 11.2 und 11.3 diskutiert.

Unter Umständen können besonders in Gebieten mit natürlicher **Seismizität**, bei Stimulationsmaßnahmen, aber auch während des Betriebs der Anlage, auch bei hydrothermalen Projekten induzierte seismische Ereignisse auftreten. Es besteht die Möglichkeit, dass die entstehenden Erschütterungen die Wahrnehmbarkeitsschwelle an der Erdoberfläche überschreiten. Das Auftreten von induzierter Seismizität hängt von der Beschaffenheit des geologischen Untergrundes (Kristalline Gesteine oder Sedimente), den tektonischen Spannungen, Injektionsdrucken bzw. Fließraten, Nähe zu größeren Störungszonen (insbesondere im Kristallinen Grundgebirge) u.ä. ab (Abschn. 11.1). Aus diesem Grund wird vielfach auch gefordert, die Schwinggeschwindigkeit zu messen, die ein Maß für die aus dem seismischen Ereignis resultierende Energie an der Oberfläche ist, anstelle der Magnitude, die nur ein Maß für die Energie des seismischen Ereignisses in seinem Hypozentrum ist, also am Ort des Geschehens, und nicht an der Erdoberfläche. Grundsätzlich wird das Auftreten von induzierter Seismizität bis zu einem gewissen Grade als beurteilbar, prognosefähig und zum Teil als beeinflussbar angesehen. Schlüssel hierzu sind laufende Messungen und Kontrolle des Injektionsdrucks und ein auf die Geothermieanlage zugeschnittenes seismologisches Monitoring in der näheren und weiteren Umgebung der Anlage. Gegebenenfalls sind die Injektionsdrucke bzw. Injektionsmengen zu reduzieren (Abschn. 11.1).

Die Geothermische Nutzung zur Stromerzeugung und Wärmenutzung ist im Moment in den meisten Fällen noch von Förderungen abhängig und unterliegt daher in diesem Sinne auch einem **politischen Risiko**. Allerdings steht der größte Teil der Politik und der Gesellschaft hinter der Nutzung erneuerbarer Energien. Bei den politischen Themen muss in diesem Zusammenhang auch die Entwicklung neuer Technologien und die konkurrierende Situation auf dem internationalen Markt sowie die nationale Beschäftigungspolitik beachtet werden. In der Geothermie wird zudem mit einer Technologieentwicklung gerechnet, die einen günstigeren Gestehungspreis in der Zukunft bedeutet. Mit den steigenden Kosten für die konventionelle Strom- und Wärmeerzeugung wird damit auch die geothermische Nutzung in einigen Jahren konkurrenzfähig und förderunabhängig sein.

8.7 Beispiele hydrothermaler Nutzungen

Weltweit betrachtet sind aktuell geothermische Stromerzeugungsanlagen mit einer Gesamtleistung von ca. 12,6 GW (Bertani 2015; U.S. Department of Energy 2016) installiert. Der überwiegende Anteil dieser Anlagen befindet sich in geologisch besonders ausgezeichneten Regionen mit Dampflagerstätten. Wesentlich seltener sind dagegen Geothermiekraftwerke in Niederenthalpiegebieten mit Reservoirtemperaturen kleiner 150 °C (Bertani 2007). In diesem Kapitel werden einige hydrothermale Anlagen und tiefe Aquiferspeicher vorgestellt sowie die Erfahrungen, die gesammelt wurden, aber auch Schwierigkeiten, die es zu beherrschen gilt.

8.7.1   Hydrothermale Dubletten

Die erste geothermische Beheizung von Wohnräumen mit Dubletten im **Pariser Becken** (Frankreich) erfolgte bei Melun l'Almont südlich von Paris bereits Ende der 1960er-Jahre (Pojas 1984). Die älteste, noch in Betrieb befindliche Anlage stammt von 1969. Die meisten Bohrungen wurden als Folge des starken Anstiegs des Ölpreises in den Jahren zwischen 1980 und 1987 errichtet. Von den insgesamt 63 Bohrungen waren nur 2 Bohrungen totale Fehlschläge und 5 Bohrungen nur teilweise erfolgreich. Gegenwärtig sind 37 Geothermieanlagen in Betrieb. Die ersten Dubletten im Pariser Becken wurden noch als Vertikalbohrungen realisiert, später teufte man sie von einem Bohrplatz aus als Schrägbohrungen ab und in den letzten Jahren wird das Konzept von (Sub) Horizontalbohrungen verfolgt. Die Wärmeversorgung beinhaltet die Heizung und die Warmwasserversorgung. Beides erfolgt über Wärmetauscher in einem Verteilungsnetz bis zum Endverbraucher. Typischerweise versorgt eine geothermische Anlage aus dem Dogger-Aquifer (oolitische Kalksteine) im Pariser Becken etwa 4000 bis 5000 Wohneinheiten mit Wärme. Die Aquifertemperatur liegt im Bereich von 58 °C bis 83 °C. Derzeit werden im Pariser Becken 37 Anlagen betrieben, von denen sich 27 in Val-de-Marne und Seine-Saint-Denis befinden. Seit Ende 2010 wird der Flugplatz Paris-Orly ebenfalls mit einer geothermischen Dublette beheizt, die etwa 1/3 der Gesamtbeheizung des Flugplatzes ausmacht.

Im Gegensatz dazu sind im **Aquitanischen Becken** im Südwesten Frankreichs zur Wärmegewinnung keine Dubletten, sondern 18 Einzelbohrungen realisiert. Im Aquitanischen Becken werden drei verschiedene Aquifere genutzt (Mittleres Eozän, Oberkreide, Dogger), wobei die Hauptnutzung aus der Oberkreide erfolgt. Weitere französische geothermische Anlagen für Heizzwecke befinden sich in den Regionen Languedoc, Lorraine, Bresse und Limagne.

Relativ früh wurde die Bewirtschaftung der geothermischen Anlagen im Pariser Becken modelliert, um eine gegenseitige Beeinflussung auszuschließen und um die Lebensdauer der Anlagen zu maximieren (Sauty et al. 1980; Antics et al. 2005). Die geothermischen Anlagen sind aus Gründen der Nachhaltigkeit, der reduzierten lateralen Beeinflussung und der Entsorgung hochmineralisierter Wässer als Dubletten konzipiert, einige wenige neuere Anlagen auch als Triblette. Seit 2009 gibt es ein Ressourcen-Management-Modell für das Pariser Becken insbesondere, um die Abkühlungsfahnen zu erfassen.

Das Pariser Becken ist ein interkratonisches Einsenkungsbecken im Norden Frankreichs. Es entstand nach Abklingen der Variszischen Orogenese im Perm. Bis zum Erliegen der Sedimentation im Oligozän akkumulierte in ihm im zentralen Bereich über 3000 m Gesteinsmaterial. In dieser großen Beckenstruktur des „Pariser Beckens" werden fünf verschiedene thermale und nicht-thermale Aquifere für Heizzwecke genutzt: in der Unterkreide, im Oberjura, Mitteljura und in der Trias. Die Tiefe der meisten Thermalwasser-Bohrungen liegt bei 1700 m; die Förderraten betragen 25–75 l/s mit Temperaturen zwischen 65 °C und 85 °C. Die Wässer sind hochmineralisiert mit einem Gesamtlösungsinhalt von 10–40 g/l und gehören dem Na-Cl-Typ an. Sie enthalten zudem CO_2 und H_2S und sind leicht sauer (pH~6). Die Anwesenheit von Sulfat fördert die Verbreitung Sulfat reduzierender Bakterien, die wiederum H_2S produzieren. Das Thermalwasser mit seinen idealen Umgebungsbedingungen für Sulfat reduzierende Bakterien (pH: 5–8; T: 60–80 °C) verursachte daher in den ersten Anlagen Korrosion und Scaling (Ungemach 1997), d. h. Lösung von Eisen und Ausfällung von Sulfid bevorzugt in den Injektionsbohrungen (Gl. 8.8 und 8.9).

$$CO_2 + H_2O \rightarrow H_2CO_3$$

$$2H_2CO_3 \rightarrow 2H^+ + 2HCO_3^-$$

$$Fe^{2+} + 2HCO_3^- + 2H^+ \rightarrow 2H^+ + Fe(HCO)_2 \tag{8.8}$$

$$H_2S + H_2O \rightarrow H^+ + HS^- + H_2O$$

$$Fe \rightarrow Fe^{2+} + 2e^-$$

$$Fe^{2+} + HS^- \rightarrow FeS + H^+ \tag{8.9}$$

Aus diesem Grund wurde in den Folgejahren eine spezielle Methode entwickelt, um die gesamte Dublette zu schützen, d. h. die Förder- und Injektionsbohrung sowie den übertägigen Teil der Anlage. Dazu wird an der Basis der Produktionsbohrung ein Inhibitor (Abschn. 15.3) injiziert (Abb. 8.15), wodurch auch die gesamte übertägige, Thermalwasser berührte Anlage inklusive Injektionsbohrung geschützt wird.

Zudem wurde vereinzelt auch ein innovativer Bohrungs-Ausbau umgesetzt, bei dem in die hinterzementierte Stahlverrohrung ein zentrierter Fiberglas-Liner als Korrosionsschutz abgehängt wurde. Bereits im Jahre 1971 wurde ein Titan-legierter Plattenwärmetauscher zum Korrosionsschutz betrieben.

Im Ostteil des **Norddeutschen Beckens** wurden in den 1980er-Jahren über 20 Tiefbohrungen abgeteuft, um hydrothermale Lagerstätten im Mesozoikum zur Wärmeversorgung über Fernwärmenetze zu erschließen. An vier Standorten wurden die Anlagen komplettiert, eine Anlage wurde wegen technischer Schwierigkeiten zu einer Tiefen Erdwärmesonde umgerüstet. Zu den Geothermieanlagen gehören die Heizzentrale Waren (seit 1984 bis heute in Betrieb), die 1988 errichtete Heizzentrale Neubrandenburg (umgebaut in einen geothermischen Tiefen-Aquiferspeicher, Abschn. 8.7.2) und die Heizzentrale Neustadt-Glewe. Im Norddeutschen Becken haben die Thermalwässer in 1200 bis 2300 m Tiefe Temperaturen zwischen 54 und 98 °C und sehr hohe Gesamtlösungsinhalte (134–220 g/kg).

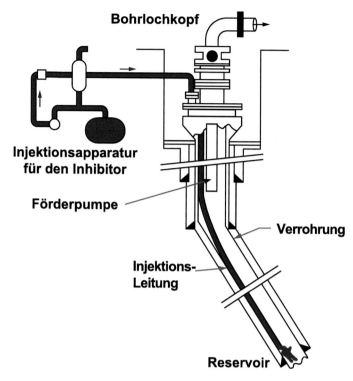

Abb. 8.15 Schema einer Produktionsbohrung im Pariser Becken mit Injektionsvorrichtung für einen Inhibitor an der Basis der Bohrung mit Schutz für die gesamte Dublette. (Nach Unterlagen BRGM)

Die beiden Tiefbohrungen der Heizzentrale **Neustadt-Glewe** wurden im Zeitraum 1988–1990 abgeteuft und erreichten Tiefen von 2450 m (Gt NG 1, Förderbohrung) und 2335 m (Gt NG 2, Injektionsbohrung). Der Abstand zwischen den Bohrungen beträgt 1400 m. Mit der geothermischen Dublette wird der Contorta-Sandstein des Rhätkeupers genutzt, ein Fein-Mittelsandstein mit einer effektiven Mächtigkeit von 50 m und einer Permeabilität von 1400 mD ($\sim 4\,10^{-5}$ m/s). Der Gesamtlösungsinhalt des im Aquifer fast 100 °C thermalen Fluids ist mit 220 g/kg sehr hoch. Je nach Wärmebedarf wurden 11–35 l/s gefördert. Die installierte geothermische Leistung beträgt somit bei Abkühlung auf 50 °C etwas über 5 MW_{th}. Aufgrund der geringen Wärmeabnahme in den Sommermonaten wurde die Heizzentrale im Jahre 2003 durch Einbau einer ORC-Anlage in eine Anlage mit Stromproduktion in den Sommermonaten umgebaut. Aus wirtschaftlichen Gründen wurde die ORC-Anlage allerdings 10 Jahre später wieder rückgebaut. Die Anlage in Neustadt-Glewe war somit das erste Geothermiekraftwerk mit Stromproduktion in Deutschland (Stober et al. 2016).

Seit 1998 findet die Wärme- und seit 2007 die Stromerzeugung aus den geothermischen Ressourcen im Oberjura (Malm) des süddeutschen **Molassebeckens** statt. Bis heute sind etwa 280 MW_{th} Wärmeleistung durch 19 Geothermieanlagen und 35 MW_{el} Stromleistung mit 7 Anlagen erschlossen (www.geotis.de). Auch in der Innenstadt von München wurden bereits einige Geothermieprojekte erfolgreich umgesetzt. Auf der Basis einer groß angelegten 3D-Seismik (170 km^2) im südlichen Stadtkern und benachbarter Gemeinden im Jahre 2015/2016 sollen in naher Zukunft weitere Projekte umgesetzt werden. Erklärtes Ziel der Stadtwerke München (SWM) ist, bis 2040 die gesamte Fernwärme aus erneuerbaren Energien zu speisen.

Das Geothermiekraftwerk **Unterhaching** bei München (Deutschland) wird stellvertretend für hydrothermale Dubletten mit Strom- und/oder Wärmeproduktion im voralpinen verkarsteten, karbonatischen Oberjura-Aquifer des mitteleuropäischen Molassebeckens vorgestellt. Die erste Bohrung erreichte den Zielhorizont Oberer Jura (Malm) bei einer Endteufe von 3350 m (MD) im Jahre 2004, wobei der Obere Jura mit einer vertikalen Mächtigkeit von ca. 380 m aufgeschlossen wurde. Die Temperatur betrug > 120 °C bei einer Schüttung von bis zu 150 l/s. Die zweite Bohrung erreichte 2 Jahre später die Endteufe von 3864 m (MD). Insgesamt wurde der Oberjura mit einer störungsbedingt erhöhten vertikalen Mächtigkeit von ca. 650 m aufgeschlossen. Die zweite Bohrung lieferte noch bessere Ergebnisse als die erste. Das in Unterhaching erschlossene Thermalwasser besitzt eine sehr geringe Mineralisation (< 1 g/kg). Das Geothermiekraftwerk ging offiziell mit der Stromproduktion im Jahre 2009 in Betrieb. Es hat eine dauerhafte elektrische Leistung von 3,36 MW_{el}. Im Jahre 2006 wurde mit dem Bau des Fernwärmenetzes begonnen, das bis Mitte 2010 eine Länge von über 35 km und eine Anschlussleistung von 45,7 MW umfasste. Für den Endausbau sind 90 MW_{th} (2015: ca. 58 MW_{th}) Fernwärme vorgesehen (Bine 2009). Bei der Stromerzeugung kommt in Unterhaching der wenig verbreitete Kalina-Prozess zur Anwendung, bei dem ein Ammoniak-Wasser-Gemisch verdampft (Abschn. 4.2). Mit der Anlage können bis zu 10.000 Haushalte mit Strom versorgt werden. Nach dem Wärmeentzug wird das abgekühlte Thermalwasser in der zweiten 3864 m tiefen Bohrung wieder in denselben Horizont injiziert, der wegen der größeren Tiefenlage eine höhere Temperatur von 133 °C aufweist (Knapek 2009; Stober et al. 2016). Die beiden Bohrungen sind durch eine 3,5 km lange Thermalwasserleitung miteinander verbunden. Sie besteht aus glasfaserverstärktem Kunststoff, um Korrosionsproblemen vorzubeugen (Abb. 8.16). Im Jahre 2012 wurde der erste Geothermie-Fernwärmeverbund von zwei geothermischen Anlagen in S-Deutschland, Unterhaching und Grünwald, gegründet (Lederle und Geisinger 2014). Die Stromproduktion wurde auf Kosten der Wärmeversorgung 2019 eingestellt.

Aufgrund der extrem hohen Schüttung und des geringen Gesamtlösungsinhaltes der Geothermieanlage Unterhaching zog dieses Projekt eine Reihe von Folgeprojekten im Münchner Großraum nach sich (Stober et al. 2014; Birner et al. 2012). Seit 2014 existiert in Unterföhring bei München zur lokalen Wärmeversorgung sogar eine Doppeldublette, d. h. zwei Förder- und zwei Injektionsbohrungen von einem Bohrplatz aus.

Das aus dem Oberjura des voralpinen Molassebeckens geförderte Thermalwasser weist einen sehr niedrigen Gesamtlösungsinhalt von 600–1000 mg/l auf. Der Hauptinhaltsstoff ist HCO_3. Außerdem sind im Wasser die Gase Methan und

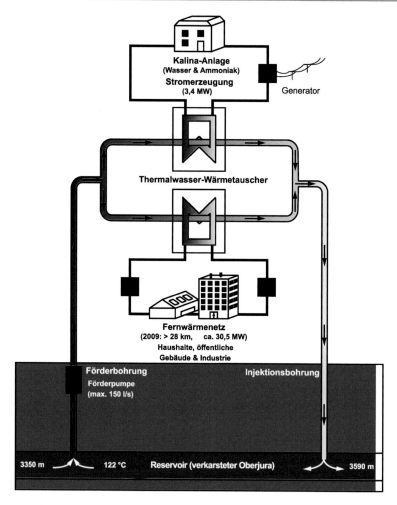

Abb. 8.16 Schema der geothermischen Dublette in Unterhaching, Süd-Deutschland (angefertigt nach Unterlagen der Geothermie Unterhaching GmbH & CoKG)

Stickstoff enthalten. Um chemische Ausfällungen und einen Eintrag von Sauerstoff in den Aquifer zu vermeiden, wird der Thermalwasserkreislauf mittels Stickstoff permanent unter Druck gehalten.

Die hohe Ergiebigkeit im Oberjura-Aquifer ist zum einen Fazies-bedingt, d. h. sie ist ursächlich an die Verbreitung von Schwamm-Algen-Riffe gekoppelt, in denen kavernöse, d. h. wasserführende Dedolomite (Lochfels) verbunden mit im Zuge der Verkarstung korrosiv erweiterten Hohlräumen auftreten, und kaum an die massigen, teils geschichteten Kalksteine und Dolomite. Hinzu kommen im Oberjura-Aquifer Klüfte und Störungen, die ebenfalls wesentlich zur hohen vorgefundenen Durchlässigkeit beitragen können (Stober 2013; Meinecke und

Dirner 2019), sofern sie so im rezenten Spannungsfeld liegen, dass sie Öffnungs-tendenzen (hohe Dilation Tendency) aufweisen. Im Bereich derartiger Störungen kann die Mischung von unterschiedlich temperierten Wässern zu Mischungs-korrosion führen und dadurch zu einer Intensivierung der Verkarstung und Dolomitisierung beitragen. Ebenfalls positiv zu bewerten ist eine erhöhte Scherungstendenz (Slip Tendency), da sich dadurch die Möglichkeit für das Self-Propping (Hohlraumbildung mit „Abstützstellen") erhöht. Ob Klüfte eher geöffnet oder geschlossen sind, kann mittels sogenannter Slip-Dilation-Tendency-Analysen untersucht werden (Zoback et al. 2003; Wolfgramm und Moeck 2015). Dafür ist die Kenntnis des regionalen Spannungsfeldes erforderlich. Da häufig regionale Daten fehlen, wird auf Daten aus der World Stress Map (Heidbach et al. 2008) zurückgegriffen, die allerdings i. d. R. auf relativ oberflächennahen Messdaten basiert. Das Spannungsfeld ändert sich jedoch meistens mit zunehmender Tiefe (Agemar et al. 2017).

Bereits Anfang der 1980er-Jahre wurden zur Energiegewinnung am östlichen Rand des **Oberrheingrabens** die beiden Tiefbohrungen in **Bruchsal**, ca. 20 km NW von Karlsruhe (Deutschland) am östlichen Rand des Oberrheingrabens im Bereich der Hauptrandstörung abgeteuft (Bertleff et al. 1988). Das Störungssystem lässt sich als Staffelbruch mit listrischen, nach Westen einfallenden Abschiebungs-flächen beschreiben. Der geothermische Gradient liegt mit 5 °C/100 m deutlich über dem europäischen Mittelwert. Aufgrund des damals sinkenden Ölpreises wurden die Bohrungen jedoch erst 2008 in Betrieb genommen (Kölbel et al. 2010).

Die beiden vertikalen Bohrungen sind im Endausbau 1874 m und 2542 m tief und erhalten Thermalwasser vorwiegend aus dem Buntsandstein (Abb. 8.17). Die Ergiebigkeit der beiden Bohrungen ist nahezu identisch. Die Transmissivität des Aquifers liegt bei $T = 3{,}6 \cdot 10^{-5}$ m²/s (Bertleff et al. 1988). Der horizontale Abstand zwischen den Bohrungen beträgt 1,4 km. Aus der tieferen Bohrung wird ein hochsalinares Thermalwasser mit einer Temperatur an der Basis von 134 °C gefördert und nach Wärmeentzug in die flachere Bohrung eingeleitet.

Am Standort Bruchsal wurden in den letzten nahezu 30 Jahren mehrfach Wasserproben gezogen. Es zeigte sich, dass sich die hydrochemische Zusammen-setzung des hochmineralisierten, gasreichen (CO_2) Wassers nicht änderte. Die wesentlichen Inhaltsstoffe sind in Tab. 8.1 enthalten.

Wie in anderen Bereichen des Oberrheingrabens zeichnet sich das Bruchsaler Wasser vor allem durch hohe Natrium- und Chloridgehalte aus (Stober und Jodocy 2011). Der Gesamtlösungsinhalt liegt bei 127 g/l. Durch die Druckerniedrigung bei der Förderung ist das Thermalwasser bezüglich Calcit übersättigt. Um Aus-fällungen zu vermeiden, wird daher die Thermalwasserzirkulation über Tag mit 22 bar Druck beaufschlagt. Die Förderrate beträgt derzeit lediglich 24 l/s. Eine Erweiterung der Anlage und Erhöhung der Förderrate ist jedoch vorgesehen. Wegen der hohen CO_2-Gehalte wird die Gasphase von der Produktionsbohrung direkt vor dem Eintritt ins Kraftwerk in eine Gasbrücke (Abb. 8.18) abgeleitet und danach der Thermalsole, die vom Kraftwerk auf 60 °C abgekühlt zurückkommt, wieder zugegeben.

Abb. 8.17 Pumpeneinbau in die Geothermiebohrung Bruchsal GB2 (Oberrheingraben, Süd-west-Deutschland)

Das Geothermiekraftwerk von Bruchsal wird mit einer Kalina-Anlage (Abschn. 4.2), die als Arbeitsmedium ein Ammonik/Wasser-Gemisch benutzt, betrieben. Die Energieübertragung zwischen Thermalwasser und Arbeitsmittel erfolgt in einem Plattenwärmetauscher (Abb. 8.19). Im Kraftwerk befindet sich eine einstufige Radialturbine mit Titanium-Rotor und Titanbeschaufelung. Die elektrische Leistung beträgt 550 kW. Bei einer Jahreslaufzeit von ca. 8000 h werden jährlich 4400 MWh Strom bereitgestellt. Die Kühlung erfolgt über einen Nasskühlturm (Abb. 4.13).

Bei der Nasskühlung wird das zu kühlende Wasser des Kühlwasserkreis-laufes in die Luft versprüht und über Füllkörper verrieselt. Dadurch wird ihm Verdunstungswärme entzogen und die Luft befeuchtet, d. h. Wärme an die Luft

Tab. 8.1 Hydrochemische Zusammensetzung des Wassers in der Bohrung Bruchsal GB2, pH = 5,0

Element	Konzentration mg/l
Ca	7140
Mg	324
Na	37.400
K	3440
Fe	47
Mn	23
Cl	75.200
HCO_3	350
SO_4	586
SiO_2	83

Abb. 8.18 Beispiel für eine Gasbrücke zur Ableitung von überschüssigem CO_2 aus dem heißen Thermalwasser unmittelbar vor dem Kraftwerk und Wiedereinleitung in das abgekühlte Thermalwasser hinter dem Kraftwerk (Geothermieanlage Bruchsal)

abgegeben. Die bei diesem Prozess auftretenden Wasserverluste werden durch Tropfenabscheider reduziert. Die Anlage in Bruchsal wird seit 2018 auch zur Beheizung des Polizeipräsidiums verwendet.

Das Geothermieheizkraftwerk **Rittershoffen** ist eine weitere hydrothermale Dublette im Oberrheingraben mit Förderung aus dem Buntsandstein und dem liegenden alterierten, bis stark geklüfteten Granit und Anschluss an eine Störungs-

Abb. 8.19 Beispiel für einen Plattenwärmetauscher

zone. Die geothermische Anlage stellt somit eine Besonderheit dar, da sie zum
einen zwei miteinander verbundene thermale Grundwasserleiter und zum anderen
eine gut durchlässige Störungszone nutzt. Die Bohrarbeiten der ersten Bohrung
wurden 2012 ausgeführt. Die Anlage befindet sich NE-lich von Hagenau und
westlich von Rastatt im Elsass, Frankreich. Die Produktionsbohrung (GRT-2)
wurde als Schrägbohrung ausgeführt und endet in 2708 m (Länge: 3196 m), die
vertikale Injektionsbohrung (GRT-1) in 2580 m Tiefe (Länge: 2580 m). Beide
Bohrungen wurden in dieselbe Störungszone, die Ritterhoffener Störungszone (Streichen: N-S, Fallen: 45° W), im Granit abgeteuft. In beiden Bohrungen
wurde das Open-Hole mit $\phi = 8^{1}/_{2}''$ gebohrt, mit Längen von 658 m (GRT-1)
und 1076 m (GRT-2) (Vidal et al. 2017, Baujard et al. 2017). Die Temperatur des
Thermalwassers an der Basis der Bohrung GRT-2 beträgt 177 °C (GRT-1: 163 °C).
Das Thermalwasser hat einen Gesamtlösungsinhalt von etwa 100 g/kg, gehört
dem Na-Ca–Cl-Typ an und ist gasreich (Gas-Wasserverhältnis ~ 1) mit vorwiegend
CO_2.

Mit beiden Bohrungen musste das ‚Reservoir entwickelt' werden, d. h. es waren chemische und hydraulische Stimulationen in den Tiefbohrungen erforderlich. Die Reservoirentwicklung erfolgte umsichtig und vorsichtig. Spürbare Seismizität war in jedem Fall zu vermeiden (Abschn. 11.1), daher durfte die seismische Magnitude von $M_L = 1{,}7$ nicht erreicht werden. Ein umfangreiches Messnetz zum Monitoring seismischer Ereignisse, um rechtzeitig Einfluss auf die Stimulationsmaßnahmen ausüben zu können, zur Lokalisierung der seismischen Ereignisse im Untergrund sowie zur Beweissicherung wurde installiert. Am Beispiel der Bohrung GRT-1 wird das Vorgehen bei der Stimulation im Folgenden kurz dargestellt. Die chemische Stimulation erfolgte abschnittsweise unter Einsatz von Packern. Die anschließende hydraulische Stimulation wurde stufenförmig mit insgesamt 8 Injektionsstufen bis zu einer maximalen Injektionsrate von 80 l/s durchgeführt. Während der Druckabbauphase wurde die Injektionsrate ebenfalls stufenförmig reduziert, es erfolgte somit kein klassischer Shut-In, um unerwünschte Nachbeben zu vermeinen (Abschn. 11.1.6) (Baujard et al. 2017). Zwar wurde in der Druckabbauphase trotzdem eine erhöhte Magnitude gemessen, jedoch verblieben sämtliche seismischen Ereignisse unter dem vorgegebenen Wert von $M_L = 1{,}7$. Durch die Stimulationsarbeiten hat sich der Produktivitätsindex (PI) der Bohrung GRT-1 um den Faktor 5 erhöht und erreichte PI = 2,5 l/s/bar für den Sollwert von Q = 70 l/s. Die hydraulischen Untersuchungen haben auch gezeigt, dass die Stimulations-Maßnahmen zu einer Vergrößerung der Kluftöffnungsweite in Bohrlochnähe führten und nicht zu neuer Rissbildung (Abschn. 9.3). Nach den Stimulationsarbeiten in den beiden Tiefbohrungen, wobei Bohrung GRT-2 einen höheren Produktivitätsindex aufweist als GRT-1, wurde ein drei-wöchiger Zirkulationstest mit der Rate von 28 l/s durchgeführt sowie zwei Tracertests. Der Tracerdurchbruch erfolgte bereits nach 14 Tagen (Sanjuan et al. 2016) und belegt, dass die beiden Bohrungen miteinander hydraulisch in Verbindung stehen.

Das Geothermie-Werk wurde Mitte 2016 mit einer thermischen Leistung von 24 MW_{th} in Betrieb genommen. Das hochmineralisierte Thermalwasser kommt aus der Bohrung GRT-2 mittels Gestängepumpe mit einer Rate von 70–75 kg/s und Temperaturen von 170 °C bei 25 bar an die Erdoberfläche, durchströmt 12 hintereinandergeschaltete Plattenwärmetauscher und wird sodann wieder vollständig mit einer Temperatur von 80 °C über die Bohrung GRT-1 (ohne Pumpe) in den Untergrund verbracht (Mouchot et al. 2018). Zur Minimierung von Ausfällungen und der Bildung von Strontium-reichen Baryt- und Galenit-Scales (($Ba,Sr)SO_4$, PbS) bevorzugt in den Wärmetauschern wird ein Inhibitor eingesetzt, der den gesamten Anlagenteil durchläuft (Abschn. 8.4, 11.2, 15.3). Die Geothermieanlage Rittershoffen versorgt die 15 km entfernte Stärkefabrik „Roquette" in Beinheim/Elsass mit Prozess-Wärme zur Dampferzeugung und Trocknung.

8.7.2 Aquiferspeicher

Ein tiefer Aquifer-Wärmespeicher (ATES, aquifer thermal energy storage) wird wie eine geothermische Dublette meistens über mindestens eine Förder- und mindestens eine Schluck- oder Injektionsbohrung erschlossen (z. B. Doughty et al. 1980). Tiefe Aquiferspeicher sind interessant zur temporären Speicherung von Prozesswärme aus Blockheizkraftwerken, Gasturbinen und Gas- und Dampf-turbinen, Kraftwerken oder anderen Wärmequellen. Ein ATES wird saisonal betrieben. Zur Beladung wird Wasser aus dem Aquifer durch die Förderbohrung entnommen, über einen Wärmetauscher mit der „Überschusswärme" aufgeheizt (i. d. R. in den Sommermonaten) und mit der Injektionsbohrung dem Aquifer mit erhöhter Temperatur wieder zugeführt. Um die Injektionsbohrung bildet sich dadurch quasi eine „Wärmeblase". Dieser Vorgang wird im Entladebetrieb, d. h. in den Wintermonaten, umgekehrt (Schmidt und Müller-Steinhagen 2005). Da die natürlichen Fließgeschwindigkeiten in tiefen Grundwasserleitern i. d. R. sehr gering sind (z. B. Wei et al. 1990; Mazor und Nativ 1992), entstehen nur geringe Verluste der eingelagerten Wärme.

Aquifer-Wärmespeichern wird ein hoher Wirkungsgrad zugesprochen. Der Wirkungsgrad eines Aquifer-Wärmespeichers wird über den **Wärmerück-gewinnungskoeffizienten**, auch **Speichernutzungsgrad** genannt, charakterisiert. Er entspricht dem Quotienten aus der entnommenen zur zugeführten Wärme-menge über einen oder mehrere Speicherzyklen, angegeben in „%" (VDI 4046 Bl. 3, 2001). Die Wärmerückgewinnungskoeffizienten liegen i. d. R. bei 70 %. Bei der Kälteeinlagerung sogar bei über 80 % (Sommer et al. 2014). Mit zunehmender Betriebsdauer erhöht sich i. d. R. die Effizienz eines Aquiferspeichers, da sich die eingelagerte Wärme (resp. Kälte) nicht nur auf das Wasser im Aquifer sondern auch auf das Aquifergestein überträgt, d. h. durch die Wärmeeinlagerung erhöht sich die Temperatur des Gesamtspeichers (Wasser + Gestein).

Da die thermische Energie sowohl im Grundwasser als auch im Aquifergestein gespeichert wird, ist die volumetrische Wärmekapazität von der Porosität (n) und den thermischen Eigenschaften (Dichte, spezifische Wärmekapazität) sowohl des Grundwassers als auch des Gesteins abhängig (Dickinson et al. 2009):

$$Q = [\rho_s c_s (1 - n)] + (\rho_w c_w) n \; \left(\text{J/m}^3/\text{K} \right) \qquad (8.10)$$

Wenn der Speichernutzungsgrad deutlich unter 100 % liegt, akkumuliert sich mit zunehmender Betriebsdauer die eingelagerte Wärme (oder Kälte) im Aquifer. Wird der Aquiferspeicher sowohl zur Einlagerung von Wärme als auch von Kälte genutzt, kann sich dadurch seine Effizienz reduzieren (Gao et al. 2017).

Tiefe ATES stellen hohe Anforderungen an die geologischen Verhältnisse des jeweiligen Standortes, wie z. B. hydraulische Leitfähigkeit, Temperatur, natürliche Grundwasserfließgeschwindigkeit und hydrochemische Eigen-schaft des Grundwassers, wobei die zentrale Größe die hydraulische Leitfähig-keit ist. Die thermische Beeinflussung zwischen der „kalten" und der „warmen Seite" des ATES hängt im Wesentlichen vom Abstand zwischen Injektions- und Förderbohrung(en), der Durchlässigkeit und der Förderrate ab (Kim et al. 2010). Die thermisch-hydraulische Modellierung eines Aquiferspeichers kann mit relativ einfachen numerischen Modellen wie z. B. FEFLOW (Diersch et al. 1994), HST3D des USGS oder TOUGH2 des LBNL hinreichend genau simuliert werden. Ein guter Überblick über numerische Modelle zur Simulation von Aquiferspeichern ist beispielsweise in Lee (2010) oder Gao et al. (2017) enthalten. Bei hohen Temperaturveränderungen kann es grundsätzlich auch zu geochemischen und/oder biologischen Veränderungen im Grundwasser kommen, mit der potentiellen Folge von Ablagerungen an Bauteilen (Benner et al. 1999; Schmidt und Müller-Steinhagen 2005).

Im Vorfeld der Errichtung eines Aquiferspeichers ist eine intensive Daten-erhebung und Modellierung des Gesamtsystems (Senken, Quellen, Reservoir), also nicht nur des Aquifers erforderlich (Kanz und Frick 2013).

In Abhängigkeit von der Tiefenlage und Temperatur des Aquiferspeichers kann er in den Sommermonaten ggf. auch zur Kühlung verwendet werden (Kap. 4, 7), wie beispielsweise im Deutschen Reichstagsgebäude (BINE 2000). Da sich bei Aquifer-Wärmespeichern die Durchflussrichtung im Jahr zweimal umkehrt, ver-fügt jeder Brunnen sowohl über eine Förderpumpe als auch einen Injektionsstrang. Grundsätzlich handelt es sich um eine relativ kostengünstige Speichertechno-logie zur Nutzung sommerlicher (Überschuss)-Wärmequellen für die Heizung im Winter sowie winterlicher Kältequellen für Kühlzwecke im Sommer. Grund-sätzlich dürften ATES, falls der Genehmigung nichts entgegen steht, in geringerer Tiefe ökonomischer sein als tiefe ATES, zum einen wegen der geringeren Bohrkosten zum anderen wegen des höheren Einspeicherpotentials (höhere Temperaturdifferenz).

Tiefe Aquiferspeicher ermöglichen ebenfalls die Kombination mit Solar-thermie sowie anderen Überschusswärmeproduzenten, d. h. einer Einspeicherung von Wärme im Sommerhalbjahr. Sie sind besonders für eine saisonale Wärme-einspeicherung geeignet. Mit ATES können wirtschaftlich bspw. Gewächs-häuser beheizt und ein Fernwärmenetz betrieben werden, insbesondere, wenn „Abwärme" aus der Industrie oder aus der Kraft-Wärmekopplung (KWK) zeitver-setzt eingespeist werden kann. ATES sind mit Groß-Wärmepumpen kombinier-bar, um die aus dem Aquifer geförderte Wärme auf ein höheres und konstantes Temperaturniveau anzuheben (z. B. Schmidt und Müller-Steinhagen 2005). Für die Anlage eines ATES sind insbesondere Regionen mit großen KWK-Anlagen und/oder Fernwärmenetzen interessant. ATES sind Großanlagen, d. h. sie erfordern auf der Abnehmerseite große Wärmebedarfe (Grenze bei minimal 10 MW) und entsprechende Umfänge an Überschusswärme zu anderen Zeiten. Mit ATES könnten ein Teil der im Rahmen der Energiewende noch unzureichend verfügbaren Speicherkapazitäten zur Verfügung gestellt werden.

Weltweit existieren derzeit über 2800 Aquiferspeicher, die zusammen mehr als 2,5 TWh für Heiz- und Kühlzwecke zur Verfügung stellen. Allerdings handelt es sich bei 99 % dieser Untergrundspeicher um Niedrig-Temperatur-Systeme mit Speichertemperaturen $< 25\,°C$, somit um oberflächennahe Aquiferwärmespeicher. 85 % aller Untergrundspeicher befinden sich in den Niederlanden und weitere 10 % in Schweden, Dänemark und Belgien (Fleuchaus et al. 2018). In Deutsch-land gibt es derzeit nur drei Aquiferspeicher. Ein Niedrigtemperaturspeicher existiert für den Deutschen Bundestag.

Hochtemperatur-Aquiferspeicher ($> 90\,°C$) sind im Gegensatz zu Nieder-temperatur-Speicher weltweit noch wenig erprobt. Zwar wurden Fließraten von

30 l/s und Temperaturen bis 100 °C bereits erfolgreich realisiert, jedoch gibt es
weltweit mit Beladungstemperaturen über 100 °C noch wenig Erfahrung. Bei den
Hochtemperaturspeichern in Neubrandenburg (Kabus et al. 2005) und Utrecht
(Niederlande) wurden 90 °C heißes Wasser in den Untergrundspeicher eingelagert.
In Zwammerdam (NL) waren es 88 °C. Die Anlagen in den Niederlanden haben
gezeigt, dass die thermische Effizienz der tiefen Aquiferspeicher wesentlich
stärker von der Charakteristik des Wärmebedarfs geprägt wird als von derjenigen
des Speichers.

Das **deutsche Reichstagsgebäude** verfügt über zwei Aquiferspeicher, einen
Kälte- und einen Wärmespeicher (z. B. Sanner 2004, BINE 2000) (Abb. 8.20).
Der Kältespeicher liegt in 30–60 m Tiefe und dient der Kühlung von Gebäuden.
Der Wärmespeicher befindet sich in 300 m Tiefe; es handelt sich um einen
soleführenden Sandstein-Aquifer. Er wurde allerdings nach über 15 Jahren erfolg-

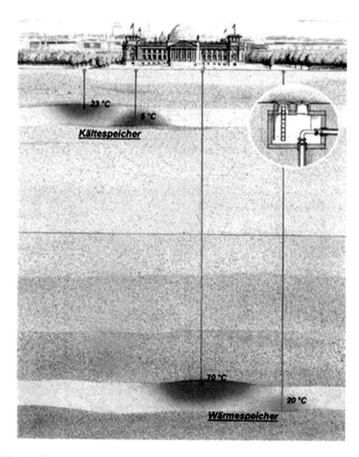

Abb. 8.20 Aquiferspeicher unter dem Reichstagsgebäude in Berlin. Dargestellt ist der oberflächennahe Kältespeicher, der i.W. der sommerlichen Kühlung dient, sowie der tiefere Wärmespeicher, der für Heizzwecke genutzt wurde (abgeändert nach: Geothermie Neubrandenburg
GmbH, Dr. Kabus)

reichen Betriebs 2018 abgeschaltet. In den Wärmespeicher wurde die überwiegend in den Sommermonaten aus dem Block-Heiz-Kraft-Werk (BHKW) anfallende Überschusswärme mit einer Temperatur von bis zu 70 °C (im Mittel 55 °C) und Injektionsraten bis 28 l/s eingelagert. Die Beladung des Speichers erfolgte stundenweise und ist somit atypisch. Die in den Sommermonaten eingelagerte Wärme betrug damit pro Jahr 2.650 MWh. In den Wintermonaten erfolgte eine kontinuierliche Entladung des Wärmespeichers zur Deckung des Wärmedefizites aus dem BHKW, das durch den Betrieb des Aquiferspeichers mit geringerer Leistung gefahren werden konnte. Die Fördertemperaturen lagen bei 65–30 °C bei Förderraten von 28 l/s, d. h. im Laufe des Entnahmezyklus nahmen die Fördertemperaturen ab. Die pro Jahr entnommene Wärme lag damit bei 2.050 MWh. Das Verhältnis von genutzter zu eingelagerter Wärme (Wärmerückgewinnungskoeffizient) lag somit bei 77 %. Im Kältespeicher beträgt das Verhältnis zwischen genutzter und eingelagerter Kälte sogar 93 % (Sanner et al. 2005; Kranz und Frick 2013).

Der Wärmespeicher **Neubrandenburg** ist ein Hochtemperatur-Aquiferspeicher (z. B. Kabus et al. 2005). Hier wurde saisonal 85–90 °C heiße Überschusswärme (ca. 20 MW) aus einem Heizkraftwerk in den hochmineralisierten Oberen Postera-Sandstein des Räth-Keupers (Gesamtlösungsinhalt ca. 135 g/kg) in 1250 m Tiefe mit 28 l/s injiziert. Die ungestörte Reservoirtemperatur liegt bei 55 °C. Die Entnahmetemperatur betrug ca. 75 °C. Bei der Anlage ermittelte man nach mehrjährigem Betrieb einen Wärmerückgewinnungskoeffizienten von 72 %. Trotz erfolgreicher Demonstration wurde der Hochtemperaturspeicher außer Betrieb genommen.

In **Rostock** ist ein Aquifer-Wärmespeicher in eine solar unterstützte Nahwärmeversorgung eingebunden (z. B. Schmidt und Müller-Steinhagen 2004). Der Aquifer befindet sich in einer Tiefe von 30 m unter dem Gebäude und wird über zwei Brunnenbohrungen erschlossen. Der Speicher wird saisonal auf einem mittleren Temperaturniveau bis maximal 50 °C betrieben. Im Sommer wird überschüssige Solarwärme von Kollektoren (Kollektorfläche: 1000 m^2) eingespeichert. In der Heizperiode wird die Wärme wieder entnommen und mit Hilfe einer Wärmepumpe auf konstantem Temperaturniveau gehalten. Der Wärmespeicher unterstützt die lokale Gebäudebeheizung und die Warmwasserbereitung. Die gemessenen Speichernutzungsgrade liegen zwischen 55 % und 70 % (Schmidt und Müller-Steinhagen 2005).

8.8 Projektierung hydrothermaler Anlagen

Die Erschließung geothermischer Reservoire ist immer mit einem hohen Fündigkeitsrisiko behaftet. Fundierte Potentialstudien und modellbasierte Prognosen zur Bewirtschaftung der Lagerstätte können das Risiko zwar verringern, dennoch bleibt die Realisierung eines Geothermieprojektes ein anspruchsvolles Unterfangen, für das Experten aus unterschiedlichen Branchen zusammenarbeiten müssen. Da die Stromgewinnung immer nur einen kleinen Anteil an der Gesamtenergiegewinnung ausmacht, sollte der Standort für das Geothermiekraftwerk in der Nähe von „Wärmesenken" liegen, d. h. nahe bei bereits vorhandenen oder realisierbaren Wärmeabnehmerstrukturen. Ansonsten läuft man Gefahr, in den Ruf zu kommen, eine Energievernichtungsmaschine zu errichten (Abschn. 8.6). Konkret heißt das, dass der Standort für ein Geothermiekraftwerk nicht nur von den geologisch-geothermischen Verhältnissen vorgegeben wird, sondern auch von der (potentiellen) Abnehmerstruktur.

Ein Geothermieprojekt beginnt mit der Abschätzung des geothermischen Potentials eines Standortes. Vor Beginn der Arbeiten sollte sich die Projektleitung, bzw. Interessensgemeinschaft (allgemein: Vorhabenträger), intensiv mit dem Thema Bürgerbeteiligung und Bürgerinformation befassen. Die Übermittlung klarer Informationen zu den geplanten Untersuchungen bzw. zum Vorhaben und die frühzeitige Einbindung der Bevölkerung schafft Transparenz und erhöht das Vertrauen in die vorgesehenen Maßnahmen.

Betont werden muss an dieser Stelle, dass eine Geothermieanlage nicht mit einem einmaligen Bescheid genehmigt wird, sondern im Zuge der Projektentwicklung und des Baus einer Geothermieanlage sind sehr viele verschiedene Genehmigungen bei den jeweils zuständigen Behörden einzuholen. Dem Projektplaner wird daher dringend empfohlen, sich fachlichen Beistand durch ein Beratungsunternehmen zu versichern. Eine sichere Nutzung der Geothermie erfordert eine detaillierte Planung und Überwachung der Arbeiten, weshalb Schutz der Umwelt und Einhaltung der dazu vorgesehenen Bestimmungen im Mittelpunkt stehen.

In der nachstehenden Checkliste sind die wichtigsten Arbeitsschritte, wie und in welcher Reihenfolge bei einer geplanten hydrothermalen Erschließung vorzugehen ist, stichwortartig zusammengestellt (Stober et al. 2009, 2016). Detaillierte Informationen können beispielsweise dem Handlungsleitfaden Tiefe Geothermie entnommen werden (LFZG 2017).

I. Vorstudie
In der Vorstudie soll das Ziel, d. h. welche geothermische Nutzungsart, beschrieben werden.

1. Zielstellung
2. Geowissenschaftliche Grundlagen

   – Datenlage (Übersicht über Daten; insbesondere Seismik-Profile und Bohrungen, hydraulische Tests, Temperaturangaben)
   – Geologischer Aufbau (geologische Schnitte durch das Untersuchungsgebiet, Interpretation seismischer Profile)
   – Tiefenlage und Mächtigkeit der Wasser führenden Horizonte
   – Erste Abschätzung der Temperatur potentieller Nutzhorizonte
   – Durchlässigkeiten, mögliche Förderraten
   – Hydrochemie
   – Übersicht über die Bergrechte, bergrechtliche Erlaubnis

3. Energetische Nutzung

4. Technisches Grobkonzept der Geothermieanlage

   – Geplante / Vorhandene Wärmeversorgung (Angabe der Gemeinde bzw. des lokalen Energieversorgers: wieviel muss/kann die Geothermie zur Wärmeversorgung beitragen)
   – Stromerzeugung (optional, falls gewünscht)
   – Erschließungsvarianten (Dublette, Entfernung der Bohrungen, Ablenkungen)
   – Ausbau der Bohrungen (als Grundlage für eine Kostenschätzung)
   – Übertageanlagen

5. Kostenschätzung

II. Stufe: Machbarkeitsstudie
1. – 4. der Vorstudie als Feinkonzept; Festlegung der zu planenden Varianten.
5. Investitionskosten

   – Exploration
   – Untertageanlage
   – Übertageanlage

6. Wirtschaftlichkeit

   – Betriebskosten
   – Ausgaben und Erlöse
   – Wirtschaftlichkeitsberechnung

7. Risikoanalyse, Fündigkeitsrisiko, etc.
8. Ökologische Bilanz
9. Projektablaufplanung

III. Stufe: Exploration
1. Beauftragung eines Planungsbüros/Projektmanagements
2. Beantragung eines Erlaubnisfeldes bei der Bergbehörde
3. Geophysikalische Exploration, falls erforderlich
4. Bohrkonzeption (unter Berücksichtigung von Vorgaben der Bergbehörde)
5. Ausschreibung der ersten Bohrung, Aufstellen eines Betriebsplanes
6. Durchführung der Bohrung einschließlich Tests
7. Ggf. Ertüchtigungsmaßnahmen
8. Entscheidung über Fündigkeit

IV. Stufe: Erschließung
1. Ausschreibung der zweiten Bohrung, Aufstellen eines Betriebsplanes
2. Durchführung der Bohrung einschließlich Tests
3. Ggf. Ertüchtigungsmaßnahmen
4. Errichtung der Übertageanlagen (kann ggf. parallel zu 1 – 3 passieren)
5. Beantragung eines Bewilligungsfeldes bei der Bergbehörde
6. Produktion

Die Stufen I bis III5 umfassen alle Arbeitsschritte bis zum Beginn der Bohrung zur Erschließung eines geothermischen Reservoirs. Zu den wesentlichen Aufgaben in dieser Projektphase gehört es, die bergrechtliche Aufsuchungserlaubnis zu erhalten und den Bohrpunkt festzulegen. Grundlage hierfür ist die fundierte Abschätzung des geothermischen Potentials am geplanten Standort mit Auswertung vorhandener geologischer Daten und die Entwicklung von Konzepten zur Nutzung der geothermischen Energie in Nah- und Fernwärmenetzen und zur Stromerzeugung. In der Regel müssen Investoren gefunden werden und Versicherungen abgeschlossen werden.

Im Anschluss daran (Stufe III6-8) entscheidet es sich, ob die Bohrung im Sinne der Projektzielvorgaben fündig oder nicht fündig ist. Nicht fündig heißt jedoch nicht, dass die Bohrung nicht doch geothermisch oder andersweitig nutzbar sein kann. Allerdings ist die Nutzung dann eine andere, die geologisch-geothermischen Gegebenheiten sind anders als prognostiziert. Möglicherweise wurde ein Gas- oder Erdölvorkommen erschlossen, oder die Ergiebigkeit und/oder Temperatur ist niedriger, so dass nur eine Nutzung als Thermalbad oder als Tiefe Erdwärmesonde möglich wird.

Ist jedoch die Erstbohrung fündig, kann wie geplant mit der Ausschreibung der zweiten Bohrung und den weiteren geophysikalischen, hydraulischen und hydrochemischen Untersuchungen begonnen werden (Stufe IV). Zwischen Injektions- und Förderbohrung müssen im Zielhorizont Mindestabstände eingehalten werden, um innerhalb des betrachteten Betriebszeitraums eine Auskühlung der Förderbohrung zu vermeiden. Ziel ist es, ein reibungslos funktionierendes Thermalwassersystem mit Förder- und Injektionsbohrung herzustellen, in dem ausreichend Thermalwasser mit entsprechend hohen Temperaturen gefördert wird. Hierzu sind Fördertests, ggf. Ertüchtigungsmaßnahmen, zusammen mit umfangreichen hydrochemischen Untersuchungen notwendig. Durch entsprechende Maßnahmen sollten, sofern erforderlich, Ausfällungen und Korrosion minimiert werden. Die Herausforderung in dieser Phase des Projektablaufes liegt auch in den technischen Anforderungen an die Bohrgeräte und die Bohrtechnik sowie an den Ausbau, die Ausbaumaterialien und das Pumpenequipment. Die Wahl der Kraftwerkstechnologie und die Auslegung des Kraftwerkes erfolgt unter anderem auf Grundlage der hydraulischen und hydrochemischen Parameter des Thermalwassers.

Die vielfältigen Aufgaben im Rahmen eines Geothermieprojektes erfordern eine reibungslose Zusammenarbeit verschiedener Experten aus unterschiedlichen Branchen. So ist ingenieurtechnische und geologische Expertise nötig, ebenso wie das Knowhow von Rechtsanwälten, Finanz- und Versicherungsexperten. Zudem müssen Zulieferunternehmen gesucht und koordiniert werden. Nur wenn die Arbeit aller beteiligten Akteure miteinander verzahnt abläuft, ist eine erfolgversprechende Projektrealisierung möglich.

In Baden-Württemberg gibt es bereits einen Handlungsleitfaden für Tiefe Geothermie (LFZG 2017) als Handreichung für alle direkt oder indirekt an einem Projekt Beteiligten, der klar aufzeigt, wann welche Verfahrensschritte in einem Projektablauf erforderlich sind und in welcher Form und zeitlichen Staffelung diese erfolgen.

Enhanced-Geothermal-Systems (EGS), Hot-Dry-Rock Systeme (HDR), Deep-Heat-Mining (DHM)

Equipement für Stimulationsversuche

© Springer-Verlag GmbH Deutschland, ein Teil von Springer Nature 2020
I. Stober und K. Bucher, *Geothermie*, https://doi.org/10.1007/978-3-662-60940-8_9

Mit dem Enhanced-Geothermal-System (EGS) soll der tiefere Untergrund als Wärmequelle zur Stromerzeugung und Wärmegewinnung genutzt werden (Abschn. 4.2). Synonyme sind Hot-Dry-Rock (HDR) oder Deep-Heat-Mining (DHM). Der Begriff HDR stammt aus der Anfangsphase dieser Technologie-Entwicklung, in der man noch von „trockenen" Verhältnissen in großer Tiefe im kristallinen Grundgebirge, also im Wesentlichen in Graniten und Gneisen, ausging. Alle Tiefbohrungen, auch diejenige auf der Halbinsel Kola mit 12,7 km tiefste Bohrung der Welt, zeigten jedoch, dass die obere Erdkruste zumindest „feucht", manchmal aber auch „nass" ist. Die obere Erdkruste ist grundsätzlich mehr oder weniger stark geklüftet. Die Klüfte sind teilweise offen; in ihnen zirkuliert ein salinares, oft gasreiches Fluid (Ingebritsen und Manning 1999; Stober und Bucher 2007).

In den letzten Jahren hat sich die EGS-Technologie in der Geothermie nicht nur auf das kristalline Grundgebirge, d. h. insbesondere auf Granitgebirge, fokussiert, sondern es wurden auch tief liegende, dichte Sedimentgesteine betrachtet (Huenges 2010). Die Akteure auf diesem Sektor bevorzugen hier den Begriff Engineered-Geothermal-System, der ebenfalls mit EGS abgekürzt wird. Die HDR-Technologie stammt eigentlich aus der Erdöl-/Erdgastechnologie und ist dort, d. h. in den Sedimentgesteinen, seit Jahrzehnten eine gängige Methode, um die Förderrate zu erhöhen, die Zuflussbedingungen zu verbessern oder um die Skinzone um eine Bohrung (Kap. 14) zu minimieren. Mit dem Schritt in die Geothermie und dort in das kristalline Grundgebirge und jetzt wieder (zurück) in die Sedimentgesteine scheint der Kreis geschlossen.

Zwischen der Anwendung der EGS-Technologie in Sedimentgesteinen und in magmatischen Gesteinen besteht ein großer Unterschied. Das liegt zum einen daran, dass Sedimentgesteine im Vergleich zu magmatischen Gesteinen ein sehr unterschiedliches natürliches Kluft- und Porensystem besitzen. Das Kluftsystem in Sedimentgesteinen wird durch das Verhalten der verschiedenen Varietäten innerhalb der sedimentären Abfolge bei der Diagenese und/oder der Verfestigung markant geprägt, während bei Graniten die dominanten Einflüsse überwiegend auf der wechselnden tektonischen oder thermischen Beanspruchung beruhen. Ein weiterer Unterschied besteht darin, dass sich das bei der Stimulation eingepresste Wasser in kristallinen Gesteinen fast ausschließlich innerhalb der Klüfte ausbreitet, während es in Sedimentgesteinen von den Klüften ausgehend zusätzlich auch in die Matrix diffundieren kann. Der Injektions-Impuls unterliegt dadurch vorwiegend in Sedimentgesteinen eher einer Dämpfung, wodurch das Potential, Seismizität auszulösen, reduziert ist.

Die EGS- oder HDR-Technologie nutzt das Verfahren der (massiven) hydraulischen Stimulation zur Produktionssteigerung, d. h. zur Erhöhung der Durchlässigkeit des Gebirges. Darunter fällt auch die sogenannte chemische Stimulation, die ebenfalls in der Kohlenwasserstoff-Industrie entwickelt wurde. Bei den Stimulationstechniken in der Geothermie handelt es sich um zeitlich eng begrenzte technische Maßnahmen, die zur Verbesserung der hydraulischen Eigenschaften einer Bohrung eingesetzt werden. In den Anfangsjahren der HDR-Technologie wurden fast ausschließlich hydraulische Stimulationen durchgeführt; das waren kurze Versuche mit hohen Injektionsraten und hohen Drucken.

Das U.S. Department für Energie bezeichnet mit EGS alle technisch gestalteten oder ausgeführten geothermischen Reservoire zur Gewinnung wirtschaftlich relevanter Wärmemengen aus gering durchlässigen und/oder gering porösen geothermischen Ressourcen. Darunter fallen alle geothermischen Ressourcen, die für eine kommerzielle Nutzung erst stimuliert oder ertüchtigt werden müssen, unabhängig davon, ob es sich um magmatische, metamorphe oder Sediment-Gesteine handelt (MIT 2007).

9.1 Verfahren, Vorgehen, Ziele

Die Enhanced-Geothermal-Systeme (EGS) nutzen die im Gestein gespeicherte Wärme direkt bzw. mittels einer Zirkulation von eingebrachtem Wasser auf künstlich verbesserten oder geschaffenen Wasserwegsamkeiten. Die Gewinnung von geothermischer Energie erfolgt somit unabhängig von natürlichen Wasser führenden Horizonten. Grundsätzlich kommen daher bei diesem Verfahren primär geringdurchlässige Gesteine, wie Granite und Gneise, in Betracht. Die Durchlässigkeit des Gebirges, die in seinem natürlichen Zustand gering ist, wird durch künstliche Maßnahmen erhöht. Häufig werden dabei automatisch bereits von Natur aus vorhandene Klüfte, die jedoch nur geringfügig geöffnet sind oder aber verheilt und dadurch nahezu geschlossen sind, aufgeweitet. Seltener werden neue Klüfte geschaffen, außer insbesondere in dichtem Sedimentgestein.

Bei EGS-Anlagen wird somit das in heißem Gestein künstlich geweitete (wesentlich seltener das neu geschaffene) Kluftnetz als „Wärmetauscher" genutzt. Durch den „Gesteins-Durchlauferhitzer" schickt man über eine Injektionsbohrung von der Erdoberfläche kühles Wasser zur Aufnahme der Gebirgswärme. Nach Passage durch den „Wärmetauscher" im Untergrund tritt das aufgeheizte Wasser über eine andere Bohrung, die sogenannte Produktionsbohrung, wieder zutage. Der untertägige Abstand zwischen Injektions- und Produktionsbohrung liegt bei mehreren 100 m bis 1000 m.

Bei den EGS-Systemen steht die Stromerzeugung im Vordergrund, daher werden Temperaturen um 200 °C und deshalb Tiefen von etwa 5000 m anvisiert. Da die EGS-Technologie unabhängig vom Vorhandensein hoch permeabler Grundwasserleitern ist, gilt sie als nahezu überall machbar. Sie stellt demzufolge ein riesiges energetisches Potential dar und wird als die zukünftige Nutzungsform für geothermische Energie schlechthin betrachtet (MIT 2007; Lund 2007; Brown et al. 2012). Vielfach gilt die EGS-Technologie sogar als die zukünftige Energieversorgung schlechthin (TAB 2003).

Um die notwendigen Durchflussraten und Temperaturen aus der Produktionsbohrung an der Erdoberfläche zu erzielen, muss das natürlich vorhandene Kluftsystem vorab so weit geweitet werden, d. h. seine Durchlässigkeit muss stark erhöht werden, um den „Gesteins-Durchlauferhitzer" dafür ausreichend groß zu dimensionieren. Dieses Verfahren wird als **Stimulation,** früher auch als Fracen (hydraulic fracturing), bezeichnet. Bei diesem Verfahren wird Wasser mit hohen Drucken von bis zu einigen 100 bar Kopfdruck in die Bohrung eingepresst, um dadurch im unverrohrten offenen Bereich der Bohrung – oft im Open Hole oder in einer isolierten Gebirgsstrecke – das natürlich vorhandene Kluftsystem in der Tiefe zu weiten und geschlossene, verheilte Klüfte wieder aufzureißen. Ziel ist es, die Wasserleitfähigkeit des Gebirges auf bestehenden und neu geschaffenen Rissen dauerhaft zu erhöhen. Für die Stimulation wird nicht nur „reines" Wasser verwendet, sondern in den letzten Jahren hat sich in der Geothermie auch die sogenannte chemische Stimulation etabliert, d. h. zur Stimulation werden Wässer mit verschiedenen Inhaltsstoffen, wie Na_2CO_3, HCl, NaOH, HF und anderes, verwendet (Portier et al. 2007), um insbesondere Sinterbeläge auf Klüften zu entfernen.

Grundsätzlich gibt es sehr verschiedene Stimulationsverfahren. In Abhängigkeit von der Intensität, Dauer, Häufigkeit, den Zusatzstoffen sowie der Größe und Anzahl der Stimulationsabschnitte wird in der Geothermie zwischen massiver Stimulation, Pulsstimulation, Multifrac, Gelstimulation, Wasserfrac oder Stimulation mit Säure unterschieden. Beim Einsatz von Säure stellt sich die Frage nach der Art und Konzentration, also ob „sanfte" oder weniger sanfte Säuerungen durchgeführt werden sollen, Fragestellungen, die von der jeweiligen Formation abhängen aber auch unter den Aspekten des Schutzes der Verrohrung zu beachten sind (z. B. Brasser et al. 2014).

Um eine wirtschaftlich rentable Menge an geothermischer Energie fördern zu können, muss nach Angaben des MIT (2007) das erfolgreich stimulierte Gebirgsvolumen eine Mindestgröße von etwa 10^8 m^3, nach Rybach (2004) sogar die doppelte Größe, aufweisen. Als Mindestgröße für die Wärmeaustauschflächen wird $> 2 \cdot 10^6$ m^2 gefordert (Rybach 2004). Bei einer angenommenen Länge des Open-Hole von etwa 300 m ergibt sich bei einem 2-Bohrloch-System daraus ein untertägiger Abstand von etwa 1000 m.

Damit das Prinzip des EGS zu einer praktikablen Lösung wird, braucht es ein ausgereiftes Reservoir Engineering. Wie genau das Gestein im Untergrund möglichst schonend durchlässig gemacht werden kann, welchen Pfaden das Wasser folgen wird, wie es mit dem heißen Gestein chemisch reagiert und wie schnell sich das Gestein durch die Wärmenutzung abkühlt, sind Fragen, die erst ansatzweise verstanden werden.

9.2   Geschichte, erste HDR-Verfahren

In der Kohlenwasserstoffindustrie ist es gängige Praxis, mit dem sogenannten HDR-Verfahren Sedimentgesteine von Natur aus sehr geringer Durchlässigkeit permeabler zu machen, d. h. man versucht künstliche Risse, „Fracs", zu erzeugen. Schon früh wurde in der KW-Industrie auch chemisch stimuliert. Das HDR-Verfahren wurde in die Tiefe Geothermie übertragen. Die ersten Anstrengungen, um aus der Tiefe Wärme zu extrahieren, erfolgten in den frühen 1970er-Jahren mit den Versuchen des Los Alamos National Laboratory in Fenton Hill (New Mexiko, USA) in Biotit-Granodiorit-Gesteinen (Brown et al. 2012). Die ersten Bohrungen (GT-2, EE-1) von Fenton Hill hatten eine Tiefe von ca. 3000 m und erschlossen Temperaturen von 185 °C. Zwischen den beiden Bohrungen konnte eine

Zirkulation erstellt werden. Weitere Bohrungen in ein tieferes Reservoir folgten (Abschn. 14.3). Auf den ersten Ergebnissen von Fenton Hill aufbauend wurden in den späten 1970er-Jahren HDR-Versuche in der Bohrung Urach 3 (S-Deutschland) durchgeführt und in den 1980er-Jahren in Rosemanowes in Cornwall (UK), in Le Mayet (Frankreich), Hijiori (Japan), Ogachi (Japan) sowie in Soultz-sous-Forêts in Frankreich. Das Projekt Soultz-sous-Forêts war ein europäisches Forschungsprojekt, das in den 1990er-Jahren begonnen wurde (Abschn. 11.1.5 und 14.3). Danach erfolgten große Anstrengungen zur Weiterentwicklung der EGS-Technologie insbesondere in Australien (Hunter Valley, Cooper Basin) und in den USA (Dessert Peak in Nevada, Coso bei Los Angeles in Californien).

Alle diese Projekte versuchten, das Konzept der Nutzbarmachung einer geothermischen Lagerstätte im kristallinen Grundgebirge weiter zu entwickeln. Zwar wurde die grundsätzliche Machbarkeit dafür bereits in den 1970er und 1980er-Jahren bei den Versuchen in Fenton Hill gezeigt, doch waren die Ergebnisse dieser Bemühungen unter den damaligen Gesichtspunkten wirtschaftlich nicht ausreichend (MIT 2007; Duchane und Brown 2002; Brown 2009), obwohl in den Jahren 1974 bis 1995 in zwei Teufenbereichen, 2700 m und 3600 m bei Temperaturen von 180 °C und 240 °C, nahezu 1-jährige hydraulische Tests durchgeführt wurden, mit einer Energieproduktion von 4 MW_{el} (Standardbetrieb) bis zu 10 MW_{el} (15-tägigen Betrieb) (Brown et al. 2012). Die damals gesetzten Anforderungen für eine wirtschaftliche Nutzung waren jedoch höher, so dass das Vorhaben die Kriterien nicht erfüllte, eine ausreichende Produktivität der Lagerstätte bei niedrigen Pumpendrucken zu erzielen, sowie eine lang anhaltende Lebensdauer zu gewährleisten. Auch erschien es problematisch, die Klüfte offen zu halten (Duchane und Brown 2002).

In den 1970er und Anfang der 1980er-Jahre ging man davon aus, dass das kristalline Gebirge in großer Tiefe trocken und frei von „natürlichen Klüften" sei. Aus dieser Zeit stammt in Anlehnung an die Bezeichnung der Kohlenwasserstoffindustrie der Begriff „fracen". Man beabsichtigte, künstliche vertikale „penny-shaped" Risse (fractures) zu erzeugen (Smith et al. 1975; Duffield et al. 1981; Ernst 1977; Schädel und Dietrich 1979; Kappelmeyer und Rummel 1980; Dash et al. 1981).

Die EGS-Anlage in **Soultz-sous-Forêts** ist seit Mitte 2016 kein Forschungs-sondern ein Industrieprojekt. Sie ist damit die erste kommerziell betriebene Anlage. Das Geothermiekraftwerk läuft problemlos und produziert Elektrizität mit einer installierten Leistung von 1,7 MW_{el}. Sie fördert aus dem geklüfteten Granit aus der 5100 m tiefen Bohrung GPK2 mit einer Gestängepumpe 30 kg/s heißes, hochmineralisiertes Wasser (96 g/kg, Na-Ca-Cl), das an der Erdoberfläche 150 °C (23 bar) besitzt. Dem heißen Thermalwasser wird Wärme durch 6 hintereinander geschaltete Plattenwärmetauscher entzogen und an das Arbeitsmittel einer ORC-Anlage übertragen. Das auf ca. 70 °C abgekühlte Thermalwasser wird über die beiden Bohrungen GPK3 (5100 m) und GPK4 (5260 m) wieder in den granitischen Untergrund ohne Reinjektionspumpen zurückgebracht (Mouchot et al. 2018).

Das hochmineralisierte Tiefenwasser von Soultz-sous-Forêts hat ein Gas-Flüssigkeits-Verhältnis von 1,03 Nm^3/m^3 unter Standardbedingungen

(T = 273,15 K, p = 1,01325 hPa), wobei bei den Gasen CO_2 mit 91 % den Hauptanteil ausmacht. Die übertägige Anlage arbeitet daher, um die Ausgasung von CO_2 zu vermeiden, unter einem Druck von 23 bar. Der pH-Wert des Tiefenwassers liegt zwischen 4,9 und 5,3 (Pauwels et al. 1993). Durch die thermodynamischen Änderungen (p, T) in der übertägigen Anlage tritt Korrosion und Scaling auf. Das Scalingmaterial besteht hauptsächlich aus Strontium-reichem Baryt ((Ba, Sr) SO_4), einem kleineren Anteil von Galenit (PbS) und Spuren von Sulfid-Mineralen ((Fe, Sb, As) S) und lagert sich bevorzugt in den Wärmetauschern ab. Hinzu kommt, dass Radium- und Bleiisotope (z. B. ^{226}Ra, ^{210}Pb) in den Baryt- und Galenit-Scales auftreten. Aus betriebstechnischen und umweltrelevanten Gründen werden in der Förderbohrung Inhibitoren zur Vermeidung bzw. Minimierung von Ausfällungen im gesamten übertägigen Anlagenbereich und in der Injektionsbohrung eingesetzt. (Abschn. 8.4, 8.7.1, 11.2, 15.3). In der Geothermieanlage wird das Thermalwasser regelmäßig überwacht, ebenso die Scales (Scheiber et al. 2015; Mouchot et al. 2018).

9.3   Vorgehen bei der Stimulation

In einigen HDR-Projekten der 1970er- und 1980er-Jahre wurde bereits während der Stimulationsversuche festgestellt, dass das kristalline Grundgebirge schon zuvor über ein natürliches Kluftnetz verfügt, das bei den Tests hydraulisch aktiviert wird, und dass bei den Versuchen keine neuen künstlichen Klüfte geschaffen werden (Batchelor 1977; Stober 1986; Armstead und Tester 1987). Der dominante Prozess in granitischen oder metamorphen Gebirgen ist anders als in dichten Sedimentgesteinen nicht die Schaffung neuer Risse, sondern der wesentlich bedeutendere und wichtigere Faktor ist das Öffnen und Scheren von bereits existierenden Klüften oder Kluftsystemen, bevorzugt nahezu parallel zur Hauptrichtung des lokalen Stressfeldes (Pearson 1981; Pine und Batchelor 1984; Baria und Green 1989; MIT 2007).

Auf Abb. 9.1 sind die Druckaufzeichnungen beim Aufreißen eines neuen Risses denjenigen beim Weiten einer bereits existierenden Kluft einander gegenübergestellt. Die Versuche unterscheiden sich sowohl in der absoluten Höhe der erforderlichen Drucke voneinander als auch in der Form der Druckkurve. Für das Erzeugen eines neuen Risses sind deutlich höhere Drucke erforderlich und der Druck fällt, wenn der Riss aufreißt, spontan und markant ab. Anhand der Druckverläufe kann somit darauf geschlossen werden, ob ein neuer Riss entstanden ist oder ob bereits existierende Klüfte geweitet wurden.

Erst durch die hydraulische Weitung der Kluft wird ein Scheren der Kluftflächen gegeneinander ermöglicht, d. h. die Scherfestigkeit wird überwunden. Für eine mögliche Abscherbewegung muss ein orientiertes Stressfeld existieren, d. h. eine signifikante Stress-Anisotropie. Die Orientierung und die Amplitude der Hauptstresskomponenten lassen sich zum Teil bereits im Vorfeld einer Stimulation beispielsweise anhand von Bohrlochrandausbrüchen oder mikroseismischen Ereignissen erkunden.

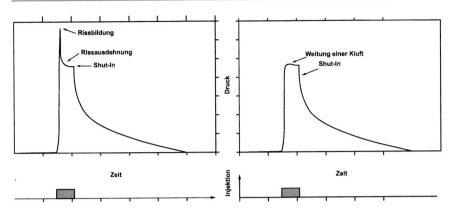

Abb. 9.1 Injektion: Vergleich zwischen Erzeugung eines neuen Risses (**a**) und Weiten bereits existierender Risse bzw. Klüfte (**b**)

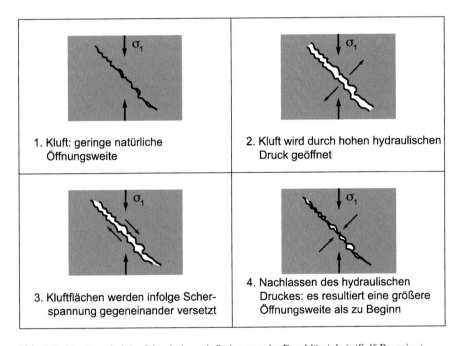

Abb. 9.2 Vorgänge bei der Stimulation mit Steigerung der Durchlässigkeit (Self-Propping)

Die Klüfte, die zur Hauptstressrichtung quasi in einem kleinen Winkel stehen, können infolge Scheren eine Versatzbewegung erfahren (Abb. 9.2). Klüfte genau in Hauptstressrichtung öffnen und schließen sich mehr oder weniger elastisch, werden also nicht gegeneinander versetzt. Klüfte, die in einem großen Winkel zur Hauptstressrichtung stehen, werden sich trotz hoher hydraulischer Drucke wegen des ungünstigen Einfallswinkels zur Hauptstressrichtung kaum oder nur sehr schwierig öffnen können, sie bleiben weitgehend geschlossen und erfahren somit ebenfalls keine oder kaum eine Versatzbewegung. Bei einer hydraulischen Stimulation kann daher für eine Durchlässigkeitssteigerung nur ein Bruchteil der Klüfte, die bei „normalen" hydraulischen Tests beansprucht werden, aktiviert werden. Das bedeutet aber auch, dass das Strömungsverhalten, wie es sich bei „normalen" hydraulischen Tests abzeichnet, völlig vom Strömungsverhalten während einer hydraulischen Stimulation abweichen kann. Bei einer Stimulation resultiert eine gerichtete Strömung, d. h. die Wasserausbreitung erfolgt in eine bevorzugte Richtung.

Das Scheren bei Vorlage eines differentiellen Stressfelds verursacht kleine Versatzbewegungen entlang der Kluftfläche. Wird der hydraulische Druck zurückgefahren, verringert sich die Kluftweite entsprechend. Allerdings passen die Kluftflächen wegen des durch die Scherspannung hervorgerufenen Versatzes quasi nicht mehr genau aufeinander, so dass der resultierende Hohlraum zwischen den Kluftflächen größer ist als vor der stimulierten Scherbewegung. Dieser Effekt wird auch als **Self-Propping** bezeichnet.

Das Wasser wirkt sozusagen als „Katalysator" durch Erhöhung des Porendrucks und Herabsetzung der Reibung an den Kluftflächen, so dass Scherung erfolgen kann. Nach hydraulischer Druckentlastung bleiben verbesserte Wasserwegsamkeiten bestehen, die Durchlässigkeit wurde erhöht. Ohne „tektonischen Stress" (differentielles Stressfeld) würde das Gestein nur elastisch reagieren, und es käme nach einer hydraulischen Stimulation zu keiner bleibenden Erhöhung der Durchlässigkeit (Stober 2011). Ohne den „richtigen" Winkel der Klüfte in Bezug zur Hauptstressrichtung ist ebenfalls keine nachhaltige Durchlässigkeitssteigerung zu erwarten.

Die Versatzbewegungen beim Scheren der Kluftflächen gegeneinander infolge des „tektonischen Stresses" führen zu (Mikro)-Seismizität (Abschn. 11.1.1). Das EGS-Verfahren beruht also auf der Auslösung von „(Mikro)-Erdbeben" oder anders ausgedrückt, sie sind Bestandteil der hydraulischen Stimulation. Wesentlich ist die natürlich vorhandene tektonische Scherspannung zur Auslösung von (Mikro)-Seismizität. Ihre Größe bestimmt die Größe der Seismizität. Innerhalb des untertägigen Bereiches, der (Mikro)-Seismizität aufweist, werden durch die Stimulation die natürlich vorhandenen Gebirgsspannungen in vielen Teilschritten abgebaut, andere aufgebaut, entsprechend der sich langsam ausbreitenden Druckfront des injizierten Wassers.

In den letzten Jahren hat sich die Durchführung der hydraulischen Stimulation stark gewandelt. So erfolgt sie derzeit i. d. R. mit stufenförmiger Erhöhung der Injektionsrate und damit mit entsprechender sukzessiver Erhöhung des Injektionsdruckes über einen längeren Zeitraum und mit wesentlich höheren Injektionsvolumina. Der daran anschließende Shut-In wird nicht mehr spontan vorgenommen sondern ebenfalls mit langsam abnehmenden Injektionsraten. Die hydraulischen Stimulationen gestalten sich dadurch wesentlich besser bezüglich ihrer seismischen Auswirkungen kontrollierbar.

Um die übertägigen Auswirkungen möglichst gering, die untertägigen jedoch maximal und effizient zu gestalten, wurden in der tiefen Geothermie Versuche mit veränderter chemischer Zusammensetzung des Injektionsfluids bzw. mit Zusatzstoffen für die Stimulation durchgeführt (Portier et al. 2007). Während in den 1970er-Jahren bei Stimulationsversuchen im Kristallin dem Injektionsfluid gelegentlich Proppings (i. d. R. Quarzsand) zusammen mit einem Gel beigegeben wurden (Smith et al. 1975; Schädel und Dietrich 1979), um die geweiteten Klüfte vermeintlich offen zu halten, werden heute erfolgreich erste Stimulationsversuche bspw. mit klassischer Säure (Salzsäure, Mischung zwischen Salz- und Fluorsäure), Komplexbildnern (Nitrilotriacetic Acid, NTA) oder organischer Säure (Organic Clay Acid) durchgeführt (Genter et al. 2010). Das Ziel besteht darin, Kluftflächen zu „reinigen", d. h. z. B. Kalzitbeläge auf Klüften zu lösen, oder oberflächig anzuätzen.

Die sogenannte **chemische Stimulation** wird seit Jahren von der Kohlenwasserstoff-Industrie (KW) zur Erhöhung der Produktivität genutzt. Erste Säurebehandlungen in KW-Bohrungen erfolgten bereits vor etwa 100 Jahren in Kalkgesteinen. Ziel der chemischen Stimulation besteht somit auch darin, die Kluftflächen von „weichen" Belägen (z. B. Kalzit) zu „reinigen", um die geweiteten Klüfte sodann durch Einbringen von Stützmitteln (**Proppings**) effizient offen halten zu können.

In der KW-Industrie wird zwischen Slickwater-Stimulation (Wasserfrac), Stimulation mit einer hoch-viskosen Flüssigkeit (Zugabe von Polymeren oder Tensiden) und dem Acid-Fracturing unterschieden. Bei der Slickwater-Stimulation wird eine große Menge (ca. 1500 m^3) einer gering-viskosen Flüssigkeit injiziert, der häufig Proppings (Quarzsand, Bauxitsand) in der Größenordnung von 100 t beigegeben werden. Die erzielten Kopfdrucke liegen bei knapp 700 bar. Die Proppings dienen dazu, die Klüfte nach erfolgter Stimulation offen zu halten. Das Verfahren wird bevorzugt in Tonschiefern eingesetzt. Bei der Stimulation mit einer hoch-viskosen Flüssigkeit sind die injizierten Volumina deutlich niedriger (ca. 400 m^3). Auch hier erfolgt meist eine Zugabe von etwa 100 t Proppings. Dieses Verfahren wird bevorzugt in Sandsteinen eingesetzt. Das Acid-Fracturing erfolgt ebenfalls unter Kopfdrucken von bis zu 700 bar, allerdings wird hier mit stark schwankender Rate injiziert. Ziel ist es, die Kluftflächen stark aufzurauen. Das Verfahren wird daher insbesondere in Karbonatgesteinen angewandt. Im Unterschied zur Geothermie werden in der KW-Industrie eigentlich nur Sedimentgesteine stimuliert, nach der Divise „a good producer is a good candidate for fracture application" (mündliche Mitteilung vom B. Baser, Schlumberger, am 11.05.2011).

Um der Gefahr entgegenzuwirken, bei der Stimulation einen hydraulischen Kurzschluss zu erzeugen, wird in der Geothermie in jüngster Zeit vom Bohrloch aus auch abschnittsweise in voneinander isolierten Bereichen stimuliert. Mit dieser Methode kann das Risiko, größere seismische Ereignisse auszulösen, erniedrigt werden.

Parallel zur Durchführung der hydraulischen Stimulationen werden in „Horchbohrungen", die in wesentlich flacheren Bereichen um die Stimulationsbohrung platziert sind, die mikroseismischen Signale durch Geophone aufgezeichnet. Die durch die Stimulation induzierten seismischen Signale können räumlich (x, y, z-Koordinaten) zugeordnet werden. Dadurch ist es möglich, ein Abbild des stimulierten Kluftkörpers zu gewinnen. Allerdings handelt es sich dabei um ein Abbild der seismischen Signale, also der Bereiche, die seismische Signale durch eine Scherbewegung erzeugen. Bereits geöffnete Klüfte oder andere Hohlräume, die keine Dislokation erfahren oder Kluftbeläge aufweisen, auf den sich die Kluftflächen „geräuschlos" gegeneinander gleitend versetzen, bleiben „stumm", d. h. sind seismisch nicht sichtbar. Die Aufzeichnungen in den Horchbohrungen generieren somit lediglich ein Bild des vermeintlichen Kluftkörpers! Dieses kann natürlich dem tatsächlichen Kluftkörper entsprechen, muss aber nicht. Besonders deutlich wird dieser Umstand, wenn in einer Bohrung mehrmals hintereinander stimuliert wird. In der Regel „sehen" wir dann nur die neu stimulierten Außenbereiche um den zuvor stimulierten inneren Bereich.

Das durch die Geophone aufgezeichnete „generierte" Kluftnetz gibt den Landepunkt für die zweite Bohrung vor. Für eine optimale Verbindung der beiden Bohrungen miteinander wird das Gebirge in der zweiten Bohrung ebenfalls stimuliert (Abb. 9.3). Auf diese Weise wird versucht, einen ausreichend durchlässigen Körper, den „Wärmetauscher", im Untergrund zu schaffen, der nach allen Seiten von gering durchlässigem Gebirge begrenzt wird. Je nach Gebirgseigenschaften, Injektionsumfang und Dauer liegt die Größe des Wärmetauschers nach derzeitigem Kenntnisstand bei mehreren hundert Metern.

Im EGS-Projekt Soultz-sous-Forêts (Oberrheingraben) ist das natürliche Kluftsystem bzw. das Störungssystem im tieferen Bereich (etwa > 3000 m) des granitischen Grundgebirges parallel zur und um die Hauptstressrichtung (N170°) orientiert. Geophysikalische Bohrlochmessungen (Bohrlochrandausbrüche, Generierung von Klüften durch die Bohrung) zeigen die Hauptstressrichtung in diesem Teufenbereich zwischen 170° und 180° an (Dorbath et al. 2010). Die mit den Geophonaufzeichnungen lokalisierten stimulierten Klüfte passen sehr gut zu diesem Bild. Durch die hydraulische Stimulation konnte die Injektivität bzw. die Produktivität der Bohrungen z. T. sehr stark erhöht werden. Die Bohrung, die bereits von Anfang an eine hohe Durchlässigkeit aufwies, erfuhr dabei die niedrigste Steigerung. Begründet wird dies damit, dass die bereits anfänglich sehr hohe Durchlässigkeit auf ganz wenigen hoch permeablen Klüften beruht (Baria et al. 2004; Tischner et al. 2006, 2007). Das Konzept der Stimulation – Weitung von Klüften plus Versatzbewegung – kann in derartigen Fällen nicht mehr greifen.

Zur Erzeugung des „Wärmetauschers", d. h. zum Weiten der natürlich vorhandenen Klüfte, sind sehr hohe Drucke erforderlich. Der sogenannte Öffnungsdruck, der vom Überlagerungsdruck und von der Neigung des maßgeblichen Kluftinventars abhängt, muss überschritten werden. Erst oberhalb des Öffnungsdruckes ergeben sich signifikante Vergrößerungen der Durchflussraten. Im Gneisgebirge des HDR-Projektes von Urach lag der Öffnungsdruck bei 170 bar Kopfdruck. Etwas niedrigere Drucke waren für das Granitgebirge in Soultz erforderlich.

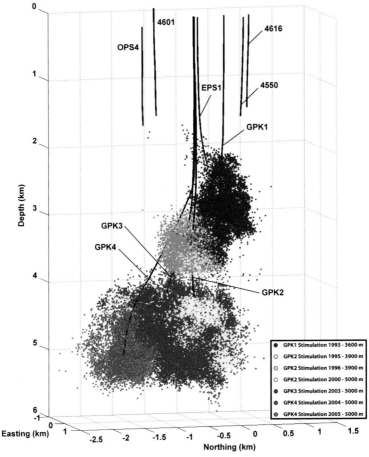

Abb. 9.3 Ergebnisse der Geophonaufzeichnungen bei Stimulationsmaßnahmen in den Bohrungen Soultz-sous-Forêts (Zeichnung: Nicolas Cuenot, freundliche Genehmigung: A. Genter)

In Soultz-sous-Forêts wurden mit den Stimulationsmaßnahmen maximale Kopfdrucke von 180 bar bei Injektionsraten um 50 l/s erreicht. Die maximale Magnitude lag bei 2,9. In Basel wurde bei den Stimulationsmaßnahmen mit bis zu 63 l/s ein Kopfdruck von 300 bar erreicht und Magnituden von bis zu 3,4 gemessen. Im australischen Cooper Basin wurde die Bohrung Habanero 1 bei Stimulationsversuchen mit einem Überdruck von 350 bar bei Injektionsraten von bis zu 40 l/s beaufschlagt. Die seismischen Ereignisse wurden aufgezeichnet und Magnituden von maximal 3,7 gemessen.

Die kurze Datenzusammenstellung zeigt, dass bei diesen Stimulationsversuchen einige 10er l/s Wasser injiziert und Kopfdrucke bis zu einigen 100 bar erreicht wurden und dass die seismischen Signale Magnituden von über 3 erreichten. Die Stärke der bei den Stimulationsversuchen gemessenen seismischen Ereignisse ist in jedem Fall von der Fließrate, vom gesamten Verpressvolumen, vom Druckanstieg – und damit natürlich von der Klüftigkeit sowie Permeabilität –, vom maximalen Kopfdruck, von der Dauer der Stimulation und ihrer Durchführung (vorsichtig und stufenförmig oder plötzlich und rasch), von der hydrochemischen Zusammensetzung des Verpressfluids und von der Temperatur der Injektion abhängig. Ganz entscheidend sind jedoch die tektonischen Verhältnisse und die Stärke des Stressfeldes. Die Zusammenhänge zwischen den das Ereignis kontrollierenden Parameter sind noch nicht im Detail bekannt.

Die oben genannten, relativ hohen gemessenen Magnituden führten teilweise zum Einstellen von EGS-Projekten. Durch die neuen Konzepte der Durchführung von hydraulischer und chemischen Stimulation sowie ihrer Kombination (s. o.) ist es jedoch möglich die Auswirkungen wesentlich besser zu kontrollieren und zu beherrschen (Abschn. 11.1.6).

9.4   Erfahrungen und Umgang mit der Seismizität

Bei den Stimulationsmaßnahmen in Soultz waren zur Steigerung der Durchlässigkeit Kopfdrucke von lediglich bis zu 180 bar erforderlich. Das DHM-Projekt in Basel, ca. 150 km südlich von Soultz, erzeugte Kopfdrucke von bis zu 300 bar. Die resultierende Seismizität bewirkte, dass das Projekt in Basel eingestellt wurde (Abschn. 11.1.3). Beim HDR-Projekt Urach hingegen, etwa 170 km östlich von Basel, wurden Kopfdruck von bis zu 660 bar erreicht, ohne dass die resultierende Seismizität Werte erreicht hätte, die von der lokalen Bevölkerung bemerkt wurden (Stober 2011). Diese Beispiele zeigen die großen Seismizität-Unterschiede als Folge von hydraulischen Stimulationen auf kleinster Distanz und verdeutlichen die Bedeutung der tektonische Scherspannung im Hinblick auf die Auslösung von Seismizität. Das differentielle Stressfeld ist im Raum Basel von Natur aus bereits sehr hoch, es ist sehr niedrig im Bereich Urach. Daher sind auch natürliche Erdbeben im Raum Basel häufiger und weisen eine größere Magnitude auf als im Raum Soultz oder Urach, wie es die Erdbebenhäufigkeits-Karte zeigt (vgl. z. B. European-mediterranean seismic hazard map www.hoeckmann.de/karten/europa).

Die Bohrungen Basel und Soultz wurden in granitisches, Urach in metamorphes Grundgebirge abgeteuft. Granitisches Gebirge ist von Natur aus rigider als metamorphes Gebirge, das auf Druck eher elastisch reagiert. Daneben gibt es eine Reihe anderer wichtiger Faktoren, die für die Induzierung seismischer Ereignisse, die oberhalb eines tolerierbaren Wertes liegen, verantwortlich sind. Zu diesen gehören beispielsweise: Injektionsrate, Injektionsvolumen, Dauer der Injektion (Versuchsplan), Temperatur und chemische Eigenschaften des injizierten Wassers, hydraulische Diffusivität oder Permeabilität des Gebirges, natürliches Stressfeld und vieles andere (Nicholson und Wesson 1990; Shapiro und Dinske 2009; Giardini 2009; Bommer et al. 2006).

Seit Jahrzehnten werden nicht nur in der Geothermie, sondern vor allem in der Kohlenwasserstoffindustrie weltweit hydraulische Stimulationen durchgeführt (Bencic 2005). **Seismisches Monitoring** ist insbesondere seit den Ereignissen von Basel aktuell. Das liegt zum Großteil auch daran, dass im Gegensatz zur Kohlenwasserstoffindustrie die Geothermie darauf angewiesen ist, die Bohrungen und Anlagen in der Nähe von Wärmesenken, d. h. von Ortschaften, zu erstellen. Die Empfindsamkeit, Wachsamkeit und Sorge sind daher wesentlich größer.

In Gebieten mit natürlicher Seismizität kann diese insbesondere während notwendiger Stimulationsmaßnahmen beeinflusst werden. Das Auftreten von induzierter Seismizität wird aber bis zu einem gewissen Grad als beurteilbar, prognosefähig und zum Teil als beeinflussbar angesehen. Schlüssel hierzu sind laufende Messungen und Kontrolle des Injektionsdrucks und ein seismologisches Monitoring in der näheren und weiteren Umgebung der Anlage. Gegebenenfalls sind die Injektionsdrucke bzw. Injektionsmengen zu reduzieren (Stober et al. 2009). Die Mechanismen zur Auslösung von Erdbeben sind jedoch noch nicht völlig im Detail verstanden; hier ist weiterer Forschungsbedarf notwendig (Abschn. 11.1).

9.5   Empfehlungen, Hinweise

Grundsätzlich ist es wünschenswert, bereits im Rahmen der Vorerkundung eine **Erkundungsbohrung** ins kristalline Grundgebirge bzw. in das zu stimulierende Gestein abzuteufen. Denn bei sedimentärer Bedeckung des kristallinen Grundgebirges ist es vorab in der Regel unmöglich, mit Hilfe von Gravimetrie, Magnetik oder Magnetotellurik Prognosen über Klüftigkeit, Kluftzonen oder Störungen und deren Verlauf zu treffen. Selbst seismische Untersuchungen erlauben bestenfalls relativ wage Aussagen. Nur wenn die Störungszonen relativ flach einfallen und sehr mächtig sind, ergeben sich eventuell aus der Seismik schwache Hinweise auf ein Vorkommen (Schuck et al. 2011).

Eine Erkundungsbohrung hat auch den Vorteil, dass sie später u. a. zur Aufzeichnung seismischer Signale bei den Stimulationsversuchen in den EGS-Tiefbohrungen verwendet werden kann. In der Erkundungsbohrung könnten bereits hydraulische Versuche vorgesehen werden, um sowohl Aussagen zur Durchlässigkeit und zum Speichermögen des kristallinen Grundgebirges vor der Stimulation als auch zu den hydrochemischen Eigenschaften der Wässer inklusive deren Gasgehalte zu erhalten (Bucher und Stober 2010). Dadurch könnten bereits vorzeitig Präventionen gegen mögliche Ausfällungen oder gegen ggf. vorhandene korrosive Eigenschaften des Tiefenwassers erarbeitet werden. In der Regel wird wegen der hohen Kosten die erste Bohrung jedoch bereits als **Produktionsbohrung** abgeteuft. Auch werden dort bedauerlicherweise meist unmittelbar sofort Injektionsversuche oder Stimulationsmaßnahmen durchgeführt, ohne dass zuvor die natürlichen hydraulischen und hydrochemischen Verhältnisse erkundet worden wären.

Bereits im Vorfeld sollte damit begonnen werden, alle **seismischen** Aktivitäten im Umkreis von ca. 10 km um die geplante petrothermale Geothermie-Anlage mit einer Empfindlichkeit, die eine vollständige Erfassung aller seismischen Ereignisse ab Magnitude 1,0 (Richterskala) garantiert, kontinuierlich zu messen. Die Messungen sind während des Abteufens, der Stimulation und dem Betrieb – zumindest in der Anfangsphase – fortzuführen. Insbesondere zu Beginn der hydraulischen Injektionen und während der Stimulationen ist eher mit induzierten Beben zu rechnen als im späteren stationären Produktionsbetrieb. Vorab sollten daher bereits Größe und Richtung der Hauptspannungen durch seismologische Herdflächenlösungen bestimmt werden. Durch Kombination von Daten des Erschütterungsmessnetzes (Immissionen, DIN 4150) mit Daten des Überwachungs- und Abbildungsnetzwerkes (Emissionen) kann zusätzlich eine Verbesserung der Lokalisierung, die Analyse lokaler Verstärkungseffekte und eine Kostenoptimierung ermöglicht werden. Damit liegen auch zusätzliche und neue Informationen zur Charakterisierung des Reservoirs vor. Das durch das Monitoring gewonnene Bild des Untergrunds kann helfen, Vorgänge im Reservoir zu verfolgen, zu prognostizieren und seismische Gefährdungen abzuschätzen (Barth und Gaucher 2012).

Das Gebirge im weiteren Umfeld der geplanten Stimulation sollte standfest sein. Bei der Stimulation sollten **größere Störungszonen** insbesondere in Gebieten mit erhöhter natürlicher Seismizität ebenfalls weiträumig gemieden werden, da davon auszugehen ist, dass diese Störungszonen noch tektonisch aktiv sind und somit auf Stimulationsmaßnahmen bevorzugt seismisch reagieren. Mächtige Störungszonen enthalten häufig mächtige schluffige bis tonige Abschnitte infolge Mylonitisierung in ihrem Kernbereich. Diese können auf eine hydraulische Stimulation durch Quellen reagieren, d. h. mit verstärkter Durchlässigkeitsabnahme. Randlich des Störungskerns sind oft Auflockerungszonen des Gebirges mit erhöhten Durchlässigkeiten entwickelt, die daher für eine geothermische Erschließungen lukrativ erscheinen (Choi et al. 2016).

Für die Bohrtechnik und die spätere Stimulation sind Auskünfte über die Petrographie und die mineralogische Zusammensetzung des Gesteins wichtig. Granitische Gesteinsverbände reagieren i. a. wesentlich rigider auf eine tektonische Beanspruchung als metamorphe Gebirge. Daher sind Granite bei tektonischer Beanspruchung meist stärker und eher gleichmäßiger geklüftet als metamorphe Gebirge, in denen eher vereinzelte Kluft- oder Störungszonen auftreten.

Für das Abteufen der Bohrung und die später vorgesehenen hydraulischen Maßnahmen im Nutzbereich ist die Kenntnis hydrostatischer und lithostatischer Drücke im Untergrund von wesentlicher Bedeutung. Die in-situ Spannung im Gestein (Bohrloch-Elongationen, Bohrlochrandausbrüche, hydraulic fracturing) und der natürlich vorhandene Porendruck sollten vor dem Beginn der fortlaufenden Stimulationen gemessen werden, da dies sowohl für die Beurteilung der erfolgten Stimulation als auch für die Beurteilung der Seismizität bedeutsam ist und Aussagen zum Spannungsfeld erlauben.

Bei der ersten EGS-Bohrung ist es wichtig im Bereich des geplanten Nutzhorizontes gerichtete **Bohrkerne** (alternativ: orientierter, optischer oder akustischer **Bohrlochscanner**) zu ziehen, um das Kluftnetz bis hin zu Störungen entsprechend aufnehmen zu können, um die mechanischen und physikalischen Gesteinseigenschaften, wie z. B. Elastizitätsmodul, Poisson Zahl, zu bestimmen und um die mineralogische Zusammensetzung zu ermitteln. Ebenso wichtig ist es die Bohrung **geophysikalisch** zu vermessen (z. B. Gamma-, Kaliber-, Temperatur-, Leitfähigkeits-Log) (Abschn. 13.2).

Ein wichtiger Parameter ist die **Temperatur** und somit die Prognose dieses Parameters. In großen Tiefen liegen wenige Temperaturdaten vor, so dass man auf eine Extrapolation gemessener Temperaturen aus flacheren Bereichen angewiesen ist. Unter der Annahme eines relativ dichten Gesteins (d. h. Ausschluss maßgeblicher Grundwasserbewegungen) kann aus dem konstanten, vertikalen Wärmestrom eine Temperaturextrapolation in die Tiefe, bei der nur die Wärmeleitfähigkeit des Gesteins berücksichtigt wird, vorgenommen werden. Für größere Tiefen muss zusätzlich die Wärmeproduktionsrate des Gesteins einkalkuliert werden (Gl. 1.5b) (Stober et al. 2009).

Auch sollte unbedingt vor den ersten hydraulischen Injektionstests versucht werden, **Wasserproben** zwecks hydrochemischer Untersuchung, ggf. auch für Isotopenuntersuchungen, zu ziehen (Abschn. 15.1), notfalls mit einem Down-Hole-Sampler. Das Wasser im kristallinen Grundgebirge ist hochsalinar. Der Gesamtlösungsinhalt liegt bei einigen 10er bis 100er g/l. Die Hauptinhaltstoffe sind Natrium, Calcium und Chlorid; es ist mit erhöhten Gas-Gehalten zu rechnen (Bucher und Stober 2000, 2010). Um den Fällungs- und Lösungsprozessen sowie der Aggressivität des zutage geförderten hoch salinaren, gasreichen Fluids entgegenwirken zu können, müssen die hydrochemischen Eigenschaften des Formations-Fluids für den Bau der über- und untertägigen Anlage bekannt sein.

Die ersten **hydraulischen Tests** sollten kurz sein, mit geringer Rate ausgeführt werden und zu keinen wesentlichen Druckänderungen führen. Zu Beginn sind daher insbesondere Slug-Tests geeignet (Abschn. 14.2). Im nächsten Schritt bieten sich – je nach Durchlässigkeit – Pump- oder Injektionsversuche mit konstanter Rate zur Erfassung des natürlichen Strömungsverhaltens und zur Ermittlung der natürlichen Gebirgsdurchlässigkeit an (Abschn. 14.2). Auch bei diesen Tests sollte die Druckveränderung relativ niedrig sein. Entsprechend sollte ein kurzer Stufentest durchgeführt werden. Erst im Anschluss daran können Prä-Stimulationstests konzipiert werden. Mit den Prä-Stimulationstests werden weiterreichende Informationen und Erfahrungen über die Reaktion des Untergrundes gesammelt. Durch sie tastet man sich langsam und vorsichtig an die Konzeption und Ausführung der eigentlichen Stimulationen heran.

Entscheidend für viele Tätigkeiten an der Bohrung sind die Kenntnis des natürlichen Stressfeldes und die Ausrichtung von Störungen zum Spannungsfeld (Agemar et al. 2017) (Abschn. 11.1.6). Die regionale Ausrichtung der heutigen größten horizontalen Hauptspannung kann der World-Stress-Map (Heidbach et al. 2008) entnommen werden. Dabei ist jedoch zu berücksichtigen, dass der lokale

Spannungszustand von der Darstellung in der World-Stress-Map abweichen kann und darüber hinaus auch tiefenabhängigen Veränderungen unterliegt. Aus diesem Grund ändert sich beispielsweise mit zunehmender Tiefe die Orientierung offener Klüfte als Folge der Änderung des Spannungsfeldes mit der Tiefe, d. h mit zunehmender Tiefe sind die offenen Klüfte bevorzugt vertikal orientiert, da die (vertikale) Auflast stärker zunimmt als der Horizontaldruck (Stober und Bucher 2014; Brown und Hoek 1978; Agemar et al. 2017) (Abb. 9.4). In den Tiefbohrungen Rittershoffen (Abschn. 8.7.1) und Soultz-sous-Forêts (Abschn. 9.2) wurde eine Änderung in der Orientierung des Stressfeldes unterhalb von ca. 2000 m Tiefe beobachtet (Valley und Evans 2003; Hehn et al. 2016).

Entscheidend für den Erfolg eines EGS sind die hydraulischen Eigenschaften des natürlich vorhandenen Kluftsystems sowie diejenigen der späteren künstlich stimulierten Riss-Systeme. Wesentlichen Einfluss auf den Erfolg der Stimulationsmaßnahme haben Injektionsmenge und -rate, Injektionsdruck bzw. Druckgradient, die hydrochemischen Eigenschaften des Injektionsfluids sowie insbesondere des natürlichen Stressfeldes. Um der Gefahr eines **hydraulischen Kurzschlusses** vorzubeugen und um eine extreme Stimulation singulärer Klüfte oder einer Störungszone zu vermeiden, empfiehlt es sich, die notwendigen Stimulationsversuche abschnittsweise in voneinander isolierten Gebirgsabschnitten separat durchzuführen. Um Gebirgsbereiche gegeneinander abzusperren, werden in der Regel Packer (Abb. 9.5 und 14.2) verwendet; es können

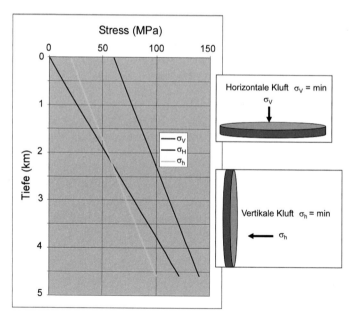

Abb. 9.4 Änderung der Orientierung offener Klüfte mit der Tiefe als Folge der Änderung des Spannungsfeldes, nach Daten von Brown und Hoek (1978)

Abb. 9.5 Beispiel für einen
Einfach- und einen Doppel-
Packer. Ein Packer besteht aus
einem Packerrohr, über das
ein Gummistück geschoben
ist. Dieses Gummistück
wird zum Absperren an die
Bohrlochwand gedrückt,
z. B. mechanisch durch
Zusammendrücken oder durch
Expansion („Aufblasen")

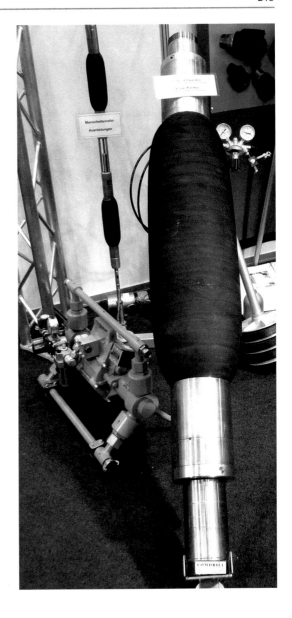

jedoch auch Zementbrücken gesetzt werden. Packer gibt es in verschiedenen Dimensionen, bzw. Durchmessern, für groß und kleinkalibrige Bohrungen.

Die Landepunkte der Bohrungen werden sich aller Wahrscheinlichkeit nach am natürlichen Stressfeld (in der entsprechenden Tiefe) orientieren. Man geht davon aus, dass sich der Stimulationsbereich, der Wärmeaustauscher, in diese Richtung ausbildet. Erkenntnisse sind daher erst nach den ersten Stimulationsversuchen in der Erstbohrung zu erwarten. Zur Abschätzung des Abstandes zwischen den

Injektions- und Förderbohrungen, zur Ermittlung der thermischen Reichweite und zur Prognose der Lebensdauer der Anlage und Alterung des Systems ist die Kenntnis der thermophysikalischen Gesteinseigenschaften (Wärmeleitfähigkeit, Dichte, Wärmespeicherzahl, Wärmeproduktionsrate) wichtig. Sollten für das EGS-Projekt ausschließlich Vertikalbohrungen verwendet werden, so ist dies für den **oberirdischen Raumbedarf** mit Entfernungen von einigen 100 m zwischen den Bohrungen entsprechend zu berücksichtigen. Vertikalbohrungen haben u. a. den Vorteil, dass das Problem der Expansion der Verrohrung bei geothermischer Nutzung einfacher zu handhaben ist. Ein wesentlicher Nachteil kann die entsprechend lange Verbindungsleitung zwischen Injektions- und Förderbohrung darstellen.

Geothermische Nutzungen in Hochenthalpie-Gebieten

Geothermiekraftwerk Krafla, Island

I. Stober und K. Bucher, *Geothermie,* https://doi.org/10.1007/978-3-662-60940-8_10

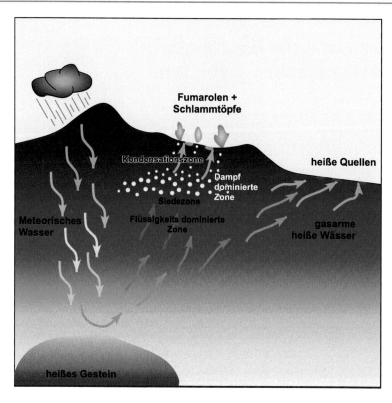

Abb. 10.1 Schematische Darstellung der Genese und Herkunft von heißen Fluiden in Hochenthalpie-Gebieten (inspiriert von Clynne et al. 2013)

Der Großteil der geothermischen Stromproduktion wird heutzutage aus **Hochenthalpie-Gebieten**, die bereits in geringen Tiefen hohe Temperaturen aufweisen, durch Dry-Steam- oder Flash-Steam-Systeme gewonnen (Abschn. 4.4). Diese Systeme nutzen das druckentlastete und dadurch dampfförmige, heiße Thermalfluid als Arbeitsmittel, um eine Turbine zur Stromerzeugung anzutreiben (Abb. 4.14a, b). Zusätzliche Technologien wie ORC- oder Kalina-Anlagen sind also nicht notwendig.

10.1   Charakteristika von Hochenthalpie-Gebieten

Hochenthalpie-Gebiete sind Regionen mit einer geologisch bedingten starken Wärmeanomalie und einem sehr hohen Wärmestrom. Hochenthalpie-Gebiete sind oft an plattentektonische Prozesse gekoppelt und gehen mit aktivem Magmatismus einher. In diesen Regionen kommen bereits in Tiefen von wenigen hundert Metern (oder weniger) Fluide mit über 200 °C vor. Hochenthalpie-Gebiete liegen meistens in Regionen mit aktivem oder ehemals aktivem Vulkanismus und befinden sich häufig an Krustenplatten-Grenzen und – Rändern (Abschn. 1.2). Beispiele für Hochenthalpie-Gebiete sind:

- Pazifischer Feuerring: Neuseeland, Malaysia, Indonesien, Philippinen
- Japan, West-Küste Nordamerikas
- Mittelatlantischer Rücken: Island, Azoren

Nicht alle Hochenthalpie-Gebiete sind für eine geothermische Nutzung geeignet.

Hochenthalpie-Gebiete sind an der Erdoberfläche typischerweise durch das Auftreten von Vulkanen, heißen Quellen, Fumarolen, Schlammtöpfen oder Geysiren gekennzeichnet (Abb. 10.1) (z. B. Clynne et al. 2013; Henley und Ellis 1983). Ein weiteres Kennzeichen für Hochenthalpie-Gebiete ist, dass die dort vorkommenden heißen Fluide auf kurze Distanz chemisch ganz unterschiedlich zusammengesetzt sein können, verursacht durch die auf engstem Raum stark wechselnde Genese und Herkunft dieser Fluide, die anhand von Abb. 10.1 nachstehend exemplarisch beschrieben wird.

Die wesentliche Wasserneubildung in Hochenthalpie-Gebieten erfolgt i. d. R. durch Niederschlag, der in den meist gut durchlässigen Untergrund dieser tektonisch unruhigen Gebiete einsickert (z. B. Pope et al. 2016). Durch den hohen Wärmestrom in Hochenthalpie-Gebieten wird das gering mineralisierte, meteorische Wasser im Untergrund bereits in geringer Tiefe aufgeheizt und der Gesamtlösungsinhalt (TDS – total dissolved solids) steigt, weitestgehend bedingt durch die bei erhöhter Temperatur intensivere Interaktion mit dem umgebenden Gestein (WRI – water–rock-interaction). Hinzu kommen vulkanische Gase wie beispielsweise CO_2, H_2S, HCl oder HF, die ebenfalls zur Verstärkung der Alteration der Gesteine beitragen können. In größerer Tiefe ist der Porenraum mit heißem Wasser von etwa 200–300 °C gesättigt (**Flüssigkeits-dominierte-Zone**) (Abb. 10.1). Der pH-Wert liegt bei 5–7, wobei die Hauptkomponenten des Wassers Natrium und Chlorid sind. Das heiße Wasser enthält hohe Silizium-Gehalte wegen der hohen Temperaturen (Abschn. 15.2, Gl. 15.3 und 15.4) und ist Gas-reich mit den Hauptbestandteilen CO_2 und H_2S.

Beim Aufstieg dieser heißen Wässer reduziert sich deren Druck und das heiße Wasser erreicht den Siedepunkt mit der Folge, dass in diesem Tiefenbereich zunehmend Wasserdampf und Gase (**Dampf-dominierte-Zone**) vorliegen und TDS in der nicht-verdampften Restflüssigkeit ansteigt. Ein Großteil des Wasserdampfes der Dampf-dominierten-Zone kondensiert zwar wieder beim weiteren Aufstieg in geringere Tiefe durch die niedrigeren Umgebungstemperaturen (**Kondensations-Zone**), jedoch erreicht ein kleinerer Anteil die Erdoberfläche direkt und tritt als **Fumarolen,** in Form von Wasserdampf und vulkanischen Gasen zu Tage (Abb. 10.1). Bestehen die heißen Gasaustritte hauptsächlich aus Schwefelwasserstoff (H_2S) mit geringeren Kohlenstoffdioxid- (CO_2) und Wasserdampf-Anteilen, so werden sie **Solfataren** genannt.

Abb. 10.2 Austrittsstelle einer Solfatare mit auskristallisierten gelben Schwefelnadeln auf Vulcano, Italien. Der Schwefelwasserstoff reagiert bei Kontakt mit Luftsauerstoff und bildet elementaren Schwefel

Bei Kontakt mit atmosphärischem Sauerstoff oxidiert bei **Solfataren** der Schwefelwasserstoff (H_2S) und bildet elementaren Schwefel und Wasser (Gl. 10.1, Abb. 10.2).

$$2H_2S + O_2 = 2H_2O + S_2 \qquad (10.1)$$

Durch weitere Oxidation bildet sich Schwefeldioxid (SO_2), der sich wiederum in Wasser löst und es entsteht Schweflige Säure (H_2SO_3). Diese Säure greift das Gestein stark an und bewirkt zusammen mit dem heißen Wasserdampf die Zersetzung der mineralischen Bestandteile, so dass es bis hin zur Ausbildung von **Schlammtöpfen** (mudpot) kommen kann (Abb. 10.1, 10.3).

In der **Kondensations-Zone,** in der sich der Wasserdampf wegen der niedrigeren Temperaturen wieder verflüssigt, entstehen saure, Sulfat-reiche Wässer (SO_4), da Schwefeldioxid (SO_2) mit Wasser und atmosphärischem Sauerstoff zu Schwefelsäure (H_2SO_4) reagiert und da Schwefelsäure im Wasser in H^+ und SO_4^{2-} dissoziiert (Gl. 10.2a, b).

$$SO_2 + H_2O + \tfrac{1}{2}O_2 = H_2SO_4 \qquad (10.2a)$$

$$H_2SO_4 = 2H^+ + SO_4^{2-} \qquad (10.2b)$$

Diese Wässer haben somit einen sehr niedrigen pH-Wert (pH$=0$–3) (Gl. 10.2b) und sehr niedrige Chlorid-Gehalte, da sie aus kondensiertem Wasser entstehen. Durch ihre sehr niedrigen pH-Werte sind diese Wässer sehr reaktiv. Wegen der extrem niedrigen pH-Werte können sie sehr hohe Aluminium- und/oder Eisen-Gehalte aufweisen. Derartig abnormal hohe Al- und Fe-Gehalte stammen in vulkanischen Gebieten aus der intensiven Alteration von Basalt. In unmittelbarer Umgebung ist das Gebirge oft stark hydrothermal alteriert mit orangeroten, grau-blauen bis hin zu gelblich-weißen Farbschattierungen (Abb. 10.4).

Abb. 10.3 Kochender Schlammtopf: Bumpass Hell, Lassen Volcanic Park, USA. Schlammtöpfe entstehen bei heißem, sehr saurem aber geringem Grundwasserzufluss. Die Säure und Mikroorganismen zersetzen das umgebende Gestein in tonige Substanzen

Abb. 10.4 Beispiel für ein Hochenthalpie-Gebiet, Theistareykir, N-Island

Mofetten gehören ebenfalls zu den Fumarolen, jedoch treten sie eher in randlichen Bereichen von Hochenthalpie-Gebieten aus. CO_2 ist der Hauptgasbestandteil von Mofetten und die Temperaturen liegen z. T. deutlich unter 100°C. Mofetten können noch weitere Gase (z. B. H_2S, CH_4, He) enthalten. Je nach Wassergehalt reicht das Spektrum von trockenen Gasaustritten bis zu kohlenstoffdioxidhaltigen Mineralquellen mit pH-Werten von knapp unter 7 und den

Abb. 10.5 Austrittstelle einer heißen Quelle mit Ausfällung von Silica. Die „Aufstiegsröhre" aus größerer Tiefe ist deutlich erkennbar: Yellowstone National Park, Wyoming/USA

Hauptinhaltsstoffen (Ca)-Na-HCO_3. An der Austrittstelle der warmen Quellwässer wird daher häufig Travertin ($CaCO_3$) ausgeschieden.

Aus der Flüssigkeits-dominierten-Zone erreicht ein Gas-armer Anteil „lateral" die Erdoberfläche (Abb. 10.1). An den Austrittstellen bilden sich lokal begrenzte, TDS-reichere, mehr oder weniger pH-neutrale **heiße Quellen,** in denen man oft die Aufstiegswege bis in größere Tiefen verfolgen kann (Abb. 10.5). Unmittelbar an der Erdoberfläche liegt die Temperatur des Quellwassers nur noch bei etwa 100 °C. Derartige Quellwässer sind somit bezüglich verschiedener Minerale übersättigt, die dann z. T. in der Quelle oder am Rand der Quelle aus der übersättigten Lösung ausfallen (Abb. 10.5).

In der Flüssigkeits-dominierten-Zone gibt es auch basische (pH $= 8 - 10$), Na-Cl-reiche heiße Wässer mit extrem niedrigen Kalzium-Gehalten, Magnesium-Gehalten oft unter der Nachweisbarkeitsgrenze, oft deutlich erhöhten Fluorid-Gehalten und bei sehr hohen pH-Werten (pH > 9) erhöhten Al-Gehalten. Die basischen Wässer entstehen durch Hydratisierung bei der Alteration des durchströmten Gesteins. Am Beispiel der Alteration von Anorthit (Feldspat, ein Hauptbestandteil von Basalt) in Kaolinit, bei der Wasser (H_2O) aufgebraucht wird und dadurch TDS im Restfluid ansteigt, wird der Effekt der Hydratisierung verdeutlicht. Die Reaktion führt zudem zu einer Erhöhung des pH-Wertes (Gl. 10.3).

$$CaAl_2Si_2O_8 + H_2O + 2H^+ = Al_2Si_2O_5(OH)_4 + Ca^{2+} \qquad (10.3)$$

Geysire (Abb. 1.4) kommen grundsätzlich relativ selten vor, da spezielle hydrogeologische Voraussetzungen erfüllt sein müssen. Geysire befinden sich meist in der Nähe von heißen Quellen. Geysire benötigen einen tiefen Austrittsschlot (20–30 m), der im oberen Teil enger ist. Der Schlot wird i.W. von oberflächennahem

Abb. 10.6 Castle Geyser (Yellowstone National Park, Wyoming/USA) mit mächtigem Sinter-kegel

kühlen Grundwasser aufgefüllt, daher ist die Wassertemperatur im oberen Teil des Schlotes immer deutlich unterhalb der Siedekurve, da dort auch das umgebende Gestein deutlich kälter ist. Im unteren Teil des deutlich erweiterten Schlotes ist das Gestein wesentlich heißer, so dass die Wässer dort die Siedetemperatur erreichen, d. h. das Wasser fängt im unteren Teil des Schlotes zu kochen an. Dies führt zu einer gewaltigen Volumenexpansion, so dass auch der obere kühlere Teil des Wassers, wenn genügend Druck aufgebaut ist, spontan aus dem Schlot bis in einige 10er Meter, z. T. auch über 100 m, Höhe herauskatapultiert wird. Meist geht der Eruption eine Druckentlastung durch aufsteigende Gasbläschen voraus. Durch die ständigen Eruptionen bilden sich um Geysire typischerweise mächtige SiO_2-reiche Ablagerungen (Geyserit) bis hin zu Krater-ähnlichen Sinter-Kegeln (Abb. 10.6). Die weltweit höchsten Eruptionen (90–120 m) weist der ‚Steamboat Geyser‘ des Yellowstone National Parks auf.

10.2 Erschließung von Hochenthalpie-Gebieten, Inbetriebnahme

Wie in Abschn. 10.1 gezeigt, können in Hochenthalpie-Gebieten je nach Bohr-standort und Bohrtiefe chemisch sehr unterschiedlich zusammengesetzte Fluide mit sehr verschiedenen Temperaturen angetroffen bzw. erschlossen werden. Außerdem können sich externe Einflüsse stark auf den Chemismus auswirken, wenn sich das Hochenthalpie-Gebiet beispielsweise sehr nahe an der Meeresküste befindet und das hochsalinare Meerwasser die geothermische Lagerstätte speist (Tab. 10.1).

Tab. 10.1 Vergleich zwischen Fluiden aus Hochenthalpie-Lagerstätten von Hellisheiði und von Reykjanes (Angaben in mg/kg). Reykjanes liegt im SW von Island an der Meeresküste während Hellisheiði sich weiter im Landesinneren befindet (Remoroza 2010; Giroud 2008)

Fluid-Parameter	Hellisheiði	Reykjanes
SiO_2	659	613
Na	201	9172
K	33	1294
Ca	0,4	1516
Cl	199	17.402
SO_4	8	14

In Hochenthalpie-Gebieten spricht man von hohen Temperaturen, wenn die Fluide >250 °C heiß sind, von mittleren Temperaturen, wenn sie 150–50 °C heiß sind, von siedender Niedrigtemperatur bei 100–150 °C und von niedriger Temperatur bei Fluidtemperaturen von 50–100 °C. In Abhängigkeit von der Temperatur können im Untergrund je nach Ausgangsgestein verschiedene Alterationsminerale angetroffen werden, wie beispielsweise Stilbit, Montmorillonit, Laumontit, gefolgt von Illit, Wairakit und Epidot bei deutlich höheren Temperaturen (z. B. Henley und Ellis 1983).

Geothermiekraftwerke in Hochenthalpie-Gebieten fördern heiße Fluide grundsätzlich aus einer Vielzahl von Bohrungen; oft aus mehreren 10er Bohrungen, wobei eine einzige Bohrung typischerweise 5 MW_{el} liefert. Große Hochenthalpie-Gebiete, wie beispielsweise ‚The Geysers' (Californien/USA) verfügen sogar über mehrere Geothermiekraftwerke (Brophy et al. 2010). Erfahrungen im Betrieb von Geothermieanlagen aus der Anfangsphase hatten gezeigt, dass durch die ständige Entnahme der Dampfdruck im unterirdischen Reservoir abnahm, mit Auswirkungen auf die Produktion. Daher erfolgten in den letzten Jahren zusätzlich zur natürlichen Regeneration – in den meisten Fällen durch Niederschlagswässer – auch eine **Reinjektion** der genutzten Fluide aus der Lagerstätte sowie z. T. auch eine zusätzliche Einspeisungen von Fremdwässern aus weiter entfernteren Gebieten (bspw. mit Abwässern) (Abschn. 4.4, 10.3). Dennoch sind die Anzahl der Injektionsbohrungen sowie ihre Tiefe zumeist geringer als die der Förderbohrungen. Die geringere Injektionstiefe reicht i. d. R. zur Aufrechterhaltung des für eine nachhaltige Produktion erforderlichen Dampfdruckes im Reservoir aus, da die Durchlässigkeit des Untergrundes in Hochenthalpie-Gebieten aufgrund ihrer geologischen Lage meistens sehr gut ist (Abschn. 10.1).

Häufig findet in Hochenthalpie-Gebieten eine Kaskaden-förmige Nutzung statt (Abschn. 8.6, Abb. 8.14), wobei zwar die Stromerzeugung im Vordergrund steht, in vielen Fällen jedoch zusätzlich auch die Wärmeversorgung größerer Ortschaften oder von Stadtteilen sowie eine industrielle Nutzung erfolgt. In manchen Fällen wird niedrig temperiertes Wasser auch in der Landwirtschaft oder zur Beheizung von Gewächshäuser genutzt. Oft nutzen Gewächshäuser zusätzlich

Abb. 10.7 Beispiel für geothermisch betriebene Gewächshäuser in Hveragerði, S-Island. Das Thermalwasser dient der Beheizung, der geothermisch erzeugte Strom wird zur Verlängerung der Tageszeit eingesetzt

geothermisch erzeugten Strom zur Verlängerung der Tageszeit und Vegetationsdauer (Abschn. 4.4) (Abb. 10.7).

Vor der eigentlichen Erschließung eines Hochenthalpie-Gebietes finden in der sog. **Explorationsphase** umfangreiche geologische, strukturgeologische, hydrochemische (z. B. Geothermometer, Abschn. 15.2), thermische (Bodentemperatur, Wärmestromdichte) und geophysikalische Untersuchungen statt, um zum einen die Ausdehnung und Tiefenlage aber auch die interne Struktur und die Temperatur des Reservoirs zu erfassen. Zu den wichtigsten geophysikalischen Methoden (Abschn. 13.1) in magmatisch-vulkanischen Systemen gehören Widerstandsmessungen wie TEM (Transient-Elektromagnetik) und MT (Magnetotellurik) (Björnsson et al. 2005; Chistensen et al. 2006; Rosenkjær 2011). Damit wird der elektrische Widerstand des Untergrunds erfasst, um strukturelle Aussagen und Informationen über die räumliche Ausdehnung und Tiefenlage der geothermischen Lagerstätte zu erhalten. Hinzu kommen meistens Schwere-Messungen (Bouguer-Schwere-Anomalie) sowie (aero)magnetische Vermessungen. Zudem wird i. d. R. die Seismizität im Umfeld registriert, deren Auswertung zusätzliche Informationen über Tektonik und Erstreckung des Reservoirs liefern kann. Derartige kombinierte geophysikalische Messungen haben sich in den letzten Jahren als sehr effizient zur indirekten Bestimmung der physikalischen Parameter des geothermalen Systems insbesondere in basaltischen Gebieten erwiesen (Barkaoui 2011; Árnason et al. 2000). In der Explorationsphase werden üblicherweise auch einige wenige, flache Bohrungen (< 350 m Tiefe), sog. Explorations-Bohrungen, abgeteuft, um die Existenz und das Potential des Reservoirs zu erfassen. Diese finden im Erfolgsfall in der Erschließungsphase oftmals in Abhängigkeit von den angetroffenen Temperaturen entweder als Förderbohrung für eine ggf. anstehende Heißwasserversorgung oder als Injektionsbohrung im Hinblick auf die Stützung des Tiefenreservoirs Verwendung.

Die eigentliche **Erschließung** oder Entwicklung eines Hochenthalpie-Gebietes erfolgt auf den indirekten Erkundungsergebnissen sowie auf Basis der Explorations-Bohrungen aufbauend heutzutage stufenförmig, typischerweise in 10–30 MW-Schritten, wobei zwischen den einzelnen Erschließungsphasen 2–3 Jahre liegen. Die meisten Erschließungs-Bohrungen haben Tiefen zwischen 1500 m und 2500 m. In Abhängigkeit von der Tiefenlage des Reservoirs können Produktionsbohrungen allerdings auch Tiefen von über 3000 m erreichen. Am Ende jeder Erschließungsphase wird das geothermische Reservoir umfangreich getestet und kann bei Erfolg bereits in Betrieb gehen, was ökonomische Vorteile bietet. Oft wird die Nutzung bereits zu Beginn als Mehrfachnutzung (Strom, Warmwasserversorgung etc.) konzipiert.

Nach der sogenannten Erschließungsphase folgt die **Betriebsphase** des Kraftwerkes. Häufig müssen in der Betriebsphase weitere Bohrungen abgeteuft werden, um alte Bohrungen, deren Förderrate sich z. B. durch Ausfällungen stark reduzierte oder die korrodierten (Abschn. 15.3), außer Betrieb nehmen zu können bzw. ersetzen zu können. Diese Ersatzbohrungen werden oftmals tiefer in das Reservoir abgeteuft, z. T. weil sich der Erkenntnisgrad über die Struktur und Ausdehnung des Tiefenreservoirs im Zuge der Betriebsphase erhöhte und/oder weil sich der Dampfdruck im Reservoir durch den Betrieb mit der Zeit erniedrigte.

Hochtemperatur-Bohrungen werden meistens in vier Abschnitten – nicht mitgerechnet das Standrohr- im Rotary-Bohrverfahren (Kap. 12) erstellt, zu Beginn in den ersten 50–100 m Tiefe mit einem großen Durchmesser (20" resp. 24") und einer hinterzementierten Verrohrung (18" resp. 22"). Sodann wird mit verkleinertem Durchmesser (17½" resp. 20") bis 200–600 m Tiefe weitergebohrt und eine Verrohrung (13½" resp. 18") eingestellt, bei der zumindest der untere Bereich hinterzementiert wird. Der dritte Abschnitt in 600–1200 m Tiefe wird mit einem Durchmesser von 12½" resp. 17½" gebohrt und anschließend die sogenannte Produktions-Rohrtour (9⅝" resp. 13⅜") eingebracht und ebenfalls hinterzementiert. Abschließend wird der Produktionsteil der Bohrung in den Nutzhorizont abgeteuft (8½" resp. 12½"). In diesen wird ein perforierter Liner (7" resp. 9⅝") (Abb. 12.1) zur Stabilisierung des Bohrlochs von der Produktions-Rohrtour aus abgehängt, der 20–30 m oberhalb der Bohrendteufe endet (thermische Expansion). Die Förderung erfolgt somit über den perforierten Liner und von dort innerhalb der Produktions-Rohrtour nach oben. In Abhängigkeit von den lokalen geologischen Gegebenheiten (z. B. Standfestigkeit) oder Tiefenlage des zu erschließenden Reservoirs erhöht sich die Anzahl der Bohrabschnitte. Viele Hochtemperatur-Bohrungen werden heutzutage gerichtet abgeteuft (Kap. 12), d. h. sie werden von einem anfänglich vertikalen Verlauf ab einer bestimmten Tiefe gezielt in den Produktionshorizont hinein abgelenkt. Die Ablenkung der Bohrung erfolgt meistens während des Abteufens des Produktionsteils sukzessive in 2–3° Schritten alle 30 m bis etwa 20–40° Neigung erreicht sind (z. B. Sveinbjörnsson, 2014).

Abb. 10.8 Brunnenhaus einer Hochenthalpie-Bohrung (a). Im Innern des Brunnenhauses befindet sich der Bohrlochkopf (b) sowie notwendige technische Einrichtungen

Übertage ist jede Bohrung mit einem Bohrlochkopf verschlossen und gesichert. Darüber befindet sich für jede Bohrung separat ein Brunnenhaus (Abb. 10.8a, b).

Im Anschluss an die Fertigstellung der Bohrung wird diese umfangreich getestet, um die Ergiebigkeit festzustellen. Dabei entstehen durch die spontane Druckentlastung des heißen Fluids gewaltige Dampfmengen, die das Bohrloch unter hohem Druck mit großer Geschwindigkeit verlassen, begleitet von einem enormen Geräuschpegel. Um die dabei entstehenden Geräuschemissionen zu reduzieren, ist ein sogenannter ‚**Muffler**‘, ein Schalldämpfer, zwischengeschaltet, so dass der Dampf nicht direkt aus dem Bohrloch sondern über den Muffler entweicht (Abb. 10.9a, b). Der Muffler wird auch benötigt, um eine Bohrung nach längerer Stillstandzeit produktiv zu halten oder um eine Bohrung von Sinterablagerungen zu befreien, also zu reinigen. Auch in Dampfseparatoren sind Schalldämpfer eingebaut (Thorolfsson 2010).

Abb. 10.9 Beispiel für einen ‚Muffler‘ (Schalldämpfer) zur Reduzierung der Geräuschemission bei Druckentlastung der Bohrung, auf der linken Seite der Abb. 10.9a. In Abb. 10.9b ist der Muffler in Betrieb. Nesjavellir, Island

Unter gewissen Umständen müssen auch Hochenthalpie-Bohrungen **ertüchtigt** bzw. **stimuliert** werden, um ihre Produktivität zu erhöhen, beispielsweise wenn Zuflussbereiche durch den Bohrvorgang verstopft wurden oder zur Verbesserung der hydraulischen Anbindung ins Reservoir. Die hierbei angewandten Verfahren sind vergleichbar mit den Maßnahmen, die in Abschn. 8.5 beschrieben sind. Ein weiteres Verfahren zur Verbesserung der Produktivität ist die intermittierende Injektion von kaltem Wasser. Gelegentlich werden diese Verfahren auch in einem bestimmten Bohrlochabschnitt unter Einsatz eines Packers durchgeführt.

Wird aus den Hochenthalpie-Bohrungen primär **trockener, heißer Dampf** gefördert, wird das hydrothermale Fluid, das kein Wasser enthält, direkt auf die **Turbine** geleitet (**Dry-Steam-Kraftwerk**). Aus der Drehbewegung in der Turbine (Abb. 10.10) wird im **Generator** Strom erzeugt (Abb. 4.14b). Im Reservoir

Abb. 10.10 Modell einer Turbine in einem Geothermiekraftwerk. Der einströmende trockene, heiße Dampf trifft auf die Rotorblätter und erzeugt dadurch eine Drehbewegung, die anschließend im Generator in Strom übergeführt wird

Abb. 10.11 Beispiel für Separatoren, Geothermiekraftwerk Hellisheiði, Island

kann zwar wegen der Druckabhängigkeit der Siedekurve Wasser vorkommen, jedoch nicht am Bohrlochkopf. Beispielsweise liegt der Siedepunkt von Wasser bei einem Druck von 100 bar (ca. 1000 m Tiefe) bei nahezu 300 °C gegenüber 100 °C an der Erdoberfläche. Bei salinaren Fluiden ist der Siedepunkt noch höher. Daher schießt bei Druckentlastung heißer Fluide (180–350 °C) heißer, trockener Dampf mit hoher Geschwindigkeit selbständig (ohne Pumpe) aus dem Bohrloch heraus. Der mengenmäßige Dampf-Austritt wird am Bohrlochkopf kontrolliert an die Turbine abgegeben, wobei mehrere Bohrungen eine Turbine speisen. Dry-Steam-Kraftwerke sind die effizientesten und einfachsten Stromerzeugungs-anlagen, kommen allerdings sehr selten vor. Derartige Systeme befinden sich beispielsweise in den Hochenthalpie-Gebieten ‚The Geysers' in Nord-Kalifornien (USA) (Abschn. 4.4), in Larderello (Nord-Italien) (Abschn. 2.2) oder im Ulubelu Geothermiefeld (Indonesien).

Flash Steam-Kraftwerke (Abb. 4.14a) kommen zum Einsatz, wenn Druck und Temperatur der heißen Reservoir-Fluide etwas niedriger sind und daher der am Bohrlochkopf produzierte Dampf auch feucht ist, was in den meisten Hochenthalpie-Gebieten der Fall ist. Der feuchte, heiße Dampf muss daher zunächst von der Produktionsbohrung in einen sogenannten **Separator**, einen Tropfabscheider, (Abb. 10.11) geleitet werden, in dem der heiße trockene Dampf von der heißen Flüssigkeit, dem Brine, abgetrennt wird. Die heißen Fluide aus mehreren Produktionsbohrungen münden in einen Separator. Nach Abscheidung gelangt der heiße, trockene Dampf in die Turbine (Abb. 10.10) und treibt diese an zur Stromproduktion im Generator. Da das heiße Restfluid (Brine) einen hohen Gesamtlösungsinhalt (TDS) mit z. T. umweltschädigenden Inhaltsstoffen hat, wird es i. d. R. wieder in den Untergrund reinjiziert, entsorgt. Gleich-zeitig findet dadurch auch eine Stützung des Reservoirs statt, d. h. der Druck-absenkung im Reservoir sowie einer potentiellen Setzung werden entgegengewirkt (Abschn. 10.3).

Bei modernen Geothermiekraftwerken gelang der heiße Dampf von der Turbine beider Kraftwerkstypen, dem Dry-Steam- und dem Flash-Steam-Kraftwerk, in den

Abb. 10.12 Geothermiekraftwerk Nesjavellir, Island, im Hintergrund Abdampfkamine. Leitungssysteme mit heißen Fluiden werden abgewinkelt und auf Rollen verlegt, damit sie flexibel auf thermische Beanspruchung reagieren können

Abb. 10.13 Geothermiekraftwerk Hellisheiði, Island. Rechts im Bild Kühltürme

Kondensator, in dem er zu Wasser kondensiert wird. Ein Kondensator ist quasi eine Art Wärmetauscher, in dem kaltes Wasser zum Wärmeentzug genutzt wird. Das kalte Wasser stammt normalerweise aus einem **Kühlturm** (Abb. 10.13), in dem ein Teil des kondensierten Dampfes abgekühlt wird, wobei ein gewisser Dampfanteil an die Atmosphäre abgegeben wird.

Neben Single-Flash-Steam-Kraftwerken, wie in Abschn. 4.4 beschrieben und auf Abbildung Abb. 4.14a gezeigt, gibt es heutzutage auch **Double-Flash-Steam-Kraftwerke** (bereits auch Tripple-Flash-Steam-Kraftwerke), bei denen aus dem separierten Fluid, das den Primär-Separator verlässt, zusätzlich Dampf gewonnen wird. Diese Anlagen sind etwa 15–25 % effizienter, erfordern allerdings eine aufwändigere Wartung und sind teurer. Ein Beispiel für ein Double-Flash-Steam-Kraftwerk ist das Geothermiekraftwerk Hellisheiði, Island.

Bei **Kraft-Wärme-Kopplungsanlagen (KWK)**, wie beispielsweise Hellisheiði oder Nesjavellir in Süd-Island (Abb. 10.12 und 10.13), gibt es zusätzlich Kaltwasser-Bohrbrunnen, aus denen kaltes Grundwasser in Kaltwassertanks gepumpt wird und von dort den Kondensator der Elektrizitätserzeugung bzw. Wärmetauscher durchströmt. Dabei erreicht das ehemals kalte Grundwasser Temperaturen von 85–90 °C. Dieses erhitzte Frischwasser wird anschließend bei Unterdruck in Gasextraktoren zum Sieden gebracht, um im Wasser gelösten Sauerstoff zu eliminieren. Dies beugt Korrosion in den Rohrleitungen der Fernwärmeversorgung vor. Hellisheiði und Nesjavellir versorgen die isländische Hauptstadt Reykjavik mit Fernwärme. Um nach Reykjavik zu gelangen, benötigt das heiße Wasser in der mit Steinwolle isolierten Pipeline etwa 27 h, verliert jedoch auf dieser Strecke lediglich 1,8 °C. Wässer aus dem Hochenthalpie-Gebiet können nicht direkt für die Fernwärmeversorgung verwendet werden, da sie zu viele Inhaltsstoffe und Gase aufweisen und daher zu Ausfällung und Korrosion neigen (Gunnlaugsson 2008).

Hellisheiði (Abb. 10.13) ist das größte Geothermiekraftwerk Islands und das zweitgrößte weltweit. Es wurde in einzelnen Ausbaustufen in Betrieb genommen. Das Kraftwerk liegt, ebenso wie Nesjavellir (Abb. 10.12), am Vulkan Hengill im Süden Islands. Hellisheiði hat derzeit eine installierte elektrische Leistung von 303 MW_{el} (6 × 45 MW- und eine 33 MW-Turbine) sowie eine thermische Leistung von 133 MW_{th} für die Fernwärmeversorgung von Reykjavik. Zur Stromerzeugung werden derzeit 500 kg/s 180 °C heißer Dampf aus 30 Produktionsbohrungen mit Tiefen von 2000–3000 m genutzt. Insgesamt gibt es im Umfeld des Kraftwerkes jedoch mehr als 60 Bohrungen. Die meisten Bohrungen wurden als Schräg-bohrungen abgeteuft und befinden sich in stark geklüfteten Spalten-Systemen des Zentralvulkans Hengill. Bei den geothermalen Fluiden handelt es sich um niedrig konzentrierte Na-Cl-HCO_3-Fluide mit TDS zwischen 1000 ppm und 1500 ppm, wobei der Chlorid-Gehalt bei < 200 ppm liegt (Tab. 10.1). In Anhängigkeit von der Lage der Bohrungen und ihrem Produktionshorizont fördern die Bohrungen unter-schiedliche Mengen an H_2S und CO_2 (Ármannsson 2016).

10.3 Unerwünschte Begleiterscheinungen, Gegenmaßnahmen

Zu den unerwünschten potentiellen Begleiterscheinungen der geothermischen Nutzung in Hochenthalpie-Gebieten können beispielsweise eine Erniedrigung des Dampfdruckes im Reservoir, Setzungserscheinungen an der Erdober-fläche, erhöhte Seismizität, Sinterbildung wie Silica-Ausfällung an Anlagen-teilen, Geruchsbelästigung oder auch eine Beeinträchtigung der Flora im näheren Umfeld gehören. Allerdings treten die genannten Probleme nicht immer, nicht immer zusammen und nicht an jedem Standort auf. Geothermisch genutzte Hochenthalpie-Gebiete, d. h. die Geothermiekraftwerke, liegen meist nicht in unmittelbarer Nähe von Siedlungsgebieten. Unerwünschte Begleiterscheinungen beeinträchtigen die Menschen daher i. d. R. nur mittelbar. Auch liegt in den meisten Hochenthalpie-Gebieten bereits vor der Erschließung ein sogenanntes seismisches Grundrauschen vor. Nachstehend werden an ausgewählten Bei-spielen derartige unerwünschte Begleiterscheinungen, die vorgenommenen Gegenmaßnahmen sowie Wechselwirkungen dargestellt.

In Zusammenhang mit der zunehmenden Dampfproduktion, d. h. der Strom-produktion, stellte sich ab 1987 im Hochenthalpie-Gebiet ‚The Geysers‘ eine markante **Reduktion des Dampfdruckes** in der Lagerstätte ein, mit der Folge, dass einige der Dry-Steam-Kraftwerke geschlossen werden mussten (Brophy et al. 2010). Detaillierte Untersuchungen ergaben, dass der Dampfdruck im Reservoir um etwa 1 bar pro Jahr bereits seit 1966 abnahm. Ab dem Jahre 1991 wurden

Pläne erarbeitet, bei denen externes Wasser in das System zur Erhöhung des Lagerstättendruckes und zur Gewährleistung der Nachhaltigkeit eingeleitet werden sollte. Ab 1997 wurde diese Pläne umgesetzt und Wasser aus oberirdischen Gewässern und behandeltes Abwasser in den Untergrund eingebracht. Derzeit werden ca. 800 kg/s gereinigtes Siedlungsabwasser von Clear Lake und Santa Rose zur Stützung in das Reservoir injiziert. Durch diese Maßnahmen konnte die Leistungsabnahme der Kraftwerke gebremst, die Produktion wieder gesteigert werden und alte, bereits geschlossene Anlagen konnten wieder ihren Betrieb aufnehmen (Brophy et al. 2010).

Bereits ab 1975 wurde in ‚The Geysers' eine zunehmende mikroseismische Aktivität beobachtet. Diese seismische Aktivität in den frühen Jahren, d. h. vor Beginn großer Injektionsraten mit externen Wässern, korrelierte mit der Rate des geförderten Dampfes, d. h. mit der Stromproduktion, obwohl bereits zu diesem Zeitpunkt Teile des abgekühlten und kondensierten Dampfes wieder reinjiziert wurden. Die damalige **Seismizität** (Abschn. 11.1) wurde vor allem auf **Setzungen** infolge reduziertem Porenfluiddruck im Reservoir durch die hohen Entnahmemengen und zu einem kleinen Anteil auch auf Abkühlung durch die Injektion von kühleren Fluiden zurückgeführt. Durch die zunehmenden Injektionsmengen zur Stützung des Reservoirs ab Ende der 1990er-Jahre nahm die Seismizität zu und zwar sowohl die Anzahl der seismischen Ereignisse als auch die Höhe der maximal erreichten Magnituden. Im Dezember 2016 wurde erstmals eine Magnitude von $M_L = 5,0$ gemessen. Diese späteren erhöhten seismischen Aktivitäten und höheren Magnituden wurden vorwiegend auf thermische Kontraktion infolge Abkühlung durch die hohen kühlen Injektionsraten (Abwässer) zurückgeführt (Nicholson und Wesson 1990; Brophy et al. 2010).

Setzungen der Geländeoberfläche durch die jahrelange Extraktion geothermaler Fluide wurden ebenfalls in den norditalienischen Hochenthalpie-Gebieten Larderello und dem nahe gelegenen Travale-Radicondoli beobachtet. Von Larderello ist im zentralen Bereich eine Setzung um 170 cm dokumentiert (ENEL 1995). Eine Korrelation zwischen Seismizität und Injektionsrate war nicht feststellbar (Batini et al. 1985).

In der seismisch aktiven Taupo Vulkanzone von Neuseeland existieren 5 Geothermiefelder, die geothermisch genutzt werden (Rowland und Sibson 2004). Das Geothermiekraftwerk „Wairakei Power Station" befindet sich in der Nähe des Hochenthalpie-Gebietes Wairakei. Es ging bereits 1958 als weltweit erstes Flash-Steam-Kraftwerk in Betrieb (Thain 1998). Derzeit gibt es 55 Produktionsbohrungen, 6 Injektionsbohrungen sowie 50 Monitoring-Messstellen. Alle Bohrungen haben lediglich eine Tiefe von deutlich unter 700 m. Die elektrische Kapazität des Kraftwerkes beträgt heutzutage 181 MW_{el}. Durch den Betrieb des Kraftwerks reduzierte sich ab Anfang der 1980er-Jahre der **Dampfdruck** in diesem relativ oberflächennahen Reservoir markant mit starken wirtschaftlichen Auswirkungen. Außerdem erniedrigte sich in geringem Maß die **Temperatur** des produzierten Fluids. In Folge gelang es, zusätzlich besonders lukrative Bohrungen, die trockenen Dampf produzierten, zu erschließen (Thain 1998). Allerdings waren diese Fluide wegen unerwünschter Inhaltsstoffe problematisch. Als weitere Folgen der Erniedrigung des Reservoir-Dampfdruckes erfolgten zum einen **Setzungen** der Geländeoberfläche, allerdings ohne gravierende Probleme. Zum anderen gab es an verschiedenen Stellen übertage verstärkt **Dampf-/Gasaustritte** und es wurde eine Zunahme der oberflächennahen Temperatur beobachtet (Allis 1981). Wie in anderen Hochenthalpie-Reservoiren wurden auch hier zur Behebung oder Reduzierung dieser Probleme Reinjektionen vorgenommen, die allerdings zu verstärkter **Mikroseismizität** führten. Auf den Erfahrungen aufbauend wurde für die lokalen Verhältnisse erfolgreich eine neue Injektionsstrategie entwickelt, die Parameter wie Injektionstiefe, Lage, In-Situ-Temperatur, Injektionsdruck und Injektionsrate berücksichtigt (Mizuno 2013; Sherburn et al. 2015).

Auch auf der Reykjanes Halbinsel, SW-Island, wurde eine Zunahme von CO_2-**Entgasungen** an der Oberfläche und der **oberflächennahen Temperatur** messtechnisch erfasst. Allerdings ist es dort unklar, ob diese Manifestationen auf einer Erniedrigung des Dampfdruckes im Reservoir infolge Kraftwerksbetrieb basieren oder ob sie auf natürliche Ursachen zurückzuführen sind (Óladóttir und Friðriksson 2015).

Das Geothermiekraftwerk Hellisheiði, SW-Island, (Abschn. 10.2) wurde von Anfang an auf Nachhaltigkeit ausgelegt. Somit war die Injektion von Restfluiden eine primäre Zielvorgabe, damit es zu keiner signifikanten Reduktion des Reservoir-Dampfdruckes kommt. Im Zuge der sukzessiven Erschließung und Inbetriebnahme wurden im Umfeld des Geothermiekraftwerks mehr als 60 Bohrungen abgeteuft. Insgesamt gibt es 17 Injektionsbohrungen zur Aufrechterhaltung des Dampfdruckes im Reservoir und zur Vermeidung von Setzungen an der Erdoberfläche. Bereits während des Abteufens einiger Bohrungen traten vereinzelt seismische Ereignisse mit Magnituden von $M_L = 2$–3 auf, andere Bohrungen zeigten hingegen keine seismischen Aktivitäten. Diese **Seismizität** während der Erschließungsphase trat meist in Verbindung mit dem Verlust von Bohrspülung beim Anfahren großer Klüfte auf oder im Zusammenhang mit Bohrlochtest, bei denen nach Abschluss der Bohrarbeiten Fluide mit erhöhtem Druck eingepresst wurden. Diese Art der Seismizität war zum einen niedrig und nur von kurzer Dauer, da sie sich auf die Erschließungsphase beschränkte. Allerdings erhöhte sich im Laufe des Betriebs des Kraftwerkes, also mit zunehmender Produktion aber auch Injektion, in den letzten Jahren die Seismizität der Region grundsätzlich, bis zu einer Magnitude von $M_L = 4{,}4$ hin im Jahre 2011 (Hjörleifsdóttir et al. 2019). Auch hier wurde daher in Folge eine Injektionsstrategie entwickelt, um die Seismizität zu reduzieren.

Eine weitere Herausforderung bei Hochenthalpie-Kraftwerken stellt die nicht vermeidbare Emission **nicht-kondensierbarer Gase**, wie CO_2 und H_2S, bei der Stromproduktion dar. Bei diesen Gasen handelt es sich um sog. vulkanische Gase, die im Reservoir im geothermalen Fluid enthalten sind (Abschn. 10.1). Grundsätzlich beschleunigen hohe CO_2-Gehalte im geförderten Geothermalfluid bei Temperaturen unter 200 °C die Kalzitausfällung und unterstützen die Korrosion. Hohe H_2S-Gehalte im Fluid forcieren metallurgische Probleme wie Korrosion, Material-Ermüdung oder Rissbildung (Abschn. 15.3). Zur Reduktion der Emission nicht-kondensierbarer Gase in die Atmosphäre wurde aus Gründen des Umweltschutzes im Jahre 2006 auf dem Betriebsgelände des Geothermiekraftwerks Hellisheiði das **CarbFix-Projekt** und kurze Zeit später das **Sulfix-Projekt** gestartet, um die CO_2 und H_2S Emissionen aus dem Kraftwerk aufzufangen und diese Gase im Untergrund als Karbonat- und Sulfidminerale zu sequestrieren. Zunächst wurde im Rahmen des Projektes eine innovative Gas-Separationsanlage errichtet (Gunnarsson et al. 2015). Mit Hilfe eines speziellen Verfahrens wurden sodann die sauren Gase jeweils unter sauerstofffreien Bedingungen in Wasser (aus dem Kraftwerk) gelöst, wobei die Intensität dieses Prozesses stark vom Druck, der Temperatur und der Salinität des Wassers abhängen (Gl. 10.4, 10.5) (Aradóttir et al. 2015).

$$CO_{2(g)} + H_2O_{(f)} = H_2CO_{3(aq)}$$

$$H_2CO_{3(aq)} = HCO_3^- + H^+ \tag{10.4}$$

$$HCO_{3\ (aq)}^- = CO_3^{2-} + H^+$$

$$H_2S_{(g)} = H_2S_{(aq)}$$

$$H_2S_{(aq)} = S^{2-} + 2H^+ \tag{10.5}$$

Durch diesen Vorgang, bei dem die Gase unmittelbar in eine Flüssigkeit eingefangen werden (Gl. 10.4, 10.5), wird die Sicherheit im Hinblick auf Leakage beträchtlich erhöht. Zudem erfolgte die Einspeisung der beiden Lösungen separat in den Untergrund bevorzugt unterhalb von abdichtenden Gesteinsformationen. Bei diesem Prozess (Gl. 10.4, 10.5) wird der pH-Wert stark erniedrigt, was die Reaktivität mit dem basaltischen Material im Untergrund bei der Injektion beträchtlich erhöht. Die Einspeisung von CO_2 erfolgte ab 2014 über Bohrungen in die Basaltgesteine in Tiefen von 400–800 m bei Temperaturen von 30–80 °C. Proben aus einer nahe gelegenen Monitoringstation ließen eine Sequestrationsrate von 80–90 % in mineralischer Form bereits im ersten Betriebsjahr erkennen. Bohrproben zeigten ferner, dass sich Karbonat-reiche Ausfällungen, wie Kalzit ($CaCO_3$), Dolomit ($CaMg(CO_3)_2$) oder Magnesit ($MgCO_3$), innerhalb kürzester Zeit bildeten (Gunnlaugsson 2016). Das CarbFix-Projekt zeigte, dass sich CO_2 sehr rasch und permanent in Basaltgesteinen sequestrieren lässt. Die Einspeisung von H_2S, ebenfalls gelöst in Wasser aus dem Kraftwerk (Gl. 10.5), erfolgte Ende 2015 in ein tieferes Stockwerk (> 800 m) bei Temperaturen um 270 °C. Laborversuche und numerische Berechnungen zufolge sollte die Bildung von Sulfidmineralen (z. B. FeS) deutlich rascher erfolgen als die Karbonatminerale bei der CO_2-Sequestrierung (Aradóttir et al. 2015; Gunnlaugsson 2016).

Daneben bieten gerade Hochenthalpie-Felder mit ihrem großen Energiedargebot die Möglichkeit, CO_2 auch wirtschaftlich zu recyceln. In Grindavik auf der Reykjanes Halbinsel, SW-Island, befindet sich beim Svartsengi-Geothermie-Kraftwerk das George-Olah-Werk, die weltweit größte **CO_2-Methanol-Anlage.**

Das Werk ging im Jahre 2011 kommerziell mit einer Produktion von 2 Mio. Liter erneuerbarem Methanol pro Jahr in Betrieb. Für die kommenden Jahre sind 5 Mio. l/a vorgesehen. Neben dem weniger leicht entzündbaren Methanol (CH_3OH), als erneuerbarem Kraftstoff, wird auch Wasserstoff (H_2) erzeugt (Gl. 10.6).

$$2H_2O + Energie = O_2 \uparrow + 2H_2$$

$$2H_2 + CO_2 = CH_3OH + 0,5O_2 \uparrow \qquad\qquad (10.6)$$

Der Einsatz der Geothermie erfolgt bei der Wasserelektrolyse, d. h. bei der Sauerstoff- und Wasserstoff-Herstellung. Wasserstoff wird für die Produktion von Methanol (CH_3OH) aus CO_2 unter Zuhilfenahme von katalytisch gesteuerten Reaktionen benötigt. Der generierte Sauerstoff wird in die Atmosphäre freigesetzt. Der erzeugte Wasserstoff kann auch als Antriebsenergie bei Brennstoffzellen-Autos genutzt werden. Die Prozesse veranschaulichen, dass geothermische Energie auch zur Speicherung von Energie verwendet werden kann. Methanol ist ein Energieträger (Garrow 2015).

Die häufigsten **Mineralausfällungen** in Hochtemperatur-Nutzungen sind Silica (SiO_2) und Kalziumkarbonat ($CaCO_3$), vereinzelt wird auch die Ausfällung von Schwermetallsulfiden (Cu, Pb, Zn) beobachtet (Abschn. 15.3).

Die Blaue Lagune (**Blue Lagoon**) auf der Reykjanes Halbinsel im Südwesten von Island ist ein gutes Beispiel für die Folgen von bezüglich Silica stark übersättigter Wässer aus geothermischen Kraftwerksprozessen. Die Blaue Lagune entstand als Nebenprodukt aus dem nahe gelegenen Geothermiekraftwerk Svartsengi, aus dem warmes, salinares Restwasser aus dem Kraftwerk zur Versickerung in das hochdurchlässige Lavafeld eingeleitet wurde. Durch die hohe Übersättigung des Restwassers bezüglich verschiedener Minerale, insbesondere Silica, wurde der Kluft- und Porenraum mit der Zeit verstopft, so dass sich ein See bildete. Zwischenzeitlich ist die eingeleitete Restwassermenge beschränkt, um die Größe des Sees einzudämmen. Aus dem eingeleiteten übersättigten Salzwasser fällt überwiegend Silica als weiße Kruste am Seerand und als weißer Schlamm am Seeboden aus, der dem See die typisch blau-weiße Farbe gibt (Abb. 10.14).

Da beim Kraftwerksprozess zum einen das Fluid abgekühlt wird, nimmt der Grad der Übersättigung bezüglich **Silica** stark zu. Zum anderen erhöht sich die Übersättigung bezüglich Silica im Restwasser durch die Entfernung von H_2O in Form von Dampf beim Durchgang durch den Separator in einem Flash-Steam-Kraftwerk (Abschn. 10.2). Beispielsweise hat entspannter Dampf aus Hochenthalpie-Lagerstätten mit etwa 4,6 mg/kg einen wesentlich geringeren Gesamtlösungsinhalt (TDS) als das abgetrennte Fluid, dessen TDS etwa 45 g/kg betragen kann. Die Hauptinhaltsstoffe im Fluid sind Chlorid, Natrium, Calcium und Kalium (Giroud 2008). Der Wert für Silica liegt typischerweise bei 800–900 mg/kg (im Vergleich dazu: der Sättigungszustand bei 25 °C warmem Wasser beträgt 6 mg/kg). Bor, Fluorid und Quecksilber sind ebenfalls häufig stark angereichert. Diese Restfluide werden daher auch aus entsorgungstechnischen Gründen bevorzugt wieder in den Untergrund verbracht.

Abb. 10.14 Blue Lagoon auf der Reykjanes Halbinsel, SW-Island. Im Hintergrund das Geo-thermiekraftwerk Svartsengi

Ausfällungen von Silica stellen wegen der hohen Temperatur- und Druck-änderungen bei Hochenthalpie-Nutzungen grundsätzlich ein Problem dar. Hinzu kommt, wie oben erwähnt, dass durch den Verlust von Dampf aus dem heißen Fluid die Konzentration von Silica im separierten Wasser ansteigt. Daher stellt für manche Geothermiekraftwerke der Grad der Übersättigung bezüglich amorphem Silica ein limitierender Faktor für die Energiegewinnung dar, d. h. das Geo-thermiefluid kann nur bis zu einem gewissen Schwellenwert abgekühlt werden, da ansonsten die Ausfällungen von amorphem Silica kaum mehr, außer mit sehr hohem Aufwand, beherrschbar sind. Andererseits ist Silica-Sinter ein gesuchter Rohstoff.

Zahlreiche Faktoren wie beispielsweise Grad der Übersättigung, pH-Wert, Temperatur, Fließrate, Belüftung und weitere Lösungsinhalte (Salinität) steuern die Ausfällung von Silica. Die Löslichkeit von Silica nimmt mit zunehmendem TDS (Salinität) ab. Relativ geringe Al-Gehalte können die Löslichkeit von amorphem Silica reduzieren. Hervorzuheben ist in diesem Zusammenhang der weniger bekannte Einfluss des pH-Wertes auf die Löslichkeit von Silica, die bei 100 °C heißem Wasser ab pH > 8 und bei 180 °C bereits ab pH > 7 sehr stark ansteigt. Allerdings nimmt auch der neutrale pH-Wert von Wasser mit zunehmender Temperatur ab (Abschn. 15.2).

Da die Ausfällung von Silica aus dem stark übersättigten Fluid jedoch nicht nur thermodynamisch sondern auch kinetisch gesteuert wird, unterliegt sie einem Zeitfaktor. Normalerweise fällt aus dem Silica-gesättigten Fluid bei Temperaturerniedrigung nicht Quarz sondern amorphes Silica aus. Amorphes Silica ist löslicher als Quarz. Die Ausfällung von amorphem Silica erfolgt nicht spontan aus der übersättigten Lösung, sondern es müssen sich zuerst Kolloide im Fluid bilden und erst dann kann eine Ablagerung der Kolloide stattfinden. Die Kolloide im Fluid sind winzig kleine Partikel und verfügen über eine sehr große Oberfläche mit Oberflächenladung. Bevor sich überhaupt Silica-Kolloide im Fluid bilden, muss zunächst eine Keimbildung, Reifung und Zunahme der Größe erfolgen, der die sog. Polymerisation zweier Kieselsäure-Moleküle (H_4SiO_4) unter Freisetzung von H_2O vorausgeht. Verschiedene Verfahren, bzw. Verfahrensansätze, wurden entwickelt, die häufig auf nachstehenden Mechanismen basieren (Brown 2011):

- Vermeidung einer Sättigung bezüglich amorphem Silica.
- Polymerisation kann durch Zugabe von Säure (HCl, H_2SO_4) verzögert werden.
- Stabilisierung der Kolloide, z. B. durch Zugabe von Inhibitoren, um ihre Oberflächeneigenschaften zu verändern.
- Anhebung des pH-Wertes, um die Löslichkeit von Silica zu erhöhen.
- Niedrigere Fluid-Geschwindigkeit reduziert die Ausfällung von Silica.

In den letzten Jahren wurden verschiedene Methoden entwickelt, um die Ausfällung zu kontrollieren. Beispielsweise kann in Fluiden aus Hochenthalpie-Gebieten mit geringem TDS die Ausfällung von amorphem Silica durch niedrigere Fließraten in den Wärmetauschern verzögert werden (Gunnlaugsson 2012). Durch eine optimierte Dampfseparation mit maximaler Gasentfernung (CO_2) in Flash-Steam-Kraftwerken in Hochenthalpie-Gebieten mit gering salinaren Fluiden lässt sich der pH-Wert im Restwasser erhöhen, so dass sich dadurch die Ausfällung von amorphem Silica zumindest reduzieren lässt (Henley 1983). Eine Alternative dazu, bzw. Ergänzungsmaßnahme, wäre beispielsweise die Zugabe von Säure. Die Vorgänge der Bildung von Silica-Scales sind sehr komplex und zudem von Standort zu Standort unterschiedlich. Vermeidungsstrategien wurden und werden daher meist standortspezifisch anhand umfangreicher Tests entwickelt.

10.4   Herausforderungen und Chancen der Erschließung überkritischen Wassers

Im Gegensatz zu den meisten anderen Stoffen hat H_2O eine fest-flüssig-Phasengrenze mit negativer Steigung, d. h. der Schmelzpunkt nimmt mit zunehmendem Druck ab (Abb. 10.15). Das kommt daher, weil die Dichte von Eis geringer ist als diejenige von Wasser.

Das Phasendiagramm auf Abb. 10.15 zeigt – im Druck-Temperatur-Raum – die Phasengrenzen (Gleichgewichtslinien) zwischen den drei H_2O-Phasen: fest, flüssig, gasförmig. An den Phasengrenzen ändern sich viele Eigenschaften von H_2O, wie z. B. die Wärmekapazität oder die Dichte. Die Phasengrenzen zwischen flüssig und gasförmig hören spontan am sog. kritischen Punkt (p = 221 bar,

Abb. 10.15 Schematisches Phasendiagramm der drei H_2O-Phasen fest, flüssig, gasförmig für den Temperaturbereich bis 400 °C und den Druckbereich bis 250 bar

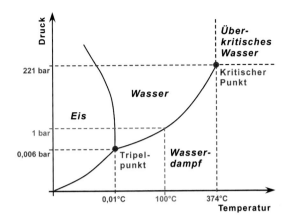

T = 374 °C) auf, d. h. die beiden Phasen, flüssig und gasförmig, sind nicht mehr unterscheidbar (überkritisches Wasser). Die Phasengrenze flüssig/gasförmig verschwindet jenseits des kritischen Punktes, d. h. oberhalb seiner kritischen Temperatur und oberhalb seines kritischen Druckes. Mit Annäherung des Druckes an den kritischen Druck werden die Abstände zwischen den Molekülen in der Dampfphase so gering wie in der flüssigen Phase. Die Dichte überkritischen Wassers nimmt mit zunehmender Temperatur ab und zunehmendem Druck zu, ist aber immer größer als 120 kg/m³. Die dynamische Viskosität überkritischen Wassers nimmt mit zunehmender Temperatur zunächst stark ab, um bei sehr hohen Temperaturen wieder leicht zuzunehmen. Die Kompressibilität überkritischen Wassers ist deutlich höher als von normalem Wasser (Abschn. 8.2) (Suárez und Samaniego 2012). Die Oberflächenspannung und die Verdampfungswärme von überkritischem Wasser sind Null.

Überkritisches Wasser besitzt eine Dichte wie eine Flüssigkeit, hat aber dieselbe Viskosität wie ein Gas. Die relativ hohe Dichte überkritischen Wassers hat eine höhere spezifische Enthalpie zur Folge; überkritisches Wasser ist wesentlich energiereicher (Suárez und Samaniego 2012). Mit Tiefbohrungen erschlossenes überkritisches Wasser steht unter höherem Druck, d. h. der Massenstrom aus dem Bohrloch ist höher. Summarisch ist dadurch ein 10–20-mal höherer Ertrag im Vergleich zu herkömmlichen geothermischen Systemen möglich. Das machen die Erschließungsversuche überkritischen Wassers auf Island so attraktiv (IDDP – Iceland Deep Drilling Project). Auch in Japan und auf Neuseeland gibt es Pläne überkritisches Wasser in der Nähe von Vulkanen zu erschließen.

Allerdings sind für die hohen Temperaturen und Drücke sowie die gelösten Stoffe und Partikel Spezialanfertigungen für Werkzeuge und Maschinen erforderlich. Für die Bohrbranche stellen Temperaturen weit oberhalb von 300 °C gewaltige Herausforderungen dar. Selbst massive Bohrkronen aus Stahllegierungen können nur dank enormer Kühlwassereinleitungen standhalten.

Andererseits wird überkritisches Wasser bereits in etwa 500 Kohlekraftwerken weltweit im Dampfprozess verwendet. Dabei erreicht der Frischdampf

Temperaturen von bis zu 580 °C und Drücke von etwa 270 bar und somit den überkritischen Zustand. Für die nächste Kohlekraftwerksgeneration sind Frischdampftemperaturen von rund 700 °C und Drücke von über 350 bar vorgesehen (BINE 2010).

Erste Erschließungen superkritischen Wassers erfolgten bereits in den 1980er-Jahren im norditalienischen Larderello (Bertini et al. 1980, Batini et al. 1983). In der Bohrung Sasso 22 sind in 3970 m Tiefe 380 °C dokumentiert (Bertini et al. 1980), in der Bohrung San Pompeo 2 in 2930 m ca. 240 bar und > 400 °C (Batini et al. 1983). Aber auch aus Japan, den USA, Mexiko, Kenia und Island sind Bohrungen dokumentiert, die zum Teil Temperaturen von deutlich über 400 °C erreichten (Reinsch et al. 2017). Die wahrscheinlich weltweit höchsten Temperaturen von 500–510 °C in 3.720 m Tiefe sind aus der Bohrung WD-1A bekannt, die in den Jahren 1994 und 1995 in das Hochenthalpie-Gebiet Kakkonda (N-Japan) im Rahmen des Projektes „Deep Seated Geothermal Resources Survey" abgeteuft wurde (Ikeuchi et al. 1998). Auf Island wurden in Tiefen von nur 2,2 km an gewissen Lokationen bereits Temperaturen von 360 °C bohrtechnisch erreicht, d. h. man war dem kritischen Punkt von Wasser bereits sehr nahe, jedoch waren die Drücke bislang außer bei den im Folgenden beschriebenen IDDP-Bohrungen noch nicht ausreichend hoch. Grundsätzlich waren die Fluide in diesen Bohrungen in der Regel toxisch, korrosiv und sie neigten zu erhöhter Sinterbildung, die ökologisch und ökonomisch problematisch und nur sehr schwierig zu handhaben oder unter Kontrolle zu halten sind. Hinzu kamen schwerwiegende Probleme beim Bohren, z. T. mit totalem Spülungsverlust auf nahezu der gesamten Bohrstrecke, oder Korrosion des Bohrgestänges, Kollaps der Verrohrung usw.

Das IDDP (Iceland Deep Drilling Project), dem verschiedene internationale Partner angehören, beabsichtigt durch die Erschließung und Nutzung von überkritischem Dampf die Ressource auszubauen (Elders und Friðleifsson 2010). Das bedeutet Temperaturen von deutlich über 375 °C bei einem Druck von etwa 225 bar. Unter diesen Bedingungen entspricht die Dichte des heißen Dampfes etwa der von Wasser (kritischer Punkt: 374 °C, 221 bar) (Abb. 10.15). Grundsätzlich hat überkritischer Dampf chemisch gesehen besonders aggressive Eigenschaften. Von der Erschließung und Nutzung überkritischen Wassers verspricht man sich eine Effizienzsteigerung um ein Vielfaches pro geförderter Rate.

Bei der ersten Tiefbohrung (IDDP-1) nahe dem Spaltenvulkan Krafla im Norden Islands ist man im Sommer des Jahres 2009 in 2104 m Tiefe unerwartet auf Magma gestoßen. Der Bohrstrang blieb stecken, doch konnte die Zirkulation mit kaltem Wasser aufrechterhalten werden und einige hydraulische Tests durchgeführt werden. Die Bohrung produzierte Heißdampf mit Fließraten von 10–12 kg/s bei Temperaturen von bis zu 450 °C und einem Druck von 140 bar am Bohrlochkopf. Die Bohrung IDDP-1 war damals mit geschätzten 36 MW_{el} die leistungsfähigste Bohrung, die jemals abgeteuft wurde. Sowohl die Bohrung als auch die Installationen übertage korrodierten durch die austretenden sauren Gase (HCl, HF, H_2S) unmittelbar, begleitet sowohl von Silica-Ausfällungen als auch Silica-Erosion durch Kleinstpartikel. Die Dampfphase enthielt etwa

90 mg/kg HCl, 7 mg/kg HF und 62 mg/kg Silica. Als der Dampf kondensierte bildete sich Salzsäure und bei einer Druckerniedrigung auf unter 80 bar fiel das gasförmige Silica aus. Verschiedene sog. Nasswäscherkonzepte wurden entwickelt und getestet, um die Säurebildung und Korrosion als auch die Bildung von Silica-Niederschlägen zu minimieren (Hauksson et al. 2014; Markusson und Hauksson 2015). Die Bohrung IDDP-1 diente weitestgehend als Forschungsbohrung, ging nie ans Netz und musste schon bald aus technischen Gründen wieder verschlossen werden.

Die zweite IDDP Bohrung (IDDP-2) befindet sich auf der Reykjanes Halbinsel in SW-Island. Die Bohrarbeiten starteten im August 2016 und die Bohrung wurde im Januar 2017 in 4659 m Tiefe erfolgreich fertiggestellt. Der obere Teil der Bohrung ist bis 3000 m verrohrt und hinterzementiert. Die Temperatur am Bohrlochtiefsten betrug 427 °C bei einem Fluiddruck von 340 bar, allerdings war die Bohrung zu diesem Zeitpunkt thermisch noch nicht equilibriert. Anhand von alterierten Mineralen und anhand von Extrapolationen mit der Horner-Methode (Horner 1951) geht man sogar von Temperaturen um 535 °C aus (Friðleifsson et al. 2017). Am Bohrlochtiefsten liegen somit in jedem Fall überkritische Bedingungen vor, d. h. es wurde überkritisches Wasser angetroffen. Ziel ist, dass die Bohrung in den kommenden Jahren in Betrieb geht; es wird eine Leistung von 30–50 MW$_{el}$ erwartet (Friðleifsson et al. 2017).

Weltweit wird derzeit in verschiedenen Hochenthalpie-Gebieten an der Erschließung und Nutzung überkritischen Wassers zur Stromproduktion gearbeitet und geforscht. Zu nennen sind Projekte wie beispielsweise das „Japan Beyond Brittle Project (JBBP)", das „Drilling in dEep, Super-Critical AMBient of continentaL Europe (DESCRAMBLE)", das „New Zealand Hotter and Deeper Project", das „GEMex Project" in Mexiko oder das „Newberry Deep Drilling Project (NDDP)" in den USA. Eine Erschließung tief liegender Hochenthalpie-Vorkommen, über dem kritischen Punkt von Wasser, für praktische geothermische Nutzungen ist aus technischen Gründen derzeit noch in der Entwicklung, zum einen auch wegen der nur bedingten Hochtemperatur-Beständigkeit von Bohr-spülungen oder geophysikalischen Geräten, zum anderen aber auch wegen der begrenzten Hakenlast von Bohranlagen von bis zu 500 t. Große Herausforderungen stellen zudem die stark aggressiven Fluide und die Beständigkeit des technischen Inventars dar (Reinsch et al. 2017).

Potentielle Umweltauswirkungen bei der Tiefen Geothermie

Tiefbohranlage

© Springer-Verlag GmbH Deutschland, ein Teil von Springer Nature 2020
I. Stober und K. Bucher, *Geothermie,* https://doi.org/10.1007/978-3-662-60940-8_11

Die Umwandlung in Strom oder Nutzwärme ist frei von CO_2- und Rauchgasemissionen wie Rußpartikeln, Schwefel- und Stickoxiden. Der Betrieb von Geothermieanlagen ist prinzipiell sehr umweltverträglich. Im Normalbetrieb, wie auch bei Störfällen sind schädliche Umwelteinflüsse von technischer Seite durch die Verwendung von hochwertigen Baumaterialien und einer sehr ausgereiften Technik mit zahlreichen Sicherungseinrichtungen nahezu ausgeschlossen.

Mit dem Bau von Geothermieanlagen und -kraftwerken sind – wie auch beim Bau anderer Kraftwerke-, mit der Herstellung der erforderlichen Baumaterialien sowie den notwendigen Transport- und Dienstleistungen CO_2-Emissionen verbunden. Diese gilt es vor und während der Baumaßnahmen durch sorgfältige Planung so gering wie möglich zu halten.

Bei Petrothermaler Geothermie (EGS) werden planmäßig geringe Seismizitäten im Untergrund ausgelöst. Dies geschieht durch das Einpressen von Wasser in den Untergrund und das dadurch gewollt verursachte Weiten, Scheren und Aufreißen von Klüften. Abschn. 11.1 befasst sich mit der damit verbundenen Problematik.

Das in Geothermiebohrungen zirkulierende Thermalwasser wird in einem geschlossenen Kreislauf geführt, so dass daraus keine Beeinträchtigungen der Umwelt hervorgerufen werden. Bei einer möglichen Leckage wird der Durchfluss gestoppt, und der undichte Bereich abgesperrt. Die beim Stromerzeugungsprozess eingesetzten Arbeitsmittel werden im Kraftwerkskreislauf ebenfalls in einem geschlossenen System geführt. Im Falle von Leckagen wird auch hier konstruktive und technische Vorsorge getroffen, dass die Umwelt nicht belastet wird.

Davon ausgenommen ist die Erschließungsphase, in der Probetests erforderlich sein können, bei denen das übertägige Thermalwasser-System noch nicht vollständig geschlossen ist. Allein in dieser Phase ist der Erfolg der Mühen an den weißen, aufsteigenden Dämpfen erkennbar (Abb. 11.1).

Wie bei jedem thermischen Kraftwerksprozess muss der Kreislauf zur Kondensation des Arbeitsmittels gekühlt werden. Dabei wird Wärme in die Umgebung abgegeben (Abschn. 11.3). Derartige Wärmeemissionen sind in ihrer Größenordnung jedoch in der Regel nicht vergleichbar mit den Kühlungsanforderungen von thermischen Großkraftwerken der Kohle-, Gas- und Atomindustrie. In manchen Ländern wird eine Kraft-Wärme-Kopplung empfohlen oder sogar vorgeschrieben, um den Grad der Wärmevernichtung durch Kühlung zu reduzieren und um die gewonnene Energie effizient zu nutzen. Auch werden vielfach Nutzungen nach dem Kaskaden-Prinzip (Abschn. 8.6, Abb. 8.14) umgesetzt.

Auf alle potentiellen Umweltauswirkungen (Brasser et al. 2014), die bei jeder technischen Einrichtung bereits in der Vorerkundungs-, Bau- als auch später in der Betriebsphase auftreten können, kann in diesem Zusammenhang nicht eingegangen werden. In den nachstehenden Abschnitten werden nur ausgewählte Umweltauswirkungen besprochen, teils aufgrund ihrer Aktualität, teils weil sie bedeutsam sind aber auch teilweise weil sie gerne vergessen werden. Auch in der Geothermie können in der Bohrphase als auch später bei laufendem Betrieb der Anlage Fehler verschiedenster Art entstehen. Gute Planung, Organisation, Überwachung, geschultes erfahrenes Personal sowie adäquate Qualität der eingesetzten Maschinen, Geräte und Produkte helfen, Fehler und damit auch

Abb. 11.1 Erster Probetest nach der erfolgreichen Erschließung hydrothermalen Wassers

Umweltauswirkungen zu minimieren. Und, last but not least, zwischen allen Projektbeteiligten müssen eine offene Kommunikation und ein vertrauensvolles Miteinander gewährleistet sein.

11.1 Seismizität und Tiefe Geothermie

Die spür- und hörbaren seismischen Ereignisse bei der massiven hydraulischen Stimulation in der 5000 m tiefen Geothermiebohrung im Stadtgebiet von Basel (Kraft et al. 2009) bewirkten einen starken Einbruch in der Umsetzung der Tiefen Geothermieprojekte, nicht nur bei den sogenannten Enhanced Geothermal Systems (EGS) sondern auch bei den hydrothermalen Dubletten.

Die für die Entwicklung von EGS erforderlichen massiven hydraulischen Stimulationen werden meist von sehr geringen seismischen Ereignissen (Mikroseismizität) begleitet, die Auskunft über die Ausdehnung des künstlich geschaffenen Wärmetauschers und den Erfolg der Maßnahme geben. Die resultierenden seismischen Ereignisse sind projektrelevant und werden dazu benötigt, um den „Durchlauferhitzer" zu schaffen und um die zweite Bohrung richtig zu platzieren. Die seismischen Ereignisse sind für die Schaffung eines EGS unverzichtbar, sollten jedoch keinesfalls die Spürbarkeitsschwelle überschreiten (Kap. 9). Allerdings gibt es auch geothermische Projekte, bei denen trotz massiver hydraulischer Stimulation messtechnisch keine oder kaum erfassbare seismische Ereignisse bei den Frac-Operationen erfolgten.

Nicht nur bei petrothermalen Projekten sondern auch bei einigen tiefen hydrothermalen Geothermieanlagen, die aus Störungssystemen heißes Wasser fördern bzw. in diese direkt oder indirekt injizieren, wurden seismische Ereignisse mit erhöhter Magnitude beobachtet. Tab. 11.1 gibt eine Auswahl. Spalte 2 enthält eine Kurzcharakteristik der jeweiligen geothermischen Systeme; in der Realität ist z. T. von fließenden Übergängen auszugehen.

Die für die petrothermalen Geothermieprojekte in Tab. 11.1 aufgeführten maximalen Magnituden wurden im Zusammenhang mit der massiven hydraulischen Stimulation zur Generierung des unterirdischen Wärmetauschers erreicht, wobei es bei manchen Projekten im Gegensatz zum Projekt Basel vorab keine besonderen Beschränkungen bezüglich zulässiger oder vertretbarer Magnitude gab. Bei den Projekten in Störungszonen bzw. -systemen handelt es sich zum Teil um Störungssysteme, die teilweise massiv hydraulisch stimuliert wurden und in die in der anschließenden Betriebsphase das abgekühlte Fluid mit erhöhten Drucken verpresst wurde, teilweise gelangte das injizierte Fluid jedoch auch auf Umwegen, z. B. über ein hochdurchlässiges Kluftsystem in einem gering permeablen Gebirge, in eine vorgespannte Störungszone.

Die insbesondere bei den EGS aufgetretenen seismischen Ereignisse warfen verschiedene Fragen auf, wie die nach den Ursachen, den Risiken für die Umwelt

Tab. 11.1 Seismische Ereignisse bei Projekten der tiefen Geothermie

Geothermische Anlage	Hydrothermal (H), petrothermal (P), Störungssystem (S)	Max. Magnitude (M_L)
Unterhaching, D	H	2,2
Landau, D	S	2,7
Insheim, D	S	2,3
Riehen, CH	H	–
Pariser Becken, F	H	–
Groß Schönebeck, D	P	–
Horstberg, D	P	minimal
St. Gallen, CH	S	3,5
Soultz (3,5 km Tiefe), F	P	2,2
Soultz (5 km Tiefe), F	P	2,9
Basel, CH	P	3,4
Urach, D	P	1,8
Fenton Hill, N.Mex. USA	P	< 1,0
The Geysers, Calif. USA	–	4,0
Cooper Basin, AUS	P	3,7
Pohang, Süd-Korea	P, S	5,4

und die Menschen, den Kontrollmöglichkeiten der Anlage aber auch nach der Akzeptanz der Bevölkerung. Transparenz ist bei allen Handlungsschritten und Vorhaben erforderlich, ist sie doch Voraussetzung für Glaubwürdigkeit und eine mögliche Akzeptanz des Projektes. Problematisch ist in diesem Zusammenhang, dass auch die messtechnisch erfassten mikroseismischen Ereignisse der nicht fachkundigen Öffentlichkeit gegenüber als „Erdbeben" bezeichnet wurden. Kleinste seismische Ereignisse weit unterhalb der Fühlbarkeitsschwelle als Erdbeben zu bezeichnen, wird der Sache sicherlich nicht gerecht, zumal mit dieser Begrifflichkeit unterschwellige Ängste geweckt werden (Fritschen und Rüter 2010).

Die seismischen Ereignisse führten auch bei Behörden zu einer großen Verunsicherung. Erschwerend kommt hinzu, dass eine Risikobewertung zur induzierten Seismizität vor Bohrbeginn aufgrund der noch unzureichend vorhandenen, teilweise auch fehlenden, jedoch notwendigen Datenbasis schwierig machbar und problematisch ist.

Mit internationalen Projekten wie GEISER (Geothermal Engineering Integrating Mitigation of Induced Seismicity in Reservoirs, https://cordis.europa.eu/project/id/241321/reporting), PHASE (Physics and Application of Seismic Emission, https://www.geo.fu-berlin.de/en/geol/fachrichtungen/geophy/AG_Seismik/phase/index.html), MAGS (Mikroseismische Aktivität geothermischer Systeme, http://www.mags-projekt.de) und anderen wird und wurde u. a. die induzierte Seismizität untersucht und viele Fragestellungen konnten aus verschiedenen Blickwinkeln beleuchtet oder abgeklärt werden. Durch Forschungsprojekte mit In-Situ Stimulationsversuchen in Felslaboren, wie bspw. dem Grimsel-Felslabor in der Schweiz, dem Äspö Felslabor in Schweden oder dem Sanford Untertageversuchsgelände in den USA, wird versucht die geomechanischen Prozesse im Detail zu erklären, Gefährdungen abzuschätzen und Strategien zur Minimierung der induzierten Seismizität zu entwickeln (z. B. Dutler et al. 2018; Krietsch et al. 2019; López-Comino et al. 2017). Zudem sollen Monitoring-Richtlinien und Stimulationstechniken zur Vermeidung spürbarer induzierter Seismizität weiterentwickelt bzw. fortgeschrieben werden.

11.1.1 Induzierte Erdbeben

Unter induzierten Erdbeben werden i. W. Erdbebenereignisse verstanden, die direkt oder indirekt mit menschlichen Aktivitäten ursächlich in Verbindung stehen. Der Grad der Verursachung reicht von unmittelbarer Bewirkung bis zur bloßen Auslösung. Der Unterschied liegt in den relativen Anteilen der natürlich vorhandenen („autochtonen") erzeugenden Spannungen zu den durch menschliche Aktivitäten neu eingebrachten („induzierten") Spannungsänderungen auf verschieden großen Flächen. Die vorstehende Unterscheidung ist jedoch oft nicht einfach und die Übergänge können fließend sein.

Natürliche Erdbeben werden durch plötzliches Entladen gespeicherter elastischer Verformungsenergie durch ein reibungsbasiertes Gleiten entlang bereits existierender Störungen verursacht. Erdbeben sind also Ereignisse, bei denen aufgestaute Spannungen schlagartig durch Verschiebungen von Gebirgsblöcken abgebaut werden. Diese Verschiebungen von Teilen der Erdkruste im Erdbebenherd verlaufen in der Regel entlang bereits existierender Störungen oder Schwächezonen und können wenige Zentimeter bis Meter – bei einem extrem starken Beben – betragen. Die Vorgänge im Erdbebenherd lösen Erschütterungen der Erdkruste aus. Wie stark das Erdbeben an der Oberfläche verspürt wird, hängt ab von der freigesetzten Energie am Erdbebenherd (Magnitude), von der Distanz zum Epizentrum, der lokalen Bodenbeschaffenheit sowie von der Tiefe des Erdbebenherdes. Zur Beschreibung der Auswirkung eines seismischen Ereignisses werden daher eigentlich Größen wie die seismische Intensität, die Schwinggeschwindigkeit oder die Schwingbeschleunigung benötigt (Abschn. 11.1.2).

Die Ursachen für Erdbeben sind daher eigentlich die Kräfte, die zu einem Aufstau von elastischer Verformungs-Energie im Untergrund führen und die den bereits vorliegenden Spannungszustand auf ein kritisches Niveau anheben (Nicholson und Wesson 1990). Aus diesem Grund besteht bei der Injektion von Fluiden die Gefahr eigentlich nicht darin, dass durch die Injektion selbst so viel Verformungs-Energie erzeugt wird, um sie mit einem Erdbeben wieder freizusetzen, sondern die Gefahr bei der Injektion von Fluiden besteht darin, dass lokal der effektive Reibungswiderstand entlang von Störungen reduziert wird und dass dadurch Erdbeben in Gebieten getriggert werden können, die bereits einen Spannungszustand und eine aufsummierte elastische Verformungs-Energie auf einem kritischen Niveau als Folge natürlicher geologischer und tektonischer Vorgänge erreicht haben.

Warum nun nicht bei jeder Injektion mit hohen hydraulischen Drücken Erdbeben getriggert werden, hängt somit neben den lokalen hydrologischen und geologischen Eigenschaften des Injektionsbereichs insbesondere vom lokalen existenten Stressfeld und seiner Anisotropie ab. Grundsätzlich muss zwischen Faktoren, die Erdbeben verursachen und Mechanismen, die sie auslösen können, unterschieden werden. Es gibt derzeit jedoch (noch) keine Methode, mit der man die erhöhte Wahrscheinlichkeit exakt abschätzen kann, ein Erdbeben mit einer bestimmten Magnitude zu triggern infolge Erhöhung des Porenfluiddrucks durch Injektion über eine Tiefbohrung (Nicholson und Wesson 1990).

Die Magnitude eines Erdbebens scheint mit dem Logarithmus der Länge der Störung, entlang der der Versatz stattfindet, zuzunehmen (Wyss 1979; Wells und Coppersmith 1994). Ein Erdbeben mit Magnitude 8 wirkt sich typischerweise auf mehrere hundert Kilometer einer Störung aus und dort mit einem Versatz von einigen Metern (Wells und Coppersmith 1994). Bei einem Erdbeben der Magnitude 3 sind es etwa $300 \times 300 \ m^2$ einer Kluftfläche, die einen Versatz von nur einem Zentimeter erfahren. Bei Magnitude 2 wird eine Fläche von etwa der Größe $100 \times 100 \ m^2$ um 0,5 mm versetzt. Unter Umständen sind derartige Ereignisse gerade noch spürbar.

Seismizität wurde bislang nicht nur im Zusammenhang mit der Tiefen Geothermie beobachtet, sondern sie ist seit langem aus dem Produktionsbetrieb von Erdöl-/Erdgaslagerstätten, von großen Talsperren, von unterirdischen Speichern (Gas, Druckluft), vom Verpressen flüssiger Abfälle und auch aus dem Bergbau bekannt. Aus menschlichen Aktivitäten wie über- und untertägiger Bergbau, Extraktion oder Injektion von Flüssigkeiten in den Untergrund, Betrieb von

Stauanlagen, Gas- und Ölförderung, geothermischen Projekten kann zusätzliche seismische Aktivität bewirkt werden (Nicholson und Wesson 1990; Eisbacher 1996; Shapiro et al. 2007; McGarr 1991; Rudledge et al. 2004; Segall 1989; Cook 1976). Erhöhte seismische Aktivitäten können in Ausnahmefällen aber bereits auch durch ausgiebige Starkniederschläge ausgelöst werden (Husen et al. 2007).

In Verbindung mit der Förderung aus Erdöl-/Erdgaslagerstätten wurde Seismizität durch die Verringerung des Porenfluiddruckes infolge Extraktion und demzufolge Erhöhung der Auflast beobachtet. Infolge isostatischen Ausgleichs nach massiver Ausbeutung eines Reservoirs können Beben auch in größerer Entfernung getriggert werden (Grasso 1992). Beispielsweise wurden im Wilmington-Ölfeld im Los Angeles Basin (California, USA) durch die hohe Ausbeute bis zu 8,8 m Setzungen mit Setzungsraten von bis zu 0,71 m pro Jahr gemessen. In Folge ereigneten sich in den 1940er bis in die 1960er-Jahre mehrere Schadenserdbeben ($M_L \sim 5{,}1$). Ende der 1950er-Jahre wurde mit einer verstärkten Injektion von Wasser begonnen, um einerseits weitere Setzungen zu verhindern und um andererseits die Fördermöglichkeiten von Erdöl zu verbessern. Beides gelang, jedoch stellten sich in den 1970er-Jahren durch die Injektion gehäuft kleinere Beben ($Ml < 3{,}2$) ein (Nicholson und Wessen 1990). Bei der Injektion in Erdöl-/Erdgaslagerstätten kann die effektive Auflast (Spannung) herabgesetzt werden, so dass Beben hervorgerufen werden können. Seismische Aktivitäten in Verbindung mit dem Betrieb von Erdöl-/Erdgaslagerstätten traten beispielsweise auch im Goose Creek Field in Texas, im Gasgewinnungsgebiet bei Lacq im Pau-Basin in SW-Frankreich (Magnitude 4,2) oder in den nördlichen Niederlande auf, wobei der Hauptmechanismus auf der Kontraktion des Reservoirs aufgrund der Fluid- und/oder Gasentnahme beruhte. Vielfach traten an der Erdoberfläche entsprechende Setzungen von z. T. über mehrere Dezimeter auf.

Das größte vermutlich durch Aufstauung in einem See getriggerte Erdbeben wurde in Koyna (Indien) mit einer Magnitude von 6,5 beobachtet.

Eine Injektion von Flüssigkeiten oder Gasen über Bohrungen in den Untergrund erfolgt vielfach beispielsweise auch bei der Gewinnung von Salz aus dem Untergrund durch Laugung oder, um toxische Flüssigabfälle zu verpressen, um die Förderung in Erdöl-/Erdgaslagerstätten nach langjährigem Betrieb zu verbessern oder um durch hydraulische Brüche (hydraulic fracturing) bessere Wegsamkeiten für die Förderung zu erzeugen. Die verpressten Fluidvolumina waren bei diesen Injektionen teilweise so beträchtlich, dass sie zu Erdbeben führten. Im Rocky Mountain Arsenal Well nahe Denver (Colorado, USA) wurden beispielsweise seit 1962 über eine 3671 m tiefe Bohrung viele 100 Millionen Liter toxischer Flüssigkeiten mit Kopfdrücken von etwa 72 bar in ein Reservoir verpresst, das von mehr oder weniger parallel zueinander verlaufenden Brüchen und Störungen durchzogen war. Dies führte zu Beben der Magnitude von bis zu 5,5 (Nicholson und Wessen 1990).

Internationale Beobachtungen bei Geothermieprojekten zeigten allerdings weder für die Phase des Abteufens einer Bohrung noch während der Stimulations- und Frac-Operationen schadensrelevante Ereignisse (Majer et al. 2007), bis auf die jüngsten Ereignisse in Pohang, Süd-Korea (Kim et al. 2019). Die Betriebsphase einer geothermischen Anlage unterscheidet sich außerdem von den vorstehend beschriebenen Beispielen durch ihre gleichzeitige Produktion und Injektion.

11.1.2 Erdbebenskalen

Es gibt zwei unterschiedliche Maße für die Erdbebenstärke, die Intensität und die Magnitude. Nach der heute gebräuchlichen **Richter-Skala** werden seismische Ereignisse, Erdbeben, durch sogenannte **Magnituden** charakterisiert. Die Magnitude ist ein empirisches logarithmisches Maß für die bei einem Erdbeben abgestrahlte Energie und entspricht einem aus der Amplitude der Auslenkung im Seismogramm abgeleiteten Wert. Die Amplitude ist ein Maß für die Energie der seismischen Wellen, die durch den Bruchvorgang freigesetzt werden. Die maximal beobachtete Intensität kann mit der Magnitude korreliert werden und der Ort ihres Auftretens wird üblicherweise mit dem Hypozentrum identifiziert.

Beben mit Magnituden $< 2,0$ werden als **Mikrobeben** bezeichnet. Sie sind i. d. R. nicht spürbar. Beben mit Magnituden zwischen 2,0 und $< 3,0$ werden als **extrem leichte Beben** bezeichnet. Liegt die Magnitude zwischen 3,0 und $< 4,0$ spricht man von **sehr leichten Beben**. Diese Beben sind oft spürbar, Schäden sind jedoch sehr selten. Die Richter-Skala ist zwar nach oben offen, jedoch wurden Beben mit Magnituden von 10 und mehr noch nie gemessen. Die sogenannte **Richter-Magnitude** wird mit M_L abgekürzt, wobei „L" für „lokal" steht. Daneben gibt es die „body wave" (Raumwelle) Magnitude (M_b), die „surface wave" (Oberflächenwelle) Magnitude (M_s). und die **Momenten-Magnitude** (M_W), wobei in diesem Buch nur die Richter- und die Momenten Magnitude verwendet werden. Zwischen beiden gibt es nach Ottemöller und Sargeant (2013) einen empirischen Zusammenhang ($M_W \sim 0,85\ M_L$), d. h. die Momenten-Magnitude ist etwas kleiner als die Richter-Magnitude.

Aus der Magnitude allein kann jedoch nicht direkt auf die Auswirkungen eines Bebens geschlossen werden. Für die tatsächlichen Auswirkungen spielen nämlich auch die Herdtiefe, Frequenz und Art der Wellen, das Gestein, die Bausubstanz und anderes eine große Rolle (Mikrozonierung).

Die **Gutenberg-Richter-Relation** gibt die Rate der Ereignisse N pro Jahr an, die innerhalb einer definierten Region größer oder gleich Magnitude M (kumulative jährliche Verteilung) auftreten (Gl. 11.1).

$$Lg\,(N) = a - b \cdot M \qquad (11.1)$$

In Gl. 11.1 sind a und b Konstanten. Für tektonische Erdbeben (Ausnahmen sind Schwarmbeben) findet man für b häufig den Wert von etwa $b = 1$. Fluidinjektionen können den b-Wert heraufsetzen; dies bedeutet verhältnismäßig mehr kleinere Beben. Der a-Wert gibt Hinweise auf die Seismizitätshäufigkeit einer Region. Die Gutenberg-Richter-Relation wird dazu benutzt, um anhand von gemessenen seismischen Ereignissen auf die Möglichkeit von Ereignissen mit sehr hohen Magnituden zu schließen, die bislang noch nicht auftraten.

Die makroseismische **Intensität** ist eine empirische Klassifikation von Schäden und anderen Merkmalen von Erdbeben. Sie ist ein Maß für die Bodenbewegung an einem Ort und beschreibt die beobachteten, örtlichen Auswirkungen auf Mensch, Natur und Bauwerke an der Erdoberfläche. Sie hängt somit auch von der subjektiven Wahrnehmung ab. Der lokale Untergrund und die Qualität der Bausubstanz haben Auswirkungen auf die Intensität. Lockere Böden an der Erd-oberfläche verstärken die Bodenbewegung, was größere Schäden verursacht und zu einer dementsprechend höheren Intensität führt. Die Intensität wird in römischen Zahlen zwischen I und XII angegeben (**Mercalli-Skala**). Sie nimmt mit zunehmender Distanz vom Erdbebenherd ab. Auch die Herdtiefe des Erdbebens hat Einfluss auf die Auswirkungen an der Oberfläche und damit auf die Intensität. Die Mercalli-Skala beschreibt daher die spürbaren und sichtbaren Erdbebenfolgen. Sie wurde ursprünglich entwickelt, um aus den Folgen auf die Intensität und Lage des Epizentrums zu schließen.

Zur verlässlichen Beschreibung der Auswirkung seismischer Ereignisse auf die Erdoberfläche werden Angaben zur Immissionsgröße benötigt. In Deutschland sind in der DIN 4150 die Messung und Auswertung der **Schwinggeschwindig-keiten**, d. h. eigentlich die Bodenbewegung, beschrieben. Mit der DIN 4150 (Teil 3) kann anhand der maximalen Schwinggeschwindigkeiten die Schadens-wirkung induzierter Ereignisse beurteilt werden. Bei Überschreitung der Schwing-geschwindigkeit von 5 mm/s drohen kleinere Schäden am Verputz von Gebäuden, bzw. es können Putzrisse aufzutreten. Erst bei sehr viel höheren Schwing-geschwindigkeiten kommt es zu signifikanten Schäden.

Die untere Wahrnehmbarkeitsschwelle von seismischen Ereignissen dürfte bei einer Herdtiefe von ca. 5 km bei einer Magnitude von ca. 2,0 bis 2,5 liegen. Ver-einzelt sind leichte Gebäudeschäden an der Erdoberfläche in der Nähe des Epi-zentrums etwa bei einer Magnitude von 3,5–4,5 möglich. Der US Geological Survey geht davon aus, dass Schäden erst bei Magnituden ab etwa 4,5 und bei Bodengeschwindigkeiten (PGV) deutlich über 34 mm/s auftreten. Bei Beben der Stärke um Magnitude 5 wird von vereinzelten mittelschweren bis schweren Gebäudeschäden ausgegangen. Damit dürfte automatisch auch die Größe der maximalen Magnitude (2,0–2,5), die bei einer massiven hydraulischen Stimulation auftreten darf, vorgegeben sein. Aus Sicherheitsgründen und um die Wahr-nehmbarkeitsschwelle in keinem Fall zu erreichen, werden von den Projektver-antwortlichen in jüngster Zeit sogar maximale Magnituden von 1,7 vorgegeben (Abschn. 8.7.1).

11.1.3 Die Ereignisse von Basel

Da die Ereignisse von Basel und dem knapp 40 km entfernten Staufen (Oberflächennahe Geothermie, Abschn. 6.7) überregional das Vertrauen in die Geothermie erschütterte und weitreichende Konsequenzen nach sich zog, werden in diesem Abschnitt die Ereignisse von Basel dargestellt und beleuchtet.

Basel liegt am südlichen Ende des Oberrheingrabens, der aufgrund der geothermischen Tiefenstufe und der tektonischen Verhältnisse günstige Voraussetzungen für tiefe geothermische Vorhaben aufweist. Die geologischen Informationen über den tieferen Untergrund von Basel reichten vor dem Projekt nur bis in eine relativ geringe Tiefe und nicht bis in den Explorationsbereich des Geothermieprojektes von 5000 m Tiefe. Lediglich die zum Projekt gehörenden beiden Bohrungen Otterbach 2, Endtiefe 2750 m, und Basel 1, Endtiefe 5009 m, haben die Sedimentgesteine im Rheingraben durchteuft und den Granit unter den Sedimentgesteinen in Tiefen zwischen 2640 m und 2750 m angetroffen. Die Sedimentgesteine und der Granit sind durch zahlreiche Störungen in einzelne Schollen zerlegt (Abb. 11.2). Der Bohrplatz liegt etwa 4,5 km westlich von der Rheingrabenrandflexur entfernt. Die tektonische Situation im Raum Basel ist nur großräumig bekannt. Das Einfallen der Rheingrabenrandflexur in der Tiefe ist nicht genau bekannt, erfolgt aber in westliche Richtungen. Die natürliche Seismizität nimmt am Oberrhein von Basel ausgehend nach Norden ab.

Am 2.12.2006 wurde im Rahmen der Arbeiten an der tiefen Geothermieanlage im Stadtgebiet von Basel mit der Einpressung von Wasser (sogenannte „Stimulation") begonnen (Abb. 11.3). Am 8.12.2006 kam es zu einem seismischen

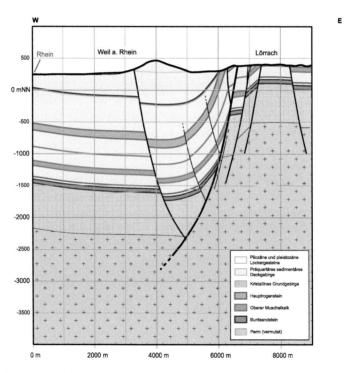

Abb. 11.2 West-Ost-Schnitt durch den Oberrheingraben unmittelbar nördlich von Basel (nach Jodocy und Stober 2010). Der Schnitt beginnt im Westen unmittelbar am Rhein. Die Geothermiebohrung Basel 1 liegt im westlichen Bereich in der Tiefscholle

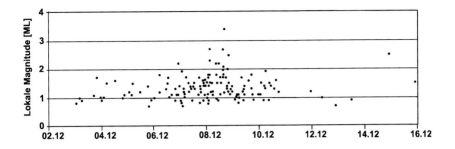

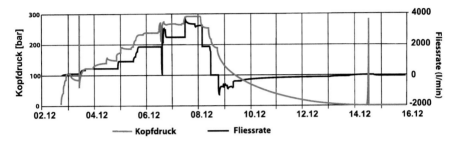

Abb. 11.3 Seismische Ereignisse während der Stimulation in Basel (nach Kraft et al. 2009), unten abgetragen: Injektionsraten und resultierende Kopfdrücke

Ereignis der Magnitude 3,4 auf der Richterskala mit Epizentrum an der Bohrstelle der Geothermieanlage in Basel. Die Bodengeschwindigkeit (PGV) lag dabei bei PGV = 9,3 mm/s. Drei weitere Beben über Magnitude 3,0 folgten am 6.1.07, 16.1.07 und am 2.2.07. Die mit den Beben verbundenen Erschütterungen wurden z. T. auch von akustischen Phänomenen (Knall) begleitet und erschreckten die Bevölkerung.

Die Beben wurden durch die Stimulation in der Geothermiebohrung ausgelöst. In der seismologischen Terminologie wird von induzierten Erdbeben gesprochen. Bei den induzierten Beben handelte es sich zum einen um mikroseismische, nicht spürbare Ereignisse, die zur Öffnung von Klüften im Gestein und zur Generierung des Wärmetauschers beabsichtigt waren und andererseits um unbeabsichtigt ausgelöste größere und zum Teil spürbare Beben. Die Übergänge zwischen den beiden Formen sind natürlich fließend und nicht voneinander abtrennbar.

Vor Beginn der Stimulationsmaßnahmen wurde am 25.11.2006 ein Prä-stimulationstest durchgeführt. Bei diesem Versuch wurden in die Bohrung zunächst etwa 3 l/min, dann 6 l/min und zuletzt 10 l/min injiziert. Dabei stieg der Kopf-druck von ca. 15 bar (Ausgangsdruck) auf Kopfdrucke von ca. 33 bar, 52 bar bis auf zuletzt 74 bar. Der Test spiegelt das natürliche, hydraulische Verhalten des granitischen Gebirges unterhalb des „Öffnungsdruckes" wieder und lässt auf Durchlässigkeiten von etwa 10^{-10} m/s schließen. Dieser Wert für die Gebirgsdurch-lässigkeit ist relativ niedrig verglichen mit anderen Lokationen in ähnlichen Tiefen (Ladner et al. 2008; Stober und Bucher 2007; Ingebritsen und Manning 1999)

Auf der Basis des Prästimulationstestes wurde am 2.12.2006 mit der eigentlichen Stimulation begonnen, wobei im Vorfeld über die Art der Ausführung kontrovers diskutiert wurde. Die Stimulation wurde am 8.12.2006 beendet. Insgesamt wurden 11.566 m^3 Wasser verpresst. Die Injektionsrate wurde in 5 Stufen bis auf maximal 3750 l/min gesteigert. Gegen Ende der Injektionsphase am 8.12.06 wurde ein maximaler Kopfdruck von 296 bar erreicht. Bis etwa 14 Uhr am 6.12.06 wurde die Injektionsrate von ca. 1800 l/min bzw. der damit erzeugte Kopfdruck von ca. 250 bar nicht überschritten. Bis zu diesem Zeitpunkt lagen die Magnituden unter 2,0. Erst bei einer Ratensteigerung auf 3000 l/min, rsp. ca. 275 bar Kopfdruck, wurde erstmals eine Magnitude von über 2,0 beobachtet. Nach Steigerung auf 3750 l/min bei Drucken knapp unter 300 bar setzte eine Zunahme der Ereignisse mit Magnituden größer 2,5 ein (Abb. 11.3).

Am 8.12.06 wurde die Injektion stufenweise beendet und begonnen, die Bohrung oben zu öffnen, so dass übertägig Wasser austrat. Bereits wenige Stunden danach lagen die Magnituden wieder deutlich unter 2,0. Eine Magnitude von über 2,0 wurde erst wieder am 14.12.06 gemessen, kurz nachdem die Bohrung anscheinend wieder verschlossen wurde („Shut-In") und der Kopfdruck wieder auf ca. 285 bar anstieg.

Die Daten (Abb. 11.3) lassen eine Korrelation zwischen Injektionsrate bzw. Injektionsdruck und seismischer Magnitude gegeben erscheinen, so dass damit eigentlich eine Steuerung der induzierten Seismizität durch die Hydraulik möglich sein sollte. Insbesondere wichtig für die Frage der Steuerbarkeit ist jedoch die Erklärung der drei Folgebeben im Januar und Februar 2007, die Magnituden von 3,0 und mehr erreichten.

Vermutlich wurde durch das EGS-Projekt in Basel die natürliche tektonische Scherspannungen in einer existierenden Scherzone, zumindest bei den stärkeren Beben (über Magnitude 3,0), im Wesentlichen durch die Stimulation „entladen". Im Vorfeld vor dem Abteufen von Bohrungen und Durchführen hydraulischer Tests kann eine derartige Störungszone kaum festgestellt werden. Lediglich im Verlauf der Stimulationen selbst wäre es vielleicht möglich gewesen, diese zu erkennen und entsprechend zu reagieren.

Es wurde diskutiert, dass die induzierten Beben von Basel zum einen auch „stabilisierend" im Hinblick auf die „Verhinderung größerer Beben" gewirkt haben können, andererseits kann das in den Untergrund injizierte und dort verbliebene Wasser, das sich in Abhängigkeit vom Druckgradienten und potentieller Fließwege ausbreitete, weiterhin „destabilisierend" wirken, in dem Sinne, dass dadurch die Möglichkeit für weitere induzierte Beben – zwar mit abnehmender Magnitude – geschaffen wurden. Die Ereignisse in Basel lassen diese Möglichkeit als sehr wahrscheinlich erscheinen. Langenbruch und Shapiro (2010) parallelisieren die Folgebeben, die nach Abschalten der Injektion bei hydraulischer Stimulation auftreten können, mit den Nachbeben bei größeren natürlichen Erdbeben, die dem Gesetz von Omori (1894) folgen, d. h. die Häufigkeit der Nachbeben nimmt mit dem reziproken Wert der Zeit (nach dem Hauptereignis) ab.

Die seismischen Ereignisse in Basel hatten keine besonderen und vermeintlich ungewöhnlich starken Auswirkungen an der Erdoberfläche zur Folge. Das Bild der seismischen Bodenbewegungsdaten und der makroseismischen Wahrnehmungen ist nicht anomal für Erdbeben dieser Magnituden und Herdtiefen. Auch der wahrgenommene Knall fügt sich in die bekannten Erdbeben-Phänomene im Nahfeld bei Vorliegen von hohen seismischen Frequenzen. Das Besondere an den Beben in Basel war, dass das Epizentrum mitten in einer ausgedehnten großstädtischen Agglomeration lag, dass es „man-made" war und auf eine völlig unvorbereitete Bevölkerung stieß.

Nach den spürbaren Erschütterungen ab Dezember 2006 wurde das EGS-Projekt in Basel gestoppt und später eingestellt. Bis 2011 hielt man die Bohrung offen und die Seismizität entsprach den formulierten Erwartungen. Dann wurde das Bohrloch verschlossen und der Druck stieg in Folge am Bohrlochkopf allmählich und stetig wieder an. Ab Mitte 2016 war eine Zunahme an Beben zu verzeichnen. Im Oktober 2016 wurde eine Magnitude von $M_L = 1,9$ gemessen. Seit dem Bohrlochverschluss traten die Mikrobeben primär an den nördlichen und südlichen Rändern des erzeugten „Reservoirs" auf. D. h. die durch die damalige hydraulische Stimulation erzeugte Druckwelle breitete sich weiterhin im Untergrund aus. Auf Grund der Zunahme der Mikrobeben erfolgten ab Mitte Juli 2017 vorsichtige Öffnungen am Bohrlochkopf, um den vorherrschenden Systemdruck von 8,5 bar wieder sukzessive um jeweils 0,5 bar zu reduzieren. Es ist beabsichtigt, das Bohrloch mehrere Jahre offen zu belassen, um einen erneuten Druckaufbau zu vermeiden (www. seismo.ethz.ch).

11.1.4 Die Ereignisse von St. Gallen

Da die Ereignisse von St. Gallen in einem völlig anderen Zusammenhang stehen als diejenigen von Basel, aber auch zum Einstellen des Geothermie-Projektes führten, werden sie nachstehen kurz zusammenfassend wiedergegeben, auch um auf Gefahrenmomente von Überdrücken in der voralpinen Überschiebungszone (Müller et al. 1988) hinzuweisen, die auch in anderen Regionen wie bspw. den Foothills der Rocky Mountains vorkommen (Jones 1982).

Die im Sommer 2013 im Sittertobel bei **St. Gallen,** Schweiz, erstellte 4450 m tiefe Geothermiebohrung (Verrohrung bis 4002 m, darunter gelochte Verrohrung) in ein Störungs- und Kluftsystem einer relativ hydraulisch dichten Malmabfolge führte zu einem unerwarteten heftigen Gasaustritt mit einem Erdbeben der Stärke $M_L = 3,5$ ($M_W = 3,3$) am frühen Morgen des 21.07.2013. Unmittelbar zuvor, in der Zeit 14.-19.07.13 erfolgten Test- und Stimulationsmaßnahmen mit Salzsäure, die jedoch wie erwartet lediglich Mikroben ($M_L < 0,9$) an der Basis der Bohrung auslösten. Am 20.07.13 kam es zu einem plötzlichen Wasserspiegelanstieg infolge von Gaszutritten (Methan) im Bereich der Bohrlochbasis. Das Bohrloch wurde daher verschlossen, allerdings nahm der Druck am Bohrlochkopf stetig zu und erreichte Werte von 50 bar. Um einen Blow-Out zu verhindern, wurde Gegendruck mit einer schweren Spülung (~ 90 bar) aufgebaut, wohlwissend dass dadurch das Erdbebenrisiko anstieg. Verzeichnet wurden in Folge etwas stärkere Beben mit Magnituden bis 1,4, jedoch sank der Druck am Bohrlochkopf. Unvermittelt war das starke Beben ($M_L = 3,5$) am nächsten Morgen begleitet von einem leichten Rumpeln. Zur gleichen Zeit sank der Druck am Bohrlochkopf auf 0 bar, d. h. das Gas war wieder in die Gesteinsschichten zurückgedrängt worden. Übertägige Schäden entstanden nicht.

Das Projekt wurde zunächst gestoppt und die Bohrung gesichert. Im Herbst 2013 folgten ein Freifördertest, zwei Säuerungen und vier Produktionstests, um festzustellen, ob die erschlossene geologische Formation geothermisch nutzbar ist. Es wurde eine Förderrate von 5,9 l/s mit Spitzen von bis zu 12 l/s erreicht. Die Gaszutritte erfolgten kurzfristig mit Raten von über 5000 Nm^3/h (Medienmitteilung der Stadt St. Gallen 13.02.2014). Da das tendenziell erhöhte seismische Risiko an der Bohrlochlokation eine produktive Nutzung erschwerte und da sich die Bohrung als deutlich zu gering ergiebig herausstellte, wurde das Geothermieprojekt 2014 beendet.

Die Bohrung St. Gallen erreichte den relativ dichten Oberjura (Malm) unter der Unteren Meeresmolasse (UMM) in 3992 m MD. Ab 4404 m wurde Mitteljura (Dogger) bis zur Endteufe (4450 m MD; 4253 m TVD) erschlossen. Die Temperatur in 4000 m betrug 145 °C. Im Vorfeld wurde eine umfangreiche 3D-Seismik durchgeführt. Dabei konnte eine große NNE-SSW streichende und steil nach SE einfallende Störungszone, die zu einer Grabentektonik gehört, identifiziert werden (St. Galler Verwerfungszone). Diese Strukturen waren in der Seismik nur in der mesozoischen und paleozoischen Schichtenabfolge erkennbar, nicht im Hangenden, und haben ihre Wurzeln vermutlich in einem Permokarbontrog (Moeck et al. 2015). Um in der Geothermiebohrung hohe Fließraten zu erhalten, wurde diese Störungszone als Explorationsziel in den ansonsten hydraulisch relativ dichten Karbonatgesteinen (k_f etwa 1–5 10^{-10} m/s) ausgewählt. Die Störungszone weist ein Strike-Slip-Regime auf mit maximalem horizontalen Stress S_H in NNW-SSE-Richtung (Moeck et al. 2015). Man geht davon aus, dass die Geothermiebohrung mindestens über eine Zone hydraulisch mit der kritisch vorgespannten NNE-SSW streichenden St. Galler-Verwerfung verbunden ist, zumal die seismischen Ereignisse einige hundert Meter entfernt vom Open-Hole der Bohrung (Streichen: SW-NE, Fallen: NW) und deutlich tiefer auftraten (Diehl et al. 2017). Auch mit einer numerischen Modellierung (THOUGH2) konnte gezeigt werden, dass sich die Druckfront rasch genug ausbreitet, wenn eine hoch durchlässige Kluftzone das Open-Hole mit einer tiefer liegenden Störungszone im Kristallinen Grundgebirge, resp. im vermuteten Permokarbontrog, verbindet (Zbinden et al. 2019). Es wird davon ausgegangen, dass die Gaszutritte aus dem Permokarbontrog stammen. Durch die hydraulischen Maßnahmen im Zuge der Verhinderung eines Blow-Out wurde die Störungszone reaktiviert.

11.1.5 Seismische Beobachtungen bei EGS-Projekten

Zur Erzeugung des „Wärmetauschers", d. h. zum Weiten der natürlich vorhandenen Klüfte oder Kluftsysteme, sind hohe hydraulische Drucke erforderlich. Der sog. Öffnungsdruck, der vom Überlagerungsdruck und von der Neigung des maßgeblichen Kluftinventars abhängt, muss überschritten werden. Erst oberhalb des Öffnungsdruckes ergeben sich signifikante Vergrößerungen der Durchflussraten. Wesentlich höhere Drücke sind jedoch erforderlich, wenn bei einem EGS keine natürliche Klüftung vorliegt und daher erst neue Klüfte geschaffen werden müssen. Bei vielen älteren EGS-Projekten wurde keine seismologische Registrierung während der Schaffung des unterirdischen Wärmetauschers durchgeführt.

Bei den Stimulationen wurden z. T. Rissstrukturen von bis zu vielen hundert Metern Ausdehnung erreicht. Die größte bislang beobachtete Magnitude lag nach Kenntnisstand bei 3,7 Richterskala. Personenschäden oder nennenswerte Sachschäden sind von keinem dieser Ereignisse bekannt (Majer et al. 2007). Eine Ausnahme stellt das Projekt in Pohang, Süd Korea, dar, bei dem eine Magnitude von 5,4 erreicht wurde und Schäden auftraten (s. u.).

Beim EGS-Projekt in **Urach** wurden die ersten Stimulationsversuche bereits Ende der 1970er-Jahre durchgeführt. Hier wurden maximale Kopfdrucke von 640 bar bei Injektionsraten von 1200 l/min erreicht. Bei Versuchen Anfang der 1980er-Jahre wurde die Bohrung am Bohrlochkopf sogar mit einem Druck von 660 bar beaufschlagt. Seismische Signale wurden seinerzeit nicht aufgezeichnet, Berichte über gespürte Erdbeben liegen nicht vor. In unmittelbarer Nähe befindet sich das Thermalbad von Bad Urach mit Produktion aus dem Oberen Muschelkalk in 650–700 m Tiefe. Beim Thermalbad gab es keinerlei Hinweise auf irgendwelche Beeinträchtigungen oder Auffälligkeiten. In einer weiteren Stimulationsphase 2002 mit Kopfdrücken bis ca. 350 bar und Injektionsraten von ca. 600 l/min wurde ein seismisches Messnetz eingerichtet und einmalig eine maximale Magnitude von 1,8 registriert. Im Gneisgebirge des EGS-Projektes von Urach liegt der Öffnungsdruck bei 176 bar Kopfdruck (Stober 2011).

Injektionsversuche mit sehr hohen Kopfdrucken von 420 bar in der 4918 m (4891 m TVD) tiefen Bohrung **Horstberg** in der norddeutschen Tiefebene führten ebenfalls zu keinerlei Beeinträchtigungen, die Magnitude war kaum messbar.

Im australischen **Cooper Basin** wurde die 4421 m tiefe Bohrung Habanero 1 im Jahre 2003 bei Stimulationsversuchen mit einer Injektionsmenge von über 20.000 m^3 bei Injektionsraten von bis zu 40 l/s und resultierendem Überdruck von 350 bar beaufschlagt. In Folge wurden zahlreiche kleinere seismische Events beobachtet, die auf eine nahezu subhorizontale Struktur mit einer lateralen Ausdehnung von $2,0 \times 1,5$ km und einer Mächtigkeit von 150–200 m schließen ließen. Die seismischen Ereignisse wurden aufgezeichnet und 12 maximale Magnituden zwischen 2,5 und 3,7 gemessen. Baisch et al. (2006) schließen aus der räumlichen Lage der seismischen Events auf eine bereits zuvor existierende tektonische Störungszone, die während der Stimulation durch Reduktion der effektiven Normalspannung abscherte und dadurch zu seismischen Ereignissen führte. Durch das Abteufen einer weiteren Tiefbohrung in 500 m Entfernung im Bereich des Landepunktes wurden diese Ergebnisse bestätigt: Habanero 2 durchteufte eine hochdurchlässige Kluftzone in 4325 m Tiefe.

Dieselbe Bohrung wurde im Jahre 2005 erneut stimuliert. Diesmal mit 22.500 m^3 Wasser bei Raten bis 31 l/s und resultierendem maximalen Überdruck von 270 bar (Baisch et al. 2009). Bei diesem Test, der mit niedrigeren Injektionsraten gefahren wurde und der demzufolge einen geringeren Überdruck am Bohrlochkopf erreichte, wurden nur 3 größere Magnituden $M_L = 2{,}5$, $M_L = 2{,}9$ und $M_L = 3{,}0$ gemessen. Die ersten seismischen Ereignisse erfolgten am Rand des früher stimulierten Bereiches, während der Bereich unmittelbar um die Bohrung herum seismisch ruhig blieb (Abschn. 9.3).

Massive hydraulische Stimulationen in die beiden etwa 4350 m tiefen Bohrungen in permischen Granodioriten des EGS Projekts in **Pohang,** Süd Korea, führten letztlich im November 2017 zu einem starken Erdbeben der Magnitude 5,4 etwa zwei Wochen nach der letzten Stimulation, wobei in der Bohrung PX2 innerhalb von 2 Wochen zyklisch ein Gesamtvolumen von 1970 m^3 Wasser mit Raten von bis zu 47 l/s verpresst wurde. Am Bohrlochkopf stellten sich in Folge sehr hohe Drucke von 900 bar ein (Kim et al. 2019; Alcolea et al. 2019). Der Basisdruck an der Bohrung war damit höher als die Vertikal- und die minimale Horizontal-Spannung; letztere ist in einem Strike-Slip Regime niedriger ist als die Vertikal-Spannung. Während der Injektionsmaßnahmen reihten sich die seismischen Ereignisse entlang einer Fläche, die sich einige hundert Meter entfernt vom Open-Hole der Injektionsbohrung befand. Es wird davon ausgegangen, dass diese Fläche zu einer größeren Störungszone gehört (Alcolea et al. 2019). Nach Kim et al. (2018) wurde sogar direkt in eine kritisch gespannte Störungszone massiv hydraulisch injiziert. Bereits mit den ersten Stimulationsmaßnahmen ab Januar 2016 nahm die Magnitude der induzierten Seismizität kontinuierlich zu und erreichte im April 2017 einen Wert von $M_L = 3{,}1$. Das Hauptereignis vom November 2017 konnte der Tiefe von 4,5 km zugeordnet werden. Die Hypozentren der Vor- und Nachbeben sowie des Hauptbebens lagen im Umfeld des Open-Holes der Bohrung PX1. Die raumzeitliche Verteilung der Hypozentren deutet darauf hin, dass die „Bruchfläche" aus zwei Segmenten besteht, einem SW-lichen Hauptsegment und einem NE-lichen Nebensegment. Insgesamt wurden in die beiden Bohrungen 12.800 m^3 Wasser verpresst (Kim et al. 2018). Bei dem Beben in Pohang handelt es sich um das größte bekannte induzierte Beben bei einem EGS Projekt.

In **Soultz-sous-Forêts** im Oberrheingraben wurden mit den Stimulationsmaßnahmen wesentlich niedrigere maximale Kopfdrucke von 180 bar bei Injektionsraten um 50 l/s erreicht (Baria et al. 2006). Die maximale Magnitude lag bei 2,9. Im Vergleich dazu wurde in Basel bei den Stimulationsmaßnahmen mit bis zu 63 l/s ein entsprechend höherer Kopfdruck von 300 bar erreicht und Magnituden von bis zu 3,4 gemessen.

Im Umfeld Soultz gibt es 2 Erkundungsbohrungen (GPK1, EPS1), 3 seismische Beobachtungsbohrungen (4550, 4601, OPS4), 3 tiefe (5000 m) Geothermiebohrungen (GPK2, GPK3, GPK4) sowie zahlreiche Bohrungen der Erdöl-/Erdgasindustrie. Auf etwa 25 km der Gesamtbohrstrecke wurde in diesen Bohrungen fast ausschließlich im Granit gebohrt. Bei allen diesen Bohrungen gab es beim Abteufen keine Hinweise auf Seismizität aufgrund des Bohrvorgangs.

An der Lokation Soultz erfolgten mehrfach hydraulische Stimulationen: Im „oberen Reservoir" bei 3500 m Tiefe 1993 in der GPK1 und 1994/1995 in der GPK2. Im „unteren Reservoir" (5000 m Tiefe) wurde in der GPK2 im Jahre 2000, in der GPK3 im Jahre 2003 und in der GPK4 in den Jahren 2004–2005 hydraulisch stimuliert (Gérard et al. 2006). Auf der mehrere 1000 m mächtigen Bohrstrecke wurden verschiedene Granitvarietäten durchteuft: grob- und feinkristalline, Bereiche mit stark alterierten Klüften, Biotit- und Amphibolreiche Granite u. a. Bei der Betrachtung seismischer Ereignisse aufgrund hydraulischer Stimulationen sollten die verschiedenen Ausprägungen der Granite einbezogen werden.

Tab. 11.2 gibt einen Überblick über die im „unteren Reservoir" injizierten Volumina und die resultierenden seismischen Ereignisse. Mehrere tausend seismische Ereignisse mit Magnituden größer -2 wurden beobachtet, wobei die größeren Magnituden ($Ml \geq 2$) immer in der Shut-In Phase auftraten (Genter et al. 2010). Die seismischen Ereignisse werden auf Scherbewegungen entlang von bereits existierenden Kluftflächen zurückgeführt. Es gibt keine Hinweise auf Brüche infolge einer Zugspannung.

Bei Stimulationstests, die in der GPK4 2005 mit einer stufenförmig ansteigenden Rate durchgeführt wurden, betrug die Anzahl der seismischen Ereignisse nur noch etwa 200 Ereignisse.

Die Seismizität bei chemischen Stimulationen ist ebenfalls niedriger als bei rein hydraulischer Stimulation (Tab. 11.3). Bei der chemischen Stimulation

Tab. 11.2 Hydraulische Stimulation im unteren Reservoir mit resultierenden seismischen Ereignissen

Bohrung (Jahr)	Injiziertes Volumen (m³)	max. Fließrate (l/s)	max. Kopfdruck (bar)	Induzierte Seismizität	Magnituden (M_L)
GPK2 (2000)	~23.400	50	130	~14.000	$75 \times \geq 1,8$ $2 \times 2,4$ $1 \times 2,6$
GPK3 (2003)	~34.000	50; 60; 90	180	~22.000	$43 \times \geq 1,8$ $2 \times 2,7$ $1 \times 2,9$
GPK4 (2004)	~9300	45	170	~5800	$3 \times \geq 1,8$ $1 \times 2,0$
GPK4 (2005)	~12.300	45	190	~3000	$17 \times \geq 1,8$ $1 \times 2,3$ $1 \times 2,6$

Tab. 11.3 Chemische Stimulation im unteren Reservoir mit resultierenden seismischen Ereignissen

Chemisches Stimulations- medium	Datum	max. Fließrate (l/s)	Induzierte Seismizität	Magnituden (M_L)
RMA	Mai 2006	28	~20	$M \le 1,9$
NTA	Oktober 2006	40	–	–
OCA	Februar 2007	55	~80	$M \le 1,5$

wurden 3 verschiedene Substanzen eingesetzt (Tischner et al. 2006; Portier et al. 2007; Genter et al. 2010):

- Regular Mud Acid (RMA) mit dem Ziel Minerale wie Ton, Feldspäte und Glimmer zu lösen
- Chelatant (NTA) um Calcit zu lösen
- Organische Ton Säure (OCA); sie wurde bei hohen Temperaturen mit hohem Tongehalt eingesetzt

Während der 4-monatigen hydraulischen Zirkulation im oberen Reservoir zwischen GPK2 und GPK1 wurde keine Seismizität beobachtet. Bei den hydraulischen Zirkulationen im unteren Reservoir, die mehrere Monate dauerten, wurden seismische Ereignisse registriert, die allerdings deutlich geringer waren als während der Stimulationsphase. Bei den hydraulischen Zirkulationen waren natürlich die Raten und die Drücke niedriger als während der Stimulationsphase. Vereinzelt wurden allerdings auch Ereignisse mit größeren Magnituden registriert (Tab. 11.4), auch hier bei den Zirkulationsversuchen während der Shut-In Phase. Die seismischen Ereignisse erfolgten grundsätzlich in einem bestimmten Gebirgsbereich.

Die zahlreichen Stimulationsexperimente in den Bohrungen Soultz führten teilweise zu Durchlässigkeitserhöhungen bis um den Faktor 50.

Das ehemalige Forschungsprojekt Soultz-sous-Forêts ist seit 2016 ein reines kommerzielles Industrieprojekt mit einer installierten Leistung von 1,7 MW_{el} (Abschn. 9.2).

Tab. 11.4 Seismische Ereignisse bei der hydraulischen Zirkulation

	Jul.–Dez. 2005	Jul.–Aug. 2008	Nov.–Dez. 2008
GPK2 Produktionsrate	~12 l/s	~25 l/s	~17 l/s
GPK3 Injektionsrate	~15 l/s dann ~20 l/s	~23 l/s	~12 l/s dann ~27 l/s
GPK4 Produktionsrate	~3 l/s	–	~12 l/s
GPK3 max. Kopfdruck (bar)	40 dann 70	73	28 dann 86
Seismizität	~600	~190	53
max. Magnitude (M_L)	2,3	1,4	1,7

11.1.6 Folgerungen und Empfehlungen für hydrothermale und petrothermale Nutzungen (EGS)

Zahlreiche gut dokumentierte Studien belegen, dass seismische Ereignisse grundsätzlich auch in geringen Tiefen von 1–2 km und in sedimentären Abfolgen auftreten können und dass in bestimmten Regionen bereits kleine Störungen des Spannungsfeldes oder des hydrogeologischen Systems seismische Ereignisse auslösen können, so dass auch bei der „sanften" Nutzung der Tiefen-Geothermie seismische Ereignisse nicht völlig ausgeschlossen werden können. Allerdings sind derartige Vorkommnisse relativ selten.

Bei geothermischen Aktivitäten muss grundsätzlich zwischen der reinen Bohrphase, den üblichen hydrogeologischen Ertüchtigungsmaßnahmen, der (massiven hydraulischen) Stimulation mit Weitung eines bereits vorhandenen Kluftsystems und der (massiven hydraulischen) Stimulation mit Erzeugung neuer Klüfte, für die deutlich höhere Drucke erforderlich sind, sowie der späteren Betriebsphase unterschieden werden. Das Verfahren der massiven hydraulischen Stimulation stammt ursprünglich aus der Erdöl-/Erdgasindustrie (Abschn. 9.2).

In den vielen Jahrzehnten der Kohlenwasserstoffexploration ist durch den Prozess des Abteufens einer Bohrung, d. h. während der Bohrphase keine Seismizität beobachtet worden. Auch gibt es in der internationalen Literatur keine Anhaltspunkte dafür.

Bei klassischen **hydrothermalen Nutzungen,** d. h. geothermischen Anlagen in einem Aquifer in geringer Tiefe (< 1 km) und den dort üblichen Temperaturen ist eine induzierte Seismizität kaum zu erwarten. In konventionellen Reservoiren in größerer Tiefe bei höheren Temperaturen können grundsätzlich mikroseismische Ereignisse aufgrund der Abkühlung durch kühle Injektion oder aufgrund von Druckänderungen infolge Produktion auf lokalen Kluft- und Störungszonen erzeugt werden. Durch die Injektion können sich Stressmuster im Gebirge ändern und mikroseismische Ereignisse erzeugen. Diese Ereignisse haben jedoch verglichen mit natürlichen Erdbeben nach Majer et al. (2008) so wenig Energie und dauern sehr kurz; sie haben eine hohe Frequenz und eine sehr niedrige Magnitude, so dass sie in der Regel unbemerkt bleiben.

Im weiteren Verlauf der Förderung von Fluiden aus einer Lagerstätte kann es nach längerer Betriebszeit ebenfalls zu seismischen Ereignissen kommen, wenn z. B. durch die Entnahme der Porenfluiddruck zu weit herabgesetzt und die effektive Auflast dadurch stark erhöht wird (z. B. Segall 1989; Dost et al. 2012; Robertsson und Chilingar 2017). In exzessiv genutzten Gebieten werden z. T. an der Erdoberfläche massive Setzungen beobachtet (z. B. bei Erdöl-/Erdgasfeldern, großflächigen massiven Trinkwasserentnahmen). Auch bei lang anhaltenden oder massiven Injektionen in tiefere Reservoire wie beispielsweise bei der Entsorgung von Abwasser oder der Einspeicherung von CO_2 ist mit Seismizität zu rechnen (z. B. Healy et al. 1968; Ake et al. 2005; Segall und Lu 2015; Rutqvist 2012). Bei einer Geothermischen Dublette wirkt diesem Umstand i. d. R. die permanente Rückführung des abgekühlten Förderwassers über die Injektionsbohrung entgegen, auch wenn der Zirkulationskreislauf im Untergrund nicht vollständig geschlossen ist. Dennoch ist nicht völlig auszuschließen, dass es auch bei hydrothermalen Projekten zu seismischen Ereignissen kommen kann. Zur Überwachung und Kontrolle der Seismizität werden daher in den einzelnen Ländern zumeist verschiedene Maßnahmen ergriffen, die beispielhaft im Handlungsleitfaden Tiefe Geothermie detailliert aufgeführt sind (LFZG 2017).

Thermisch induzierte Spannungen als Folge der Verpressung von kalten Fluiden in warmes Gestein mit daraus resultierenden Beben sind zwar theoretisch möglich, sie wurden jedoch bisher auch in der Erdöl-/Erdgasindustrie nicht beobachtet.

Zu den Ertüchtigungsmaßnahmen bei der hydrothermalen Nutzung gehören neben der Vertiefung, dem Abteufen als Schrägbohrung oder von Ablenkbohrungen bzw. Sidetracks, die hydraulische Druckbeaufschlagung in der Bohrung, das Schocken und das (Druck)säuern bei karbonatischen Gesteinen. Diese Verfahren werden seit vielen Jahren in der Trink-, Mineral- oder Thermalwassererschließung eingesetzt. Im Gegensatz zum EGS-Verfahren dient die Druckbeaufschlagung bei hydrothermalen Nutzungen üblicherweise nicht der Schaffung eines Kluftnetzes für den Wärmetauscher, sondern lediglich dem verbesserten hydraulischen Anschluss des Bohrlochs an einen bestehenden Grundwasserleiter, resp. an ein Kluftnetz, ggf. Karstsystem (Abschn. 8.5). Die Druckbeaufschlagungen sind daher wesentlich niedriger.

In den letzten Jahren wurden jedoch auch bei einigen hydrothermalen Geothermieprojekten und insbesondere bei Projekten in **Störungssystemen** zur Ertüchtigung massive hydraulische Stimulationen vorgenommen, beispielsweise wenn der erwartete gut durchlässige Grundwasserleiter sich als Geringleiter herausstellte oder wenn eine angebohrte Störungszone nicht die erhoffte Durchlässigkeit aufwies. Ebenso wurde im laufenden Betrieb mancher Anlagen bei der Injektionsbohrung sehr hohe Verpressdrücke in Störungszonen verursacht, die bezüglich ihrer Auswirkungen mit einer massiven hydraulischen Stimulation vergleichbar sind.

Die Durchführung einer massiven hydraulischen Stimulation ist in einem Aquifer völlig anders zu bewerten, als wenn sie in einer Störungszone insbesondere in einem seismisch aktiven Gebiet erfolgt. Allerdings ist es auch möglich, dass eine Störungszone im Liegenden des hydrothermal genutzten Aquifers auf den laufenden Betrieb der Geothermieanlage (mit hohen Injektionsraten) reagiert. Aus diesem Grund sollte sich die geologisch-tektonische Untersuchung nicht ausschließlich auf den anvisierten Nutzhorizont konzentrieren.

Grundsätzlich besteht bei einer massiven hydraulischen Stimulation in größere Störungszonen hinein durch die Injektion von Wasser die Gefahr, dass sich aufgestauter Stress (falls vorhanden) spontan entlädt und dadurch verstärkt seismische Ereignisse auftreten. Derartige seismogene Störungen brechen als natürliches Erdbeben erst dann, wenn die Scherspannung einen bestimmten Wert überschreitet, der durch die Normalspannung, den Reibungskoeffizienten der Störung und die interne Kohäsion des Materials gegeben ist (Abb. 11.4). Ein natürliches Erdbeben entsteht, wenn die tatsächliche Scherspannung auf der Bruchfläche langsam wächst, die kritische Scherspannung erreicht und dann das

Material bricht. Eine Injektion von Fluiden kann dazu führen, dass diese natürlichen Beben sozusagen vorzeitig stattfinden (triggern), weil durch die Fluide die
effektive Hauptspannung, der Reibungskoeffizient und/oder die Kohäsion herabgesetzt werden (Abb. 11.4). In jedem Fall sollten aus geologischer Sicht besonders
sensible Gebiete gemieden oder zumindest sehr vorsichtig und sehr behut-
sam angegangen werden, und es sollte im Vorfeld eine seismische Risikostudie
und geomechanische Modellierung durchgeführt werden. Ein durchgehendes
seismisches Monitoring begleitet von einer Modellierung des Untergrundes mit
Realzeit-Interpretation ist in jedem Fall obligatorisch (GTV 2011; FKPE 2012,
2015; LFZG 2017).

Die Stressentlastung in einer Störungszone kann durch Herabsetzung der
Scherspannung jedoch auch verzögert erfolgen, beispielsweise mit zunehmender
Ausbreitung des injizierten Wassers in der Störzone, und sie kann verzögert
werden durch den zusätzlich und erst allmählich sich aufbauenden Druck, aufgrund der zunehmenden Erwärmung des injizierten kalten Wassers.

Porendruckänderungen können auch Änderungen im Spannungsfeld bewirken.
Der beeinflusste Bereich ist abhängig von der Lage der Injektions- und Förder-
bohrung zur Spannungsorientierung. Beispielsweise deutet die regionale geringe
Seismizität im Oberjura des bayrischen Molassebeckens auf weitgehend unkritisch
gespannte Störungen hin, da die EWE-WSW orientierten, steil einfallenden
Störungen im fast N-S gerichteten regionalen Spannungsfeld ein eingeschränktes
Reaktivierungspotential aufweisen und viele Injektions- und Förderbohrungen in
etwa parallel zur Hauptspannungsrichtung ausgerichtet sind (Seithel et al. 2018).

Das Verfahren zur Erstellung von **Enhanced Geothermal Systems (EGS),** die
massive hydraulische Stimulation, wird zwar seit den 1970er-Jahren angewandt
und auch untersucht (Kap. 9), dennoch sind die physikalischen Prozesse und die
Parameter, die die durch die Injektion hervorgerufene Seismizität – in Form von
Erdbeben-Häufigkeit und Verteilung oder maximaler Magnitude –, bewirken, noch
nicht alle im Detail verstanden (Kraft et al. 2009). Bei massiven hydraulischen
Stimulationsversuchen werden oft über einen längeren Zeitraum einige tausend l/
min Wasser injiziert und Kopfdrücke von bis zu über 100 bar (in manchen Fällen
auch mehrere 100 bar) erreicht. Durch die massive hydraulische Stimulation
werden in einem geklüfteten Gebirge die bereits natürlich existierenden Klüfte
geweitet oder geöffnet und dadurch die Durchlässigkeit erhöht. Ist das Gebirge
jedoch nicht oder kaum geklüftet, so wird durch die massive hydraulische
Stimulation insbesondere in kompakten Sedimentgesteinen der intakte Fels quasi
aufgerissen, neue Klüfte geschaffen und dadurch die Durchlässigkeit erhöht.
Grundsätzlich ist der dafür benötigte Druck dann im Kristallinen Grundgebirge
oder im Sedimentgestein größer, als wenn bereits vorhandene Klüfte existieren
und diese durch die Stimulation geweitet oder geöffnet werden.

Bei einer massiven hydraulischen Stimulation (Injektion) nimmt der Poren-
wasserdruck im umgebenden Gestein zu und verursacht eine Abnahme der
effektiven Normalspannung (Terzaghi-Gesetz) auf eine Trennfläche. Durch eine
Erhöhung des Porendrucks wird die Reibung herabgesetzt und die kritische Scherspannung sinkt. Nach dem Mohr-Coulomb'schen-Bruchkriterium kann dies zu

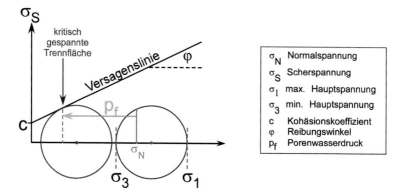

Abb. 11.4 Mohr-Coulomb'sches-Bruchkriterium. Eingetragen ist der Einfluss der Erhöhung des Porenwasserdruckes (p_f), der zu einer Verschiebung des Spannungskreises in Richtung ‚Versagenslinie' führen kann, so dass die Trennfläche dadurch kritisch gespannt ist und es zu einem Versatz kommen kann

einem Versagen des Gesteins entlang von bereits existierenden Trennflächen (Klüfte, Störungen) führen (Abb. 11.4).

Die Injektion von Wasser in den Untergrund und die dadurch ausgelösten „Bruchvorgänge" sind integraler Bestandteil der Nutzbarmachung eines tiefen geothermischen Reservoirs bei EGS zur Erstellung des unterirdischen Wärmetauschers. Die Ursache für die seismischen Ereignisse sind i. w. die im Untergrund bereits vorhandenen tektonischen Spannungen. Die Stärke der bei den massiven hydraulischen Stimulationsversuchen gemessenen seismischen Ereignisse ist vom hydraulischen Versuchskonzept, also von der Fließrate, vom gesamten Verpressvolumen, vom Druckanstieg, vom maximalen Kopfdruck – und damit von der Durchlässigkeit –, von der Dauer der Stimulation sowie von der hydrochemischen Zusammensetzung des Verpressfluids und von der Temperatur der Injektion abhängig. Wesentlich ist jedoch die vor Ort herrschende tektonische Scherspannung. Die seismische Energie der ausgelösten Beben, auf jeden Fall der stärkeren Ereignisse, resultiert überwiegend aus der natürlichen tektonischen Deformationsenergie.

In der statistischen Seismologie gibt es zwei Gesetzmäßigkeiten, die nicht nur für natürliche Erdbeben gültig sind sondern auch für die Injektions-induzierte Seismizität (Shapiro et al. 2007): Die Gutenberg-Richter-Relation (Abschn. 11.1.2), die die Häufigkeits-Magnituden-Verteilung von Erdbeben beschreibt, und das Omori-Gesetz (Omori 1894), das die Abnahme der Nachbebenereignisse im Anschluss an ein durch tektonische Prozesse hervorgerufenes Hauptbeben formuliert. Das Omori-Gesetz kann in einer modifizierten Form dazu benutzt werden, die Abnahmerate der seismischen Aktivität ($v_1(t)$) nach dem Shut-In einer Injektion zu beschreiben (Langenbruch und Shapiro 2010; Wenzel et al. 2010):

$$v_1(t) = w_1 \, (t_s/t)^q \tag{11.2}$$

In Gl. 11.2 ist w_1 die konstante Seismizitätsrate während der Injektion für Beben mit Magnituden über einem gewissen Schwellenwert, t ist die Injektionsdauer, t_S die Shut-In Zeit und der Exponent q eine Konstante zwischen 1 und 2 (vereinzelt auch über 2) (Langenbruch und Shapiro 2010).

Die Injektion von Fluiden in den tiefen Untergrund zur Schaffung des Gesteins-Wärmetauschers kann Beben in einer kritisch gespannten Zone auslösen (induzieren). Sogar nach dem Shut-In, d. h. nach Ende der Injektion, können weitere induzierte Beben auftreten (**Nachbeben**) (Gl. 11.2). Bemerkenswert ist, dass die stärksten Beben tendenziell kurz vor oder nach dem Shut-In auftreten können, wie beispielsweise in Basel (Häring et al. 2008) oder Soultz-sous-Forêts (Charléty et al. 2007). In diesen Fällen hätten bei einer Fortsetzung der Injektion die Bebenhäufigkeit sowie die Magnitude von seismischen Ereignissen weiterhin zugenommen, da es im weiteren Umfeld keine ‚stabilen' Klüfte (Störungen) gibt. Das bedeutet, dass auch nach Einstellen der Injektion (Shut-In) sich die Druckfront weiter ausbreitet und zu einer Vergrößerung der Fläche mit reduzierter effektiver Normalspannung führt. Dadurch nimmt die Wahrscheinlichkeit zu, ein Beben mit erhöhter Seismizität zu triggern.

Die genauen Zusammenhänge zwischen den das Ereignis kontrollierenden Parametern sind jedoch derzeit noch nicht bis ins letzte Detail bekannt. Daher ist es prinzipiell nicht möglich, bereits im Vorfeld eines Geothermie-Projektes eine detaillierte quantitative Risikoabschätzung zu geben.

Durch das Einpressen von Wasser bei EGS kann sich das Stressmuster im Gebirge ändern und seismische Ereignisse erzeugen bzw. freisetzen. Seismizität in Verbindung mit Enhanced Geothermal Systems (EGS) wird größtenteils durch Scherbewegungen hervorgerufen, die mehr oder weniger entlang der Hauptausrichtung natürlicher Kluft- oder Störungssysteme durch Stressreduktion infolge Fluidinjektion mit hohem Druck entstehen. Für die bleibende Erhöhung der Durchlässigkeit der geweiteten Klüfte ist dieser Umstand (**Self-Propping**) ganz entscheidend, denn eine reine elastische Reaktion ohne relativen Versatz der Kluftflächen zueinander kann bei einer massiven hydraulischen Stimulation eigentlich keine dauerhafte Steigerung der Durchlässigkeit bewirken (Stober 2011), außer es wird chemisch stimuliert oder es werden Proppings zum Offen-Halten der Klüfte eingesetzt (Abschn. 9.3).

Auch in **Hochenthalpie Feldern** treten beim Betrieb von Geothermieanlagen seismische Ereignisse auf (Kap. 10). Im Gegensatz zu den hydrothermalen und petrothermalen Anlagen befinden sich die Hochenthalpie-Nutzungen jedoch i. d. R. in größerer Entfernung von Siedlungen. Außerdem tritt in diesen Gebieten bereits eine natürliche Seismizität im spürbaren Bereich auf, d. h. die Menschen sind Beben bereits gewohnt. In den letzten Jahren hat sich allerdings wegen der Zunahme der Beben aber auch der Magnituden eine gewisse Sensitivität eingestellt. Nachstehende Empfehlungen zur Minimierung der Seismizität gelten insbesondere für EGS-Projekte und für hydrothermale Systeme (Dubletten). Sie können aber auch für bestimmte Teilbereiche der Nutzung von Hochenthalpie-Feldern von Nutzen sein, als Hilfestellung oder Anregung.

Reservoire mit hoher Durchlässigkeit und hohem Speichervermögen (hydrothermale Projekte) können Fluide mit relativ geringen Injektionsdrücken aufnehmen und sind daher i. A. weniger empfänglich für induzierte seismische Ereignisse. Markante Störungszonen, die sich im Nahbereich von Injektionen befinden, stellen grundsätzlich insbesondere dann, wenn das Reservoir eine niedrige Durchlässigkeit und ein geringes Speichervermögen aufweist, ein Gefährdungspotential für ein induziertes seismisches Ereignis dar, da sich das injizierte Wasser dann bevorzugt entlang der Störungszone ausbreiten und ggf. vorhandene tektonischen Spannungen lösen kann. Die Wahrscheinlichkeit für eine getriggerte Seismizität sinkt daher, wenn im näheren Umfeld der Bohrung keine größeren Störungen vorliegen. In Gebieten mit erhöhter natürlicher Seismizität ist das Vorkommen von Störungen bzw. Störungszonen häufiger und die Wahrscheinlichkeit für induzierte seismische Ereignisse nimmt zu (Nicholson und Wesson 1990).

Für ein geplantes Geothermie-Projekt wird daher zumeist ein Schritt-für-Schritt-Vorgehen (**Methode des kontrollierten Betriebs**) vorgeschlagen. Dessen Kernpunkte sind die Erstellung eines Gefährdungsgutachtens sowie Reaktionsplans, seismisches Monitoring, Aufbau eines Immissionsmessnetzes sowie Monitoring des behutsamen hydraulischen Vorgehens. Dabei sollte zwischen Geothermieprojekten mit Stimulation (EGS) und reinen hydrothermalen Projekten unterschieden werden. Seit 2012 ist in Deutschland für Projekte der tiefen Geothermie eine seismische Risikoanalyse erforderlich.

Insbesondere bei Projekten, die sich in oder in der Nähe von Ortschaften oder Bebauungen befinden, muss die Öffentlichkeit vorab und kontinuierlich umfassend informiert werden.

Für die Erstellung des unterirdischen Wärmetauschers für EGS in den von Natur aus eher gering durchlässigen Gesteinen sind hydraulische und chemische Stimulationen erforderlich (Abschn. 9.3), da die einfachen Ertüchtigungsmaßnahmen der Hydrogeologie dazu nicht ausreichen (Abschn. 8.5). Bei unachtsamer Vorgehensweise können bei derartigen Stimulationen infolge eines plötzlichen Versatzes der Kluftflächen in einer Störungszone seismische Ereignisse ausgelöst werden, die die Wahrnehmbarkeitsschwelle überschreiten. Dadurch kann es zu Schadensfällen an der Erdoberfläche, wie Risse an Gebäuden, kommen. Entsprechende Ereignisse an der 5000 m tiefen Bohrung Basel (Abschn. 11.1.3) führten dazu, dass nicht nur diese Bohrung eingestellt wurde, sondern dass sich in Folge auch ein generelles Mistrauen der Bevölkerung und von Entscheidungsträgern gegenüber der Tiefen Geothermie entwickelte.

Im Jahre 2017 sind in Deutschland zum Fracking (hydraulische Risserzeugung) die Rechtsänderungen im Wasserhaushaltsgesetz (WHG) in Kraft getreten. Die Regelungen sehen weitreichende Verbote und Einschränkungen für die Anwendung der Fracking-Technik in Deutschland vor. Für das so genannte **unkonventionelle Fracking,** d. h. für die Erdgasförderung aus unkonventionellen Lagerstätten, wurde von der Bundesregierung ein Verbot (bis mindestens 2021) erlassen. Um bestehende Kenntnislücken beim unkonventionellen Fracking zu schließen, wie Auswirkungen des Frackings auf die Umwelt, insbesondere den

Untergrund und den Wasserhaushalt, sind jedoch in Deutschland insgesamt vier Erprobungsmaßnahmen im Schiefer-, Ton- oder Mergelgestein oder Kohleflözgestein unter strengen Auflagen zulässig. Für alle **konventionellen Fracking-Maßnahmen** zur Aufsuchung und Gewinnung von Erdöl und Erdgas aus konventionellen Lagerstätten wurde eine verbindliche Umweltverträglichkeitsprüfung (UVP) eingeführt, also eine Prüfung von möglichen Auswirkungen auf den Menschen, Flora und Fauna, auf Boden, Wasser, Luft, Klima und Landschaft u. a.. Das gilt auch für Bohrungen zur Aufsuchung und Gewinnung von Geothermie, wenn wassergefährdende Stoffe eingesetzt werden oder das Vorhaben in einer Erdbebenzone liegt. Konventionelles Fracking ist verboten in Wasserschutz-, Heilquellenschutzgebieten sowie Einzugsgebieten von Seen und Talsperren, Brunnen von Wasserentnahmestellen für die öffentliche Trinkwasserversorgung, Nationalparks und Naturschutzgebieten. Eine Erlaubnis für konventionelle Fracking-Vorhaben darf nur erteilt werden, wenn die verwendeten Gemische als nicht oder als schwach wassergefährdend eingestuft sind. Deutschland verfügt damit über eines der strengsten Fracking-Gesetze weltweit. Im Nachbarland Schweiz gibt es keine einheitlichen Regelungen. Die Schweiz strebt jedoch ein harmonisiertes Vorgehen unter den Kantonen an.

Zur Eindämmung der Seismizität bei EGS, zu ihrer Überwachung und Kontrolle wurden daher verschiedene Maßnahmen ergriffen. Da nicht völlig ausgeschlossen werden kann, dass es auch bei hydrothermalen Projekten zu seismischen Ereignissen kommen kann, werden zur Überwachung und Kontrolle der Seismizität auch bei diesen Vorhaben verschiedene Maßnahmen ergriffen. Ein zentrales Element der Maßnahmen sind möglichst genaue Kenntnisse des Untergrunds. Diese liegen in der Regel in der Erkundungsphase noch nicht vor und müssen für ein spezifisches Gebiet erst erworben werden, wobei der Kenntnisstand im Laufe der Projektentwicklung stets ansteigt. Beispielsweise ergeben 3D-Modellierungen des Untergrundes auf der Basis von Explorationsseismik (Abschn. 13.1) wichtige Hinweise für einen potentiellen Standort, insbesondere die Lage von Störungszonen kann festgestellt werden. Allerdings kann man damit nur die größeren Strukturen bevorzugt in Sedimentgesteinen abbilden. Kleinere Strukturen, der Spannungszustand von Verwerfungen oder die Durchlässigkeit des Gesteins lassen sich mit diesen geophysikalischen Methoden nicht verlässlich abbilden. Ein genaueres Bild entsteht daher erst im Zuge der ersten Bohrungen sowie aufgrund der Rückmeldungen des Untergrunds infolge vorgenommener Eingriffe.

Im Vorfeld von tiefen Geothermieprojekten muss daher heutzutage in sehr vielen Ländern eine **seismische Risikostudie** erstellt werden, in der die natürliche Seismizität in der Region betrachtet sowie Erdbebenszenarien für die betroffene Region aufgestellt werden. Vor dem Abteufen der ersten Bohrung ist also auf dem Stand von Wissenschaft und Technik ein qualifiziertes Gutachten zum Potential induzierter Seismizität und zur möglichen Gefährdung durch einen Förder- und Injektionsbetrieb zu erstellen. Daher ist zumindest in Deutschland neben einem thermisch-hydraulisch-chemisch gekoppelten Modell (THC-Modell) für den tieferen Untergrund die Aufstellung eines strukturgeologisch-geomechanischen Modells erforderlich (LFZG 2017). Unter Einbindung des lokalen Stressfeldes wird untersucht, welche Strukturen (Störungszonen, Kluftzonen) eine erhöhte Schertendenz in Abhängigkeit von Injektions- und Förderraten aufweisen. Auf diese Weise kann die potentiel induzierte Seismizität abgeschätzt werden. Auf die mögliche Änderung des Stressfeldes mit zunehmender Tiefe wurde bereits in Abschn. 9.5 hingewiesen (Abb. 9.4).

Bereits vor Beginn des Abteufens der Erstbohrung ist ein seismisches Überwachungsnetz (**Monitoring**) einzurichten, um den Ausgangszustand zu erfassen. Mit dem Gutachter ist das seismische Monitoring, die erforderliche Anzahl von Messstellen (Seismometer) und das Noise/Signal-Verhältnis abzustimmen (FKPE 2012; GTV 2011). Zum seismischen Überwachungsnetz gehört auch die Messung der Erschütterung zur internen Betriebsüberwachung, zur Beweissicherung und ist Grundlage des bergrechtlichen Genehmigungsverfahrens. Mit Hilfe des seismischen Monitorings muss die Modellierung der Seismizität verifiziert werden, bzw. ggf. dazu benutzt werden, den Modellaufbau zu verfeinern. Das seismische Monitoring erfolgt während der gesamten Bauphase und in der Betriebsphase der geothermischen Anlage. In der Anfangsphase erfolgen auch erste Überlegungen über ein sog. **Ampelschema.** Dies betrifft die Festlegung der Dauer von Maximal-Drücken sowie, welche Maßnahmen bei Überschreitung einer festzulegenden Seismizitätsmagnitude zu ergreifen sind, um nicht tolerierbare, spürbare seismische Ereignisse zu vermeiden. Sämtliche Einzelschritte sind in Deutschland im Vorfeld mit der Bergbehörde abzustimmen.

Der Einsatz der massiven hydraulischen Stimulation bei EGS Projekten muss in jedem Fall strengen Sicherheitsstandards folgen, klar geregelt sein und umfassend überwacht werden (ACATECH 2015).

11.2   Auswirkungen durch und auf den Untergrund

Setzungserscheinungen sind aus der Kohlenwasserstoffindustrie oder von tief liegenden Trinkwasserentnahme-Gebieten seit langem bekannt. Wenn über einen längeren Zeitraum große Mengen an Gas, Öl oder Trinkwasser aus einer Lagerstätte bzw. einem Grundwasserleiter entnommen werden, stellen sich häufig Setzungen, z. T. begleitet von Vertikalversätzen und Horizontalverschiebungen, an der Landoberfläche ein. Der Prozess derartiger Setzungen ist meist kontinuierlich und erstreckt sich häufig über einen längeren Zeitraum und ein größeres Gebiet. Er kann in der Regel durch Injektion gestoppt werden und ist mit Ausnahme der Brüche bis zu einem gewissen Grad reversibel.

Hohe Trinkwasserentnahmemengen über mehrere Jahrzehnte führten beispielsweise im San Joaquin Valley südwestlich von Mendota, California/USA, zu Landsetzungen von mehreren Metern. Im Zeitraum 1925–1974 betrug die Setzung allein bereits 8,93 m. An vielen Stellen in den USA wurden durch hohe Grundwasserentnahmen Setzungsraten von bis zu 5 cm pro Jahr beobachtet. Derartig starke Setzungen sind häufig von Brüchen begleitet (Johnson 1991).

In den großen Erdöl- und Erdgasfördergebieten im zentralen Bereich der USA wurden ebenfalls Setzungen von mehreren Dezimetern bis Metern beobachtet, wie beispielsweise im Diatomite Erdölfeld, Kern County, Californien (Bondor und Rouffignac 1995). Aber auch im Slochteren Gasfeld in den Niederlanden, das 1960 in Produktion ging, wurden große Setzungen von 30 cm über eine Fläche von 250 km^2 gemessen. Im Erdgasfeld Groningen (Niederlande) führten hohe Erdgasproduktionen nicht nur zu Setzungen an der Landoberfläche (seit den 1970er Jahren um ca. 30 cm) sondern auch zu Brüchen und Verwerfungen, die von Erdbeben bis zur Stärke $M_L = 3{,}4$ (Januar 2018) begleitet wurden.

Zu den größten Setzungen mit 8,8 m gehören diejenigen im Erdölfeld von Wilmington in Long Beach, Californien/USA. Die größten Setzungsraten wurden im San Joaquin Valley, Californien/USA, mit > 40 cm/Jahr gemessen (Fielding et al. 1998). Parallel zur Setzung wird meist eine so genannte Selbstabdichtung der Bohrungen mit einhergehender Reduktion der Förderrate festgestellt. Beide Effekte sind auf den entnahmebedingten verminderten Porenfluiddruck und die dadurch resultierende Zunahme der Auflast und damit Reduktion des Porenhohlraumgehaltes zurückzuführen. In der Erdöl-/ Erdgasindustrie wurden diesen Phänomen daher schon frühzeitig durch Injektion von Wasser und/oder Verpressung von Gas, meist CO_2, entgegengewirkt. Der Prozess der Selbstabdichtung von Bohrungen konnte dadurch gestoppt, z. T. auch rückgängig gemacht werden, die Setzungen der Erdoberfläche ließen nach und teilweise waren auch leichte Hebungen feststellbar.

Wird bei einer geothermischen Anlage kontinuierlich eine große Entnahmemenge von Thermalwasser gefördert, so können Setzungen, d. h. allmähliche Absenkung der Erdoberfläche, nicht ausgeschlossen werden. Allerdings erfolgt in der tiefen Geothermie in der Regel parallel zur Entnahme in nicht allzu großer Entfernung von der Förderstelle eine Wiederversenkung des geförderten, abgekühlten Thermalwassers zur Regeneration der geothermischen Lagerstätte und zur Entsorgung der hochmineralisierten Mineralwässer. Dazu ist eine hydraulische Verbindung zwischen Förder- und Injektionsbohrung erwünscht und notwendig. Aus diesem Grund ist die Entnahme-bedingte Porendruckerniedrigung bzw. die Injektions-bedingte Porendruckerhöhung auf den engsten Bereich um die Entnahme- bzw. Injektionsstelle begrenzt und die hydraulischen Auswirkungen sind insgesamt deutlich schwächer als bei ausschließlicher Förderung oder Injektion. Setzungen bei geothermischen Nutzungen beschränken sich vorwiegend auf Hochenthalpie-Gebiete mit ausschließlicher Förderung bzw. auf Gebiete mit unzureichender Injektion (Kap. 10). Setzungen wurden daher beispielsweise im East Mesa Geothermiefeld in Kalifornien oder im Euganeischen Geothermiebecken in Nord-Italien gemessen (Massonet et al. 1998; Strozzi et al. 1999).

Natürliche radioaktive Stoffe wie Uran und Thorium lagern überall in der Erdkruste, vor allem in den tieferen Gesteinsschichten. Zerfällt Uran, entstehen radioaktive Elemente wie beispielsweise Radium 226 oder Polonium 210. Diese natürlichen radioaktiven Stoffe werden als **NORM** („naturally occurring radioactive material") bezeichnet. Nicht ordnungsgemäß entsorgte NORM-Abfälle können bei Überschreitung bestimmter Grenzwerte ein großes Gesundheitsrisiko darstellen.

Da in der Erdkruste Wärme durch radioaktiven Zerfall entsteht, gibt es überall natürliche Hintergrundwerte, wie in Abschn. 1.3 erläutert. So liegt der natürliche Strahlenhintergrund in Deutschland im Mittel bei ca. 0,4 mSv/a. Deutlich niedrigere Werte treten in der norddeutschen Tiefebene auf und höhere natürliche Werte in den Mittelgebirgen. Selbst aus dem Weltall erreicht uns radioaktive Strahlung – in Form von kosmischer Strahlung (Bundesamt für Strahlenschutz 2008).

Eine wichtige Rolle spielt Wasser, denn Wasser ist gewissermaßen das „Transportmittel" für die Radionuklide. Bei der Erdöl- und Erdgasförderung werden immer auch gleichzeitig große Mengen so genannten Lagerstättenwassers mitgefördert – im Schnitt pro Barrel Öl rund 10 Barrel Wasser. Außerdem wird zur Steigerung der Ausbeute oft Wasser oder Wasserdampf in die Lagerstätte gepresst. Auch dieses Wasser kann, wenn es wieder an die Oberfläche kommt, belastet sein (vgl. die Studie „Strahlenschutz und der Umgang mit radioaktiven Abfällen in der Öl- und Gasindustrie" der Internationalen Atom-Energie-Agentur, IAEA, https://www.gegen-gasbohren.de/2016/02/09/strahlenschutz-und-der-umgang-mit-radioaktiven-abfaellen-in-der-oel-und-gasindustrie-iaea-safety-report-no-34/).

Natürliche Radionuklide liegen praktisch in allen Tiefenwässern vor. Die Elementkonzentrationen von Radionukliden im Thermalwasser selbst sind gering. Allerdings weichen die Aktivitätskonzentrationen in Abhängigkeit von der Geologie des Aquifers stark voneinander ab. Zu den hauptsächlich auftretenden Radionukliden gehören: ^{226}Ra, ^{210}Pb, ^{228}Ra, ^{224}Ra, ^{40}K (Degering und Köhler 2009, 2011). Radium 226 hat eine Halbwertzeit von 1600 Jahren, ist also sehr langlebig. Beim Zerfall entsteht Radon (^{222}Rn), ein radioaktives Gas (Halbwertszeit: 3,8 Tage), das an der Erdoberfläche bei Einatmung zu gesundheitlichen Problemen führen kann.

Bei geothermischen Anlagen, die im Dubletten-Betrieb gefahren werden, ist das Risiko, dass radioaktiv belastete Stoffe an die Erdoberfläche gelangen, niedriger, da das Extraktionsgut, die ggf. belasteten Wässer, in einem übertägig geschlossenen Kreislauf in der Regel über Injektionsbohrungen wieder vollständig in den tiefen Untergrund, aus dem sie gefördert wurden, zurückgebracht werden. Auch werden in den Geothermiebohrungen durch entsprechende Fahrweise der Anlage oder durch Zugabe von Inhibitoren Ausfällungen weitestgehend vermieden (Abschn. 8.7.1). Dennoch ist die vollständige Vermeidung von Sinterablagerungen in Geothermieanlagen oft nicht möglich. Scales bilden sich vorzugsweise auf der Injektionsseite und im Druckschatten, wie z. B. an Leitungsverzweigungen, in Rohrkrümmungen, im Wärmetauscher, Pumpen usw., in denen dann auch Schadstoffe angereichert sein können (Abschn. 15.3).

Bei Scales aus Baryt/Coelestin-Mischkristallen (Ba/SrSO$_4$) kann es wegen der chemischen Analogie von Ba mit Ra zu einer Mitfällung der Radiumisotope (^{226}Ra, ^{228}Ra, ^{224}Ra) mit schwer löslichem Ba/SrSO$_4$ kommen. In Scales aus Galenit (PbS) sowie gediegenem Blei (Pb) kann das chemisch sich identisch verhaltende Radionuklid ^{210}Pb, ein β-Strahler, in den Pb-haltigen Phasen eingebaut sein (Degering und Köhler 2009). Dadurch können radioaktive Inhaltsstoffe der Wässer in den Scales selektiv aufkonzentriert sein.

Sinterablagerungen ist daher grundsätzlich erhöhte Aufmerksamkeit zu schenken und ausgetauschte Rohrleitungen, Pumpen oder Wärmetauschern sollten sicherheitshalber untersucht und ggf. entsprechend fachtechnisch behandelt werden (StrlSchV 2001).

Direkte und indirekte **Emissionen von nicht-kondensierbaren Gasen** wie H_2S oder CO_2 bei geothermischen Nutzungen insbesondere in Hochenthalpie-Gebieten können Auswirkungen auf die Umwelt hervorrufen (z. B. Olafsdottira et al. 2015; Óladóttir und Friðriksson 2015). Aus diesem Grund wurden vor allem in Island Reinjektionsmethoden (SulFix) entwickelt. Vergleiche hierzu Ausführungen in Kap. 10.

Schon seit den 1960er-Jahren setzte die Erdgasindustrie auch in Deutschland die sogenannte **Fracking-Technologie (Hydraulic Fracturing)** ein. Weltweit sind bereits über eine Million Frac-Behandlungen durchgeführt worden. In Deutschland wurde das Verfahren des Hydraulic Fracturing hundertfach zur Stimulation konventioneller Lagerstätten und in der Tight-Gas-Förderung eingesetzt, ohne dass die Umwelt beeinträchtigt worden ist (WEG 2013).

In den letzten Jahren wurde das Hydraulic Fracturing verstärkt eingesetzt, um konventionelle Erdgasvorkommen vollständiger zu nutzen bzw. um unkonventionelle Lagerstätten in dichtem Gestein zu erschließen. Beim Hydraulic Fracturing dieser speziellen Lagerstätten wird das Gestein durch hohe hydraulische Drucke meist hinter der Verrohrung „aufgebrochen". Dazu ist ein sogenannter **Perforator** notwendig, der kleine Löcher (20–35 mm) in das Stahlrohr und die Zementation schießt (Abb. 12.13). Durch diese Löcher wird die Frac-Flüssigkeit in das Gestein gepresst. Mit Hochdruckpumpen gelangt die Mischung aus Wasser, Stützmitteln und Zusatzstoffen zu den perforierten Stellen und von dort ins Gebirge, in dem kleine Risse entstehen. Beim Hydraulic Fracturing werden üblicherweise ca. 300–600 m³ Flüssigkeit über eine Dauer von 1–2 h verpresst, wobei Kopfdrucke von 250–780 bar am Bohrlochkopf erreicht werden. Die eingepressten Flüssigkeiten bestehen aus einer Mischung von Wasser (95–99 %), einem Stützmittel (Sand- oder Keramikkügelchen) zum Offenhalten der künstlich erzeugten Risse sowie chemischen Begleitstoffen (z. B. Biozide, Lösungsmittel) zur Reibungsminderung, dem Schutz vor Korrosion oder der Verhinderung von Bakterienwachstum. Die Konzentration der Zusätze im Frac-Fluid ist in Deutschland so gering, dass das Frac-Fluid der Wassergefährdungsklasse 1 entspricht (WEG 2013). Ohne das Verfahren des Hydraulic Fracturing wären die oben genannten Vorkommen kaum zugänglich (Ewen 2012; Pierau et al. 2013).

Medienberichte aus den USA über Verunreinigungen von Oberflächengewässern und Grundwasser, über brennende Wasserhähne (Fake-News) infolge von Methanaustritten infolge Erschließung unkonventioneller Lagerstätten durch die „Fracking"-Methode führten zu einer Beunruhigen und Verunsicherung der Bevölkerung insbesondere in Europa, da auch in Europa angesichts der in den USA neu festgestellten Erdgas-Reserven ein zunehmendes wirtschaftliches Interesse an der Erschließung von Erdgas aus unkonventionellen Lagerstätten aufkam. Die Technologie des Hydraulic Fracturing, das Erschließungs-Tool für unkonventionelle Erdgas-Lagerstätten, wurde ursächlich mit den in den

USA beobachteten Umweltschäden in Verbindung gebracht. Damit setzte eine kontroverse Debatte über mögliche Umweltauswirkungen durch „Fracking" natürlich auch in Zusammenhang mit verwandten Technologien ein. In Deutschland versucht der Gesetzgeber das Vertrauen der Bevölkerung durch intensive Kontrollen und durch eine entsprechende Umweltverträglichkeitsprüfung wiederherzustellen (Abschn. 11.1.6). Anzumerken bleibt, dass gerade in Deutschland einer Genehmigung zum Hydraulic Fracturing jeweils vielfältige behördliche Prüfungen und Entscheidungen vorausgingen, die auf dem Bundesberggesetz, den Umweltgesetzen und zahlreichen Verordnungen basieren. Unabhängig davon muss für eine Beurteilung, ggf. Genehmigung, des Vorhabens erst einmal klar sein, was sich hinter den benutzten Begrifflichkeiten (Fracking, Hydraulic Fracturing, hydraulische Stimulation, massive hydraulische Stimulation, chemische Stimulation u. ä.) im Detail verbirgt, d. h. welche Flüssigkeiten (Wassergefährdungsklasse, Zusammensetzung) in welchen Tiefen in welchem (hydro) geologischen Umfeld (Störungszone, Aquifer, dichtes Gebirge,…) in welchen Mengen und mit welchen Drucken eingesetzt werden sollen. Entscheidend sind ebenfalls der ordnungsgemäße Ausbau der Tiefbohrung sowie die dichte Zementation vor und nach den Stimulations-Maßnahmen (Beleg durch geeignete geophysikalische Bohrlochvermessungen).

11.3   Übertägige Auswirkungen

Um Auswirkungen auf die Umwelt zu vermeiden, sind rechtzeitig die jeweils erforderlichen und geeigneten Vorkehrungen vorzusehen. Beispielsweise ist die **Bohrspülung,** die hohe organische Anteile enthalten kann, fachgerecht zu entsorgen. Auch für **Pumpversuchswässer,** die häufig hohe salinare Anteile und zusätzlich weitere, an der Erdoberfläche ungünstige Inhaltsstoffe aufweisen können, sind geeignete Auffangbecken bereitzustellen, sofern sie nicht unmittelbar wieder in die Tiefe versenkt werden. Ebenso ist an eine geeignete Entsorgung von teilweise mit Enthärtern, Bioziden und Antikorrosionsmitteln aufkonzentrierte **Kühlwässer** etc. zu denken.

Während der Bohrphase aber auch während des Betriebs der geothermischen Anlage kann es zu **Lärmemissionen** kommen, die bereits in der Planungsphase berücksichtigt werden müssen, insbesondere, wenn sich das Projekt in der Nähe von Siedlungen befindet. Häufig ist es jedoch eine Frage der eingesetzten Technik und der eingeleiteten Lärmschutzmaßnahmen, damit der Lärm nicht zur Last wird. So arbeiten beispielsweise beim Bohren strombetriebene Motoren grundsätzlich ruhiger als Motoren, die mit Kraftstoff betrieben werden. Lärmschutzwälle um Bohrplätze können Schallemissionen sehr stark abfangen. Auch ist beispielsweise die Geräuschemission luftgekühlter Anlagen (Abb. 11.5a, b) grundsätzlich größer als bei Anlagen, die über eine Wasserkühlung verfügen. Bei der Lüftung sind Langsamläufer im Hinblick auf eine Lärmemission in der Regel günstiger. Auch laufende Turbinen verursachen Geräusche. Derartigen Lärmbelästigungen kann jedoch bautechnisch und durch eine Begrünung sehr stark entgegengewirkt

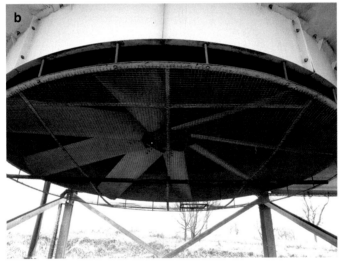

Abb. 11.5 a, b: Beispiel für eine Luftkühlungsanlage **a** aus der Ferne, im Bild rechts **b** Rotor, von unten betrachtet

werden. In diesem Zusammenhang ist auch zu bedenken, dass durch die Rückkühlung des Arbeitsmediums eine entsprechende Wärmeabgabe an die Umwelt anfallen kann, da sie nicht oder nicht vollständig genutzt werden kann.

Vermeidbar sind auch so genannte **Landschaftsverschandelungen** durch Rohrleitungen. Eine gut isolierte, unterirdische Verlegung ist zwar teurer, erhöht jedoch die Akzeptanz beträchtlich.

Abhängig von den Druck- und Temperaturbedingungen können Hochenthalpie-Lagerstätten mehr dampf- oder mehr wasserdominiert sein. Früher wurde der Dampf nach der Nutzung in die Luft entlassen, was zu einer erheblichen **Geruchsbelästigung** führen konnte. Heute werden die abgekühlten Fluide in die Lagerstätte zurückgepumpt. So werden negative Umwelteinwirkungen reduziert oder auch völlig vermieden und gleichzeitig die Produktivität durch Aufrechterhalten

eines höheren Druckniveaus in der Lagerstätte verbessert. Eine Reininjektion der
Thermalfluide ist mittlerweile Standard.

Bei Temperaturen unter 200 °C werden zur Stromerzeugung meistens spezielle
Arbeitsmittel eingesetzt. Die sogenannten Organic Rankine Cycle (ORC) verwenden organische Arbeitsmittel wie Pentan. Das Kalina-Verfahren verwendet
ein Wasser-Ammoniak Gemisch (Abschn. 4.2). Im Schadensfall müssen entsprechende Sicherheitskonzepte und Einrichtungen, wie sie z. B. aus der
chemischen Industrie bekannt sind, einsatzbereit sein, um lokale Umweltbeein-
trächtigungen und -gefährdungen auf dem Betriebsgelände zu vermeiden.

Bohrtechnik für Tiefbohrungen

Top Drive einer Tiefbohranlage

© Springer-Verlag GmbH Deutschland, ein Teil von Springer Nature 2020
I. Stober und K. Bucher, *Geothermie*, https://doi.org/10.1007/978-3-662-60940-8_12

Die Bohrkosten in der Tiefengeothermie machen bis zu 70 % der Gesamtkosten eines Geothermieprojektes aus. Die in der Tiefengeothermie zum Einsatz
kommende Bohrtechnologie stammt größtenteils aus der Erdölindustrie. In der
Geothermie ergeben sich jedoch aus der Kombination von hohen Temperaturen,
großen Volumenströmen sowie langfristigen Nutzungen bei teilweise hohen
Gehalten an aggressiven Bestandteilen im Wasser weitergehende Anforderungen
an die Bohrtechnologie. Die Bohrdurchmesser sind daher wegen der Volumen-
ströme größer. Anders als Erdöl- und Erdgasbohrungen müssen Geothermiebohrungen eine Lebensdauer von mehr als 30 Jahren nachweisen und heißes,
meist hoch mineralisiertes Thermalwasser fördern bzw. wieder in das Reservoir
zurückleiten, wobei im Gegensatz zur Kohlenwasserstoff-Industrie (KW-Industrie)
das heiße Wasser bei der Förderung direkt in der Bohrung entlang der Verrohrung
hoch zur Pumpe strömt, d. h. somit oft keine die Verrohrung schützende Liner
abgehängt sind. Die Kosten von Geothermiebohrungen sind daher deutlich höher,
um den Faktor 2–5, im Vergleich zur KW-Industrie (Teodoriu und Falcone 2009).

Der Themenbereich Abteufen und Ausbau einer Tiefbohrung ist sehr komplex
und erfordert das Zusammenspiel verschiedener Teildisziplinen. Die einzelnen
Aufgaben werden von speziellen Servicefirmen wahrgenommen. Aber auch für
die in Geothermieanlagen einzusetzende Pumpentechnik bestehen sowohl wegen
der teilweise aggressiven und gasreichen Wässer als auch wegen des angestrebten
höheren Temperaturniveaus extreme Anforderungen in Bezug auf Korrosionsbeständigkeit und Lebensdauer (Abschn. 15.3). Das vorliegende Buch möchte
lediglich einen groben Einblick in dieses Fachgebiet vermitteln. Weiterführende
Informationen sind beispielsweise den Lehrbüchern von Bourgoyne et al. (1986)
oder Aadony (1999) zu entnehmen.

Tiefbohrarbeiten werden in der Regel im Schichtbetrieb 24 h/d ohne Unterbrechung ausgeführt. Eine optimierte Baustellenlogistik sorgt dafür, dass innerhalb
des Bohrplatzbereiches ausreichende Lagerflächen für Bohrgestänge, Futterrohre,
Ersatzteile, Bohrgut, Spülungs- und Verbrauchsmaterialien etc. vorhanden sind.
Die Größe des Bohrplatzes für eine Tiefbohrung liegt bei etwa 5000 m², kann
aber auch 12.000 m² betragen. Wenn die Bohrungen in der Nähe von Bebauungen
abgeteuft werden sollen, müssen Lärmschutzvorkehrungen getroffen werden.

Der Ausbau von Geothermiebohrungen richtet sich in erster Linie nach
dem geothermischen Konzept (Tiefe Erdwärmesonde, Hydrothermal-Bohrung,
EGS-Bohrung), nach den tatsächlichen lithologischen und hydraulischen Randbedingungen und ob eine Vertikal- oder Schrägbohrung vorgesehen ist. Tiefe
Geothermiebohrungen werden in einer Serie von Bohrphasen erstellt, die durch
das Setzen und Zementieren von Bohrlochverrohrungen gekennzeichnet sind,
wobei anhand des theoretischen Schichtenprofils festgelegt wird, in welchen
Tiefen abgesetzt und eine Bohrlochverrohrung gesetzt und zementiert werden
muss. Mit jeder Bohrphase nehmen Bohr- und Rohrdurchmesser ab. Jede Tiefbohrung ist daher teleskopisch aufgebaut. Der geplante Enddurchmesser hängt
von der Höhe der zu realisierenden Fließraten ab. Der geplante Enddurchmesser,
die geologische Schichtenabfolge und die geplante Tiefe geben somit die

Größe des Anfangdurchmessers vor. In der Tiefbohrtechnik sind alle Rohr- und Meißeldurchmesser nach API (American Petroleum Institute 2005, 2006) genormt. Bei einer Bohrung mit 4 Bohrphasen wird z. B. für eine $18\frac{5}{8}$"-Ankerrohrtour üblicherweise ein 23"-Meißel eingesetzt, für einen $13\frac{3}{8}$"-Casing ein 16"-Meißel, für einen $9\frac{5}{8}$"-Liner ein $12\frac{1}{4}$"-Meißel und ein $8\frac{1}{2}$"-Meißel im Open-Hole Bereich. In offenen geothermischen Systemen kann bei standfesten Gebirgsverhältnissen im Förder- bzw. Injektionshorizont auf einen Ausbau verzichtet werden (Open Hole). Bei instabilem Gebirge oder Partikelführung sind gelochte (perforierte) Liner (Abb. 12.1) einzubauen oder Filterrohre vorzusehen (Cased-Hole) (Blank et al. 2010). Wichtig ist, dass die Durchlässigkeit im Bereich des Nutzhorizontes durch den Bohrvorgang, die Bohrspülung oder den ggf. erforderlichen Ausbau nicht dauerhaft reduziert wird (Skin) (Kap. 14).

Im Bereich des Bohransatzpunktes wird ein sog. Bohrkeller erstellt. Von dort aus wird mit der Tiefbohrung begonnen. Hier wird zunächst mit großem Durchmesser begonnen, um von einer **Verrohrung** zur nächsten im Durchmesser immer kleiner zu werden. Der Bohrdurchmesser muss so groß gewählt werden, dass die Verrohrung problemlos bis zur geplanten Tiefe eingebaut werden kann und ausreichend Platz für eine gute Zementation der Rohre gegeben ist. Der Durchmesser der Verrohrung muss einerseits groß genug sein, um innerhalb der Arbeitsrohrtour und der offenen Bohrung Reibungsverluste zu minimieren. Andererseits erfordern größere Durchmesser meist größere Bohranlagen, größeren Energie- und Materialaufwand, d. h. höhere Kosten, denn die Kosten einer Bohrung sind in etwa proportional zum erbohrten Gesteinsvolumen. Standrohre, Ankerrohrtouren und Liner sollen dabei verhindern, dass die Bohrung instabil wird. Ein Liner ist eine Verrohrung, die nicht bis zutage geführt ist, sondern in einer bereits abgesetzten Rohrtour eingehängt wird.

Die Verrohrung stützt die Bohrlochwand und dichtet zusammen mit der Zementation gegen andere Fluid-führende Schichten ab. Dadurch ist es auch möglich, Schichten mit unterschiedlichem hydraulischem Potential voneinander zu trennen. Sowohl Rohrkörper als auch Verbinder müssen zum einen druckfest gegen Kollaps und Bersten sein, zum anderen müssen die Rohre, d. h. Rohrkörper und Verbinder, die erforderliche Zugfestigkeit aufweisen. Beide Parameter nehmen mit zunehmender Temperatur ab! Im Vorfeld sind daher umfangreiche Berechnungen der zu erwartenden Drücke auf die Rohrtouren (Außen- und Innendruck) und die zu erwartenden Belastungen, wie z. B. Gewicht des Rohrstranges, Biegebelastung bei einer Ablenkbohrung, Schleiflasten, Kompressionsbelastungen usw. erforderlich. Durch die hohen Temperaturen an der Basis von Tiefbohrungen dehnt sich die Verrohrung der Produktionsbohrung im Betrieb aus, entsprechend reagiert die Verrohrung der Injektionsbohrung mit Kontraktion. Bei der Planung des Ausbaus sind daher auch die thermischen Parameter der Verrohrung entsprechend einzubeziehen, so dass die Verrohrung und Zementation bei Expansion bzw. Kontraktion keinen Schaden nimmt. Häufige kürzere Inbetriebnahmen mit längeren Stillstandzeiten beanspruchen sowohl Verrohrung als auch Zementation deutlich stärker, zumal der stärkeren Ausdehnung der Verrohrung die schwächere

Abb. 12.1 Beispiel für gelochte Liner (Tiefbohrung Hellisheiði, Island)

der Zementation entgegenwirkt. Dadurch besteht die Gefahr der Rissbildung in der Zementation und von Undichtigkeiten in der Hinterfüllung, die sich mit zunehmender Anzahl der Inbetriebnahmen verstärkt (Teodoriu 2013).

Das Verpumpen der Zementsuspension erfolgt nach Einbau der jeweiligen Rohrtour fast ausschließlich im Annulus von unten nach oben; die Bohrspülung wird dadurch nach oben weggedrückt. Die **Zementation** einer Tiefbohrung erfordert spezielle Zementeigenschaften und aufwändige Vorbereitungen. Zement ist ein gemahlenes, mineralisches, hydraulisches Bindemittel, welches nach Anmachen mit Wasser an der Luft und unter Wasser zu einem festen Gestein erhärtet. In der Tiefbohrtechnik werden Zemente mit ähnlich fein-körnigen Zuschlägen als Süß- oder Salzwasser-Suspensionen verarbeitet. Größere Bohrungsteufen über etwa 3000 m erfordern eine besondere Kombination von Zementen, Zuschlägen und Additiven sowie eine aufwändige Einstellung der Rezepturen (Smolczyk 1968). Die trockenen Ausgangsstoffe werden bereits gemischt am Bohrplatz angeliefert. Dort wird das Anmachwasser mit Steinsalz, Verzögerer und Additiven in Mischtanks vorbereitet und danach die Trocken-materialien unter Verrühren eingeblasen. Diese Anmachprozedur ergibt eine Mischhomogenität mit minimalen Lufteinschlüssen. Entscheidend für die Quali-tät einer Zementation sind die Rezeptur der Zementsuspension und das Verfahren des Einbringens unter den Bedingungen der Bohrung. Die Qualitätsmerkmale für eine Tiefbohrzementation sind schnelle Anfangsfestigkeit, chemische Resistenz und Dichtigkeit gegen aggressive Fluide und gute Anbindung sowohl an die Rohr-touren als auch an das Gebirge. Das bedeutet, dass die Zementation auch raum-beständig sein muss. Verrohrung und Zementation sind die Schüsselelemente für den sicheren und langjährigen Bohrungsbetrieb. Eine Orientierung bieten beispielsweise die vom American Petroleum Institute (API) herausgegebenen Normen (Recommendations).

Die einzementierte Verrohrung dient auch dem sicheren Abteufen einer Bohrung, um in jeder Bohrphase geologisch bedingte über- oder unterhydrostatische Druckverhältnisse beherrschen zu können. Die Vorrohrung muss während der Zementation zentrisch im Bohrloch stehen, damit sie danach allseits von der Zementation umgeben ist. Andernfalls besteht die Gefahr, dass die Zementation unvollständig ist und dass sie Hohlräume mit Bohrspülung aufweist. Für den **zentrischen Einbau** der Verrohrung in das Bohrloch gibt es einerseits Rohr-Zentrierungen (Centralizer), die bei ausreichend großem Ringraum eingesetzt werden. Bei engen Ringräumen werden Centralizer-Rippen, die z. B. aus Karbonfasern oder anderen Materialien bestehen, direkt auf dem Rohrkörper vor dem Einbau angebracht, resp. aufgestrichen. Eine besondere Bedeutung haben derartige Zentrierungen bei Schräg- oder Ablenkbohrungen.

Die Verrohrung muss den Ansprüchen und Belastungen der späteren Produktion über den gesamten Lebenszyklus der geothermischen Anlage und ggf. auch chemischen Behandlungen oder einer Hochdruckstimulation standhalten können (Abschn. 9.3). Die Förderrohrtour muss im Bedarfsfall gegen aggressive, hochmineralisierte Wässer durch korrosionsbeständige Materialien geschützt werden. Eine Möglichkeit ist die Verwendung von glasfaserverstärkten Kunststoffrohren (GFK-Rohre). Allerdings ist ihr Einsatzbereich auf 120 °C und 2500 m limitiert.

Als Grad für die Einsatzgröße einer **Bohranlage** (Abb. 12.2, 12.3, 12.4) dient die zulässige **Hakenlast**, d. h. welche Last mit der Bohranlage gehalten bzw. gezogen werden kann. Die Hakenlast bestimmt damit die maximale Bohrtiefe und den Bohr- bzw. Ausbaudurchmesser. Für 3000–5000 m tiefe Bohrungen kommen bisher Bohreinheiten mit Hakenlasten von 200–400 t zum Einsatz. Diese Anlagen haben eine Masthöhe von 30–45 m. Die Masthöhe kann z. B. im Bereich von Flugverkehr eine gewisse Rolle spielen. Die Energieversorgung der Anlage kann über Generatoren oder durch Anschluss an das lokale Energieversorgungsnetz erfolgen. Letzteres ist leiser und umweltverträglicher, aber i. d. R. auch teurer. Zum Lärmschutz werden Generatoren teilweise auch eingehaust. Abb. 12.2 zeigt die wichtigsten Einzelkomponenten einer Tiefbohranlage.

Das Standrohr dient der Sicherung der obersten Gebirgsschichten (Nachfall) sowie der Turmfundamente z. B. gegen Unterspülung und die Schutzrohrtour der Abdichtung etwaiger Grundwasserhorizonte und der Stabilisierung des Bohrlochs bei etwaigen späteren Spülungsverlusten bzw. instabilen Formationen. Die Ankerrohrtour dient der Lastaufnahme von Futterrohr- und Steigrohrstrang sowie vom Bohrlochkopf und der Abdichtung etwaiger Wasserhorizonte und Spülungsverlustzonen. Technische Rohrtouren sind zum Schutz gegen ungünstige Gebirgsverhältnisse wesentlich. Die Produktionsrohrtour ist die Verbindung zwischen Lagerstätte und Bohrlochkopf und trennt einzelne Reservoirs voneinander. In der Erdöl-/Erdgasindustrie wird zusätzlich ein eigener Förderstrang, der über der Lagerstätte mit einem sogenannten Packer zu den Futterrohren abgedichtet ist, in das Bohrloch eingeschoben und somit eingebaut. Dieser Förderstrang dient damit gleichzeitig dem Schutz der Verrohrung der Bohrung. Einige geothermische Tiefbohrungen verfügen ebenfalls über einen derartigen Förderstrang.

In modernen Tiefbohranlagen (Abb. 12.3) wird heute vorwiegend das **Rotary-Bohrverfahren,** als Drehbohrverfahren mit rotierendem Hohlgestänge, eingesetzt (Bjelm 2006). Das Rotary-Bohrverfahren kann ausschließlich mit einer Tiefbohranlage durchgeführt werden. Durch den dieselelektrischen Antrieb wird klassisch über den Drehtisch und die darin verankerte Mitnehmerstange das Bohrgestänge

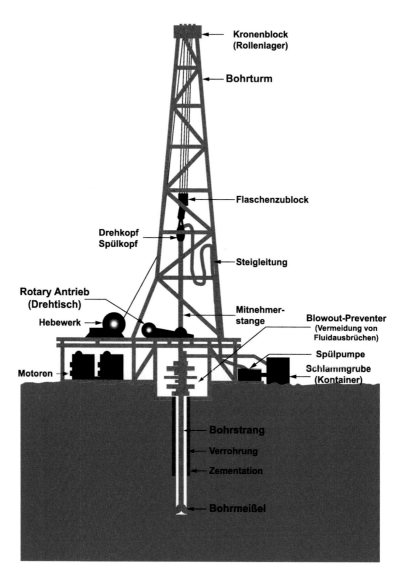

Abb. 12.2 Schematische Darstellung einer Tiefbohranlage

Abb. 12.3 Tiefbohranlage von unten, mit Blick auf den Flaschenzug

mit dem Bohrmeißel gedreht. Beim Top-Drive-Verfahren, das die konventionelle
Antriebsart über den Drehtisch und die Mitnehmerstange immer mehr verdrängt,
sitzt der Antrieb dagegen auf dem Bohrturm und treibt das Bohrgestänge von
oben an. Ein anderes modernes Bohrverfahren ist das Turbinenbohren, bei dem
die antreibende Turbine unmittelbar über dem Bohrmeißel, also im Bohrloch sitzt.
Dieses Verfahren wird vor allem bei Ablenkbohrungen eingesetzt.

Der Bohrstrang besteht aus dem jeweiligen Bohrgestänge mit Einzellängen
von etwa 9 m, die durch spezielle Verbinder verschraubt werden. Über das Hebe-
werk wird der Bohrstrang auf Zug gehalten. Im unteren Bereich des Stranges sind
„Heavy Weight Drill Pipe" und Schwerstangen (Abb. 12.5) angeordnet, um die
notwendige Gewichtskraft auf den Bohrmeißel aufzubringen.

Abb. 12.4 Beispiel für den Steuerpult einer modernen Tiefbohranlage. (Foto: Herrenknecht AG)

In der Rotary-Bohrtechnik werden sowohl Rollenmeißel (Abb. 12.6a) als auch Diamantmeißel als Schneidewerkzeuge eingesetzt, die zum Ablösen und zum Abtransportieren von Bohrklein für die jeweilige Gesteinsformation ausgelegt sein müssen, um einen optimalen Bohrvorgang zu gewährleisten. Es gibt verschiedene Typen von Rollen- und Diamantmeißeln zum optimierten Einsatz bei verschiedenen Formationshärten und für den Fall dass Bohrkerne gezogen werden müssen (Abb. 12.6b). Diamantmeißel besitzen gegenüber Rollenmeißeln den großen Vorteil, dass sie eine sehr robuste Konstruktion und keine beweglichen Teile haben, d. h. über eine längere Lebenszeit verfügen. Abb. 12.6c zeigt ein Bohrwerkzeug zum Bohren in feinkörnigem Sediment, beispielsweise in Tonen.

Gerichtetes Bohren (Richtbohren) ist erforderlich, wenn in eine bestimmte Richtung gebohrt werden soll, also auch von einer Bohrlokation aus in verschiedene Zielgebiete hinein. Üblicherweise beginnt die Bohrung vertikal. Abgelenkt wird erst in einer bestimmten Tiefe, dem sogenannten Kick-off Point (KOP), wobei die Neigung kontinuierlich aufgebaut wird. Insbesondere bei Richtbohrungen muss zwischen gemessener (TMD) und vertikaler Tiefe (TVD) unterschieden werden, da die Bohrstrecke (entlang des Bohrpfades) wesentlich länger ist, als die reale vertikale Tiefe. Die Gesamtlänge beim Abschluss der Bohrarbeiten wird als Endteufe bezeichnet. Dieser Umstand ist u. a. auch bei der Auswertung hydraulischer Tests zu berücksichtigen. Bei modernen Tiefbohrungen kann die tatsächliche Bohrstrecke ein Vielfaches der real erreichten vertikalen Tiefe betragen.

Abb. 12.5 Beispiel für Schwerstangen; durch ihre dicke Wandstärke bringen sie mehr Gewichtskraft auf den Bohrmeißel auf

Der Verlauf des Bohrlochs ist mit verschiedenen Techniken steuerbar. Beim Rotarybohren wird im Regelfall der gesamte Bohrstrang inklusive Bohrmotor in Drehung versetzt. Über Veränderungen des Meißelandruckes, über den Spülstromaustritt oder ein Gelenk kann der Richtbohrer den Verlauf der Bohrung geringfügig beeinflussen. Die Bohrrichtung lässt sich auch über die Aktivierung sogenannter Rippen beeinflussen. Eine Regelelektronik veranlasst hierbei, dass sich hydraulisch betriebene Rippen gegen die Bohrlochwandung pressen, wodurch der Bohrverlauf in die entgegengesetzte Richtung gelenkt wird.

Bei der modernen Richtbohrtechnik der Erdöl-/Erdgasindustrie befindet sich der Bohrmotor untertage (downhole motor), direkt am Bohrmeißel, so dass gebohrt werden kann, ohne dass sich der gesamte Bohrstrang mitdreht, (Abb. 12.6d). Diese Steuereinheit kann direkt während des Bohrens auch aktiv angesteuert werden, ansonsten wird automatisch (nach Programm) gebohrt. In der modernen Richtbohrtechnik wurden verschiedene Verfahren entwickelt, um die Richtung gezielt ändern zu können. So kommt beispielsweise eine Steuereinheit bestehend aus drei Steuerköpfen zum Einsatz, die jeweils einzeln anwählbar sind, so dass damit der untertägige Teil des Bohrwerkzeuges (Steering Unit)

Abb. 12.6 **a** Beispiel für Rollenmeißel zum Einsatz in Tiefbohrungen, **b** Beispiel für ein Bohrwerkzeug zum Gewinn von Bohrkernen, **c** Beispiel für ein Bohrwerkzeug in feinkörnigem Sediment, **d** Beispiel für einen Richtbohrmeißel

durch den Andruck des Steuerknopfes von Innen her leicht „abgeknickt" und dadurch die gewünschte Neigung aufgebaut werden kann. Das Verfahren gestattet ein kontrolliertes Bohren in beliebige Richtungen, wobei die Lageposition – Azimut und Inklination – mit einem speziellen Messgerät MWD (Measurement

While Drilling) kontinuierlich gemessen und überprüft wird (Reich 2011). Dieses Sensor Modul (MWD) befindet sich direkt hinter der Steering Unit. Um die Bohrgeschwindigkeit und die Stabilität zu erhöhen wird zusätzlich zum Arbeiten im rotierenden Modus des Bohrers meist mit einem weiteren übertägigen Motor, der den Bohrstrang antreibt, gebohrt.

Es gibt bereits Toolunits und Verfahren, mit denen es möglich ist, während des Bohrens (MWD) noch weitere Parameter aufzuzeichnen. Es handelt sich hierbei um viele der gängigen geophysikalischen Bohrlochmessverfahren. Bei kürzeren Bohrunterbrechungen können sogar bei kontinuierlicher Messung des Formationsdrucks Fluidproben gemessen, analysiert und gesammelt werden (Abschn. 13.2).

Die moderne Richtbohrtechnik wird nicht nur für schräge oder horizontale Bohrungen angewandt, sondern sie wird auch dazu benutzt, um „vertikale" Bohrungen abzuteufen, d. h. um z. B. den Einfluss des Schichteinfalls auf den Bohrverlauf unmittelbar korrigieren zu können. Modernste Richtbohrtechnik lässt sich auch mit relativ kleinen Bohranlagen einsetzen, so dass auch Bohrtiefen zwischen 500 m und 1500 m mit dieser Technik erschlossen werden können und somit eventuell bei der mitteltiefen Geothermie mit Koaxialsonden auf zunehmendes Interesse stoßen.

Der Hauptgrund für den zusätzlichen Einsatz von **Untertageantrieben** ist neben dem Richtbohren jedoch insbesondere das Leistungsbohren. Denn die an den Bohrmeißel abgegebene Leistung ist bei einem Untertageantrieb deutlich höher und hat dadurch einen wesentlich schnelleren Bohrfortschritt zur Folge. Die am weitesten verbreiteten Untertageantriebe basieren auf dem Prinzip einer Exzenterschneckenpumpe, nur dass der Rotor nicht von einem Motor angetrieben wird, sondern durch die durchströmende Spülung in Drehung versetzt wird, die den Bohrmeißel antreibt (Moineau-Prinzip) (Homrighausen 2012).

In der **Bohrplanung** werden u. a. ein Richtbohrplan, geeignete Rohrmaterialien, Rohrwandstärken, Rohrverbinder, spezielle Hochtemperaturzemente, geeignete Untertagewerkzeuge, ein möglichst Reservoir schonendes Spülprogramm, ein Entsorgungskonzept für die Spülung und das Bohrklein sowie die Größe der benötigten Bohranlage festgelegt. Unter Berücksichtigung des ausgewählten Bohransatzpunktes und des aufzuschließenden Formationstargets wird die Bohrspur, der Bohrverlauf, definiert. Anhand des tektonisch-geologischen Untergrundmodells, das auf der Basis seismischer Untersuchungen (2D- und/oder 3D-Seismik) und bereits vorhandener Tiefbohrungen erstellt wurde, wird eine **Bohrpfadplanung** vorgenommen, wobei der optimale Zielpunkt oftmals nur mit einer Schrägbohrung (Richtbohrung) erschlossen werden kann. Steht der Bohrpfad fest, werden das Bohrwerkzeug und das Bohrlochdesign, d. h. die Konstruktion aus Stahlrohren und Zement, um das Bohrloch zu stabilisieren, festgelegt. Ausschlaggebend dafür sind die Beschaffenheit der Untergrundverhältnisse, die geplante Bohrtiefe und ob eine Vertikal- oder eine Schrägbohrung (Richtbohrung) vorgesehen ist. Die gesamte Bohrplanung basiert somit auf dem geologischen Untergrundmodell, das Schritt für Schritt in der Planungsphase (z. B. Abschn. 8.8) aktualisiert wird.

In den obersten 500 m der Bohrung muss ausreichend Platz zum Einbau der Förderpumpe eingeplant werden. Durch die Entnahme von heißem Wasser in der Förderbohrung und die Einleitung von kühlem Wasser in die Injektionsbohrung, insbesondere bei häufigen Unterbrechungen bei der Zirkulation, entstehen Temperaturschwankungen, die einen nicht zu vernachlässigenden Stress auf das Material (Verrohrung, Zementation u. a.) ausüben. Die Reaktionen des Materials auf die starken Temperaturschwankungen müssen daher bereits beim Ausbau der Bohrung berücksichtigt werden. Grundsätzlich wird die Verrohrung hohen mechanischen und thermischen Belastungen ausgesetzt. Bei großkalibrigen Rohren kann die Außendruckfestigkeit und bei kleinkalibrigen Bohrungen vielfach die Zugfestigkeit kritische Werte erreichen, wobei die Verbinder meistens die Schwachstellen bei Zuglast darstellen (Blank et al. 2010).

Die **Reibungsverluste** in Bohrungen sind von der Fließrate und vom Durchmesser der Verrohrung abhängig (Abb. 12.7). Eine Verdoppelung der Fließrate (Q) führt zu einer Vervierfachung des Druckverlustes (Δp), denn $\Delta p \sim Q^2$. Oder anders ausgedrückt: eine Reduktion des Fließquerschnittes um etwa 15 % führt zur Verdoppelung des Druckverlustes. Bei einer $9\frac{5}{8}$" „-Verrohrung halten sich die Druckverluste bei Fließraten bis 150 l/s mit unter $\Delta p = 20$ bar in Grenzen, während bei einer 7"-Verrohrung dann bereits mit Druckverlusten von etwa $\Delta p = 90$ bar gerechnet werden muss. Bei Fließraten von 100 l/s sind die Druckverluste mit etwa $\Delta p = 10$ bar bzw. $\Delta p = 45$ bar entsprechend niedriger.

Zum Bohren großer Durchmesser, für das gerichtete Bohren und Absichern in problematischen Abschnitten sind Untersuchungen mit genauer Analyse der Gebirgsspannung bzw. Zutritt von Gasen und zum speicherschonenden Anschluss erforderlich. Die Bohrlochsicherungsausrüstung zur Vermeidung unkontrollierter Austritte von Fluiden und Gasen besteht aus einem Blowout-Preventer mit Schließanlage, Choke-Manifold und Drilling-Spool (Abb. 12.8). Große Bedeutung auf der Bohrstelle haben auch der Brand- und Explosionsschutz, daher gibt es sog. Ex-Schutz-Bereiche.

Als Allererstes wird für eine geplante Tiefbohrung der **Bohrplatz** errichtet, der einen Flächenbedarf von etwa 5000 m^2 hat. Der Bohrplatz muss über einen Wasser- und Stromanschluss verfügen. Bohrplätze werden so angelegt, dass keine wassergefährdenden Flüssigkeiten in den Untergrund gelangen können. Das Entwässerungskonzept und das Abfallentsorgungskonzept für den Bohrplatz müssen festgelegt werden. Im Falle der Erstellung einer Dublette mittels Schrägbohrungen sollte das Fundament der Standrohre und Bohrkeller der geplanten Bohrungen bereits vor Bohrbeginn realisiert werden. Auffangbecken zur Zwischenlagerung von Bohrklein und Bohrschlamm während der Bohrarbeiten müssen entworfen werden. Große Auffangbecken werden ebenfalls zur Lagerung des hochmineralisierten Thermalwassers während der hydraulischen Tests, die üblicherweise mehrere Tage dauern, benötigt (Abb. 12.9a, b). In den meistern Ländern ist nicht nur die Bohrung sondern bereits die Anlage des Bohrplatzes mit der Bergbehörde anzustimmen. Abb. 4.8 gibt einen Eindruck eines Bohrplatzes für eine Tiefbohrung. Detaillierte Angaben zur Gestaltung eines Bohrplatzes sind beispielsweise im WEG-Leitfaden (2006) aufgeführt.

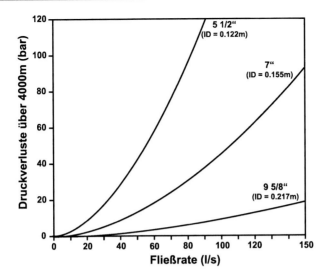

Abb. 12.7 Reibungsverluste in einer Bohrung in Abhängigkeit von Rohrdurchmesser und Fließrate (nach Cholet 2000)

Die **Bohrspülung** hat mehrere Aufgaben. Sie soll das Bohrwerkzeug kühlen, die Bohrcuttings austragen helfen, das Bohrloch stabilisieren und vieles mehr. In der tiefen Geothermie werden in der Regel Bohrspülungen auf Wasserbasis eingesetzt. Daneben gibt es jedoch auch für spezielle Einsatzbedingungen Öl-basierte Bohrspülungen oder Bohrspülungen auf Schaum-Basis. Das Thema Bohrspülung ist in jedem Fall sehr komplex und erfordert Spezialisten. Spülungsunternehmen liefern die Materialien, die der Bohrspülung zugesetzt werden. Ein Spülungsingenieur überwacht den Betrieb. Art und Zusammensetzung der Spülung sind auch vom Gebirge, das durchteuft werden soll, abhängig. Ton-Wasser-Suspensionen werden im oberflächennahen Bereich häufig zum Schutz des Grundwassers verwendet und im „Top Hole" wegen guter Bohrfortschritte bei geringer Spülungsdichte. Bei höher permeablen Formationen werden Polymere zugegeben, damit sich die Tragfähigkeit (Viskosität) der Bohrspülung erhöht oder eine gute Abdichtung zur Formation durch den Filterkuchen aufgebaut werden kann. Durch Zugabe spezieller Inhibitoren kann beispielsweise das Quellen beim Durchörtern von Tonen stark herabgesetzt werden und die Viskosität der Spülung niedrig gehalten werden, um das Bohrgut möglichst rasch aus dem Bohrloch herauszubringen. In druckstarken Formationen werden Spülungen mit Schwerspat beschwert. Bei langen und gerichteten Bohrstrecken dient die Bohrspülung der Minimierung der Reibung zwischen Gestänge und Bohrlochwand (Huelke 2008; Enerchange 2009; Blank et al. 2010; Huenges 2010).

Die Spülung wird übertage gereinigt, bevor sie nach einer Konditionierung erneut im Bohrloch eingesetzt wird. Eine weitere wichtige Eigenschaft der Bohrspülung ist das Übertragen von Signalen und Messwerten in Form von

Abb. 12.8 Beispiel für einen Blowout-Preventer

Druckimpulsen (MWD – Measurement While Drilling). Das sogenannte **Mudlogging-Unternehmen** zeichnet wichtige Parameter wie Bohrfortschritt, aktuelle Tiefe, Gewicht auf der Bohrkrone (Abb. 12.6a), Drehmoment, Umdrehungszahl, Spülungsgewicht, Spülungsdurchfluss u. a. auf. Aus dem während der Bohrarbeiten anfallenden Bohrcuttings werden von geologischen Fachkräften Proben entnommen und die Art des durchteuften Gesteins geologisch angesprochen und mit dem geologischen Vorprofil verglichen. Das Ablenken der Bohrung in die gewünschte Zielrichtung wird ebenfalls von einem Serviceunternehmen durchgeführt, genauso wie die Verschraubung der Rohre und die anschließende Zementation. Rohre, Zement und Zementzusatzstoffe müssen in ausreichender Menge bestellt sein, um zum richtigen Zeitpunkt vor Ort verfügbar zu sein. Nach Abschluss der Bohr- und Ausbauarbeiten wird die Bohrung übertage dicht mit einem Bohrkopf verschlossen (Abb. 12.10).

Sowohl während des Abteufens der Bohrung als auch nach Beendigung der Bohrarbeiten werden in der Bohrung hydraulische Tests zur Bestimmung der Durchlässigkeiten (Kap. 14) und der hydrochemischen Eigenschaften (Kap. 15) aber auch geophysikalische Bohrlochvermessungen (Abschn. 13.2) durchgeführt. Die Art und Dauer dieser Tests hängen stark von den angetroffenen Permeabilitäten ab. Ist nur eine geringe initiale Durchlässigkeit vorhanden, kann diese durch zusätzliche hydraulische und/oder chemische Maßnahmen erhöht werden (Abschn. 8.5, 9.3). Erst, wenn bei einer Dublette beide Bohrungen fertig gestellt sind (Abb. 12.11), können die beiden Bohrungen übertage dicht miteinander verbunden werden und der Zustand des Gesamtsystems durch einen mindestens mehrwöchigen Zirkulationstest untersucht werden. Bei Abschalten

Abb. 12.9 **a** Auffangbecken zur Lagerung des hochmineralisierten Thermalwassers während eines hydraulischen Tests, **b** Auffangbecken mit einlaufendem Geothermalfluid

Abb. 12.10 Beispiel für einen Bohrkopf

der Förderpumpe wird das Bohrloch häufig weiterhin Thermalwasser produzieren (Abschn. 8.2). Um diesen unfreiwilligen Arteser zum Erliegen zu bringen, wird in der Regel mit Salz aufkonzentriertes Wasser eingepumpt. Einige Geothermieanlagen besitzen hierfür eigene Vorrichtungen (Abb. 12.12).

Entspricht die Ergiebigkeit des Zielhorizontes nicht vollständig den Erwartungen, so können im Nachhinein zusätzliche Horizonte, die während des Abteufens der Bohrung bereits verrohrt wurden, wieder erschlossen werden, und auf diese Weise die Gesamtproduktivität erhöht werden. Dazu wird die hinterzementierte Verrohrung im entsprechenden Tiefenbereich mit einer sogenannten Perforationskanone (Abb. 12.13) aufgeschossen, d. h. durchlöchert (perforiert). Die über das Steigrohr eingelassene Perforationskanone besitzt zahlreiche Schälchen, die mit Dynamit gefüllt sind. Über die Anordnung und Form der Schälchen, die Zusammensetzung und Menge des Sprengstoffes sowie die zeitliche Steuerung können sehr präzise Löcher in der Vorrohrung, der dahinterliegenden Zementation und dem Gestein erzeugt werden. Es lassen sich damit Eindringtiefen von über 1 m erreichen (Abb. 12.13). Daneben gibt es auch Perforationstools für einfachere Operationen, die ohne Sprengstoff auf der Basis von hohen hydraulischen Drucken nach dem Prinzip des „Sandstrahlgebläses" arbeiten.

Förderpumpen (Tauchpumpe, Gestängepumpe) gehören in Geothermieanlagen zu der mechanisch am höchsten beanspruchten Baugruppe. Ausfälle von Pumpen

Abb. 12.11 Beispiel
für den Ausbauplan einer
Tiefbohrung (nach Bertleff
1986)

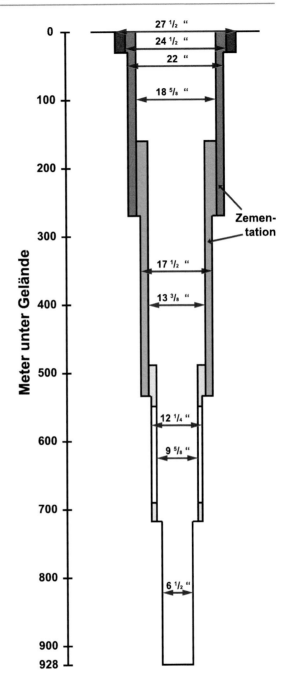

Abb. 12.12 Vorrichtung zur Anmischung einer hochsalinaren Flüssigkeit zur Einleitung in die Förderbohrung für die Unterbindung des artesischen Überlaufs

führen zu längeren ungeplanten Ausfällen der gesamten Anlage. Bei **Tauchpumpen** stellen Pumpe und Motor eine Einheit dar, die direkt im Geothermiefluid in großer Tiefe arbeiten, d. h. meist in einer korrosiven Umgebung, unter hohem Druck und unter erhöhter Temperatur des Thermalwassers, wobei zusätzlich die Abwärme der Pumpe hinzukommt. Außerdem werden Geothermiebohrungen in der Regel nicht „entsandet", wie dies klassischerweise bei Trink- oder Brauchwasserbrunnen erfolgt, bei denen mit einer über 50 % höheren Leistung gefahren wird als beim späteren Regelbetrieb. Dadurch kann es in Geothermiebohrungen zum Mitfördern von Feststoffen kommen. Diese stellen zusätzlich eine mechanische Beanspruchung für die Pumpe dar. Des Weiteren muss eine Stromversorgung für den Motor durch ein vor mechanischen Beschädigungen und Wasser geschütztes Kabel durch die Bohr-Verrohrung nach unten zur eigentlichen Pumpstelle geführt werden.

Gestängepumpen weisen gegenüber Tauchpumpen den Vorteil auf, dass die Pumpe unten in der Bohrung im Bereich der Verrohrung ihre Arbeit verrichtet, der zugehörige Motor jedoch über Tage installiert ist. So kann der Motor über Tage relativ unkritisch gegenüber zu hoher Betriebstemperaturen betrieben werden. Bei Gestängepumpen mit übertage angebrachtem Motor können Wässer mit höheren Temperaturen gefördert werden (Abb. 12.14). Da der Motor und die Pumpe mit einem Gestänge mechanisch miteinander gekoppelt sind, hat diese Lösung allerdings bereits bei einer Tiefe von ca. 300 m ihre Fördergrenze und/ oder ihre mechanische Belastbarkeit erreicht. Aus diesem Grund kommen in der Geothermie zur Förderung von Thermalwasser bei nicht (temperaturbedingt) artesischen Verhältnissen meist Tauchpumpen zum Einsatz. Ein nicht zu unterschätzender Vorteil einer Gestängepumpe liegt darin, dass bei Motor-Ausfall

Abb. 12.13 Beispiel für eine Perforationskanone (4½")

dieser sofort repariert, ggf. ersetzt werden kann, während bei einer Tauchpumpe die gesamte Pumpe ausgebaut werden muss.

Elektrische **Tauchkreiselpumpen** (Abschn. 4.2, Abb. 4.9) wurden bereits in der Ölindustrie in Tiefen von bis zu 3000 m und Fördermengen bis 280 l/s eingesetzt, allerdings unter kurzen Betriebszeiten. Einige Tauchkreiselpumpen wurden auch bereits bei Temperaturen bis 232 °C und bei Anwesenheit von Feststoffen, Schwefelwasserstoff, Kohlendioxid und hochviskosen Flüssigkeiten eingesetzt. Allerdings verringern derartige Extremzustände die Standzeit erheblich (Abschn. 15.3).

Zu den kritischen Komponenten bei Tauchpumpen gehören nicht nur der Antriebsmotor, die Dichtungssektion, die eigentliche Pumpensektion, der Sensor und die Kabel zur Übertragung der elektrischen Leistung. Vielmehr wird die Effizienz des Gesamtsystems auch wesentlich von den übertägigen Steuerungsanlagen beeinflusst. Von ausschlaggebender Bedeutung für einen effizienten und vor allem zuverlässigen Betrieb der Tauchkreiselpumpen ist die sorgfältige

Abb. 12.14 Beispiel für den Einsatz einer Gestängepumpe, oben: VHS-Motor (vertical hollow shaft) über der sogenannten Stuffing Box, unten: Bypassleitung

Auswahl aller Komponenten in einem systematischen Ansatz unter Berück-sichtigung der geplanten Einsatzbedingungen. So ist beispielsweise bei Vor-liegen stark korrosiver Fluide eine geeignete Werkstoffwahl an den kritischen Komponenten zu treffen. Zu Erhöhung der Lebensdauer der Pumpe wird gelegent-lich auch zusätzlich ein Tubingstrang in die Bohrung eingebaut, der an der Pumpe vorbei nach unten verläuft und über den beispielsweise eine Säure- oder Kaltwasserpille zur Reinigung der Pumpe oder zum Schutz vor Überhitzung ein-gebracht werden kann (Abb. 8.15). Der Tubingstrang gestattet zudem auch das Einfahren mit bestimmten Messgeräten.

Unter gleichen hydraulischen Bedingungen sinkt mit steigender Temperatur die Förderrate. Üblicherweise werden vom Hersteller derzeit maximale Temperaturen von 180 °C angegeben, unter denen der Motor noch dauerhaft arbeiten kann.

Bei gegenüber der Planung und Auslegung der Pumpe stark abweichenden Betriebsbedingungen muss mit einem schlechten Wirkungsgrad der Anlage und

Abb. 12.15   Beispiel für eine Injektionspumpe

mit einer Beschleunigung des Verschleißes der Pumpe gerechnet werden, so dass sich dann auch die erreichbare Lebensdauer merklich reduziert. Auch wenn die überwiegende Erfahrung für den Einsatz der Tauchpumpen heute noch auf dem Einsatz im Ölfeld basieren, konnten in den letzten Jahren zunehmend auch geeignete Systeme für Geothermie-Zwecke eingesetzt werden (Schröder und Hesshaus 2009).

Im Gegensatz zu Förderpumpen sind Injektionspumpen (Abb. 12.15) übertage aufgestellt.

Für den effizienten und sicheren Ein- und Ausbau von Pumpen in geothermischen Anlagen wurde eine mobile Workoveranlage (auf einem LKW) entwickelt. Damit ist es möglich, einen im Bedarfsfall erforderlichen Pumpenwechsel sehr rasch und ohne Einsatz von Personal in unmittelbaren Gefahrenbereichen vorzunehmen.

Geophysikalische Untersuchungen

Seismische Vermessungen

Geophysikalische Untersuchungsverfahren erlauben einen indirekten Einblick in den Untergrund. Es wird zwischen Verfahren von der Erdoberfläche aus und Verfahren vom Bohrloch aus unterschieden. Bei den geophysikalischen Bohrlochuntersuchungen wird zwischen Verfahren, die in der ausgebauten oder in der noch nicht ausgebauten Bohrung aussagekräftig sind, differenziert. Die nachstehend vorgestellten geophysikalischen Untersuchungen stellen eine Auswahl für den Themenbereich der tiefen Geothermie dar. Für vertiefte Studien wird auf Spezialliteratur (z. B. Bender 1985; Sheriff und Geldart 2006) verwiesen.

13.1 Geophysikalische Vorerkundung, Seismik

In der angewandten Geophysik werden physikalische Messverfahren aus den Bereichen der Schwerkraft, des Magnetismus, der Elektrizität, der Wellenausbreitung oder beispielsweise der Strahlung benutzt, um den Untergrund, d. h. die geologische Situation zu erkunden. Es handelt sich dabei immer um indirekte Erkundungsverfahren, die interpretiert werden müssen. Durch die geophysikalischen Verfahren können Informationen über den Aufbau des Untergrundes, die Schichtenfolge, die Mächtigkeit und Tiefenlage der Zielhorizonte sowie über Störungssysteme gewonnen werden (Bender 1985). In besonderen Fällen ist auch eine Faziesansprache möglich (Böhm et al. 2007; Jodocy und Stober 2009; Hartmann von et al. 2015).

Bevor neue Untersuchungen für Tiefbohrungen geplant oder sogar durchgeführt werden, sollten zunächst alle direkten und indirekten Informationen zum Untergrund aus vorangegangenen Explorationsprojekten gesichtet und ausgewertet werden, denn häufig kann dadurch beispielsweise auf eine neue kostenintensive seismische Kampagne verzichtet werden oder sie lässt sich vom Umfang her reduzieren oder optimieren. Durch moderne digitale Aufarbeitung seismischer Daten (Reprocessing) kann unter Umständen auch die Aussagekraft bereits vorliegender seismischer Altdaten verbessert werden. Bei neuen Messungen können die Daten im Bereich der Bohrlokationen verdichtet werden, was zu einer Verringerung von Lokalisierungsfehlern beiträgt. Auch hat sich in den letzten Jahren die seismische Messtechnik weiterentwickelt. Die höhere Überdeckung erlaubt ein besseres Signal/Nutzverhältnis und eine bessere Durchleuchtung des Untergrundes.

Besondere Bedeutung bei der Erkundung des tieferen Untergrundes kommt dem reflexionsseismischen Verfahren zu. Andere geophysikalische Verfahren wie z. B. Geomagnetik, Magnetotellurik, Gravimetrie, Geoelektrik oder Kombinationen verschiedener Methoden können ebenfalls zum Einsatz kommen. Allerdings ist ihre Auflösungskraft und damit Informationsschärfe in der Regel wesentlich schwächer, andererseits werden sie wegen der niedrigeren Kosten gerne für eine Übersichtsprognose eingesetzt, um dann auf den Ergebnissen aufbauend gezielt eine reflexionsseismische Kampagne durchzuführen. Auch werden ausgewählte geophysikalische Verfahren für besondere Fragestellungen zusätzlich zu einer bereits vorliegenden reflexionsseismischen Vermessung hinzugenommen, wenn es sich z. B. um die Identifizierung und Beschreibung seismisch erkannter Störkörper handelt.

Die **Gravimetrie** beruht auf der Massenanziehung (Gravitation). Mit hoch empfindlichen Messgeräten, die nach dem Prinzip der Federwaage funktionieren (Gravimeter), werden Veränderungen des Schwerefeldes der Erde aufgrund von Dichteinhomogenitäten im Untergrund aufgenommen. Ziel der Gravimetrie ist es, aus den Schwereanomalien Erkenntnisse über geologische Strukturen abzuleiten (Militzer und Weber 1984). Mit Hilfe der Gravimetrie lassen sich beispielsweise auf Grund der unterschiedlichen Dichte salinare von basaltischen Intrusionen unterscheiden oder es können größere Hohlraumstrukturen im Untergrund lokalisiert werden. Auch lassen sich mit derartigen Messungen beispielsweise Aussagen zur Tiefenlage der Oberfläche des kristallinen Grundgebirges unter einer (leichteren) sedimentären Bedeckung erhalten und vieles mehr.

Bei **geomagnetischen Messungen** werden Anomalien des natürlichen erdmagnetischen Feldes erfasst. Die Messungen können auf der Erdoberfläche oder vom Flugzeug aus erfolgen. Gemessen wird die sogenannte magnetische Suszeptibilität, eine Materialeigenschaft. Die magnetische Suszeptibilität von Gesteinen beeinflusst das natürliche Erdmagnetfeld. Geomagnetischen Anomalien können also dadurch entstehen, wenn das natürliche Erdmagnetfeld eine Magnetisierung induziert. Die Stärke derartiger Anomalien wird von der Stäke und Richtung des äußeren Feldes sowie von der Materialeigenschaft des Anomaliekörpers, von seiner Suszeptibilität, geprägt. Die geomagnetischen Messergebnisse sind wegen der Dipolarität des Erdmagnetfeldes außerdem von der Breitenlage des Untersuchungsgebietes abhängig. Bestimmte Materialien (z. B. Eisenoxide, Eisensulfide) weisen eine dauerhafte, remanente Magnetisierung auf, die vom gegenwärtig wirkenden, äußeren Feld unabhängig ist und die dem Anomaliekörper während einer Erstarrungsphase aufgeprägt wurde. Die Geomagnetik versucht, aus den gemessenen Anomalien Rückschlüsse auf Magnetisierung, Form, Größe und Tiefenlage von „Störkörpern" zu ziehen (Militzer und Weber 1984). Mit Hilfe von geomagnetischen Messungen können u. U. auch Störungszonen bei kristallinem Untergrund erkundet werden.

Die **Magnetotellurik** nutzt zur Tiefensondierung natürliche elektromagnetische Wechselfelder. Die dafür verantwortlichen, anregenden primären Magnetfelder können einen natürlichen aber auch künstlichen Ursprung haben (z. B. Stromsysteme in der Ionosphäre oder Magnetosphäre, Längstwellensender). Da einerseits das Periodenspektrum der Wechselfelder sehr groß und andererseits die Eindringtiefe frequenzabhängig ist, können mit dieser Methode Informationen zur elektrischen Leitfähigkeit in geringeren aber auch großen Tiefen der Erdkruste gewonnen werden. Die primären Magnetfeld-Wellen dringen in den Untergrund ein und induzieren in leitfähigen Strukturen Stromsysteme, die wiederum elektromagnetische Felder erzeugen und die bei der Magnetotellurik gemessen werden. Aus den Registrierungen der zeitlichen Variationen der elektrischen und magnetischen Felder können Aussagen über die Verteilung der elektrischen Leitfähigkeit innerhalb der Erdkruste bis in den oberen Erdmantel gemacht werden. Der genutzte Periodenbereich der Stromsysteme bestimmt die Erkundungstiefe (Vozoff 1987). In der klassischen Magnetotellurik, die in der Geothermie zum Einsatz kommt, werden natürliche Stromsysteme als Quelle genutzt. Da bei dieser Methode keine aktiven Sender benötigt werden, ist sie zwar vergleichsweise kostengünstig, jedoch ist ihr Einsatz in dicht besiedelten Gebieten wegen anfallender Störsignale meistens nicht realisierbar. In der Geothermie liegt das Haupteinsatzgebiet der Magnetotellurik derzeit bei der Exploration von Hochenthalpie-Gebieten. Eine typische Hochenthalpie-Lagerstätte bildet in geologischen Zeiträumen infolge der heißen Fluidströme eine Dachschicht (cap rock) aus speziellen Tonmineralen aus, die sich in ihrem elektrischen Widerstand deutlich vom umgebenden Gebirge unterscheidet. Anhand der Anomalienkarte können dann Rückschlüsse zur Tiefenlage der Lagerstätte gewonnen werden (Hartmann von et al. 2015). Die Anwendung der Magnetotellurik für Niedrigenthalpie-Lagerstätten, insbesondere die Interpretation der Daten, ist deutlich komplexer und noch Gegenstand der Forschung. Grundsätzlich hat sich die Magnetotellurik-Methode in den letzten Jahren deutlich weiterentwickelt, trotzdem gibt es noch verstärkt Forschungsbedarf, z. B. im Hinblick auf das Rauschen bei den Messaufzeichnungen, der Schärfe der Auswerteergebnisse oder eines adäquaten Auswerteverfahrens (Huenges 2010).

Seismische Messverfahren haben im Gegensatz zu den oben angesprochenen geophysikalischen Verfahren für die angestrebte Erkundungstiefe von einigen wenigen 1000 m die höchste Auflösung und ermöglichen eine sehr realistische strukturelle Abbildung des Untergrundes. Da die Exploration auf Kohlenwasserstoffe (KW) ähnliche Ziele in der Abbildung des Untergrundes verfolgte und verfolgt, ist die technische Entwicklung auch in die seismische Exploration geothermischer Reservoire eingeflossen (Hartmann von et al. 2015).

Die **Reflexionsseismik** ist für Tiefenbereiche ab 1000 m das wesentliche Erkundungsverfahren. Mit Hilfe der Reflexionsseismik können im Vergleich zu den anderen geophysikalischen Verfahren die besten und genauesten Erkenntnisse über den Aufbau des Untergrundes gewonnen werden. An der Erdoberfläche werden durch Vibratoren – das sind hochfrequent schwingende Bodenplatten –, durch Fallgewichte oder auch durch Sprengungen in Bohrlöchern seismische Wellen erzeugt (Abb. 13.1). Diese Wellen breiten sich im Untergrund aus und werden dort an Diskontinuitäten reflektiert und gebrochen (Abb. 13.2). Ein kleiner Teil des reflektierten Wellenfeldes gelangt zurück zur Erdoberfläche, seine Energie und der zeitliche Einsatz der Wellenbewegung, das „Echo", wird mit zahlreichen entlang einer Linie im Boden steckenden Geophonen registriert (Abb. 13.3). Die Geophone funktionieren dabei wie hochempfindliche Mikrofone, die das reflektierte Signal, die P-Wellen, aus dem Untergrund aufnehmen und messen.

Zur Vorbereitung einer seismischen Messung gehört auch das Einholen der erforderlichen Genehmigungen. Das Messziel, die Tiefenlage der geplanten Erkundung, muss festgelegt werden. Die Linienführung wird anhand von Karten und Geländebegehungen bestimmt. Sodann werden die Messparameter (Punktabstände, Energie, Apparatur, Aufnehmer-Kanäle, etc.) vorgegeben. In der Vermessungsphase wird das Vermessungsnetz definiert und das Festlegen und Ausplocken der Geophon- und Vibro-Linien beginnt. Die Seismometerabstände legen die kleinste auflösbare Wellenlänge fest. Durch die Ausdehnung einer Anordnung wird die Trennschärfe bestimmt. Die seismische Auflösung nimmt selbstverständlich mit der Tiefe ab. Höhere Frequenzen gehen mit zunehmender

Abb. 13.1 Durchführung einer Reflexionsseismik, der abgebildete Vibrator ist unter dem LKW angebracht (vgl. Titelbild Kap. 13)

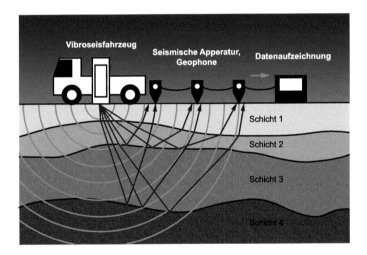

Abb. 13.2 Schematische Darstellung zur Ausbreitung der seismischen Wellen im Untergrund bei der Reflexionsseismik

Tiefe verloren. Die Auflösung in größeren Tiefen kann daher durch ein Signal mit einer höheren Energie verbessert werden. Nachdem die Messapparatur, die Vibratoren, das Personal und die Trupp-Infrastruktur in das Messgebiet gebracht wurden, kann die eigentliche Messung beginnen. Die Auswertung der Messungen findet teilweise bereits während der Feldarbeiten statt, der Hauptteil jedoch in der Niederlassung mit aufwendiger Software und anhand bereits abgeteufter Bohrungen zur Eichung (Abb. 13.4a, b).

Abb. 13.3 Datenaufnahme bei einer Reflexionsseismik

Dadurch, dass die seismische Welle an Schichtgrenzen gebrochen und teilweise reflektiert wird und in andere Wellentypen konvertiert wird, sind Aussagen über den Gesteinsaufbau und Störungen im Untergrund möglich (Abb. 13.3). Aus dem mit den Geophonen aufgezeichneten Wellenfeld wird über ein Prozessing ein Seismogramm erstellt, auf dem Diskontinuitäten abgebildet sind.

An Schichtgrenzen ändern sich die physikalischen Eigenschaften der Gesteine wie die Dichte und die Geschwindigkeit. Eine geologische Grenzfläche ist nur dann erkennbar, wenn das Produkt aus Dichte (ρ) und Geschwindigkeit (v) der benachbarten Schichten unterschiedlich ist. Dieses Produkt wird **Impedanz** genannt.

Bei der Datenbearbeitung, dem seismischen Prozessing, wird vielen Daten wenig Aufmerksamkeit geschenkt, da es zunächst darum geht, die enormen Datenmengen bei gleichzeitiger Unterdrückung des Messrauschens und Hervorhebung der Primärreflexionen zu reduzieren, ohne wesentliche Informationen zu verlieren. Anschließend werden die Einzelseismogramme (Einzelspuren) gestapelt, d.h durch geschickte Addition ausgewählter Einzelspuren werden die Reflexionen aus dem Untergrund besonders hervorgehoben (Stapelprozess). Ein weiterer wichtiger Schritt im seismischen Prozessing behandelt die Unterscheidung von Nutz- und Störsignalen und die Eliminierung letzterer. Störsignale sind Mehrfachreflexionen, d. h. Wiederholungen von Primärsignalen (Multiple).

Das gebräuchlichste Verfahren des seismischen Prozessings ist die **Common-Midpoint-Technik (CMP).** Dabei wird die Geophonauslage von verschiedenen Punkten aus angeschossen und die aufgezeichneten Spuren nach gemeinsamen Mittelpunkten zwischen Schusspunkt und Geophon sortiert. Durch eine anschließende Laufzeitkorrektur erscheinen die Einsätze im Seismogramm als direkt über dem Reflektor registriert. Zur qualitativen Verbesserung werden die Spuren des Seismogramms addiert. Das Ergebnis ist letztlich eine Darstellung der Reflektoren in zeitlichem Abstand zur Erdoberfläche. Allerdings werden mit dem CMP-Verfahren geneigte oder gekrümmte Reflektoren verzerrt abgebildet. Die Transformation von der Zeit- in die Tiefenebene wird **Tiefenmigration** genannt. Bei diesem Verfahren werden den einzelnen Schichten Geschwindigkeiten zugeordnet (Untergrundgeschwindigkeitsmodell). Das Ergebnis ist ein vereinfachtes litho-stratigraphisches Tiefenmodell mit Grenzflächen, die durch unterschiedliche Impedanzen hervorgerufen werden (Sheriff und Geldart 2006; Knödel et al. 1997; Shaw et al. 2005; Bender 1985). Zur abschließenden Interpretation und Eichung werden – falls vorhanden – Tiefbohrungen aus dem näheren Umfeld herangezogen.

Aus dem Prozessing und der Interpretation der Daten einer seismischen Sektion (2D-Seismik) erhält man ein geologisches Untergrundmodell, einen geologischen Schnitt (Abb. 13.4a). Falls sich mehrere seismische Sektionen systematisch im Raum schneiden (3D-Seismik), kann ein geologisches Struktur- oder Blockmodell entwickelt werden, welches u. a. auch Grundlage für ein Simulationsmodell sein kann (Abb. 13.4b). Durch virtuelle Bohrpfadplanung im 3D-Raum kann zusätzlich auch der Bohrverlauf geplant werden (Kap. 12).

In der Kohlenwasserstoffindustrie bedient man sich hierfür seit Jahrzehnten computergestützter Verfahren, um ein Reservoir zu charakterisieren und optimal zu entwickeln. Durch die Integration der beiden Softwareapplikationen PETREL und ECLIPSE (Schlumberger) versucht man zu einem bestmöglichen Bild des Untergrundes, bzw. des potentiellen Reservoirs zu gelangen. Bei der PETREL-Software erfolgt aus einer einzigen Oberfläche heraus die seismische Interpretation der 2D/3D-Daten, die Erstellung des geologischen Modells inklusive der Strukturen sowie die Vorbereitung des Simulationsmodells. Mit der ECLIPSE-Software kann das dynamische Verhalten des Reservoirs über die Zeit hinsichtlich Druck, Temperatur, Fließverhalten beschrieben werden. Basierend auf diesem Bild des Untergrundes wird letztlich die kostspielige Entscheidung getroffen, an welchem Standort und welchem Pfad folgend die Bohrung abgeteuft und an welchen Stellen das vielversprechendste Ziel angetroffen werden soll.

Eine 3D-Seismik bietet die Möglichkeit, durch die Berechnung von **Attributen** aus seismischen Daten das geothermische Reservoir genauer zu beschreiben. Es wird zwischen signalbeschreibenden Attributen, die Grenzschichten charakterisieren, und strukturbeschreibenden Attributen, die Lagerungsverhältnisse und Strukturen charakterisieren, unterschieden. In einer 3D-Seismik können nicht nur Störungszonen und ihr räumlicher Verlauf erkannt werden, sondern es ist darüber hinaus möglich, daraus die tektonische Entwicklung abzuleiten. Aus der Reflektorform können Rückschlüsse über Fazies und Faziesverteilung wie beispielsweise im Oberjura des alpinen Molassebeckens gewonnen werden (z. B. Shipilin et al. 2019; Stober et al. 2013; Hartmann von et al. 2015). Zusätzliche Informationen kann eine Geophonversenkmessung (VSP) liefern (Abschn. 13.2).

Die **Refraktionsseismik** beruht im Gegensatz zur Reflexionsseismik auf der Auswertung von gebrochenen Wellen. Bei der Refraktionsseismik wird für die

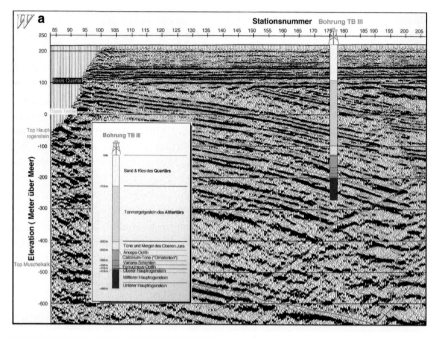

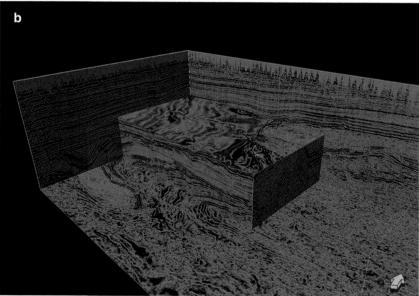

Abb. 13.4 a Beispiel für die Interpretation einer seismischen Sektion mit Eichung der angetroffenen Diskontinuitäten anhand einer Bohrung, **b** Beispiel für die Interpretation einer 3D-Seismik. Im linken Bildrand ist deutlich die Erosionsfläche einer Muldenstruktur erkennbar, über die sich jüngere Schichten in Folge ablagerten (Abbildung mit freundlichen Genehmigung der DMT GmbH & Co.KG)

Auswertung und Interpretation die refraktierte Energie (Kopfwelle) genutzt. Die Kopfwelle breitet sich parallel zur Schichtgrenze mit der Geschwindigkeit der darunter liegenden Schicht aus und strahlt dabei ständig Wellenenergie in die obere Schicht zurück (Telford et al. 1990). Die seismische Welle wird dabei wie bei der Reflexionsseismik künstlich durch Sprengung, Vibratoren oder andere Quellen erzeugt. Für die Messung werden Sensoren (Geophone) entlang einer Profillinie ausgelegt und damit die Ausbreitung des Wellenfeldes aufgezeichnet. Die Auswertung erfolgt vereinfacht durch das Erstellen von Laufzeitdiagrammen. Als Ergebnis erhält man ein Modell von Schichten mit verschiedenen Ausbreitungsgeschwindigkeiten der seismischen Welle. Aus den registrierten Laufzeitkurven können Aussagen zur Tiefenlage von Schichtgrenzen abgeleitet werden (Bender 1985; Knödel et al. 1997). Bei der Refraktionsseismik lassen sich Strukturen maximal bis etwa in eine Tiefe von einem Drittel der Auslagenlänge untersuchen. Die Refraktionsseismik bietet die Möglichkeit, den wichtigen seismischen Parameter, die Wellengeschwindigkeit, direkt abzuleiten. Um geologische Strukturen besser zu erkunden, werden häufig die Ergebnisse der Refraktionsseismik mit denjenigen der Reflexionsseismik kombiniert (Hybride Seismik).

13.2 Geophysikalische Bohrlochmessungen und Interpretation

Aufgabe der Bohrlochgeophysik ist es, die Bohrlöcher, ihre nächste Umgebung sowie den umgebenden Untergrund zu untersuchen. Bohrlochmessungen gehören zu den wichtigsten Messverfahren bei Tiefbohrungen. In der Bohrlochgeophysik kommen vornehmlich geoelektrische, magnetische und akustische Verfahren sowie Radar und Radioaktivität verwendende Verfahren zum Einsatz. Mit ihrer Hilfe werden in den Bohrlöchern lithologische, petrophysikalische, lagerstättentechnische Eigenschaften sowie gefügekundliche und bohrtechnische Daten aufgenommen. Zum Teil haben die Bohrlochmessungen das zeit- und kostenintensive Kernen von Bohrstrecken ersetzt bzw. reduziert. Bohrlochmessungen haben auch den entscheidenden Vorteil gegenüber den Untersuchungen im Labor, dass sie unter in-situ-Bedingungen in der natürlichen Umgebung durchgeführt werden (Fricke und Schön 1999; Bender 1985; DVGW W110 2005).

Die Ermittlung hydraulischer und gebirgs-mechanischer Charakteristika aus geophysikalischen Bohrlochvermessungen erfordert sensitive Instrumente (Bohrlochmessgeräte), die den hohen Druck- und Temperaturbedingungen in Geothermiebohrungen standhalten. Diese Messsonden werden in das Bohrloch eingefahren und zeichnen, während sie herabgelassen und/oder heraufgezogen werden, Messkurven entlang der Bohrachse auf, sogenannte Logs. Die Messsonden sind i. d. R. über ein Kabel mit einer Registrierstation verbunden und können natürlich auch während spezieller Tests oder Untersuchungen in einer bestimmten Tiefe abgehängt werden, um dort die zeitliche Variation der

Messwerte aufzunehmen. Vergleiche hierzu auch die in Kap. 12 beschriebenen Messvorgänge beim Bohren (MWD).

Bei den bohrlochgeophysikalischen Messungen wird zwischen Messungen der physikalischen Größen der Bohrlochumgebung, Messungen zur Bohrlochgeometrie und Messungen der Eigenschaften der Flüssigkeit im Bohrloch (Spülung, Formationswasser) unterschieden. Die physikalischen Größen der Bohrlochumgebung können mit passiven oder aktiven Messungen erfasst werden. Bei der passiven Messung reagiert die Messsonde auf Einwirkungen von außen, wie z. B. auf das elektrische Eigenpotential, das magnetische Feld oder die natürliche Radioaktivität. Die aktive Messung nutzt künstlich erzeugte Signale, wie z. B. elektrische Ströme, nukleare Teilchen oder seismische Wellen, die in die Gesteine eindringen. Gemessen wird quasi die Wechselwirkung mit dem Gestein. Zu den Messungen der Bohrlochgeometrie gehören das Bohrlochkaliber, die Bohrlochneigung und der Bohrlochazimut. Zu den wichtigsten messbaren Eigenschaften der Flüssigkeit im Bohrloch gehören die Temperatur, die Salinität oder elektrische Leitfähigkeit, das Redoxpotential und der pH-Wert.

Das **Bohrlochmesskabel** dient nicht nur der mechanischen Halterung der Sonde, sondern es hat zusätzlich die Aufgabe, die Sonde mit Strom zu versorgen, die Messwerte zur übertägigen Registriereinheit zu übertragen und die Tiefenposition der Sonde und damit des Messwertes zu erfassen. Dabei müssen bei Messungen in Tiefbohrungen entsprechende Korrekturen wegen der Längung des Kabels infolge Eigengewicht und Temperatureinfluss vorgenommen werden. Die übertägige **Registriereinheit** steuert den Messvorgang, stellt die Energieversorgung der Sonde über das Kabel sicher, nimmt die Messwerte auf, speichert sie und fertigt online eine Kontrollgraphik an. Außerdem werden die Formationsparameter, die Fahrgeschwindigkeit sowie die Zugspannung des Kabels festgehalten. Bei den meisten Sonden handelt es sich um Multisonden **(Mehrkanalsonden),** die simultan mehrere Parameter während einer Sondenfahrt registrieren.

Die nachstehenden bohrlochgeophysikalischen Messverfahren stellen ein Mindestmaß für geothermische Fragestellungen dar (Meinhold 1965; Bender 1985; Fricke und Schön 1999; Stober et al. 2009):

Das **Temperatur-Log** ermittelt die Temperatur in der Bohrlochflüssigkeit. Wegen der Störung der Temperatur durch den Bohrvorgang sollte zur Bestimmung der ungestörten Gebirgstemperatur die Messung möglichst mehrfach oder erst nach längerer Stillstandzeit erfolgen. Änderungen im Temperatur-Gradienten können auf Wasserzuflüsse bzw. -abflüsse hinweisen (Abb. 13.5). Temperatur-Logs können somit auch Hinweise auf Undichtigkeiten der Verrohrung oder der Hinterfüllung liefern. Anhand von Temperaturmessungen während eines Pump- oder Injektionsversuches können zudem Informationen über die thermischen Parameter des Untergrundes ermittelt werden (Stober 1986) und es können gezielt Durchlässigkeiten für einzelne Horizonte ermittelt werden (Abschn. 14.2, 14.4, Abb. 14.10, 14.16).

Das **Leitfähigkeit-Log** (Salinitäts-Log) wird in der Regel zusammen mit dem Temperatur-Log gefahren. Es dient der Einschätzung des Mineralisationsgrads der Flüssigkeit im Bohrloch, der Bestimmung von Zufluss- und Verlustbereichen,

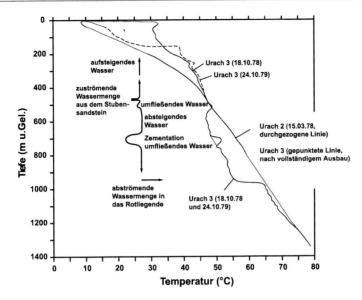

Abb. 13.5 Beispiel für Temperatur-Logs mit Hinweisen auf Wasserzuflüsse und -abflüsse in der Tiefbohrung Urach 3 (nach Stober 1986)

aber auch der Indikation von Undichtigkeiten in der Verrohrung. Genau wie beim Temperatur-Log können Zufluss- und Verlustbereiche nur dann erkannt werden, wenn Kontraste existieren, d. h. z. B. wenn das zufließende Fluid anders temperiert oder mineralisiert ist als das Fluid in der Bohrung. Da die Leitfähigkeit temperaturabhängig ist, muss sie über das Temperatur-Log entsprechend korrigiert werden.

Das **Kaliber-Log**, erfasst mit ausfahrbaren Messarmen mechanisch den Querschnitt einer Bohrung, bzw. den Innendurchmesser (Abb. 13.6). Es zeigt Ausbruchzonen oder Kavernen an und gibt Hinweise zur Beschaffenheit der Bohrlochwand. Es kann auch eingesetzt werden zum Erkennen von Belägen, ggf. auch Korrosion, oder sonstigen Beschädigungen der Verrohrung, wie z. B. eine Deformation. Die mittels Kaliber-Log oder festgestellten charakteristische Breakout-Analyse bieten die Möglichkeit Bohrlochwandausbrüche auf statistischer Basis in einen regionaltektonischen Kontext zu setzen und die Ausbruchflächen zu bemessen. Damit können Hinweise auf das lokale aktuelle Stressfeld und die Hauptspannungsrichtung abgeleitet werden. Bessere und genauere Ergebnisse liefert allerdings der orientierte akustische oder optische Bohrlochscanner (s. u.).

Das **Gamma-Ray-Log**, misst die natürliche Gammastrahlung von Ausbau der Bohrung und Gebirge. Die Gammastrahlung stammt vom besonders in Tonmineralen häufig vorkommenden Kalium mit dem radioaktiven ^{40}K-Isotop sowie den Isotopen der Uran- und Thorium-Reihen. Das Gamma-Ray-Log ist eine gute Ergänzung und Hilfestellung zur Erstellung eines geologischen Bohrprofils

Abb. 13.6 Kalibersonde bei der Ausfahrt aus einer Tiefbohrung

anhand von Bohrcuttings. Außerdem lassen sich Lage und Existenz beim Ausbau
eingeplanter (dotierter) Tonsperren überprüfen.

Das **Dichte-Log** oder **Gamma-Gamma-Log** benutzt eine aktive Gamma-
strahlungsquelle und misst die dichteabhängige Absorption und Streuung von
Gamma-Strahlen zur indirekten Bestimmung der Gesteinsdichte. In Gesteinen
wird die Dichte durch drei Faktoren bestimmt: die Dichte der Gesteinsmatrix,
das Poren- und Kluftvolumen und das spezifische Gewicht des Porenfluids. Die
Messung kann auch zum Nachweis von Tonsperren verwendet werden.

Das **Akustik- oder Sonic-Log**, misst die Laufzeit der Kompressions-
welle in einer Bohrung. Die Laufzeit in einem Gestein ist von der chemisch-
mineralogischen Zusammensetzung, den texturellen und strukturellen
Eigenschaften sowie insbesondere vom Hohlraumanteil abhängig. Da mit
steigendem Hohlraumanteil die Laufzeit der Welle zunimmt, wird das Verfahren
dazu benutzt, ein kontinuierliches Porositätsprofil (Log des Hohlraumanteils) zu
erstellen.

Das Verfahren des **Bohrloch-Imaging-Log (Scanning)** beruht auf einer
Messung der elektrischen Leitfähigkeit der Bohrlochwand oder der Sonic-Laufzeit
und –Amplitude des reflektierten akustischen Signals. Aus den orientierten Daten
kann ein Abbild der Bohrlochwand erstellt werden, so dass es möglich ist, Klüfte,
Störungen, die Textur des Gesteins oder Ausbrüche in ihrer räumlichen Lage
direkt zu visualisieren. Das Verfahren eignet sich daher auch zur Anfertigung einer
3D-Darstellung der Bohrlochwand unter Berücksichtigung des Einfallwinkels von
Klüften. Aus dem Bohrloch-Image-Log lassen sich somit Rückschlüsse über das

Stressfeld ableiten. Neben dem akustischen Bohrloch-Scanner gibt es auch einen orientierten optischen Bohrloch-Scanner, bei dem die Flüssigkeit im Bohrloch im Gegensatz zum akustischen Scanner allerdings klar sein muss.

Darüber hinaus gibt es weitere wichtige Verfahren, die je nach Fragestellung eingesetzt werden können oder müssen, wie z. B. zur Bestimmung von Wasserzutritten in Bohrungen (**Flowmeter-Log**) oder der Güte der Verrohrungszementierung (**Cement-Bond-Log**).

Ein wichtiges Verfahren zur Ermittlung der Gebirgsdurchlässigkeit ist das **Fluid-Logging-Verfahren**. Es besteht aus einer Kombination von hydraulischem Test und geophysikalischer Bohrlochmessung. Mit ihm kann ein Durchlässigkeitsprofil in einem unverrohrten Bohrlochabschnitt erstellt werden. Die Einsatzmöglichkeiten des Verfahrens beschränken sich vorzugsweise auf Geringleiter (Abschn. 14.2).

Ein wichtiges Gerät, um Ausrüstungsgegenstände, die ins Bohrloch gefallen sind, wieder zu bergen, ist das sogenannte **Fishing Tool**. Es gibt sehr viele verschieden gestaltete Geräte, mit denen es möglich ist, die verlustig gegangenen Instrumente und sonstigen Tools wieder zu Tage zu bringen (Abb. 13.7).

Neben der klassischen Technik des Loggings wurde in den letzten Jahren eine Technik entwickelt, bei der direkt während des Bohrvorgangs gemessen wird (**Logging While Drilling**, LWD) oder der Bohrverlauf aufgezeichnet wird (MWD) (Kap. 12). Derzeit wird bereits eine Vielzahl von Messgeräten angeboten, um auch während des Bohrens genaue Informationen über das Bohrloch bzw. die Bohrparameter zu erhalten, wie z. B. der rotierende Ultrasonic-Kaliber-Sensor, mit dem die Bohrlochgeometrie erfasst werden kann und dadurch Rückschlüsse auf das Stressfeld oder Bohrlochinstabilität gezogen werden können (Elahifar 2013). Beispielsweise können auch hydrochemische Untersuchungen oder hydraulische

Abb. 13.7 Beispiel für ein Fishing Tool, das eingesetzt wurde, um eine infolge Kabelabriss abgestürzte Messsonde zu bergen

Tests durchgeführt werden. Die Aussagekraft derartiger Untersuchungen beschränkt sich selbstverständlich auf den unmittelbar benachbarten Bohrlochbereich. Für die meisten Messverfahren ergibt sich eine Arbeitstemperatur-Obergrenze von 150 °C, teilweise auch 175 °C. Für reine Richtbohrarbeiten stehen MWDs bis zu 200 °C zur Verfügung. Allen Messverfahren ist gemein, dass die reale Messtiefe begrenzt ist.

Um entsprechend dicht vor dem Meißel Informationen zu sammeln, wird auch ein Seismikverfahren während des Bohrens eingesetzt (z. B. Picksak 2008). Mit dem sogenannten vertikalen seismischen Profil (**vertical seismic profil,** VSP) ergeben sich höhere seismische Auflösungen sowie eine bessere Möglichkeit, das Reservoir zu charakterisieren, da mit diesem Verfahren vom Bohrloch aus, somit in unmittelbarer Nähe zum Reservoir gemessen wird. Beim VSP befindet sich der Detektor, das Geophon, im Bohrloch und der Erzeuger der seismischen Welle an der Erdoberfläche. Das Verfahren wird bevorzugt bei Ablenkbohrungen oder Sidetracks angewandt, um im Vorfeld den Verlauf des Bohrvorgangs in den Zielhorizont möglichst genau zu bestimmen.

Hydraulische Untersuchungen, Tests

14

Wasserstrudel im Rhein

© Springer-Verlag GmbH Deutschland, ein Teil von Springer Nature 2020
I. Stober und K. Bucher, *Geothermie*, https://doi.org/10.1007/978-3-662-60940-8_14

Bereits während des Abteufens einer Tiefbohrung werden erste hydraulische
Tests in hangenden Schichten außerhalb des geplanten Nutzhorizontes durchgeführt. Weitergehende umfangreiche hydraulische Untersuchungen erfolgen nach
Abschluss der Bohrarbeiten. Dazu gehören Langzeittests, Zirkulationsversuche
oder Tracertests im geplanten Nutzhorizont. Dieser Abschnitt soll einen kurzen
Überblick über die gebräuchlichsten hydraulischen Testarten, ihre Durchführung
sowie ihre Auswertung vermitteln.

14.1 Grundlagen

Hydraulische Tests können sehr verschiedene Aufgaben haben, daher gibt es entsprechend vielfältige Testverfahren (Kruseman und de Ridder 1994; Witt 2009).
Es gibt Tests, bei denen Wasser gefördert (Pumpversuche, Fördertests) und bei
denen Wasser eingegeben (Injektionstests) wird. Einige Tests kommen mit reinen
Druckimpulsen aus. Manche Tests haben eine Dauer von nur wenigen Minuten
andere von einigen Tagen. Dabei ist die Testdauer auch eine Funktion der Testart
und der Durchlässigkeit des Testhorizontes (Abb. 14.1). Bei manchen Tests wird
das gesamte Open-Hole oder der gesamte verfilterte Bohrlochabschnitt getestet,
bei anderen sind es bestimmte Gebirgsabschnitte, die mit Hilfe von Packern oder
anderen Maßnahmen separat getestet werden (Abb. 9.5, 14.2). Bei manchen Tests
erfolgt eine kontinuierliche Druckaufzeichnung im Bereich des getesteten Bohrlochabschnittes, bei anderen wird der Druck relativ oberflächennah aufgezeichnet,
vereinzelt auch nur der Wasserspiegel gemessen. Die hydraulischen Tests unterscheiden sich auch bezüglich Entnahmerate: es gibt Tests mit konstanter Förderrate, mit stufenförmig ansteigender Rate, aber auch Tests, bei denen der Druck
konstant gehalten wird und die Rate somit kontinuierlich abfällt. Manche Tests

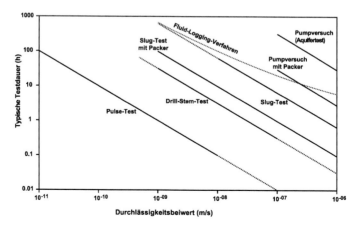

Abb. 14.1 Schemabild für die Dauer und für den Anwendungsbereich – in Abhängigkeit von
der Durchlässigkeit – verschiedener hydraulischer Tests (nach Stober et al. 2009; Hekel 2011)

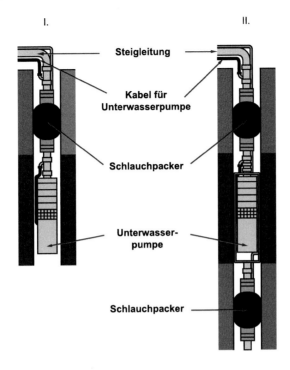

Abb. 14.2 Schematische Darstellung eines Einfach- und Doppelpackers für hydraulische Tests jeweils in Kombination mit einer Unterwasserpumpe (U-Pumpe)

werden von geophysikalischen Messungen begleitet (Abschn. 13.2, 14.2), andere nicht. Bei manchen Tests wird parallel zur Druckaufzeichnung (oder Messung des Wasserspiegels) die Auslauftemperatur oben am Bohrlochkopf oder die Temperatur im Bereich der Drucksonde gemessen, d. h. ggf. im Bereich des Testabschnittes.

Zu den primären Aufgaben eines hydraulischen Tests gehört die Gewinnung von Erkenntnissen über die Ergiebigkeit der Bohrung sowie die Entnahme von Wasserproben für hydrochemische Analysen, Gasanalysen oder Isotopenuntersuchungen (Kap. 15). Die Ergiebigkeit einer Bohrung ist nicht nur von den hydraulischen Eigenschaften des Testhorizontes (Durchlässigkeit, Speichervermögen) abhängig, sondern auch von den Eigenschaften der Bohrung (Skin, Eigenkapazität oder Brunnenspeicherung). Bestimmte Testverfahren ermöglichen hierbei die Unterscheidung und Ermittlung der untergrund- und brunnenspezifischen Eigenschaften. Aus speziell konzipierten hydraulischen Tests kann zudem das hydraulische Potential, die Druckhöhe des Testhorizontes im Ruhezustand, bestimmt werden und es lassen sich Informationen über den Aufbau des thermalen Grundwasserleiters (bzw. Geringleiters) und sein Strömungsverhalten ermitteln. So können beispielsweise die Interaktion mit hangenden oder liegenden Schichten (Leckage) ermittelt, aber auch die Wechselwirkung zwischen Klüften und poröser

Matrix oder der Einfluss singulärer Klüfte untersucht werden. Je länger ein hydraulischer Test dauert, desto größer ist i. A. die Reichweite in den Testhorizont hinein, so dass u. U. mit derartigen Tests auch Informationen über die Reichweite des Reservoirs und seine Begrenzung (hydraulisch wirksame Ränder) gewonnen werden können (Stober 1986; Kruseman und de Ridder 1994).

Bei allen hydraulischen Tests wird mit einem bekannten Signal in Form einer Wasserentnahme oder -eingabe, in seltenen Fällen auch eines Druckimpulses, auf ein unbekanntes System, den thermalen Grundwasserleiter (bzw. Geringleiter), eingewirkt. Die Reaktion des Systems, der Druckabfall oder -anstieg (bzw. Wasserspiegelabsenkung oder -anstieg) wird während des Versuches kontinuierlich gemessen. Es sind also lediglich die Eingabe- und Ausgabesignale bekannt, die mit Hilfe der allgemein bekannten geologischen und hydrogeologischen Eigenschaften des Testhorizontes gedeutet werden müssen. Um für dieses mathematisch „inverse Problem" die Lösung, z. B. die hydraulischen Parameter, kennenzulernen, ist man auf eine Modellvorstellung angewiesen, die der Realität, d. h. dem tatsächlichen Testhorizont, der Bohrung usw. sehr nahe kommt. Dieses genau definierte theoretische Untergrund-Modell muss auf die Eingabesignale mit denselben charakteristischen Ausgabesignalen wie der tatsächliche Testhorizont antworten (Abb. 14.3).

Da es jedoch sehr viele Modellvorstellungen gibt, ist es häufig wegen der meist spärlichen Kenntnis der Realität schwierig, sich für ein bestimmtes Modell zu entscheiden. Die Anzahl alternativer Lösungen sinkt jedoch bei sorgfältiger Versuchsplanung und Durchführung (Strayle et al. 1994; DVGW Arbeitsblatt W111 1997) mit der Beobachtungsdichte, -genauigkeit und -dauer der Ausgabesignale. Bei sehr kurzen Tests besteht die Gefahr im Wesentlich lediglich die Reaktion der Bohrung sowie ihrer unmittelbaren Umgebung zu erfassen (Eigenkapazität und Skin). Die Durchlässigkeit im bohrlochnahen Bereich ist meist durch den Bohrvorgang (Bohrspülung, Auflockerung, Mud, Säuerung u. dgl.), bzw. ggf. durch den Ausbau oder andere technische Maßnahmen, gegenüber dem anstehenden Gebirge verändert (Abb. 14.4). Bei Versuchen im kristallinen Grundgebirge wurde beispielsweise häufig eine erhöhte Durchlässigkeit in Bohrlochnähe festgestellt (Stober 2011).

Durch die Zone veränderter Durchlässigkeit (**Skin**) in Bohrlochnähe im Bereich des Testhorizontes wird bei hydraulischen Tests der Druckverlauf beeinflusst. Ist die Durchlässigkeit niedriger als im Testhorizont entsteht bei Förderung ein zusätzlicher Druckverlust, ist sie jedoch höher, so fällt der Druckabfall niedriger aus. Der zusätzliche Druckänderung infolge des Skin ergibt sich in Meter Absenkung (Δs_{Skin}) zu:

$$\Delta s_{\text{Skin}} = s_F Q/(2\pi T) \ (\text{m}) \tag{14.1}$$

In Gl. 14.1 ist s_F der **Skinfaktor**, Q (m³/s) die Entnahmerate und T (m²/s) die Transmissivität (Abschn. 8.2). Der Skinfaktor ist dimensionslos und kann positiv oder negativ sein ($-\infty < s_F > +\infty$), je nachdem ob die Durchlässigkeit in Bohrlochnähe höher oder niedriger ist als im Testhorizont (van Everdingen 1953, Hawkins 1956, Agarwal et al. 1970). Für vollständig dichte Bohrlöcher beträgt er $s_F = +\infty$ und für stimulierte, gesäuerte oder „gefracte" Bohrungen nimmt der

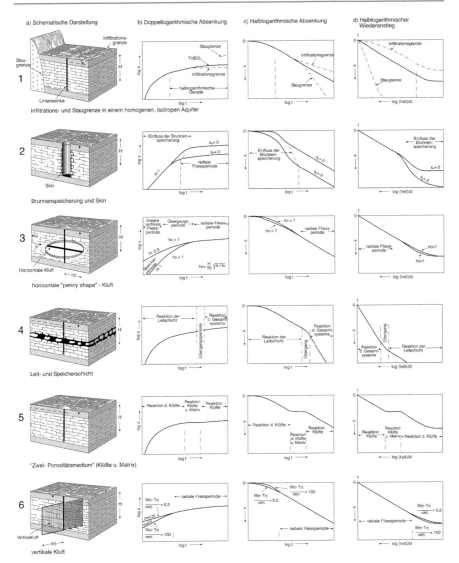

Abb. 14.3 Brunnen- und untergrundspezifische Einflüsse auf den Druckabbau und Druckaufbau (Absenkung und Wiederanstieg des Wasserspiegels) bei hydraulischen Tests mit konstanter Rate (Stober 1986)

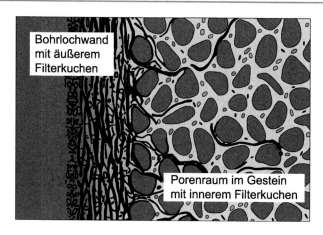

Bohrlochwand
mit äußerem
Filterkuchen

Porenraum im Gestein
mit innerem Filterkuchen

Abb. 14.4 Beispiel für eine veränderte Durchlässigkeit im bohrlochnahen Bereich (Skin)

Skinfaktor negative Werte an. Ein einfaches Verfahren die Größe des Skinfaktors aus Druckabbau- und Druckaufbaudaten zu ermitteln ist in Matthews und Russel (1967) beschrieben.

Zu Beginn eines hydraulischen Tests wird die in der Bohrung vorhandene Flüssigkeit gefördert, bevor ganz allmählich der Zustrom aus dem Testhorizont einsetzt. Der Testhorizont reagiert also verzögert. Dieser „Störeffekt" wird als **Brunnenspeicherung** oder **Eigenkapazität der Bohrung (C)** bezeichnet (Gl. 14.2) und entspricht der Volumenänderung im Bohrloch ($\Delta V = r_w^2 \pi \Delta h$) pro Druckdifferenz ($\Delta p$).

$$C = \Delta V / \Delta p \; \left(m^3 Pa^{-1} \right) \tag{14.2}$$

Gl. 14.2 veranschaulicht, dass die Größe der Eigenkapazität entscheidend vom Bohrloch- bzw. Casingdurchmesser (r_w – Bohrlochradius) abhängt. Die Dauer der Brunnenspeicherung wird zusätzlich von der Transmissivität (T) des Testhorizontes und von der Größe des Skinfaktors geprägt. Je niedriger die Transmissivität und je größer der Skinfaktor und der Bohrlochradius desto länger dauert der Einfluss der Eigenkapazität (Gl. 14.3, Abb. 14.5), d. h. Tests in großkalibrigen Bohrungen aus Geringleitern sind davon am stärksten betroffen.

$$t_B = r_w^2 / (2T) \cdot (60 + 3.5 \; s_F) \; (s) \tag{14.3}$$

Werden die hydraulischen Tests mit speziellen Testtools unter abgeschlossenen Bedingungen (gespannte Verhältnisse) durchgeführt, so sind der Durchmesser des Testtools und die Kompressibilität der Flüssigkeit maßgebend; die Dauer der Eigenkapazität ist damit wesentlich geringer (Stober 1986).

In Tiefbohrungen fehlt grundsätzlich ein Messstellennetz, an dem die räumliche Druckverteilung, die durch die Förderung oder Injektion (ggf. Druckimpuls) bei einem hydraulischen Test hervorgerufen wird, beobachtet werden kann. Die Auswertung des hydraulischen Tests ist daher in de Regel allein auf den in der Tiefbohrung gemessenen Druckverlauf (Wasserspiegelgang) beschränkt.

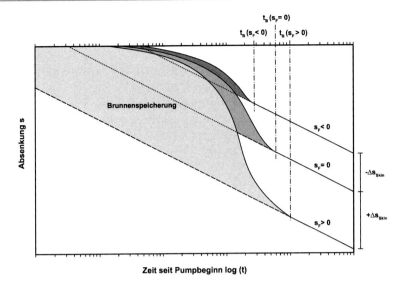

Abb. 14.5 Schematische Darstellung des Einflusses der Eigenkapazität auf den Druckverlauf bei einem hydraulischen Test in Abhängigkeit von der Größe des Skinfaktors. Eingetragen ist die Dauer der Brunnenspeicherung (Gl. 14.3) und die durch den Skinfaktor verursachte zusätzliche bzw. reduzierte Absenkung (Gl. 14.1), nach Strayle et al. (1994)

Dieser Druckverlauf wird in der ersten Versuchsphase überwiegend von den geometrischen Eigenschaften des Ausbaus der Bohrung, bzw. der Testgarnitur, bestimmt. Um die hydraulischen Eigenschaften des Testhorizontes überhaupt kennenlernen zu können, muss der hydraulische Test eine Mindestdauer aufweisen, die deutlich über der Dauer der Eigenkapazität der Bohrung (bzw. der Testgarnitur) liegt (Gl. 14.3). Beim Einsatz von Testtools (abgeschlossenen, gespannten Bedingungen) ist diese Mindestdauer wesentlich geringer als bei Tests in Bohrlöchern (offene, nicht gespannte Verhältnisse).

Während bei hydraulischen Tests in nicht-thermalen Testhorizonten die Messung des Wasserspiegels den hydraulischen Druck praktisch direkt wiedergibt, ergeben sich bei Thermalwasserbohrungen temperaturbedingte Differenzen. Da die Dichte von Wasser temperaturabhängig ist, besitzen gleichschwere Wassersäulen verschiedener Temperatur eine unterschiedliche Länge. Der an sich geringe Dichteunterschied wirkt sich bei mehreren hundert Meter langen Wassersäulen mit einer Längenänderung aus, die oft mehrere Meter beträgt (Abschn. 8.2). Im Ruhezustand passt sich der Wasserkörper in der Tiefbohrung der jeweiligen Gesteinstemperatur seiner Umgebung an, d. h. er ist oben kühl, unten aber heiß. Wird Wasser aus der Bohrung entnommen, so strömt das warme Wasser von unten nach oben und die gesamte Wassersäule wird entsprechend der Pumprate, der Pumpdauer, der Wärmeleitfähigkeit des Gesteins usw. erwärmt., d.h die Wassersäle im Bohrloch wird länger, weil sich die Dichte ändert. Aus diesem Grund ist häufig bei derartigen Pumpversuchen zu Beginn statt einer Absenkung ein Wasserspiegelanstieg und nach Abschalten der Pumpe statt eines Anstiegs des Wasserspiegels

(Wiederanstieg) ein Abfall zu beobachten (Abb. 8.3). Bei Injektionsversuchen mit kühlem Oberflächenwasser werden genau die umgekehrten Effekte beobachtet. Um Pumpversuche in thermalen Aquiferen auswerten zu können, ist es unter derartigen Umständen notwendig, jeden gemessenen Absenkungswert, d. h. die Länge der Wassersäule, auf eine zuvor definierte Temperatur umzurechnen. Die Wassersäule im Bohrloch muss also für jeden Messwert (Absenkungs-, Wiederanstiegswert) bezüglich ihrer Dichte temperatur- und druckkorrigiert werden (Stober 1986).

Unproblematischer und wesentlich einfacher ist es daher, wenn während des hydraulischen Tests der Druck im Bereich des Testhorizontes aufgezeichnet wird, da damit die aufwändigen und fehleranfälligen Korrekturen entfallen, bei denen zudem viele Faktoren nur unzureichend berücksichtigt werden können, wie z. B. anomale Temperaturverhältnisse, erhöhte Mineralisation oder Gasgehalte im Fluid.

Da die Wasserführung in Kluftgrundwasserleitern im Gegensatz zu Porengrundwasserleitern häufig auf einzelne Horizonte oder Kluftzonen beschränkt bleibt, ist das Homogenitätskriterium sehr viel seltener erfüllt. In Kluftgrundwasserleitern variiert die Orientierung und Geometrie der Fließkanäle in weiten Grenzen, so dass sie von Natur aus dem Diskontinuum näher stehen als Porengrundwasserleiter. Für quantitative Untersuchungen wurden insbesondere von der Kohlenwasserstoffindustrie sehr viele verschiedene **Modellvorstellungen** entwickelt und Lösungsansätze für hydraulische Tests aufgezeigt (Typkurven, analytische Näherungslösungen, FE- und FD-Spezialsoftware). Diese Modelle lassen sich untergliedern in (Stober 1986; Kruseman und de Ridder 1994):

- Die Klüfte sind statistisch zufällig und gleichmäßig verteilt. Das großräumige Fließsystem kann dann u. U. mit der Modellvorstellung von Theis (1935) beschrieben und ausgewertet werden. In diesem Fall greift auch die Näherungslösung von Cooper und Jacob (1946).
- Der Grundwasserleiter gliedert sich in bevorzugte Leit- und Speicherhorizonte (Abb. 14.3.4). Eine Leitschicht ist im Gegensatz zu einer Speicherschicht dadurch gekennzeichnet, dass sich benahe die gesamte Durchlässigkeit auf diesen Horizont beschränkt, während die Speichereigenschaften in der Leitschicht auf ein Minimum reduziert sind. Die Speicherschicht verhält sich hydraulisch genau umgekehrt (z. B. Berkaloff 1967). Klassisches Beispiel: Verkarsteter Horizont innerhalb eines Karbonat-Gebirges.
- Der Grundwasserleiter besteht aus einem „Zweiporositätsmedium", z. B. den Klüften und der porösen Matrix (Abb. 14.3.5). Diese Modellvorstellung geht von der Existenz zweier statistisch zufällig verteilter unterschiedlich durchlässiger, poröser Bereiche in einem Grundwasserleiter aus (z. B. Barenblatt et al. 1960). Klassisches Beispiel: Geklüfteter Sandstein mit poröser Matrix.
- Im Nutzhorizont befindet sich eine endlich dimensionierte Kluft (Abb. 14.3.3, 14.3.6). Bei stark stimulierten oder gefracten Bohrungen erwies sich bei der Auswertung und Simulation von hydraulischen Tests ein negativer Skinfaktor als unzureichend. Daher wurde erstmals von Dyes et al. (1958) der Einfluss einer Vertikalkluft auf den Druckverlauf untersucht (z. B. Russell und Truitt 1964; Gringarten und Ramey 1974; Cinco et al. 1975).

Inwieweit durch derartige Modelle die wirklichen geologischen Verhältnisse wiedergegeben werden können, muss in jedem Fall neu entschieden werden. Grundsätzlich ist es nicht möglich, einer gewissen geologischen Formation vorab ein bestimmtes Modell zuzuordnen, da die Ausbildung der Hohlräume und ihre hydraulische Interaktion starken Wechseln unterworfen ist. Zur Findung eines geeigneten und passenden Modells (Abb. 14.3) hilft daher eigentlich nur der Vergleich zwischen gemessenem und theoretischem Druckverlauf (Wasserspiegel). Abb. 14.3 gibt dafür einige Beispiele. Für die Modell-Findung (Diagnose) wird zusätzlich gerne die Ableitung des Druckverlaufes (Wasserspiegels) hinzugezogen (Abb. 14.6).

Zur Diagnose des Aquifermodells können bei Pumpversuchen die Messwerte beispielsweise doppellogarithmisch als Absenkung (Druckabbau) gegen die Zeit (log s ↔ log t) aufgetragen werden oder semilogarithmisch (s ↔ log t). Für den Wiederanstieg nach vorausgegangener Pumpphase eignet sich ein Horner-Plot (s ↔ log (t+t')/t') (Abb. 14.3). Wurden die Messdaten sehr dicht aufgezeichnet, so kann die Ableitung der Absenkung gebildet werden und die entsprechend aufgetragenen Daten (log [(δs/δt) t] ↔ log t) können ebenfalls zur Diagnose des Aquifermodells herangezogen werden (Abb. 14.6).

Zur Diagnose des der Auswertung zugrunde zu legenden Aquifermodels existieren weitere spezielle Funktionen (z. B. Bourdet et al. 1989), die nachstehend kurz beschrieben sind. Radiales Anströmen auf einen Brunnen (Liniensenke)

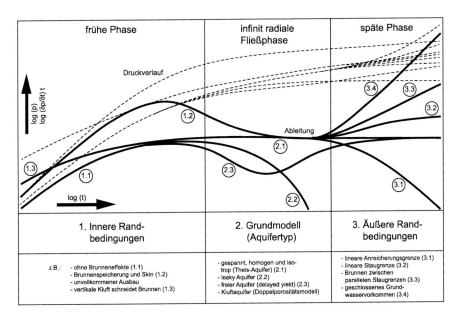

Abb. 14.6 Schematische Darstellung des Druckverlaufs (gestrichelt) und der Ableitung des Druckes [(δp/δt) t] (durchgezogene Linie) für verschiedene Modellvorstellungen (nach Odenwald et al. 2009; Hekel 2011)

Fliess-periode	Strömungsschema	kennzeichnender Absenkungsverlauf

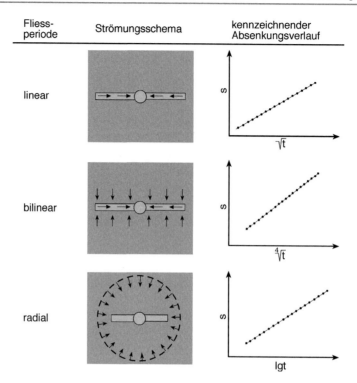

Abb. 14.7 Einzelne Fließperioden bei einem Brunnen mit Anschluss an eine Vertikalkluft: Der Anfangsphase mit linearem Fließen von der Kluft in die Bohrung folgt der Zustrom aus der Matrix in die Kluft (bilineare Fließperiode). Allmählich setzt ein radialer Zustrom in das System ein (nach Strayle et al. 1994)

zeichnet sich durch einen geradlinigen Verlauf der Messdaten bei einer Darstellung als „s ↔ log t" aus (**radiale Fließperiode**) (Abb. 14.7). **Sphärisches Anströmen** auf einen unvollkommenen Brunnen kann anhand des geradlinigen Verlaufs bei Datenauftrag von „ s ↔ $1/\sqrt{t}$" erkannt werden. Bei einem **linearen Kluftanschluss** folgen die Messdaten bei „s ↔ $\sqrt{t}$" einer Geraden (Abb. 14.7). Setzt in Folge ein Zustrom von der Matrix in die Kluft ein, liegt ein **bilineares Fließen** vor und die Messdaten folgen bei einem Plot als „ s ↔ $\sqrt[4]{t}$" einer Geraden (Abb. 14.7).

14.2 Testarten, Planung und Durchführung, Auswerteverfahren

Derartige Auswerteverfahren setzen voraus, dass der hydraulische Test lange genug gefahren wurde, um für die Auswertung ein geeignetes Modell ermitteln zu können. In den letzten Jahren hat sich ein Standarddesign für die Durchführung von Pump- bzw. Injektionsversuchen etabliert (Abb. 14.8). Der hydraulische Test wird dabei in einen sogenannten **Brunnentest** (Stufentest) mit mindestens

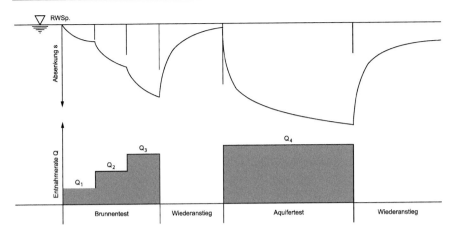

Abb. 14.8 Hydraulisches Testdesign mit Brunnentest und Aquifertest (nach Strayle et al. 1994)

drei verschiedenen Produktionsraten und in einen sogenannten **Aquifertest** untergliedert. An beide Tests schließt eine Phase an, in der nicht gepumpt (resp. injiziert) wird (Strayle et al. 1994; DVGW W111 1997). Der Brunnentest dient hauptsächlich der Festlegung der späteren Produktionsrate und der Ermittlung des Brunnenverlustes.

Ein **Injektionstest** stellt im Prinzip einen umgekehrten **Pumpversuch** dar, bei dem statt Wasser entnommen, Wasser in das Gebirge eingebracht wird.

Der Aquifertest wird mit konstanter Rate und wesentlich länger als der Brunnentest durchgeführt. Anhand des Aquifertestes ist es möglich, das Strömungsverhalten im Untergrund zu erkunden, um damit der hydraulischen Auswertung das passende Aquifermodell zugrunde zu legen (Abschn. 14.1, Abb. 14.3, 14.6). Je länger der hydraulische Test dauert, desto größer ist i. d. R. der vom Drucksignal erfasste Raum und die Chance auch die Begrenzung der wasserführenden Schicht, den hydraulisch wirksamen Rand, zu erfassen (Abschn. 14.1). Sind die Tests zu kurz bemessen, so können keine Aussagen über weiter vom Bohrloch entfernte Bereiche - im Extremfall nicht einmal über die Aquiferparameter - getroffen werden, da der Test noch voll im Einflussbereich von Brunnenspeicherung und Skin liegt (Gl. 14.3).

Für einen homogenen, isotropen, unendlich ausgedehnten Aquifer mit konstanter Mächtigkeit kann während der radialen Fließperiode die Transmissivität und der Speicherkoeffizient des getesteten Horizontes ermittelt werden. Der Wasserspiegelverlauf (Druckverlauf) wird dazu gegen den Logarithmus der Zeit aufgetragen. Anhand der Steigung der semilogarithmischen Geraden ($\Delta s / \Delta \log t$, mit $\Delta \log t = 1$) lässt sich die Transmissivität nach Gl. 14.4 bestimmen (Cooper und Jacob 1946):

$$T = 2{,}303 \cdot Q / (4\pi \cdot \Delta s) \; \left(\mathrm{m^2/s}\right) \qquad (14.4)$$

Der Speicherkoeffizient kann mit Gl. 14.5, in der auch der Einfluss des Skinfaktors berücksichtigt wird, ermittelt werden (Stober 1986):

$$S = 2{,}25 \cdot T \cdot t/r^2 \cdot \left(e^{2sF}\right) \ (-) \tag{14.5}$$

Abbildung 14.9 zeigt beispielhaft die Auswertung des Pumpversuches in der 4000 m tiefen Vorbohrung zur Kontinentalen Tiefbohrung (KTB) in der Oberpfalz (Deutschland). Die Bohrung ist bis 3850 m verrohrt, d. h. das Open-Hole besitzt eine Länge von 150 m. In diesem Gebirgsabschnitte wurden Amphibolite und Metagabbros erschlossen. An der Bohrlochsohle beträgt die Temperatur 120 °C. Die Förderrate war konstant und betrug nahezu 1 l/s.

Die semilogarithmisch aufgetragenen Messwerte werden in der Anfangsphase des Pumpversuches bis $t_B = 0{,}2$ Tage von der Eigenkapazität des Bohrlochs bestimmt (Abb. 14.9). Sodann folgen die Messwerte einer semilogarithmischen Geraden. Diese Phase, die radiale Fließperiode, ist die Reaktion des kristallinen Grundgebirges auf die Förderung. Die Steigung der Geraden ist proportional zur Transmissivität des getesteten Gebirgsabschnittes: $T = 6{,}10 \cdot 10^{-6}$ m²/s (Gl. 14.4). Die spontane Zunahme der Absenkung nach etwa 12 Tagen wird durch einen hydraulisch wirksamen Rand, eine Störungszone, verursacht.

Mit Hilfe von Gl. 14.3, der vorstehend ermittelten Transmissivität, den Daten zum Ausbau der Bohrung (Radius r_w) und der beobachteten Dauer der Eigenkapazität ($t_B = 0{,}2$ d) (Abb. 14.9) berechnet sich der Skinfaktor zu $s_F = 1{,}35$. Als Folge des Skins ergibt sich eine zusätzliche Absenkung von 3,5 bar (Gl. 14.1). Mit Gl. 14.5 kann damit der Speicherkoeffizient zu $S = 5 \cdot 10^{-6}$ bestimmt werden. Die Entfernung zum hydraulisch wirksamen Rand im Bereich des Open Holes kann aus dem Zeitpunkt der Versteilung der Absenkkurve ($t = 12$ d) abgeschätzt werden und beträgt etwa 1,2 km. Er konnte als „Fränkisches Lineament" identifiziert werden (Stober und Bucher 2005).

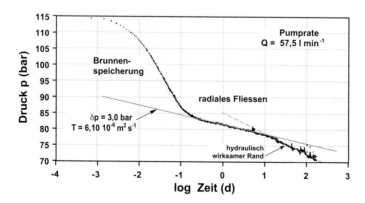

Abb. 14.9 Auswertung eines Pumpversuches in der 4000 m tiefen KTB-Vorbohrung (nach Stober und Bucher 2005)

Vor Inbetriebnahme einer geothermischen Dublette werden länger andauernde Pumpversuche und/oder Injektionsversuche in beiden Bohrungen durchgeführt, die von einem hydrochemischen Untersuchungsprogramm begleitet werden. Im Anschluss daran erfolgen Zirkulationsversuche oder Produktionstests–, die eben- falls über einen längeren Zeitraum mit diversen Begleituntersuchungen ausgeführt werden. Bei den Zirkulationsversuchen wird u. U. ein Tracer eingebracht werden, der Aussagen über die hydraulische Verbindung der beiden Bohrungen gestattet (Abschn. 14.3).

Hydrothermale Nutzungen aus Tiefbohrungen erfolgen fast ausschließlich aus Festgesteins-Grundwasserleitern. In diesen tiefen Aquiferen liegen grundsätzlich gespannte Grundwasserverhältnisse vor. Häufig ist der Einfluss von **Erdgezeiten** zu beobachten (Abb. 14.10), ein Hinweis dafür, dass die Klüfte und Hohlräume miteinander weiträumig in Verbindung stehen. Durch den Einfluss der Erdgezeiten verändern sich die Größe der Hohlräume im Untergrund. Dadurch fällt und steigt der Wasserstand im Bohrloch. Je nach Stellung von Sonne, Mond und Erde zueinander stellt sich die Nipp- oder Springtide ein (Stober 1992). Erdgezeiten bedingte Druckschwankungen (Wasserspiegelschwankungen) gestatten die Ermittlung des Young's Modul (E-Modul), des spezifischen Speicherkoeffizienten und der Porosität (Bredehoeft 1967; Langaas et al. 2005; Doan und Brodsky 2006).

Hydraulische Tests sind trotz ausgefeiltem Testdesign grundsätzlich dann wenig aussagekräftig, wenn verschiedene geologische Schichten oder Aquifere gemeinsam getestet werden und keine Differenzierung möglich ist. Durch den

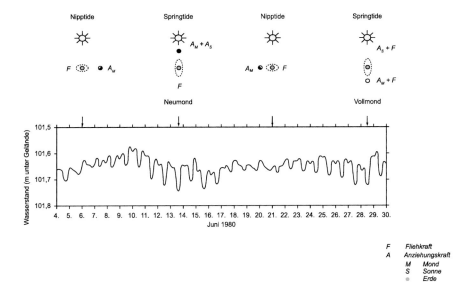

Abb. 14.10 Wasserspiegelschwankungen verursacht durch Erdgezeiten in der Tiefbohrung Saulgau TB 1 (verkarsteter Oberjura, 650 m Tiefe), nach Stober (1992)

Einsatz von Packern (Abb. 9.5, 14.2) und durch einen sachgerechten Ausbau ist es möglich, einzelne Horizonte oder Schichten hydraulisch separat zu testen, so dass die in Folge ermittelten Parameter sich ausschließlich auf den Testhorizont beziehen.

Durch den Einsatz von geophysikalischen Bohrlochvermessungen, wie beispielsweise Flowmeter-, Leitfähigkeits- oder Temperatur-Logs, kann bei einem hydraulischen Tests, bei dem verschiedene Formationen mit unterschiedlichen hydraulischen Eigenschaften zusammen getestet wurden, eine hydraulische Beurteilung der einzelnen Gebirgsabschnitte vorgenommen werden, so dass bei derartigen Tests beispielsweise Durchlässigkeiten für einzelne Abschnitte ermittelt werden können. Ein Beispiel hierfür ist das sogenannte **Fluid-Logging-Verfahren** (Abb. 14.11), bei dem während eines Aquifertests im Testbereich die Leitfähigkeit des Fluids zu verschiedenen Zeitpunkten gemessen wird (Tsang et al. 1990). Die hydraulische Auswertung des Aquifertestes liefert die Gesamt-Transmissivität des Testbereiches. Aus der relativen zeitlichen Änderung der Leitfähigkeit in den verschiedenen Gebirgsbereichen kann die Zuflussrate anteilsmäßig aufgeteilt und damit entsprechend die jeweiligen Transmissivitäten für die einzelnen Zuflussbereiche ermittelt werden. Voraussetzung für das Verfahren ist ein Fluidaustausch im Testbereich vor Beginn des Pumpversuches.

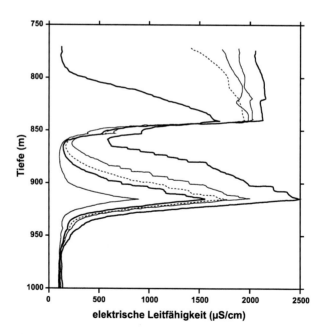

Abb. 14.11 Beispiel für die Durchführung des Fluid-Logging-Verfahrens in einer 1690 m tiefen Bohrung, Testabschnitt: 770–1000 m mittels elektrischer Leitfähigkeit. Die einzelnen Kurven wurden etwa in Zeiten nach 13,0 h, 27,1 h, 31,3 h, 38,4 h und 57,2 h gemessen (nach Tsang 1987; Tsang et al. 1990)

Die Testgarnitur bei **Packertests** besteht aus einem Testgestänge mit Testventil und ein oder zwei Packern (Einfach- oder Doppelpacker, Abb. 9.5, 14.2). Der Packer, eine 0,5–1 m lange armierte Gummimanschette, ist mechanisch oder hydraulisch-pneumatisch verformbar, so dass er im eingebauten (verformten) Zustand das zu testende Intervall hydraulisch abdichtet. Das Testintervall im Bohrloch ist meistens 1,5–5 m lang. Während des hydraulischen Tests werden im Testintervall die Temperatur sowie der Druck gemessen und je nach Testgarnitur diese beiden Parameter zusätzlich ober- und unterhalb der Packer aufgezeichnet, um Umläufigkeiten oder Undichtigkeiten erkennen zu können. Das Testprinzip ist wie bei allen hydraulischen Tests dasselbe. Der im Testintervall gemessene Anfangsdruck dient als Referenzdruck, vergleichbar mit dem Ruhewasserspiegel in offenen Bohrlöchern. Bei Packertests wird dieser Anfangsdruck nach dem Setzen des Packers gemessen. Während einer Ausgleichsperiode (so genannte Compliance-Periode) bauen sich in Tiefbohrungen externe Störungen i. d. R. ab (Ausnahme: Gezeiteneinwirkungen, Abb. 14.10). Im ersten Testschritt wird der Anfangsdruck im Testintervall durch Förderung oder Injektion von Wasser (in dichtem Gestein: Gas) künstlich verändert. Die Förderung (withdrawal) bewirkt eine Druckabsenkung, die Injektion (injection) eine Druckerhöhung. Im zweiten Testschritt wird die Förderung bzw. Injektion beendet und die Erholung des Drucks bis zum Formationsdruck, dem ungestörten Gebirgsdruck, beobachtet. Anfangs- und Formationsdruck sollten gleich sein (Stober et al. 2009).

Auch bei Packertests existiert eine große Anzahl hydraulischer Test-Verfahren. Bei der Auswahl eines geeigneten Verfahrens spielt neben der Zielsetzung vor allem die zu erwartende Gesteinsdurchlässigkeit eine Rolle. Abb. 14.1 zeigt schematisch die Einsatzmöglichkeiten der verschiedenen Tests in Abhängigkeit von der Gebirgsdurchlässigkeit.

Der **Slug-Test** wird bei geringen bis mittleren Gesteindurchlässigkeiten angewendet. Bei diesem Test wird der Druck im Bohrloch oder Testintervall plötzlich verändert und der anschließende Druckaufbau oder Druckabbau gemessen. Wenn das Testventil im Falle eines Packertests geöffnet wird, überträgt sich die Druckveränderung schlagartig auf das Testintervall. In der anschließenden Fließphase erfolgt ein Druckausgleich, indem je nach Druckgefälle Wasser aus dem Gebirge zufließt (Slug-Withdrawal-Test) oder ins Gebirge abfließt (Slug-Injection-Test). Der Slug-Test kann auch in einer offenen Bohrung durchgeführt werden. Wird der Slug-Test extrem kurz durchgeführt und nur eine Druckveränderung im Testbereich bewirkt, wird er als **Pulse-Test** bezeichnet. Die schlagartige Wasserspiegelerhöhung oder -erniedrigung kann entweder durch spontane Eingabe oder Entnahme einer großen Wassermenge oder mit Hilfe eines Verdrängungskörpers erfolgen. Bei der Anwendung eines Verdrängungskörpers wird dieser Test häufig auch als **Slug & Bail-Test** bezeichnet.

Ein Slug-Test dient der Ermittlung der Transmissivität, des Speicherkoeffizienten sowie der Brunnenspeicherung und des Skin-Faktors. Die Auswertung eines Slug-Tests erfolgt i. d. R. mit Typkurven (z. B. Cooper et al. 1967; Ramey et al. 1975; Papadopulos et al. 1973; Black 1985; Butler 1998, Abb. 14.12),

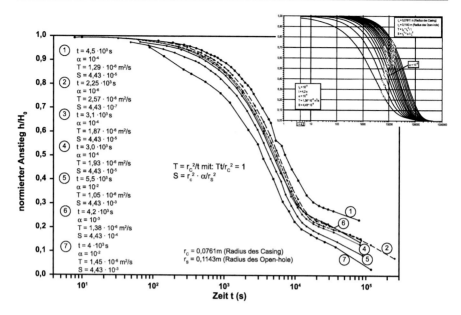

Abb. 14.12 Beispiele für die Auswertung von Slug-Tests mit Typkurven nach Papadopulos et al. (1973) in der Geothermie-Bohrung Urach 3 (sieben Versuche), nach Schädel und Stober (1984). Rechts oben sind die Typkurven eingeblendet

die auch speziellen kommerziellen Auswerteprogrammen wie beispielsweise AQTESOLV (Fa. HydroSOLVE) zugrunde liegen. Daneben bietet der USGS auf seiner Homepage abrufbare Spreadsheets zur Auswertung von Slug-Tests an. Ferner existieren jedoch auch numerische Verfahren. Aus der berechneten Transmissivität lassen sich ggf. die Permeabilität und der Durchlässigkeitsbeiwert bestimmen (Gl. 8.3b, 8.4a, b und c).

Der **Drill-Stem-Test** (DST) oder auch Gestängetest genannt, gliedert sich in eine erste kurze Fließphase, eine erste Schließphase, eine zweite lange Fließphase und eine zweite lange Schließphase. Durch das Öffnen des Ventils wird ein Unterdruck im Testabschnitt und dadurch ein Zufließen in das Bohrloch erreicht. In der Schließphase (Ventil geschlossen) kommt es zum Druckaufbau möglichst bis zum Formationsdruck. Anschließend wird das Ventil für eine längere Fließphase wieder geöffnet und der Prozess beginnt von Neuem (Abb. 14.13). Der Name Drill-Stem-Test leitet sich von der englischen Bezeichnung für Bohrstrang „Drill Stem" ab. Je nach Test-Konfiguration können bestimmte Testabschnitte als Slug-Test (Abb. 14.12) interpretiert und ausgewertet werden oder andere auch als Wiederangleich und damit als Horner-Plot behandelt werden (Horner 1951, vgl. Abb. 14.14). Aus DST-Tests können die Transmissivität, ggf. die Brunnenspeicherung und der Skin-Faktor ermittelt werden. Die Transmissivität auf Abb. 14.13 wurde mit Gl. 14.4 berechnet.

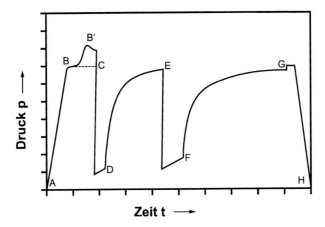

Abb. 14.13 Schematische Darstellung des Druckverlaufs bei einem Drill-Stem-Test (Gestänge-test). A-B: Einbau des Teststrangs, B-C: Setzen des Packers mit ggf. ausdehnungsbedingtem Druckaufbau, C-D: Öffnen des Testventils mit erster Fließphase, D-E: Schließen des Ventils mit erster Schließphase, E-F: Öffnen des Ventils mit zweiter Fließphase, F-G: Schließen des Ventils mit zweiter Schließphase, G-H: Ausbau des Teststranges

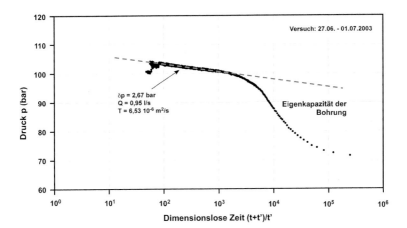

Abb. 14.14 Beispiel für die Auswertung des Druckaufbaus mittels Horner-Plot, Test in der Bohrung Urach 3 (Stober 2011)

14.3 Tracerversuche

Bei einem Tracerversuch wird ein Tracer, d. h. ein Markierungsstoff, in den Untergrund eingebracht. An anderen Stellen wird der unterirdisch transportierte Tracer gemessen. Aus der Verweilzeit kann auf die Fließgeschwindigkeit und aus der Streuung der Messwerte in der Zeit auf die Vermischung und Verteilung im Untergrund, d. h. auf die Dispersion, geschlossen werden. Tracerversuche zählen schon seit Jahrzehnten zu den Standarduntersuchungsverfahren in der Hydrogeologie. Sie werden einerseits durchgeführt, um rein qualitative Aussagen über den Untergrund zu erhalten. Andererseits kann die Auswertung von Tracerversuchen auch quantitative hydraulische Ergebnisse liefern, wie z. B. Fließgeschwindigkeit, Durchlässigkeit, durchflusswirksamer Hohlraumanteil, Dispersion D (m^2/s) u. ä. (Sauty 1980; Stober 1980; Schweizer et al. 1985).

Tracerversuche sind daher auch für geothermische Dubletten sehr interessante und wichtige Untersuchungsverfahren. Anhand von Tracerversuchen kann erkannt werden, wie sich das abgekühlte Wasser, das zur Regeneration des Reservoirs wieder über die Injektionsbohrung dem Untergrund zugeführt wird, in Raum und Zeit verteilt. Erreicht der Tracer beispielsweise nach relativ kurzer Zeit mit geringer Dispersion, d. h. einer schmalen Durchgangskurve, die Förderbohrung, so gilt Entsprechendes auch für das thermische Verhalten. Tracerversuche ermöglichen ebenso den Nachweis, dass die Geothermiebohrungen hydraulisch miteinander in Verbindung stehen und sollten daher bereits bei den ersten längeren Zirkulationsversuchen durchgeführt werden.

Als Tracerstoff wird vorzugsweise ein idealer Markierungsstoff verwendet, insbesondere auch wegen des einfacheren mathematischen Handlings bei der Testinterpretation. Ein **idealer Tracer** sollte ungefährlich sein und nicht mit dem Untergrund reagieren (Sorption); er sollte keinem Zerfall oder Abbau unterliegen, in großer Verdünnung nachweisbar sein und dieselben physikalischen Eigenschaften wie Wasser aufweisen (Strayle et al. 1994). In der Praxis ist Uranin (Natriumfluoreszein) neben Naphtalendisulfat auch in der Geothermie einer der am meisten verwendeten Tracer.

Um eine quantitative Auswertung von Tracerversuchen zu ermöglichen, ist sorgfältige Versuchsplanung und -durchführung notwendig. Der Versuch sollte zum Zweck einer späteren mathematischen Beschreibung durch analytische Lösungen (z. B. Typkurven) oder durch numerische Modellierungen möglichst einfach durchgeführt werden. Zu diesem Zweck sollte die Tracereingabe entweder möglichst rasch (Dirac'scher Stoß) oder aber kontinuierlich über einen längeren Zeitraum erfolgen. Auch sollte der Markierungsstoff möglichst direkt in den Testhorizont eingebracht werden. Die Beprobung sollte in so dichten Zeitabständen erfolgen, dass der gesamte Tracerdurchgang verfolgt werden kann. In der Regel genügt es theoretisch, die Beprobung in logarithmisch äquidistanten Zeitabständen vorzunehmen. Detaillierte Hinweise hierzu können beispielsweise dem Lehrbuch von Käss (2004) oder den Arbeiten von Strayle et al. (1994) entnommen werden.

Für verschiedene Versuchskonstellationen gibt es analytische Lösungen des Tracertransportes, d. h. der Differentialgleichung des Massentransportes. Diese analytischen Lösungen werden umformuliert, so dass daraus dimensionslose Lösungen entstehen, aus denen sich sogenannte Typkurven erstellen lassen (Sauty 1980; Stober 1980; Schweizer et al. 1985). Auf diesen Typkurven für den Tracerdurchgang ist die dimensionslose Tracerkonzentration ($C_D = C/C_{max}$)

gegen den Logarithmus der dimensionslosen Zeit ($t_R = u^2 \cdot t / D_L$) für verschiedene Scharparameter (Pe) aufgetragen. Für die Auswertung werden die Messdaten, die Tracerkonzentrationen (C), ebenfalls normiert mit der maximal gemessenen Konzentration (C_{max}), gegen den Logarithmus der Zeit (t) aufgetragen und mit einem passenden Scharparameter der Typkurve zur Deckung gebracht.

Abbildung 14.15 gibt hierfür ein Beispiel. Der dargestellte Markierungsversuch wurde im thermalen verkarsteten Oberjura-Aquifer bei Saulgau (Oberschwaben, Süddeutschland) in etwa 650 m Tiefe bei 42 °C durchgeführt. Als Tracer wurden 2 kg Uranin in die Geothermiebohrung GB3 Saulgau eingebracht. Während des Versuches wurde aus der 430 m entfernten Geothermiebohrung TB1 konstant Q = 29 l/s gefördert, so dass radial-konvergente Strömungsverhältnisse vorlagen. Die ersten Tracerspuren erreichten die Förderbohrung TB1 bereits nach 22 Tagen. Das Tracermaximum lag bei 1,4 µg/l und wurde nach 125 Tagen in TB1 gemessen. Nach 250 Tagen änderte sich der Förderbetrieb, so dass nur der erste Teil der insgesamt etwa drei jährigen Messreihe mit den vorliegenden Typkurven ausgewertet werden konnte (Abb. 14.15). Die geohydraulische Auswertung erbrachte eine durchflusswirksame Porosität von 2,7 %. Die effektive Fließgeschwindigkeit lag bei $u = 10^{-5}$ m/s und die longitudinale Dispersion bei $D_L = 10^{-3}$ m²/s. Details zur Auswertung sind in Stober (1988) aufgeführt.

Während eines anschließenden Zirkulationsversuchs zwischen den beiden Geothermiebohrungen wurden als Tracer der sorbierende Farbstoff Eosin und Tritium in die Injektionsbohrung eingegeben. Zwar waren alle eingesetzten Tracer in der Förderbohrung messbar, eine Temperaturerniedrigung infolge der Injektion mit kühlerem Wasser konnte jedoch nicht festgestellt werden.

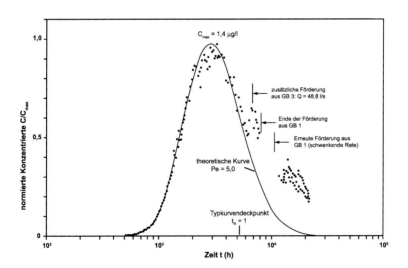

Abb. 14.15 Beispiel für die Auswertung eines Tracerversuchs mit Typkurven. Dargestellt ist der Versuch zwischen den beiden 430 m voneinander entfernten Geothermiebohrungen Saulgau TB1 und GB3 (nach Stober 1988)

Entsprechende Tracertests wurden beispielsweise auch in den so genannten
HDR-Bohrungen von Fenton Hill bei Los Alamos, Neu Mexiko, während
Zirkulationsversuchen bereits ab 1976 durchgeführt (Abschn. 9.2). Die ersten
Tracertests wurden u. a. mit Uranin, Br^{82} und NH_4 erfolgreich zwischen den
beiden ca. 3000 m tiefen Bohrungen GT-2(B) und EE-1 im Präkambrischen
Granit bei 185 °C (Reservoirtiefe ca. 2600 m, Phase I) durchgeführt (z. B. Tester
et al. 1982). Weitere Tracertests erfolgten ab 1985 in der Phase II zwischen den
deutlich tieferen Bohrungen EE-3(A) und EE-2 (Reservoirtiefe ca. 3800 m)
bei über 200 °C (z. B. Rodrigues et al. 1993). Auch in den Tiefbohrungen des
EGS-Projektes Soultz-sous-Forêts (Abschn. 9.2, 11.1.5) wurden Tracerversuche
zwischen den Tiefbohrungen vorgenommen. Die ersten Versuche erfolgten im
Jahre 1997 im oberen granitischen Reservoir (3500–3900 m Tiefe) zwischen den
beiden Bohrungen GPK1 und GPK2 bei Temperaturen um 160 °C. Zwischen 2003
und 2009 wurden weitere Versuche im Tiefenreservoir (5000 m Tiefe) zwischen
den beiden 650 m voneinander entfernten Tiefbohrungen GPK3 und GPK2
bei Temperaturen um 200 °C durchgeführt. Als Tracer wurde meistens Uranin,
jedoch auch Benzoesäure ($C_7H_6O_2$), Schwefelhexafluorid (SF_6) sowie weitere
Markierungsstoffe eingesetzt (z. B. Sanjuan et al. 2006, 2015). Uranin erwies sich
bei den hohen Temperaturen als sehr geeigneter, nicht sorbierender Tracer. Ziel
der Tracerversuche war neben der Ermittlung der Tracerdurchbruchzeit auch die
Ermittlung der Dimension des unterirdischen Wärmetauschers.

Daneben gibt es in der Geothermie noch wesentlich komplexere Tracer-
methoden zur Charakterisierung des geothermischen Reservoirs, wie Multi-
Tracer-Tests oder Dual-Scale-Pull-Push-Tests zur Charakterisierung der
spezifischen Fluid-Gesteins-Kontaktfläche und ihrer Änderung im hydraulisch
gestressten bzw. stimulierten Zustand, die sich zum Teil noch in Entwicklung
befinden oder in der Forschung angesiedelt sind (z. B. Ghergut et al. 2007).

14.4   Temperaturauswerteverfahren

Zu den einfachsten Temperatur basierten Auswerteverfahren zur Bestimmung
von hydraulischen Parametern gehört das Verfahren, das anhand eines
Ruhetemperatur-Logs durchgeführt werden kann. Steigen Wässer im Untergrund
über große Strecken dauerhaft auf oder ab, so hinterlassen sie, je nachdem, ob die
Geschwindigkeit groß oder klein ist, eine „thermische Spur". Bei aufsteigenden
Wässern, erhöht sich die Temperatur im Bereich der Aufstiegszone, steigen die
Wässer ab, so erniedrigt sie sich entsprechend.

Unter der Voraussetzung, dass das im Bohrloch stehende Wasser die
Temperatur des umgebenden Aquifers annimmt, kann bei hinreichender Kenntnis weiterer Parameter (Dichte von Wasser (ρ_w), Kompressibilität von Wasser
(c_w), Wärmeleitfähigkeit des Untergrundes (λ)) die vertikale Fließgeschwindigkeit
v_z des im Aquifer auf- oder absteigenden Grundwassers bestimmt werden

(Bredehoeft und Papadopulos 1965; Mansure und Reiter 1979; DVWK 1987). Aufsteigende Wässer sind im vertikalen Temperaturprofil durch einen konvexen Verlauf gekennzeichnet, absteigende Wässer durch einen konkaven Verlauf im Temperaturprofil (Abb. 14.16). Die analytische Lösung der Differenzialgleichung für diese Problemstellung lautet (Gl. 14.6a, b und c):

$$(T_z - T_0)/(T_H - T_0) = f(\beta, z/H) \tag{14.6a}$$

$$f(\beta, z/H) = [\exp(\beta(z - z_0)/H) - 1]/[\exp \beta - 1] \tag{14.6b}$$

$$\beta = \rho_w c_w / \lambda v_z H \tag{14.6c}$$

In den Gl. 14.6a, b und c bedeuten:

T_z – in der Tiefe von z_0 bis $z_0 + H$ gemessene Temperaturen
T_0 – in der Tiefe z_0 gemessene Temperatur
T_H – in der Tiefe $z_0 + H$ gemessene Temperatur
H – Mächtigkeit der Auf- bzw. Abstiegszone

Abb. 14.16 Typkurve zur Ermittlung vertikaler Wasseraufstiege anhand von Temperaturlogs (nach Bredehoeft und Papadopulos 1965, vgl. Gl. 14.6c)

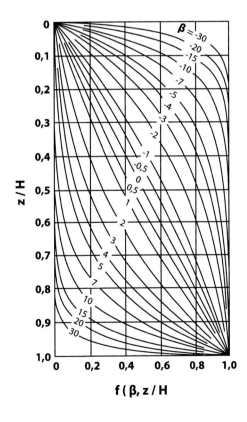

Aus dem gemessenen Temperaturprofil kann man mit Hilfe von Typkurven der Funktion f (β, z/H) den Parameter β und damit die vertikale Fließgeschwindigkeit (v_z) aus Gl. 14.6c bestimmen. Dazu müssen die Temperatur-Messdaten der Auf- bzw. Abstiegszone mit den theoretischen Kurven der Abb. 14.16 verglichen und der passende Scharparameter β ermittelt werden.

Hydrochemische Untersuchungen

Thermalwasserquelle Merkwiller, Frankreich

I. Stober und K. Bucher, *Geothermie,* https://doi.org/10.1007/978-3-662-60940-8_15

Thermales Tiefenwasser spiegelt die Herkunft, die Zirkulationsdauer und die Wechselwirkungen mit dem Umgebungsgestein wider. Die meisten Tiefenwässer weisen eine erhöhte Mineralisation und Gasgehalte auf. Um Aussagen zu den Eigenschaften des geförderten Thermalwassers und den möglichen Auswirkungen zu treffen, ist die genaue Kenntnis der Inhaltsstoffe eine grundlegende Voraussetzung für den erfolgreichen Langzeitbetrieb der geothermischen Anlage.

15.1 Probennahme und Analytik

Die hydrochemische Analyse umfasst die Vor-Ort-Parameter (z. B. Leitfähigkeit, Temperatur, pH-Wert, Redoxpotential), die Hauptionen und die Spurenstoffe. Gas-physikalische Untersuchungen gehören ebenfalls zur Charakterisierung der Tiefenwässer und sind mitentscheidend für den späteren Anlagenbetrieb. Zusätzliche Isotopenuntersuchungen geben weitergehende Hinweise auf die Genese und Herkunft des Thermalwassers.

In Hochenthalpie-Lagerstätten sollten grundsätzlich thermale Wässer und Gase vorzugsweise unter gleichen Druckbedingungen separat, bspw. mit einem Mini-Separator, beprobt werden. Außerdem sollte bei der Probenahme die Produktions-Enthalpie gemessen werden, da der „Gas-Anteil" eine Funktion der Produktions-Enthalpie ist. Die separat genommenen Gas- und Wasseranalysen werden später kombiniert und ergeben dann die Fluid-Chemie im Reservoir.

Bei der **Probennahme** von geothermalen Fluiden ist gewisse Vorsicht geboten, denn häufig müssen die Proben aus Druckleitungen gewonnen werden. Auch besteht eine generelle Verbrühungsgefahr. Die Flüssigkeiten können zudem toxische Inhaltsstoffe, wie Blei, Arsen, Quecksilber u. a. enthalten, so dass eine direkte und indirekte Inkorporierung vermieden werden muss. In den Wässern können hohe Gas-Anteile gelöst sein, die ebenfalls ein Gefahrenmoment darstellen können. Bei Wässern mit sehr hohen pH-Werten besteht Verätzungsgefahr (Seibt 2007).

Für die Gewinnung repräsentativer Proben des geothermalen Fluids sind spezielle Probenahme-Techniken erforderlich, die an die erhöhten Temperaturen, die Gasgehalte, das Kühlen der Probe und den Kontakt mit der Atmosphäre angepasst sein müssen (Abb. 8.8). Einige Inhaltsstoffe im geothermalen Fluid bleiben nach der Abfüllung stabil, andere reagieren und ändern ihre Konzentration. Bei der Probenahme muss dies entsprechend berücksichtigt werden. Für einige Komponenten ist es am besten, diese direkt vor Ort zu untersuchen, da sie sich auf dem Transportweg oder durch Lagerung verändern können. Wie die Probe bei der Entnahme konserviert werden muss, hängt entscheidend von der analytischen Untersuchungsmethode ab. Von daher muss bereits vor der Probennahme bekannt sein, welche Parameter untersucht werden sollen und welche Untersuchungsmethoden dafür zur Verfügung stehen (Arnórsson et al. 2006; Seibt 2007).

Grundsätzlich ist damit zu rechnen, dass das zu beprobende thermale Fluid mit dem Material, zu dem es Kontakt hat, reagiert. Als Beispiel sei hier die Korrosion von Rohrmaterial genannt. Hewitt (1989) und Parker et al. (1990) stellten fest, dass eine Edelstahlverrohrung die Abgabe gewisser Metallionen ins Wasser begünstigt und andere an der Verrohrung sorbiert. Die Edelstahloberfläche korrodierte in kurzer Zeit, beschleunigt insbesondere durch hohe Chloridgehalte im Wasser. Dies sollte bei der Kühlung von geothermalen Wässern für die Probenahme über Edelstahlkühlschleifen beachtet werden, denn vor der übertägigen Probennahme von Wässern > 100 °C ist in jedem Fall eine Kühlung erforderlich. Bei der Verwendung von Schlauchmaterial ist die Gasdiffusion zu berücksichtigen, d. h. atmosphärischer Sauerstoff kann in die Probe gelangen und Kohlendioxid aus der Probe entweichen.

Die wichtigsten Gase, die untersucht werden sollten sind CO_2, H_2S und NH_3, CH_4, H_2, N_2, Ar und O_2. Für manche Zwecke sind auch He, CO, Ne, SO_2 und He-Isotope erforderlich, die zusätzliche Probenahmen erfordern. So ist beispielsweise SO_2 hilfreich, um zwischen vulkanischem und hydrothermalem Ursprung zu unterscheiden. Üblicherweise werden Gasproben insbesondere aus Hochenthalpie-Lagerstätten in NaOH-Lösungen unter Vakuum aufgefangen, wobei eine separate angesäuerte Kondensat-Probe für Ammonium genommen wird. Der Dampf aus Fumarolen sollte kondensiert und auf unter 40 °C abgekühlt werden (Powell und Cumming 2010).

Außerdem sollten Wasserproben zur Untersuchung der stabilen Isotope ($\delta^{18}O$, δD) gesammelt werden. Bei Anwesenheit von H_2S ist auf die Interaktion $\delta^{18}O$ mit zu achten.

Die Probenflaschen, -materialien und -geräte müssen spurenanalytisch rein sein. Für den Transport und die Lagerung sind geeignete, dicht verschließende Gefäße notwendig. Viele Probenahme-Gefäße aus Plastik sind nicht gasdicht, so dass atmosphärischer Sauerstoff in die Probe gelangen kann (Ármannsson und Ólafsson 2010). Da manche Stoffe mit Glas reagieren, sind für die Probennahme Glasflaschen nicht immer zweckdienlich (Seibt 2007). Zur Untersuchung lichtempfindlicher Komponenten müssen die Proben in getönten Gefäßen gesammelt werden. Für die Beprobung geothermaler Fluide sind daher in Abhängigkeit von den zu untersuchenden Komponenten verschiedene Gefäße (Glas, Plastik, getönte Gefäße) erforderlich. Für die Beprobung gasreicher Wässer werden absolut dichte Probengefäße empfohlen.

Da einige Inhaltsstoffe die Zeitspanne zwischen Probenahme und Analyse nicht überdauern, müssen bestimmte Vorkehrungen zur **Konservierung** getroffen werden. Daher fallen mehrere Sub-Proben an, die physikalisch oder chemisch unterschiedlich behandelt (filtrieren, ansäuern, einfrieren, verdünnen, etc.) und in verschiedene Gefäße abgefüllt werden. Ármannsson und Ólafsson (2010) geben einen guten Überblick über die verschiedenen Verfahren der Konservierung von Fluidproben.

Die Messung der **vor-Ort Parameter**: Temperatur, Leitfähigkeit, Redoxpotential, pH-Wert und gelöster Sauerstoff kann online in einer Durchflusszelle erfolgen. Die Sauerstoffkonzentration spiegelt die Dichtigkeit der Messanordnung wider. Nicht alle chemischen Analysen können erst im Labor durchgeführt werden, da sich die Gehalte einiger Inhaltsstoffe durch Reaktionen ändern können. Zur Abschätzung der Größenordnung werden mit Schnellbestimmungsmethoden NH_4^+, NO_2^-, HS^-, C-Spezies aber auch Silizium bereits im Gelände untersucht.

Für die Bestimmung der Hauptinhaltsstoffe, der wichtigsten Gase und der meisten Spurenstoffe geothermaler Wasser- oder Gas-Proben reicht eine relativ geringe Anzahl von **Analysegeräten** aus: ICP-AES, ICP-MS, Ionen- (IC) und Gas-Chromatograph sowie ein pH-Meter und ein Massenspektrometer (MS) für die Isotopen-Untersuchung (ICP steht für Induktiv gekoppeltes Plasma und AES für Atomemissionsspektrometer). Der TCC (total carbonate carbon) und Sulfid-Schwefel werden meistens durch Titration bestimmt. Die chemische Analyse von Elementen, die in verschiedenen Oxidationsstufen vorkommen, wie beispielsweise Fe(II) und Fe(III) oder As(III) und As(V) oder Schwefel mit seinen verschiedenen Oxidationszuständen zwischen Sulfid und Sulfat, ist für das Verständnis vieler geochemischer Prozesse von sehr großer Bedeutung. Derartige Untersuchungen sind sehr komplex, denn die Konzentrationen und Redox-Bedingungen können sich bereits beim Aufstieg des Fluids aus der Tiefe, während der Probenahme, während des Transportes bzw. Lagerung der Probe oder während der Untersuchung ändern (Arnórsson et al. 2006).

Proben, bei denen die Haupt-Kationen und die Spurenmetalle mit ICP-AES und ICP-MS bestimmt werden, müssen vor Ort filtriert und angesäuert werden, während bei Proben zur Ermittlung der Haupt-Anionen mit dem IC nur eine Filtration notwendig ist. Proben, für die der pH-Wert und TCC ermittelt werden sollen, sollten bei der Beprobung in gasdichte Gefäße abgefüllt werden (Arnórsson et al. 2006). Eine separate Wasserprobe, die mit destilliertem und deionisiertem Wasser verdünnt wurde, ist beispielsweise erforderlich, um die Ausfällung von Kieselsäure (SiO_2) aus Wässern mit hohen SiO_2-Gehalten (> 100 ppm) zu verhindern.

Umfangreiche Informationen zur Entnahme und zum Untersuchungsumfang sind zudem in den DVWK Regeln 128 (1992) aufgeführt. Detaillierte Hinweise zur Probennahme und Aufbereitung heißer, hochkonzentrierter oder gasreicher Tiefenwässer sowie zu Vor-Ort Untersuchungen und zur Schwefel-Geochemie geben auch Ball et al. (1976), Thompson et al. (1975), Thompson und Yadav (1979), Nicholson (1993), Giggenbach und Goguel (1989), Ármannsson und Ólafsson (2010) oder Cunningham et al. (1998).

Werden Tiefenbeprobungen mit Tiefenprobennehmern (Downhole-Sampler) durchgeführt, so liefern diese neben den chemisch-physikalischen Eigenschaften des Wassers auch Ergebnisse zum Gas-Wasser-Verhältnis und zur Gaszusammensetzung im Teufenbereich der Probenahme.

Wesentlich komplexer gestaltet sich die Probennahme bei Fumarolen, Dry-Steam- und Wet-Steam-Wells; zu diesem Thema wird z. B. auf die Arbeiten von Arnórsson et al. (2006) und Ármannsson und Ólafsson (2010) verwiesen. Giggenbach und Gogel (1989) beschreiben nicht nur die Probenahme-Technik sondern auch Analysemethoden. Powell und Cumming (2010) stellen darüberhinaus Excel-Spreadsheets zur Analyse und Interpretation von Flüssigkeiten und Gasen zur Verfügung.

15.2 Wichtigste Untersuchungsergebnisse und Interpretationen

Nachstehend sind die wichtigsten Ergebnisse der Untersuchung des Thermalwassers kurz zusammengestellt (Stober et al. 2009).

Der **pH-Wert** (−) ist der negative dekadische Logarithmus der Wasserstoff-ionen-Aktivität: pH = −log a(H⁺). In der Realität existieren diese Wasserstoffionen (freie Protonen) nur in assoziierter Form und es bildet sich in erster Stufe H_3O^+. Analog zum pH-Wert wurde auch ein pOH-Wert definiert. Der Zusammenhang zwischen pH und pOH einer verdünnten Lösung bei Raumtemperatur entspricht in guter Näherung: pH + pOH = 14. In neutralen Lösungen ist die Aktivität von [H⁺]- und [OH⁻]-Ionen gleich, sie haben bei Zimmertemperatur den pH-Wert 7,0. Bei 108 °C liegt der neutrale Punkt bei etwa pH = 6,0 und bei 200 °C bei etwa pH = 5,5. Die Abnahme des neutralen pH-Wertes mit steigender Temperatur ist eine Folge der abnehmenden Gleichgewichtskonstanten der Wasserdissoziation K_w mit steigender Temperatur. Viele Tiefenwässer im kristallinen Grundgebirge weisen pH-Werte zwischen 5–6 auf (Pauwels et al. 1993; Fritz und Frape 1983; Stober und Bucher 1999; Bucher und Stober 2000). Der pH-Wert beeinflusst die Löslichkeit vieler Stoffe und deren Ionenkonzentration im Wasser. Umgekehrt können Stoffe, die sich im Wasser lösen, den pH-Wert verändern. Die Kenntnis des pH-Wertes ist auch für die Berechnung, ob ein Wasser bezüglich bestimmter Minerale untersättigt, gesättigt oder übersättigt ist, sehr wichtig. Der pH-Wert nimmt i. d. R. mit zunehmender Temperatur ab.

Das Reduktions-/Oxidations-Potential (Redoxpotential), der **E_H-Wert** (V), ist ein Maß für die relative Aktivität der oxidierten und reduzierten Stoffe in einem System. Die Löslichkeit verschiedener Elemente hängt neben dem pH-Wert auch von ihren im jeweiligen Fluid oder Gestein gegebenen Oxidationsstufen ab. Bei Vorliegen elektrochemischer Potentiale laufen Reduktions-Oxidations(Redox)-Reaktionen ab, bei denen Elektronen übertragen werden. Oxidation kann allgemein als Abgabe von Elektronen und Reduktion als Aufnahme von Elektronen definiert werden. In einer Flüssigkeit, die verschiedene Oxidationsstufen eines Stoffes enthält, wird das Redoxpotential als elektrisches Potential (Spannung) zwischen einer inerten Metallelektrode und einer Standardbezugselektrode, die in die Lösung eingetaucht sind, gemessen. Mit E_H werden Redoxpotentiale bezeichnet, die auf Wasserstoff gleich Null bezogen sind. Die meisten Redoxreaktionen sind abhängig vom pH-Wert. Der E_H-Wert ist temperaturabhängig.

Häufig wird anstelle des Redoxpotentials E_H die Größe p_ε [−] als Maß für die Konzentration der Redox-wirksamen Spezies verwendet. Der **p_ε-Wert** ist mit dem E_H-Wert über folgende Beziehung (Gl. 15.1) verbunden:

$$p_\varepsilon = \frac{E_H}{2{,}303 \cdot R \cdot \frac{T}{F}} \qquad (15.1)$$

wobei R die universale Gaskonstante, T die absolute Temperatur und F die Faraday-Konstante ist. Wasser mit einem pH-Wert von pH = 6 ist im Bereich p_ε = 15 (stark oxidierend) bis p_ε = −5 (stark reduzierend) stabil. Sehr viele Tiefenwässer im kristallinen Grundgebirge sind relativ „oxidiert" mit Sulfat (SO_4^{2-}) als dominante Schwefelspezies in Lösung und eher mit CO_2 als mit Methan (CH_4) als gelöstes Kohlenstoff-Gas in der Flüssigkeit.

Echte und potentielle Elektrolyte dissoziieren in wässriger Lösung. Die dabei entstehenden Ionen machen die Lösung elektrisch leitfähig, wobei die Ionen je nach Dissoziationsgrad und Beweglichkeit unterschiedliche Leitfähigkeiten haben. Die **elektrische Leitfähigkeit (Salinität),** in $S\ m^{-1}$ gemessen, setzt sich aus den Leitfähigkeitsbeträgen der einzelnen Kationen und Anionen zusammen. Damit gibt die elektrische Leitfähigkeit einen ersten Hinweis auf die Größe des Gesamtlösungsinhaltes und den Abdampfrückstand und ist ein einfach zu ermittelnder Kontrollparameter. Die elektrische Leitfähigkeit ist eine temperaturabhängige Größe. Die elektrische Leitfähigkeit wird vielfach als geophysikalisches Log in Bohrungen gemessen, um Zutrittsstellen von Wässern einer anderen Mineralisation zu lokalisieren, und wird dort häufig als Salinität-Log bezeichnet (Abschn. 13.2).

Die **Konzentration der gelösten Stoffe,** bzw. Masse pro Volumeneinheit, in einer Flüssigkeit wird in mg/kg bzw. mg/l angegeben. Diese Angaben sind bei niedrig mineralisierten Wässern gering und quasi identisch, sie unterscheiden sich jedoch bei Wässern mit hohen Gesamtlösungsinhalten. Beispielsweise enthält eine bezüglich NaCl gesättigte Lösung 316 g/l NaCl (Molalität = 5,42) jedoch 358 g/kg NaCl (Molalität = 6,13).

Der Untersuchungsumfang einer Wasserprobe wird wesentlich vom Untersuchungsziel, vom Stand der wissenschaftlichen und praktischen Erkenntnisse über die Bedeutung der einzelnen Parameter und von den analytischen Möglichkeiten bestimmt. Bedeutende **Kationen** sind: Natrium (Na), Kalium (K), Calcium (Ca), Magnesium (Mg), Eisen (Fe), Mangan (Mn) und Ammonium (NH_4). Eisen und Mangan geben wichtige Informationen zum Redoxzustand der Flüssigkeit. Bei den **Anionen** sind bedeutend: Chlorid (Cl), Hydrogenkarbonat (HCO_3, bzw. H_2CO_3, CO_3), Sulfat (SO_4), Fluorid (F), Bromid (Br), Iodid (I), Nitrit (NO_2), Nitrat (NO_3), und Phosphat (PO_4). Die Halogene können wichtige Informationen zur Herkunft der Salinität der Tiefenwässer geben. Zur Beurteilung der Güte einer hydrochemischen Analyse müssen mindestens die Hauptinhaltsstoffe untersucht werden. Gerade für thermodynamische Berechnungen sind häufig die Hauptinhaltsstoffe an Kationen und Anionen allein nicht ausreichend aussagekräftig, so dass auch **Spurenstoffe** wie Aluminium (Al), Arsen (As), Blei (Pb), Barium (Ba), Quecksilber (Hg) oder Strontium (Sr) und bestimmte undissoziierte Stoffe untersucht werden müssen. Für die Interpretation der geothermalen Wässer sind Lithium (Li), Rubidium (Rb), Caesium (Cs), Bohr (B), Bromid (Br) und Fluorid (F) ebenfalls wichtige Spurenelemente.

Zu den **undissoziierten Stoffen** gehören die Kieselsäure (SiO_2) und die Borsäure/Bor (B). Die Kieselsäure kann als geochemisches „Geothermometer" genutzt werden und gibt dadurch gerade bei Thermalwässern wichtige Hinweise zur Temperatur und damit zur Tiefe der „Lagerstätte". Bor kommt in natürlichen, oberflächennahen Wässern recht selten vor. Das Element wird gern als Tracer verwendet, um Auskunft über die Herkunft der Wässer zu erhalten. Eine wichtige Bor-Quelle sind z. B. vulkanische Gase.

Die **Gesamtkonzentration gelöster Bestandteile** (total dissolved solids – TDS) ist die Summe aller gelösten Kationen und Anionen, aller undissoziierten Stoffe. Die Gesamtkonzentration bei gering mineralisierten Wässern wird häufig auch in Masse pro Volumeneinheit angegeben. Bei hochkonzentrierten Wässern erfolgt die Angabe in g/kg. Zur Aufstellung der Ionenbilanz als Qualitätskontrolle und zur stöchiometrischen Behandlung chemischer Prozesse werden die aus der Wasseranalytik erhaltenen Konzentrationen (mg/kg) in Ionenäquivalente (mmol(eq)/kg) umgerechnet.

Die Löslichkeit von **Gasen** im Wasser ist gasspezifisch und hängt von der Wassertemperatur, vom Druck (bei Gasgemischen vom Partialdruck) und vom Gesamtlösungsinhalt (TDS) ab. Die Löslichkeit von Gasen nimmt mit steigender Temperatur und Salinität ab. Die Löslichkeit eines Gases λ in l/l [−] lässt sich durch die Henry-Dalton-Gleichung (Gl. 15.2) beschreiben:

$$\lambda = K' \cdot p \qquad (15.2)$$

wobei p der Druck bzw. Partialdruck ist und K' ein temperaturabhängiger Proportionalitätsfaktor. Es gibt verschiedene Wasser-Gas-Gemische, die gelöste und nicht gelöste Komponenten enthalten. In der Natur treten vorzugsweise Gemische mit CO_2 auf, aber auch Gemische mit Stickstoff (N_2), Methan (CH_4), Schwefelwasserstoff H_2S) und anderen Gasen werden beobachtet. Beispielsweise ist H_2S löslicher als CO_2 und CO_2 wiederum löslicher als N_2 und CH_4. Daher wird üblicherweise bei Hochenthalpie-Lagerstätten der Einfluss von Dampf-Separations-Prozessen auf die Gaszusammensetzung in Dreiecksdiagrammen dargestellt, wie H_2O-CO_2-H_2S, H_2O-CO_2-N_2 oder H_2O-CO_2-CH_4.

Die Wasser-Gas-Gemische besitzen von normalen Grundwässern abweichende physikalische Eigenschaften und wirken sich daher auf die Größe der thermischen Leistung und der hydraulischen Eigenschaften wie k_f-Wert, Transmissivität, Speicherkoeffizient, aus (Abschn. 8.2, 8.6). Die Löslichkeit von Gasen im Wasser wird in Gegenwart von gelösten festen Stoffen verändert.

Plausibilitätskontrollen ermöglichen Hinweise auf die Vertrauenswürdigkeit und Zuverlässigkeit hydrochemischer Analysendaten. Dazu wird in erster Linie die Ionenbilanz herangezogen. Theoretisch sollten die Kationen- und Anionensumme (mmol(eq)/l bzw. mmol(eq)/kg) in einer elektrisch neutralen Lösung etwa gleichgroß sein. Außerdem kann der in der Analyse gegebene Gesamtlösungsinhalt anhand der elektrischen Leitfähigkeit qualitativ überprüft werden. Der pH-Wert kann aus dem Kalk-Kohlensäure-Gleichgewicht abgeschätzt werden. Hohe Eisenkonzentrationen in pH=6 Wässern sind unplausibel, wenn das Redoxpotential hoch ist. Hohe Fluoridgehalte passen beispielsweise nicht zu hohen Gehalten an Calcium. Daneben gibt es eine Reihe von Stoffen, die bestimmte Größenordnungen anderer Stoffe ausschließen (z. B. Hölting 1989).

Für eine erste **Gruppierung, Klassifizierung und Charakterisierung** hydrochemischer Analysen unter Berücksichtigung ausgewählter Merkmale bedient man sich in der Hydrochemie meist **graphischer Darstellungsformen** wie Piper-, Schoeller- oder Strahlen-Diagrammen. Um eine „objektive" Klassifizierung unter Einbeziehung aller in Frage kommenden Merkmale durchführen zu können, bedarf es spezieller statistischer Verfahren. Zu diesen **multivariaten statistischen Verfahren** gehören die Faktorenanalyse, die Diskriminanzanalyse und die Clusteranalyse.

Im **Piper-Diagramm** werden ein Anionen- (üblicherweise: Cl^-, HCO_3^-, SO_4^{2-}) und ein Kationen-Dreieck (üblicherweise: Mg^{2+}, Ca^{2+}, Na^++K^+) mit einem

Vierecksdiagramm (üblicherweise: $Na^+ + K^+$, HCO_3^-, $Mg^{2+} + Ca^{2+}$, $SO_4^{2-} + Cl^-$) kombiniert, so dass jede Analyse durch je einen Punkt in den drei Einzel-Diagrammen repräsentiert ist. Piper-Diagramme sind Verhältnisdarstellungen (Äq%) bestimmter Ionen-(Gruppen). Die unterschiedlichen Gesamtkonzentrationen der Wässer sowie die Nebenbestandteile können nicht dargestellt werden bzw. sie werden vernachlässigt. Mit Hilfe des Piper-Diagrammes ist es möglich, Analysenergebnisse einem bestimmten Wassertyp zuzuordnen (Abb. 15.1). Piper-Diagramme sind besonders für die Darstellung einer großen Datenmenge geeignet.

Bei **Schoeller-Diagrammen** ist durch den semilogarithmischen Maßstab zusätzlich die Möglichkeit der Darstellung der Konzentrationen bestimmter Ionen-(Gruppen) gegeben. Aufgetragen werden die Konzentrationen (mmol(eq.)/l oder mmol(eq)/kg) von Ionen-(Gruppen) in einer bestimmten Reihenfolge: Mg^{2+}, Ca^{2+}, $Mg^{2+} + Ca^{2+}$, $Na^+ + K^+$, Cl^-, HCO_3^-, SO_4^{2-}. Damit ist es möglich, wie bei einem Piper-Diagramm die Wässer bestimmen Wassertypen zuzuordnen (Abb. 15.2). Im Gegensatz zum Piper-Diagramm lassen sich jedoch im Schoeller-Diagramm hoch konzentrierte von gering mineralisierten Wässern unterscheiden und verwandte Wässer (Verdünnung) einander zuordnen. Die Darstellungsform erlaubt jedoch nur die Visualisierung einer kleinen Datenmenge.

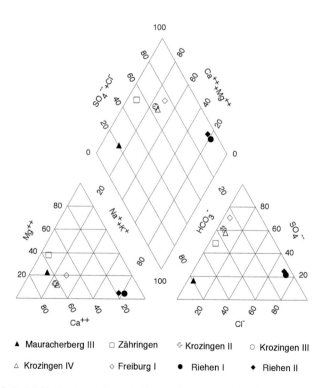

Abb. 15.1 Beispiel für die Darstellung hydrochemischer Analysen in einem Piper-Diagramm. Dargestellt sind Analysedaten von verschiedenen Wässern aus dem Muschelkalk des Oberrheingrabens (nach He et al. 1999)

Abb. 15.2 Beispiel für die
Darstellung hydrochemischer
Analysen in einem Schoeller-
Diagramm. Dargestellt
sind Analysedaten von
Mineralwässern (blau) und
Thermalwässern (rot) aus dem
kristallinen Grundgebirge des
Schwarzwaldes (nach Stober
und Bucher 1999)

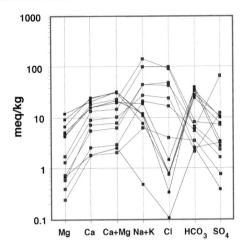

Eine weitere Gruppierung der Wässer kann durch die Berechnung von **Ionenverhältnissen** (üblicherweise auf mmol-Basis) erfolgen. Das Verfahren ist besonders geeignet für die Untersuchung von Verdünnungs- und Mischungseffekten unabhängig von der Gesamtkonzentration und ist auch bei unvollständigen Analysen anwendbar. Die üblichsten Ionenverhältnisse sind:

- das Alkali-Verhältnis (Na/K)
- das Erdalkali-Verhältnis (Ca/Mg)
- das Erdalkali-Alkali-Verhältnis ([Ca + Mg]/[Na + K])
- das Hydrogenkarbonat-Salinar-Verhältnis (HCO_3/[Cl + SO_4])
- das Salinar-Verhältnis (Cl/SO_4)
- das Chlorid-Natrium-Verhältnis (Cl/Na)

In der Hydrochemie gibt es einige einfache Untersuchungsmethoden und Auswerteverfahren, um Hinweise auf die **Herkunft** und **Genese** der Tiefenwässer zu erhalten, wie z. B. die Benutzung von Geothermometern oder die Untersuchung des Cl/Br-Verhältnisses, die beide nachstehend beschrieben werden. Grundlegende und weitergehende Informationen können beispielsweise dem Lehrbuch von Drever (1997) entnommen werden. Auch die Bestimmung und Interpretation von Isotopen können einen entscheidenden Beitrag leisten. In diesem Zusammenhang wird beispielsweise auf Pearson et al. (1991) verwiesen.

Mit Hilfe sogenannter **Geothermometer** lassen sich aus den hydrochemischen Analysendaten Rückschlüsse auf die Temperatur der „Lagerstätte" (Geotemperatur), der das Wasser entstammt, ziehen. Die Berechnung von Geotemperaturen kann nur unter gewissen Voraussetzungen erfolgen. Beispielsweise muss ein temperaturabhängiges, thermisches Gleichgewicht zwischen Wasser und Kontaktgestein vorliegen. Eine Mischung mit oberflächennahem Wasser darf nicht erfolgen (geschlossenes System). Weitere Voraussetzungen sind z. B. in Fournier et al. (1974) aufgeführt.

Das klassische Geothermometer ist das **SiO$_2$-Geothermometer**. Kieselsäure gelangt in natürliche Wässer hauptsächlich durch die Verwitterung von Silikatgesteinen aber auch durch Lösung von SiO$_2$. Von den verschiedenen SiO$_2$-Modifikationen ist amorphes SiO$_2$ am löslichsten, die kristallinen Formen (Chalzedon, Quarz) sind hingegen weniger löslich (Fournier 1981). Die Lösung und Ausfällung von SiO$_2$ vollzieht sich bei normalen Temperaturen extrem langsam. Die Reaktionsgeschwindigkeit erhöht sich jedoch mit steigenden Temperaturen (Krauskopf 1956; DVWK 1987). Die Löslichkeit von SiO$_2$ wird im pH-Bereich zwischen 1 und 9 wenig durch den pH-Wert beeinflusst, nimmt jedoch bei pH-Werten über pH = 9 markant zu (Fournier 1981). Da das Angebot von SiO$_2$ im Wasser im Bereich von CO$_2$-Austritten stärker von der Verwitterung als von der temperaturabhängigen Ausfällung SiO$_2$-haltiger fester Phasen bestimmt wird, kann dieses Verfahren nur für Wässer ohne nennenswerte CO$_2$-Gehalte angewandt werden (Stober 1995).

Die eindeutige Abhängigkeit der SiO$_2$-Löslichkeit von der Temperatur kann zur Berechnung von „Lagerstättentemperaturen" benutzt werden. Nimmt man an, dass das Tiefenwasser genügend lange im Untergrund verweilte, so dass sich ein Lösungsgleichgewicht zwischen dem Wasser und den Kontaktmineralen einstellte, so lässt sich die Untergrundtemperatur T ($^\circ$C) mit den nachstehenden Gleichungen (Gl. 15.3a, b und c) berechnen (Fournier 1977, 1981). Allerdings muss dazu die SiO$_2$-Modifikation bekannt sein, die als Primär- oder Sekundärmineral die SiO$_2$-Konzentration im Wasser bestimmt. Grundsätzlich ist jedoch zu erwarten, dass bei hohen Temperaturen der SiO$_2$-Gehalt im Wasser eher durch Quarz als maßgebliche SiO$_2$-Modifikation bestimmt wird; bei etwas niedrigeren Temperaturen ist dies eher Chalzedon.

$$\text{Amorphes SiO}_2 : T = 731/\left(4{,}52 - \lg \text{SiO}_2\right) - 273{,}15 \qquad (15.3a)$$

$$\text{Chalzedon} : T = 1032/\left(4{,}69 - \lg \text{SiO}_2\right) - 273{,}15 \qquad (15.3b)$$

$$\text{Quarz} : T = 1309/\left(5{,}19 - \lg \text{SiO}_2\right) - 273{,}15 \qquad (15.3c)$$

Daneben gibt es noch zahlreiche weitere SiO$_2$-Geothermometer wie beispielsweise von Fournier und Potter (1982), Arnórsson (1983), Verma und Santoyo (1997), Verma (2000) oder Walter und Helgeson (1977), wobei sich die Quarz-Geothermometer von Fournier (1977), Walter und Helgeson (1977) und Verma (2000) grundsätzlich bewährt haben. Das neuere Quarz-Geothermometer nach Verma (2000) lautet:

$$\text{Quarz} : T = 1175{,}7/\left(4{,}88 - \lg \text{SiO}_2\right) - 273{,}15 \qquad (15.4)$$

Neben den SiO$_2$-Gehalten eignen sich auch Kationenverhältnisse als Temperaturindikatoren, da bei erhöhten Temperaturen die Verteilung speziell der Alkali-Ionen im Wesentlichen temperaturabhängig ist. Die **Kationen-Geothermometer** wie das Na-K-, das Na-Li-, das Na-K-Ca- oder Mg-Li-Geothermometer basieren auf der Temperaturabhängigkeit von Ionenaustauschreaktionen. So basiert beispielsweise das Mg-Li-Geothermometer auf einer Zunahme des Lithium-Gehaltes und auf einer Abnahme des Magnesium-Gehaltes mit ansteigender Temperatur (Nordstrom et al. 1985). Nach Fournier (1981) stellen sich bei den Na-K- oder Na-K-Ca-Geothermometern erst bei höheren Temperaturen ($>150\,°C$) bestimmte Ionenaustauschgleichgewichte ein, weshalb von einer Anwendung bei Temperaturen $<100\,°C$ abgeraten wird. Das Mg-Li-Geothermometer soll bereits ab Temperaturen von $40\,°C$ einsetzbar sein (Nordstrom et al. 1985).

Nachstehend (Gl. 15.5: Santoyo und Díaz-González 2010, Gl. 15.6, 15.7: Drever 2005) sind beispielhaft einige Geothermometer zusammengestellt, wobei Natrium, Kalium, Magnesium und Lithium in ppm angegeben werden.

$$Na - K : T = 876{,}3/(0{,}8775 + \lg Na/K) - 273{,}15 \tag{15.5}$$

$$Mg - Li : T = 2200/(5{,}47 + \lg\sqrt{(Mg/Li)}) - 273{,}15 \tag{15.6}$$

$$Na - Li : T = 1590/(0{,}779 + \lg Na/Li) - 273{,}15 \tag{15.7}$$

Der Einsatzbereich der Mg-Li- und Na-Li-Geothermometer liegt nach Drever (2005) bei 0–350 °C. Die Anwendung von Geothermometern setzt grundsätzlich voraus, dass im Reservoir entsprechende Inhaltsstoffe (Minerale) zur Verfügung stehen.

In jüngster Zeit kommen zunehmend **Multikomponenten Geothermometer** zur Anwendung, die auf den Gleichgewichten verschiedener Minerale in einem Fluid (Sättigung) für eine bestimmte Reservoirtemperatur basieren (Nitschke et al. 2017; Chatterjee et al. 2019).

Aus dem Verhältnis zwischen dem Chlorid- und Bromid-Gehalt (**Cl/Br-Verhältnis**) im Wasser können Hinweise auf die Herkunft der Chloridgehalte gewonnen werden. Das Cl/Br-Verhältnis für rezentes Meerwasser liegt bei Cl/Br = 288 (mg-Basis). Wird Meerwasser mit reinem Wasser verdünnt, so bleibt das Cl/Br-Verhältnis unverändert und die Mischwässer liegen auf der sogenannten Meerwasserverdünnungslinie (Abb. 15.3).

Laugungsversuche an Graniten (Triberger Granit) und Gneisen (Grube Clara, Steinbruch Pauli Schänzle) aus dem Mittleren Schwarzwald (SW-Deutschland) haben gezeigt, dass die Cl/Br-Verhältnisse der Laugungswässer wesentlich geringer sind als im Meerwasser (Stober und Bucher 1999). Das bei den Laugungsversuchen aus den Graniten und Gneisen entfernte Chlor und Brom stammt i. W. aus Flüssigkeitseinschlüssen und aus Mineralen wie Biotit, Apatit und/oder Amphibol, die im Kristallgitter anstelle der OH-Ionen eingebunden sein können (z. B. Correns 1956; Sugiura 1968; Fuge et al. 1986; Hammerli et al. 2013).

Die Untersuchungen von He et al. (1999) und Stober und Bucher (1999) haben gezeigt, dass die Auflösung von Haliten (Mittleren Muschelkalk, Schweizerhalle, Südschwarzwald; oligozäne Salzablagerungen im Oberrheingraben; permischer Halit, USA) demgegenüber wesentlich höhere Cl/Br-Verhältnisse liefert als diejenigen des Meerwassers. Die Werte der Halit-Laugungen lagen bei

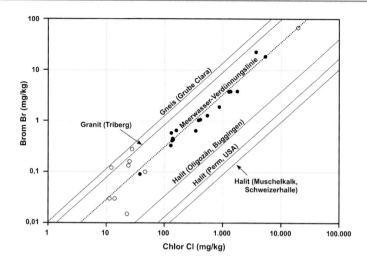

Abb. 15.3 Beispiel für ein Cl/Br-Diagramm: Als Linie eingetragen sind die Meerwasserverdünnungslinie (gestrichelt) sowie Ergebnisse von Laugungsversuchen an kristallinen Gesteinen (Granit, Gneis) und Haliten (durchgezogene Linien). Die Punkte stammen von Wässern aus dem kristallinen Grundgebirge des Schwarzwaldes: Mineralwässer offene Kreise, Thermalwässer ausgefüllte Kreise (nach Stober und Bucher 1999)

einigen 1000en (Cl/Br). Die entsprechenden Verdünnungslinien sind in einem Log-Log-Plot auf Abb. 15.3 eingetragen. Liegen Tiefenwässer im Bereich der Meerwasserverdünnungslinie, so könnte es sich demnach primär um verdünntes oder aufkonzentriertes Meerwasser handeln. Deutlich erhöhte Cl/Br-Verhältnisse können auf eine salinare Komponente aus Haliten hinweisen. In kristallinen Grundgebirgs-Wässern mit einem sehr niedrigen Cl/Br-Verhältnis könnte die salinare Komponente aus Flüssigkeitseinschlüssen und/oder der Verwitterung Cl-haltiger Mineralen im Gestein stammen.

Daneben kann das Cl/Br-Verhältnis im Wasser von vielen anderen Faktoren bestimmt werden, wie z. B. Verdunstung, Eisbildung, H_2O-Aufbrauch bei Verwitterungsreaktionen.

Weitere Hinweise zur Herkunft der salinaren Komponente können beispielsweise aus dem **Na/Cl-Wert** (mol-Basis) gewonnen werden. So liegt der Na/Cl-Wert von rezentem Meerwasser bei Na/Cl = 0,8, während Wasser in Kontakt mit Halit ein Na/Cl = 1,0 aufweist (z. B. Stober et al. 2017).

Programme der WATEQ-, PHREEQE- oder SOLMINEQ-Familie gestatten die Berechnung der **Speziesverteilung** natürlicher, komplex zusammengesetzter Wässer sowie der Sättigungsindizes gegenüber bestimmten Mineralen durch sukzessive Approximation. Auswirkungen von Druck- und Temperaturänderungen auf den Sättigungszustand der Lösung, hervorgerufen durch die Entnahme der Wasserprobe aus ihrem natürlichen Milieu, können mit Hilfe hydrogeochemischer Modellprogramme korrigiert werden. Programme aus der PHREEQE- und SOLMINEQ-Familie bieten außerdem umfangreiche Möglichkeiten für weitere

Modellierungen. Für Berechnungen mit hydrochemischen Modellprogrammen sind vollständige hydrochemische Analysen einschließlich gewisser, seltener bestimmter Bestandteile notwendig. Die mit den Modellprogrammen ausgeführten Rechenoperationen sind sehr empfindlich gegenüber Ungenauigkeiten der pH- und Temperatur-Werte (z. B. Parkhurst und Appelo 1999).

Beispielsweise kann das Programm PHREEQE auch dazu benutzt werden, um die Analysedaten einer Wasserprobe mit einem theoretischen Wasser zu vergleichen, das im Gleichgewicht mit bestimmten Mineralen steht. Auf diese Weise kann untersucht werden, inwieweit die Konzentration einzelner Inhaltsstoffe in den Wässern durch die Löslichkeit von Primär- und Sekundärmineralen kontrolliert wird. Der Zustand einer chemischen Reaktion wird durch den Logarithmus des Verhältnisses von Reaktionsquotient (Ionenaktivitätsprodukt IAP) und Gleichgewichtskonstanten (K) beschrieben und als **Sättigungsindex** SI (-) bezeichnet (Gl. 15.8). Der Sättigungsindex kennzeichnet, ob zwischen einem Mineral und der umgebenden Lösung ein thermodynamisches Gleichgewicht herrscht. Negative Werte bedeuten eine Untersättigung des Wassers in Bezug auf das entsprechende Mineral, was impliziert, dass die feste Phase gelöst werden kann. Positive Werte beschreiben eine Übersättigung mit potentiellem Ausfallen der entsprechenden festen Phase. Wird der Wert „0" erreicht, so ist das Wasser gesättigt.

$$SI = \log(IAP/K) \qquad (15.8)$$

Mit Hilfe der chemischen Thermodynamik kann zudem die Mischung von Wässern beschrieben und untersucht werden. Es kann die Lösung und Ausfällung von Mineralen sowie die Gas-Wasser-Interaktion betrachtet werden. Die chemische Thermodynamik erlaubt jedoch keine Angabe zu den zeitlichen Abläufen und ob die Abläufe überhaupt auftreten.

15.3 Ausfällungen, Korrosion

Die Erschließung eines geothermischen Wärmereservoirs stellt, thermodynamisch betrachtet, eine Störung des Gleichgewichtes des Thermalwassers mit dem umgebenden Gestein bei den in der Lagerstätte herrschenden Temperaturen und Drucken dar. Gelangt das Thermalwasser an die Erdoberfläche, wird ein neues Gleichgewicht angestrebt. Ebenso wenn es wieder abgekühlt in den Untergrund injiziert wird. Es kann zu Ausfällungen und Lösungen, zu Korrosion, kommen. Wird beispielsweise heißes Thermalwasser aus der Tiefe an die Erdoberfläche gepumpt, so ändert sich die Temperatur nur wenig, der Druck jedoch stark. Bei einer Druckreduktion um 500 bar wird die Kalzitlöslichkeit um 20 % reduziert, was zu massiver Scalebildung führt. Um dies zu verhindern, werden die meisten geothermischen Anlagen an der Erdoberfläche unter Überdruck betrieben.

Thermalwässer haben zwar unterschiedliche chemische Eigenschaften, jedoch sind sie i. d. R. korrosiv und hoch salinar. Derzeit werden daher zum einen Langzeit-Korrosionsuntersuchungen in salinaren Tiefenwässern durchgeführt

mit dem Ziel, einen regionalen, fluidspezifischen Materialeinsatzkatalog unter
ökonomischen Gesichtspunkten zu erstellen. Ein anderer Forschungsschwer-
punkt befasst sich mit der Entwicklung neuartiger, intelligenter Beschichtungen
aus chemisch aktiviertem Nanodiamant, der Schutz vor Korrosion bietet und
gleichzeitig durch eine besondere Oberflächenbeschaffenheit die Bildung von
Ablagerungen (Scaling) verhindert. Daneben laufen verstärkte Forschungsaktivi-
täten auf dem Sektor der Entwicklung von Inhibitoren (Abschn. 8.7.1) zur Vermeidung der Bildung insbesondere schwer löslicher Scales wie Barium-Sulfat.

Inhibitoren sind Zusatzstoffe, die in das Thermalwasser eingegeben werden,
um die Bildung von Ausfällungen zu verhindern bzw. zu vermeiden. Inhibitoren
sind anlagenspezifisch, d. h. sie müssen in Abhängigkeit von den hydrochemischen Eigenschaften des Thermalwassers, den in der Anlage verbauten
Materialien etc. ausgewählt bzw. entwickelt werden. Mögliche Inhibitoren sind
Phosphonate, Polyphosphate, Polycarboxylate etc. Die Wirkungsweise der
Inhibitoren beruht häufig auf einer Komplexierung der Scale bildenden Kationen, wodurch die Löslichkeit der Scale-Minerale erhöht wird. Inhibierend
wirkt auch die Störung der Kristallgitterstrukturen, was zu einer Retardation des
Kristallwachstums führt (Brasser et al. 2014). Beispielsweise wird seit Inbetriebnahme (2010) des Geothermiekraftwerkes in Insheim (Oberrheingraben) dem
Thermalwasser von der Förder- bis zur Injektionsbohrung, somit vor dem Wärmetauscher, ein Phosphonat zudosiert, um die Bildung von Barium-Kristallen zu
unterdrücken. Seit 2010 werden in verschiedenen Anlagen des Oberrheingrabens
phosphonsäurebasierte Inhibitoren zur Reduzierung der Bildung von Barium-
Strontium-Sulfaten im oberirdischen Thermalwasserkreislauf erfolgreich eingesetzt (Scheiber et al. 2015; Seibt et al. 2018).

Die Verwendung von Scale-Inhibitoren zur Vermeidung von Ausfällungen bzw.
Ablagerungen wird in der Erdölindustrie schon seit langem praktiziert. Allerdings
unterscheiden sich die Rahmenbedingungen stark voneinander (z. B. Chemie der
Wässer, Förderhöhe und -dauer).

Das Thermalwassersystem umfasst die obertägigen, thermalwasserberührten
Anlagenbereiche einschließlich der Förderpumpe und Injektionsleitung. Bei der
Auslegung des Thermalwassersystems werden an erster Stelle die physikalischen
Parameter wie Druck, Temperatur und Förderrate berücksichtigt. Sie definieren die
Nennweiten, Druckstufen und Werkstoffe hinsichtlich der Temperaturbeständig-
keit sowie der ggf. erforderlichen Wärmeausdehnung. Der Thermalwasserkreislauf
muss so betrieben werden, dass das Gesamtsystem einen bestimmten Mindest-
druck nicht unterschreitet, der verhindert, dass gelöste Gase nicht ausgasen.
Ansonsten wird die Bildung von Ablagerungen begünstigt und es kann ein Zwei-
Phasen-Strom in der Anlage entstehen. In speziellen Fällen können Inhibitoren
eingesetzt werden, um den ansonsten ggf. sehr hohen erforderlichen Betriebsdruck
abzusenken. Bei der Auslegung der Wärmetauscher (auch Wärmeübertrager oder
Wärmeaustauscher genannt) müssen Vor- und Rücklauftemperatur, Druckdifferenz
zwischen Primär- und Sekundärkreislauf, Temperatur und Druck des Arbeitsmediums, Gasgehalt und Thermalwasserzusammensetzung sowie die spezifische

Wärmekapazität und dynamische Viskosität der Medien im Primär- und Sekundärkreislauf berücksichtigt werden (Blank et al. 2010).

Auf der Injektionsseite sind Wasserdampfbildungen zu vermeiden. Günstig
ist der Einbau einer Injektionsleitung in das Bohrloch, die deutlich unter den
dynamischen Wasserspiegel reicht. Filtersysteme an der Förder- und Injektionsbohrung (Abb. 15.4) verhindern das Eindringen von Partikeln in die Anlage (bzw.
Reservoir) und eine damit ggf. verbundene Abrasion oder Ablagerung von Sedimenten, insbesondere bei den Wärmetauschern, den Pumpen aber auch im Bereich
der Injektionsbohrung (Enerchange 2009; Blank et al. 2010).

Als korrosive Inhaltsstoffe gelten u. a.: Sauerstoff, Schwefelwasserstoff,
Chlorid, Hydrogensulfid, Kohlendioxid, Sulfate. Neben Problemen infolge
Korrosion können vor allem Ausfällungen den reibungslosen Betrieb einer geothermischen Anlage beeinträchtigen. Das Thema Korrosion und Ausfällungen
betrifft nicht nur den übertägigen Bereich einer geothermischen Anlage, sondern
ist genauso wichtig untertage (Abb. 15.5). So können beispielsweise Ausfällungen
im Injektionsbereich zu ungewollten Druckanstiegen im System führen mit

Abb. 15.4 Beispiel für den Einsatz von Filtern in einer Geothermieanlage, Höhe ca. 1,20 m

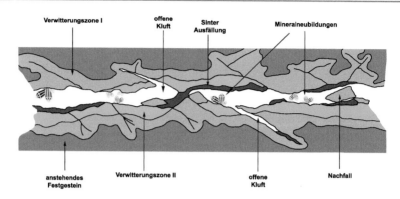

Abb. 15.5 Schemabild für die Wasser-Gesteins-Wechselwirkung in einer offenen, Wasser erfüllten Kluft mit Ausfällungen (Sinter), Mineralneubildungen und Lösungen bzw. Verwitterungszonen (nach Hodgkinson et al. 2009)

vielerlei unliebsamen Folgen. Für Ausfällungen sind vor allem die Erdalkali- und Hydrogenkarbonatgehalte zu beachten. Eine wichtige Rolle spielen aber auch Spurenstoffe wie beispielsweise Silizium, Barium, Radionuklide der natürlichen Zerfallsreihe und das natürliche Kaliumisotop ^{40}K. Letztere können zu kritischen Radioaktivitätswerten in den Ausfällungen führen (Degering und Köhler 2011; Enerchange 2009, Abschn. 11.2).

Korrosionsschutz und Vermeidung von Ausfällungen sind nicht nur ein wichtiges Thema in der tiefen Geothermie, sondern sie betreffen auch die oberflächennahe Geothermie, insbesondere den Bau von Grundwasserbrunnen (Abschn. 7.2). Korrosionsschutz ist daneben ein wichtiges Thema in der Wärmepumpentechnik.

Im oberflächennahen Grundwasser stammen die gelösten **Gase** meist aus der Atmosphäre bzw. der Bodenzone. Tiefenwässer können aufsteigende Tiefengase, wie Kohlendioxid, Methan oder Helium, aber auch Schwefelwasserstoff enthalten. Stickstoff und Methan kann z. B. aus der Zersetzung von organischem Material herrühren, bzw. aus Erdöl- oder Erdgaslagerstätten in das System diffundieren. Dies gilt auch für höhere Kohlenwasserstoffe. CO_2 kann jedoch auch bei metamorphen Prozessen in der tieferen Erdkruste entstehen. Die Genese von CH_4 wird u. a. mit dem Vorkommen von Graphit in Verbindung gebracht.

Tritt ein Tiefenwasser mit atmosphärischer Luft in Kontakt, so stellt sich ein **Gleichgewicht** entsprechend den Partialdrücken der Luftbestandteile im Gasraum und den gelösten Gasen ein (Abschn. 15.2). Wässer, die unter hohem Druck mit einem Gas, z. B. mit CO_2, gesättigt sind, geben dieses Gas so lange ab, bis Gleichgewicht zur Atmosphäre besteht. Dies gilt besonders für Gase wie H_2S und H_2 bzw. CO_2, deren Partialdrücke in der Atmosphäre nahe Null bzw. sehr niedrig sind. Der Ermittlung von Gasen und Gasgehalten in der Flüssigkeit der Lagerstätte kommt höchste Priorität zu. Wichtig ist die Angabe des Bezugs der Maßeinheiten und der Messbedingungen.

Als Folge einer Verminderung des freien gelösten CO_2, beispielsweise durch Kontakt mit der atmosphärischen Luft, oder durch Reduktion des Fluid-Druckes, z. B. bei Thermalwasserförderung aus großer Tiefe, kann es zur Übersättigung von Karbonaten kommen (Gl. 15.9), so dass in erheblichen Mengen Aragonit und/ oder Calcit ($CaCO_3$) **ausgefällt** werden (Abb. 15.6, 15.7). Zur Vermeidung eines Kontaktes mit der atmosphärischen Luft wird daher das Thermalwasser bei Geothermiebohrungen in einem geschlossenen System gefördert. Zusätzlich wird das geschlossene System mit Drücken in der Größenordnung von ca. 20 bar beaufschlagt. Unter Umständen kann zusätzlich der Einsatz von Inhibitoren erforderlich sein. Die Bestimmung der Höhe der erforderlichen Drücke kann theoretisch mit thermodynamischen Programmen und praktisch mit Laborversuchen erfolgen. Beide Verfahren setzen eine genaue Kenntnis der hydrochemischen Zusammensetzung des Thermalwassers voraus.

$$Ca^{2+} + 2HCO_3^- = CaCO_3 + CO_2 + H_2O \qquad (15.9)$$

In den bei geothermischen Anlagen über Tage geschlossenen Zirkulations-Systemen sind die **Sättigungszustände** bezüglich vieler Minerale natürlich auch von den physikalischen Eigenschaften abhängig, denen die Tiefenwässer unterliegen. Sie werden von den jeweils herrschenden Druck- und Temperaturbedingungen bestimmt. Bereits bei der Förderung von Tiefenwässern nehmen der Druck stark und geringfügig auch die Temperatur ab. Bei der Passage durch das oft verwinkelte Leitungssystem an der Erdoberfläche bilden sich immer wieder Druckschatten. Durch den Temperaturentzug beim Durchströmen des Wärmetausches an der Erdoberfläche erfolgt die wesentliche Temperaturabnahme des Tiefenwassers. Bei Reduktion der Temperatur im relevanten Temperaturbereich

Abb. 15.6 Beispiel für Ausfällungen im Innenrohr einer Geothermiebohrung, oben: Aragonit mit Calcit, unten: Calcit an der Rohrwandung. Calcit fällt zuerst, später Aragonit aus, da Aragonit löslicher als Calcit ist

Abb. 15.7 Beispiel für Ausfällungen im Umfeld eines 70 °C warmen Thermalwasseraustritts aus dem Oberen Muschelkalk (Quelle Helios bei Merkwiller, Oberrheingraben, Frankreich)

von 200 °C bis auf 50 °C nehmen beispielsweise die Sättigungszustände von Anhydrit, Gips und Calcit ab, d. h. rein auf der Basis der Temperaturabnahme wären keine Ausfällungen dieser Minerale zu erwarten. Da sich jedoch auch der Druck auf das Fluid reduziert, und dieser Effekt z. B. bei Calcit dominiert, sind Calcitausfällungen zu erwarten.

Völlig anders verhält sich Silica (SiO_2). Im Niedertemperaturbereich nimmt der Sättigungszustand bezüglich Quarz mit sinkender Temperatur zu. Ausfällungen sind jedoch bei der Nutzung von Niederenthalpie-Lagerstätten aus kinetischen Gründen weniger zu erwarten. Probleme treten erst bei der Nutzung höher temperierter Wässer auf (Abb. 15.8). Silica-Scales, meistens in Form von amorpher Kieselsäure, treten in vielen Hochenthalpie Nutzungssystemen auf.

Abb. 15.8 SiO$_2$-Sinter-Ablagerungen in und am Rand von heißen Quellen im Wyoming National Park, USA

In der Regel sind Injektionsleitungen sowie die Injektionsbohrung betroffen, da im abgekühlten Reservoirfluid der Sättigungszustand bezüglich Silica stark erhöht ist. Zusätzlich wird oft eine Abnahme der Injektivität um den Injektionsbrunnen im Reservoir beobachtet.

Lässt man CO$_2$-reiche Tiefenwässer an der Erdoberfläche z. B. bei einer erforderlichen Druckreduktion entgasen, so führt das i. d. R. zur Ausfällung von Karbonaten (Abb. 8.10).

Sulfide-Scales können sowohl bei Niedrig- als auch bei Hochtemperatur-Systemen auftreten, ebenso in Produktions- als auch in Injektionsbohrungen. Ausfällungen der verschiedensten sulfidischen Minerale werden beobachtet, wie Eisensulfide (FeS, Fe$_2$S$_3$), Pyrit (FeS$_2$), Galenit (PbS), Sphalerit (ZnS) u. a. Eisensulfide werden häufig in Verbindung gebracht mit Korrosion der Stahlverrohrung. Sulfid-Scales sind das Resultat der Interaktion zwischen H$_2$S und metallischen Kationen, zumeist Produkten von Korrosionsprozessen. In den letzten Jahren wurden zunehmend Inhibitoren (weiter)entwickelt zur Minimierung von Sulfid- aber auch Sulfat-Scales (z. B. Scheiber et al. 2014, 2015) (Abschn. 8.4, 9.2, 11.2). Häufig werden Inhibitoren eingesetzt, die auf Phosphonaten, Polyphosphonaten und Polycarboxylaten basieren.

Ändert sich die Temperatur, so verschiebt sich auch der pH-Wert. Der neutrale Punkt sinkt mit zunehmender Temperatur von pH $= 7$ auf Werte von pH $= 5{,}5$ bei Temperaturen um 200 °C ab (Abschn. 15.2).

Der pH-Wert beeinflusst den Sättigungszustand bezüglich verschiedener Minerale. Beispielsweise ist der Sättigungsindex in Bezug auf Calcit stark pH-Wert abhängig. Mit zunehmendem pH-Wert steigt dieser an. Der Sättigungsindex bezüglich Quarz ist dagegen relativ unempfindlich bei Änderungen des pH-Wertes im Bereich unter pH = 8. In Bezug auf Gips nimmt der Sättigungsindex bei Änderungen des pH-Werts erst im Bereich unter pH = 3,5 stark ab.

Ausgeschiedene Mineralphasen, sogenannte Scales, können z. T. toxische und kanzerogene Elemente (As, Cd, Pb, Hg, Ti) enthalten. Ebenso können Radionuklide eingebunden sein (z. B. ^{210}Pb, ^{224}Ra). Bei Sulfat-, Karbonat-, Fluorit- und Silikat-Scales können primär die Isotope ^{226}Ra und ^{228}Ra angereichert sein, die sich chemisch analog der Erdalkalien Barium oder Strontium verhalten, während bei den Blei-Scales das ^{210}Pb als Substitut dominiert (z. B. Degering et al. 2016). So wird bei tiefen Geothermieanlagen häufig durch die Temperaturreduktion im Wärmetauscher Strontium-reicher Baryt ($Ba_{0,6}Sr_{0,4}SO_4$) abgeschieden und kleinere Mengen Galenit (PbS), die entsprechend ^{226}Ra und ^{210}Pb enthalten können (z. B. Scheiber et al. 2014; Mouchot et al. 2018). Deshalb ist Vorsicht beim Umgang mit Bauteilen geboten, auf denen sich Scales gebildet haben (Abschn. 11.2).

Viele thermale Tiefenwässer enthalten CO_2 oder H_2S. Sollen derartige Wässer in Kohlenstoff-Stahlleitungen transportiert werden, so sollte vorab unbedingt der pH-Wert der wässrigen Phase eingehend untersucht werden, um die **Korrosions**beständigkeit zu prüfen. Soweit die Korrosionsbeständigkeit von C-Stählen nicht mehr ausreichend ist, sind Chrom-Nickel-Stähle oder Nickelbasiswerkstoffe zu verwenden (Neubert 2008).

Eine gleichmäßige Korrosion von Eisen, d. h. von unlegierten und niedrig legierten C-Stählen, erfolgt im Regelfall durch die Auflösung von Eisen, durch die anodische Metallauflösung (Oxidation) und die kathodische Teilreaktion (Reduktionsreaktion). Zunächst findet die Primäroxidation (Gl. 15.10) statt, bei der Fe(II)-Kationen gebildet werden (anodische Auflösung des Metalls, Gl. 15.10).

$$Fe \leftrightarrow Fe^{2+} + 2e^- \qquad (15.10)$$

Bei Anwesenheit von Sauerstoff im Wasser, wird dieser reduziert und es bilden sich Hydroxidionen (kathodische Reduktion von Sauerstoff, Gl. 15.11), woraus sich Eisenhydroxid bildet (Gl. 15.12).

$$O_2 + 2H_2O + 4e^- \leftrightarrow 4OH^- \qquad (15.11)$$

$$2Fe^{2+} + 4OH^- \leftrightarrow 2Fe(OH)_2 \qquad (15.12)$$

Bei der Sekundäroxidation mit Sauerstoff kann anschließend Fe(II) zu Fe(III) (FeO(OH)) oxidieren.

Bei der Säure- oder Wasserstoffkorrosion, bei der die Protonen (Wasserstoffionen) der Säure dem Metall Elektronen entziehen (Gl. 15.10), reagieren bei Abwesenheit von Sauerstoff die Wasserstoffionen als Oxidationsmittel zu Wasserstoffgas (Gl. 15.13). Die Kinetik dieser Reaktion ist meist langsam (DIN EN 14868 2005).

$$Fe + 2H^+ \leftrightarrow Fe^{2+} + H_2 \qquad (15.13)$$

Es wird somit nicht nur Metall aufgelöst, was zu einem Verlust der Wanddicke führt, sondern es wird auch Wasserstoff gebildet (Gl. 15.13), der in den Werkstoff eindiffundieren und damit zu einer Versprödung führen kann (Lochfraß). Die Korrosionsgeschwindigkeit wird vom pH-Wert der Flüssigkeit bestimmt und ist bei niedrigen pH-Werten (pH < 4) stark erhöht. Steigende CO_2- und H_2S-Gehalte sowie Salzgehalte erniedrigen den pH-Wert, wodurch die Korrosionsgeschwindigkeit deutlich ansteigt. Für Förderrohrtouren aus C-Stählen ist der Einfluss von Schwefelwasserstoff von entscheidender Bedeutung, da bei einer Korrosionsreaktion Eisensulfid (FeS_2) gebildet wird unter gleichzeitiger Freisetzung von Wasserstoff. Durch die Bildung von Eisensulfid wird somit der pH-Wert im Korrosionsbereich deutlich abgesenkt. Die Korrosion in einem gebildeten Loch oder Riss (Verbindungsstellen) ist selbstbeschleunigend. Lochfraß kann grundsätzlich durch die Auswahl beständiger Werkstoffe, durch eine Anhebung des pH-Wertes, Absenkung der Wassertemperatur, Erhöhung der Strömungsgeschwindigkeit, Inhibitoren im Medium oder durch kathodischen Schutz minimiert werden (Neubert 2008).

Grundsätzlich können sich in Geothermieanlagen verschiedene Mineralphasen (Scales) bilden. Dazu gehören Karbonate ($CaCO_3$), Sulfate ($CaSO_4$, $BaSO_4$, $SrSO_4$), Sulfide (FeS, PbS, CuS, etc.) oder Quarz (SiO_2) in amorpher oder kristalliner Form. Generell gilt, dass eine Bewertung des Scale-Bildungspotentials eines Thermalwassers aufgrund der gelösten Ionen, nur eingeschränkt möglich ist. Zum einen sind bestimmte Reaktionen kinetisch gehemmt und laufen nur sehr langsam ab, zum anderen kann es im Thermalwasserstrom zu lokalen Übersättigungen kommen, so dass sich dort Phasen abscheiden, die in der Gesamtlösung untersättigt vorliegen. Ebenso wichtig ist der Einfluss von Werkstoffen und deren Oberflächen auf die Scalebildung (Ellis II 1985; Enerchange 2009). Entsprechendes gilt für die Korrosionsproblematik. Durch thermodynamische Berechnungen sind diese komplexen Vorgänge nicht vorhersagbar, dennoch sollte darauf nicht verzichtet werden, da zumindest Trends ableitbar sind. Durch thermodynamische Berechnungen können mögliche Prozesse vorhergesagt werden, jedoch nicht die Geschwindigkeit (Kinetik), mit der sie ablaufen. Auch lässt sich der Grad der Sättigung insbesondere von kritischen Verbindungen wie Baryt ($BaSO_4$) oder Cölestin ($SrSO_4$) prüfen. Ebenso kann im Vorfeld der Anlagendruck berechnet werden, der nicht unterschritten werden darf, um die im Thermalwasser enthaltenen Gase in Lösung zu halten. Auch lässt sich vorab in Laborexperimenten die Beständigkeit bestimmter Werkstoffe testen. Ebenso lassen sich bereits bei der Bauausführung von Leitungssystemen Korrosions- oder Scale-Bildung vermindern oder vermeiden durch die Verwendung von 45°-Rohrbögen oder die Vermeidung hoher Fließgeschwindigkeiten und damit von Turbulenzen im Thermalwasser. Wichtige Aspekte sind somit die Materialauswahl der im Thermalwasserkreislauf eingesetzten Anlagenteile, die Druckhaltung und die Filtration der Fluide sowie die Regenerierung und die Optimierung der Betriebsführung.

Ablagerungen wie Kalzium- oder Eisenkarbonate sowie Eisensulfide oder – oxide können unter Einsatz von Säure rückgelöst werden. Sulfatische Scales sind überwiegend schwer löslich, können aber in säurelösliche Formen übergeführt werden (Brasser et al. 2014).

Verschiedene Prozesse können bei Unkenntnis und Fehlbedienung zu Feststoffneubildungen in Thermalwasserkreisläufen führen. Art und Größe hängen von der Petrologie des am Standort genutzten Aquifers und den Betriebsdaten der jeweiligen Anlage ab. Zu den möglichen Ursachen zählen häufig Entgasung, betriebsbedingte Änderungen des Sättigungszustandes verschiedener Mineralphasen, mikrobielle Bildungen oder elektrochemische Prozesse. Grundsätzlich kann auch die ggf. im Thermalwasser enthaltene mikrobielle Lebensgemeinschaft einen Einfluss auf den Thermalwasserkreislauf ausüben, da die mikrobielle Aktivität u. a. zu Feststoffbildungen führen kann. Im Thermalwasser enthaltene organische Bestandteile können die Nahrung bzw. Abbauprodukte mikrobieller Prozesse darstellen.

Untersuchungen zur Zusammensetzung der Thermalwässer und ihrer sekundären Produkte sind daher unverzichtbar und bereits im Vorfeld notwendig, auch um Strategien zur Vermeidung von Ausfällungen zu entwickeln. Der Betrieb der geothermischen Anlage sollte daher auch auf der Basis der geologisch-geochemischen Grunddaten durch ein Monitoring begleitet werden, um auftretende Störungen zeitnah erkennen und geeignete Abwehrmaßnahmen durchführen zu können.

Mikrobiologische Prozesse und die damit einhergehende biogeochemische Veränderung im Aquifer bzw. in den technischen Anlageteilen können bei der Nutzung von Erdwärme von großer Bedeutung sein. Als Motor für die mikrobielle Aktivität werden derzeit in Tiefenwässern oder Speichergesteinen vorhandene organische Substanz, Zufuhr exogener organischer Substanz über Sickerwasser oder Bohrspülung, mineralische Bestandteile oder gelöste Gase (H_2, CH_4, CO_2, N_2) angesehen. Vetter et al. (2010) zeigten, dass mikrobiell hervorgerufene Störungen häufig mit signifikanten Änderungen im Sulfatgehalt, der H_2S-Bildung, der DOC-Konzentration und der Konzentration an niedermolekularen organischen Säuren im Wasser einhergingen. Biofilme werden gerne in Bereichen mit niedrigen Fließgeschwindigkeiten gebildet, d. h. gerne im Filterbereich. Untersuchungen in den Formationswässern des norddeutschen Beckens zeigen, dass in den mikrobiellen Lebensgemeinschaften neben den thermophilen sulfatreduzierenden und fermentierenden Bakterien auch methanogene Archaea eine bedeutende Rolle spielen (Ehinger et al. 2009). Als Temperaturobergrenze für mikrobiologische Prozesse wird derzeit der Wert von 121 °C betrachtet.

Korrosion kann zudem auch ein Problem im Sekundärkreislauf sein, insbesondere das Wasser-Ammoniak-Gemisch in Kalina-Kreisläufen (Abschn. 4.2). Alle Bauteile der Kalina-Anlage müssen daher aus hoch legierten Stählen oder aus Materialien wie Titan bestehen. Durch die Komplexität des Kreisprozesses wird häufig Nassdampf mit hohem Wasseranteil durch die Turbine geleitet, was zu hohem mechanischem Verschleiß am Turbinenlaufrad führen kann. Korrosion und mechanische Belastungen stellen bei ORC-Anlagen i. d. R. kein Problem dar (Brasser et al. 2014).

Literatur

AADONY, B.S. (1999): Modern Well Design.- Balkema, 240 S., Rotterdam.

ACATECH (2015): Position „Hydraulic Fracturing – eine Technologie in der Diskussion".- Deutsche Akademie der Technikwissenschaften, 51 S., Berlin.

ACUÑA, J. & PALM, B. (2009): Local Conduction Heat Transfer in U-pipe Borehole Heat Exchangers.- Excerpt from the Proceedings of the COMSOL Conference, 6 S., Milan.

AGARWAL, R.G., AL-HUSSAINY, R., RAMEY JR., H.J. (1970): An Investigation of Wellbore Storage and Skin Effect in Unsteady Liquid Flow: I. Analytical Treatment.- SPE Journal, Bd. 10, Nr. 3, S. 279–290.

AGEMAR, T., BRUNKEN, J., JODOCY, M., SCHELLSCHMIDT, R., SCHULZ, R., STOBER, I. (2013): Untergrundtemperaturen in Baden-Württemberg.- Z. Dt. Ges. Geowiss. DOI: https://doi.org/10.1127/1860-1804/2013/0010.

AGEMAR, T., HESE, F., MOECK, I., STOBER, I. (2017): Kriterienkatalog für die Erfassung tiefreichender Störungen und ihrer geothermischen Nutzbarkeit in Deutschland.- Z. Dt. Ges. Geowiss., 168(2), 285–300, Stuttgart.

AHRENS, T.J. (1995): Global Earth Physics – a Handbook of Physical Constants.- Am. Geophys. Union, Washington D.C.

AKE, J., MAHRER, K., O'CONNELL, D., BLOCK, L. (2005), Deep-injection and closely monitored induced seismicity at Paradox Valley, Colo..- Bull. Seismol. Soc. Am., 95(2), 664–683.

Alcolea, A., Meier, P., Vilarrasa, V., Olivella, S., Carrera, J. (2019): Hydromechanical medelling of the hydraulic stimulation PX2-1 in Pohang (South Korea).- Schatzalp, 3rd Induced Seismicity Workshop, S. 73, Davos.

ALLIS, R.G. (1981): Changes in heat flow associated with exploitation of the Wairakei geothermal field, New Zealand.- NZ Journal of Geology & Geophysics, 24, 1–19.

AMANN, R., GLÖCKNER, F.-O., NEEF, A. (1997): Modern methods in subsurface microbiology: in situ identification of microorganisms with nucleic acid probes.- FEMS. Microbiol. Rev., 20(3/4) S. 191–200.

ANTICS, M., PAPACHRISTOU, M., UNGEMACH, P. (2005): Sustainable Heat Mining, a Reservoir Engineering Approach.- Proceedings, thirteenth workshop on geothermal reservoir engineering, Stanford University, 14 S., SGP-TR-176, Stanford, California.

ANTICS, M. & SANNER, B. (2007): Status of Geothermal Energy Use and Resources in Europe.- Proceedings European Geothermal Congress, S. 1–8, Unterhaching/Germany.

API (2005): API standard 14B (fifth edition), Design, Installation, Repair and Operation of Subsurface Safety Valve System. API Publishing Services, 1220 L Street, N.W., Washington, D.C.

API (2006): API SPEC 5CT/ISO 11960, Specification for Casing and Tubing. API Publishing Services, 1220 L Street, NW, Washington D.C.

© Springer-Verlag GmbH Deutschland, ein Teil von Springer Nature 2020
I. Stober und K. Bucher, *Geothermie,* https://doi.org/10.1007/978-3-662-60940-8

Aradóttir, E.S.P., Gunnarsson, I., Sigfússon, B., Gíslason, S.R., Oelkers, E.H., Stute, M., Matter, J.M., Snaebjörnsdottir, S.Ó., Mesfin, K.G., Alfredsson, H.A., Hall, J., Arnarsson, M.T., Dideriksen, K., Júliusson, B.M., Broecker, W.S., Gunnlaugsson, E. (2015): Towards Cleaner Geothermal Energy: Subsurface Sequestration of Sour Gas Emissions from Geothermal Power Plants.- Proceedings World Geothermal Congress, 12 S., Melbourne, Australia.

Armstead, H.C.H. (1983): Geothermal Energy.- E. & F. N. Spon, 404 S., London.

Armstead, H. C. H., Tester, J. W. (1987): Heat Mining.- E.F. Spon, London.

Arning, E., Kölling, M., Panteleit, B., Reichlin, J., Schulz, H.D. (2006). Einfluss oberflächennaher Erdwärmegewinnung auf geochemische Prozesse im Grundwasser.- Grundwasser, Bd. 11, H. 1, S. 27–39.

Ármannsson, H. & Ólafsson, M. (2010): Collection of geothermal fluids for chemical analysis.- ISOR, Report No. 830566, 17 S., Reykjavik, Iceland.

Ármannsson, H. (2016): The fluid geochemistry of Islandic high temperature geothermal areas.- Applied Geochemistry, 66, 14–64.

Árnason, K., Karlsdóttir, R., Eysteinsson, H., Flóvenz, Ó.G., Gudlaugsson, S.Th. (2000): The resistivity structure of high-temperature geothermal systems in Iceland.- Proceedings of the World Geothermal Congress, Kyushu-Tohoku, Japan, 923–928.

Arnórsson, S. (1983): Chemical equilibria in Iceland geothermal systems. Implications for chemical geothermometry investigations.- Geothermics, 24, S. 603–629.

Arnórsson, S., Bjarnason, J.Ö., Giroud, N., Gunnarsson, I., Stefánsson, A. (2006): Sampling and analysis of geothermal fluids.- Geofluids, Bd. 6, S. 203–216.

Baisch, S., Weidler, R., Vörös, R., Wyborn, D., de Graaf, L. (2006): Induced Seismicity during the Stimulation of a Geothermal HFR Reservoir in the Cooper Basin, Australia.- Bulletin of the Seismological Society of America, Bd. 96, S. 2242–2256.

Baisch, S., Vörös, R., Weidler, R., Wyborn, D. (2009): Investigations of Fault Mechanisms during Geothermal Reservoir Stimulation Experiments in the Cooper Basin, Australia.- Bulletin of the Seismological Society of America, Bd. 99, S. 148–158.

Ball, J.W., Jenne, E.A., Burchard, J.M. (1976): Sampling and preservation techniques for waters in geyers and hot springs, with a section on gas collection by A.H. Truesdell.- Workshop on Sampling Geothermal Effluents, 1st, Proceedings, Environmental Protection Agency 600/9-76-011, S. 218–234.

Barenblatt, G.E., Zeltov, J.P., Kochina, J.N. (1960): Basic Concepts in the Theory of Homogeneous Liquids in Fissured Rocks.- Journ. appl. Math. Mech. (USSR), 24, 5, S. 1286–1303.

Baria, R. A., Green, S. P. (1989): Microseismics: A Key to Understanding Reservoir Growth.- In: Hot Dry Rock Geothermal Energy, Proc. Camborne School of Mines International Hot Dry Rock Conference,Ed. Roy Baria, Camborne School of Mines Redruth, Robertson Scientific Publications, London, S. 363–377.

Baria, R., Michelet, S., Baumgärtner, J., Dyer, B., Gerard, A., Nicholls, J., Hettkamp, T. Teza, D., Soma, N., Asanuma, H. (2004): Microseismic monitoring of the world largest potential HDR reservoir.- Proceedings of the 29th Workshop on Geothermal Reservoir Engineering, Stanford University, California.

Baria, R., Jung, R., Tischner, T., Nicholls, J., Michelet, S., Sanjuan, B., Soma, N., Asanuma, H., Dyer, B., Garnish, J. (2006): Creation of an HDR/EGS reservoir at 5000 m depth at the European HDR project.- Proceedings 31st Workshop on Geothermal Reservoir Engineering, Stanford, California.

Barkaoui, A.-E. (2011): Joint 1D inversion of TEM and MT resistivity data with an example from the area around the Eyjafjallajökull glacier, S-Iceland.- Geothermal training program, report no. 9, Reykjavik, Iceland, 30 S.

Barth, A. & Gaucher, E. (2012): Monitoring geothermaler Felder durch seismische Netzwerke: Vorgaben und Chancen.- bbr Jahresmagazin, S. 56–61.

BASETTI, S., ROHNER, E., SIGNORELLI, S., MATTHEY, B. (2006): Dokumentation von Schadensfällen bei Erdwärmesonden.- Schlussbericht Energie Schweiz, 65 S., Zürich.

BATCHELOR, A. S. (1977): Brief summary of some geothermal related studies in the United Kingdom.- 2nd NATO/CCMS Geothermal Conf., Los Alamos, 22 24 Jun., Section 1.21, S. 27–29.

BATINI F, BERTINI G, BOTTAI A, BURGASSI P, CAPPETTI G, GIANELLI G, PUXEDDU M. (1983): San Pompeo 2 deep well: a high temperature and high pressure geothermal system.- In: Strub A, Ungemach P. (eds.): European geothermal update.- Proceedings of the 3rd international seminar on the results of EC geothermal energy research, S. 341–353.

BATINI, F., CONSOLE, R., LUONGO, G. (1985): Seismological study of Larderello – Travale geothermal area.- Geothermics, **14/2-3**, 255–272.

BAUER, D., HEIDEMANN, W., MÜLLER-STEINHAGEN, H. (2010): Abschlussbericht zum Vorhaben Solarthermie2000plus: Untersuchungen des Einflusses von Grundwasserströmung auf Erdsonden-Wärmespeicher.- Institut für Thermodynamik und Wärmetechnik, Universität Stuttgart, FKZ 0329289 A, 95 S., Stuttgart.

BAUJARD, C., GENTER, A., DALMAIS, E., MAURER, V., HEHN, R., ROSILLETTE, R., VIDAL, J., SCHMITTBUHL, J. (2017): Hydrothermal characterization of wells GRT-1 and GRT-2 in Rittershoffen, France: Implications on the understanding of natural flow systems in the rhine graben.- Geothermics, **65**, 255–268.

BAUMANN, K. (2008): Zustandsanalyse von Brunnen, Grundwassermessstellen und Erdwärmesonden mittels innovativer Bohrlochmessverfahren.- Brandenburg. geowiss. Beitr., 15, ½, S. 1–18, Cottbus.

BEAR, J. (1979): Hydraulics of groundwater.- McGraw Hill Book Comp., New York.

BELLANI, S., BROGI, A., LAZZAROTTO, A., LIOTTA, D., RANALLI, G. (2004): Heat flow, deep temperatures and extensional structures in the Larderello Geothermal Field (Italy): constraints on geothermal fluid flow.- Journal of Volcanology and Geothermal Research 132, 15–29.

BENCIC, A. (2005): Hydraulic Fracturing of the Rotliegend Sst. in N-Germany - Technology, Company History and Strategic Impotance.- SPE Technology Transfer Workshop, Suco, Zeit Bay Field.

BENDER, F. (1985) Angewandte Geowissenschaften. Band II: Methoden der Angewandten Geophysik und mathematische Verfahren in den Geowissenschaften.- Enke Verlag, Stuttgart.

BENNER, M., MAHLER, B., MANGOLD, D., SCHMIDT, T., SCHULZ, H., SEIWALD, H., HAHNE, E. (1999): Solar unterstützte Nahwärmeversorgung mit und ohne Langzeit-Wärmespeicher.- Forschungsbericht zum BMFT-Vorhaben 0329606C, ITW, Stuttgart.

BERKALOFF, E. (1967): Interprétation des pompages d'essai. Cas de nappes captives avec une strate conductrice d'eau privilégiée.- Bull. B.R.G.M. (deuxième série), section III: 1, S. 33–53, Paris.

BERTANI, R. (2005): World Geothermal Power Generation in the Period 2001–2005.- Geothermics, Bd. 34, H. 6 (Dec.), Elsevier, Amsterdam, Netherlands, S. 651–690.

BERTANI, R. (2007): World Geothermal Generation in 2007.- GHC Bulletin, 19 S., Klamath Falls, USA.

BERTANI, R. (2015): Geothermal Power Generation in the world – 2010–2014 Update Report.- Proceedings of the World Geothermal Congress in Melbourne, Australia.

BERTINI G, GIOVANNONI A, STEFANI GC, GIANELLI G, PUXEDDU M, SQUARCI P. (1980): Deep exploration in Larderello field: Sasso 22 drilling venture.- Dordrecht: Springer, S. 303–311, doi: https://doi.org/10.1007/978-94-009-9059-3_26.

BERTLEFF, B. (1986): Das Strömungssystem der Grundwässer im Malm-Karst des West-Teils des süddeutschen Molassebeckens.- Abhandlungen des Geologischen Landesamtes Baden-Württemberg, H. 12, 271 S., Freiburg.

BERTLEFF, B. & JOACHIM, H. & KOZIOROWSKI, G. & LEIBER, J. & OHMERT, W. & PRESTEL, R. & STOBER, I. & STRAYLE, G. & VILLINGER, E. & WERNER, J. (1988): Ergebnisse der Hydrogeothermiebohrungen in Baden-Württemberg.- Jh. geol. Landesamt Baden-Württemberg, H. 30, S. 27–116, Freiburg i.Br.

BGR (2017): BGR Energiestudie 2017, Daten und Entwicklungen der deutschen und globalen Energieversorgung.- Bundesanstalt für Geowissenschaften und Rohstoffe, 184 S., Hannover.

BHD (2011): Auslegung von oberflächennahen Erdwärmekollektoren.- Bundesindustrieverband Deutschland Haus-, Energie- und Umwelttechnik e.V., Informationsblatt Nr. 43, 20 S., Köln.

BINE Informationsdienst (2000): Aquiferspeicher für das Reichstagsgebäude.- BINE Projektinfo 13/03, Fachinformationszentrum Karlsruhe, Bonn.

BINE Informationsdienst (2003): Basis Energie 15.- FIZ Karlsruhe GmbH, 6 S., http://www.bine. info/hauptnavigation/publikationen.

BINE Informationsdienst (2009): Geothermische Stromerzeugung im Verbund mit Wärmenetz.- BINE Informationsdienst für die Praxis, 4 S., Bonn.

BINE Informationsdienst (2010): Neue Kraftwerke mit fossilen Brennstoffen.- BINE Themeninfo II, 20 S., Fachinformationszentrum Karlsruhe, Bonn.

BIRNER, J., FRITZER, T., JODOCY, M., SAVVATIS, A., SCHNEIDER, M., STOBER, I. (2012): Hydraulische Eigenschaften des Malmaquifers im Süddeutschen Molassebecken und ihre Bedeutung für die geothermische Erschließung.- Z. geol. Wiss., 40, 2/3: 133–156, Berlin.

BJELM, L. (2006): Under balaned drilling and possible well bore damage in low temperature geothermal environments.- Proceedings, thirty-first workshop on geothermal reservoir engineering, Stanford University, 6 S., Stanford, California.

BJÖRNSSON, A., EYSTEINSSON, H., BEBLO, M. (2005): Crustal formation and magma genesis beneath Iceland: magnetotelluric constraints. In: FOULGER, G.R., NATLAND, J.H., PRESNALL, D.C., ANDERSON, D.L. (eds), Plates, plumes and paradigms.- Geological Society of America, Spec. Pap., 388, 665–686.

BLACK, J.H. (1985): The interpretation of slug tests in fissured rocks.- Quarterly Journal of Engineering Geology and Hydrogeology 18(2), S. 161–171.

BLANK, R., BRAUNMILLER, G., BRENTLE, J., BRUMME, R., BURBAUM, U., DOMKE, M., EBERT, E., EDER, F., FRANZ, H., HEIDINGER, M., HIRSCHBERG, G., HÖLLEN, A., HOMUTH, S., HUENGES, E., KLEITZ, A., KNAPEK, E., KÖLBEL, T., MAASEWERD, P., MATHEWS, T., MENZEL, H., MICHAEL, J., MÜLLER-WAGNER, C., ORYWALL, P., PECHNIG, R., PÖTTER, R., QUICK, H., REBLE, A., REIERSLOH, D., REIF, T., RIESCHEL, B., ROSE, F., SASS, I., SCHINDLER, U., SCHOLZ, C., SCHRÖDER, H., SCHULTE, C., SCHULZE, B.-M., SCHWABE, J., SEIFEN, U., SPERBER, A., STOBER, I., WEDEWARDT, M., WEIMANN, T. (2010): Tiefe Geothermie.- Verband Beratender Ingenieure VBI-Leitfaden, Bd. 21, 109 S., Berlin.

BMU (2006): Newsletter –Geothermische Stromerzeugung-, Hrsg. Institut für Energetik und Umwelt GmbH Leipzig, 8 S.

BMU (2009): Energie in Deutschland, Trends und Hintergründe zur Energieversorgung in Deutschland.- Bundesministerium für Umwelt, Naturschutz und Reaktorsicherheit, 55 S., Berlin.

BÖHM, F., SCHWARZ, F. & KRAUS, O. (2007): 2D-seismische Untersuchungen für das Geothermieprojekt Unterföhring bei München, Interpretation einer Riffstruktur im Malm als bevorzugtes Erschließungsziel für Thermalwasser. – Geotherm. Energie, 55/2007: 14–15, Berlin (Bundesverb. Geothermie).

BOMMER, J.J., OATES, S., CEPEDA, J.M., LINDHOLM, C., BIRD, J., TORRES, R., MARROQUIN, G., RIVAS, J. (2006): Control of hazard due to seismicity induced by a hot fractured rock geothermal project.- Engineering Geology, 83 (4), S. 287–306.

BONDOR,P.L. & ROUFFIGNAC, De E. (1995): Land subsidence and well failure in the Belridge diatomite oil field, Kern county, California. Part II. Applications.- IAHS Publ. no. 234, S. 69–78, IAHS Press, Wallingford, Oxfordshire/UK..

BOURDET, D., AYOUB, J.A., PIRARD, Y.M. (1989): Use of Pressure Derivative in Well-Test Interpretation.- Soc. Petrol., Engineers, SPE, S. 293–302.

BOURGOYNE, A.T., MILLHEIM, K.K., CHENEVERT, M.E., YOUNG, F.S. (1986): Applied Drilling Engineering.- SPE Textbook Series, Society of Petroleum Engineers, Bd. 2, 502 S., Richardson, TX, USA.

BRASSER, T., CANNEPIN, R., FEIGE, S., FRIELING, G., HERBERT, H.-J., HEINEN, C., STRACK, C., VIETEN, C. (2014): Systemanalyse der geothermalen Energieerzeugung (GeoSys).- Gesellschaft für Anlagen und Reaktorsicherheit (GRS) gGmbH, GRS-316 (Teil B), 851 S.

BREDEHOEFT, J.D. (1967): Response of well-aquifer systems to Earth tides.- Journal of Geophysical Research, 72/12, 3075–3087.

BREDEHOEFT, J.D., PAPADOPULOS, I.S. (1965): Rates of vertical groundwater movement estimated from the earth's thermal profile.- Water Resour. Res., 1, S. 325–328.

BROPHY, P., LIPPMANN, M.J., DOBSON, P.F., POUX, B. (2010): The Geysers Geothermal Field – update 1990–2010.- Geothermal Resources Council, Spec. rep. no. 20.

BROWN, E.T. & HOEK, E. (1978): Trends in relationships between measured rock in situ stresses and depth. – Int. J. Rock Mech. Min. Sci. Geomech. Abstr., **15**, 211–215.

BROWN, D. W. (2009): Hot Dry Rock geothermal energy: important lessons from Fenton Hill.- Proceedings, Thirty-Fourth Workshop on Geothermal Reservoir Engineering, Stanford University, 4 S., Stanford.

Brown, D.W., Duchane, D.V., Heiken, G., Hriscu, V.T. (2012): Mining the Earth's Heat: Hot Dry Rock Geothermal Enery.- Springer-Verlag Berlin Heidelberg, 657 S.

BUCHER, K. & STOBER, I. (2000): The composition of groundwater in the continental crystalline crust.- In: STOBER, I. & BUCHER, K. (eds.) (2000): Hydrogeology in crystalline rocks.- KLUWER academic Publishers, S. 141–176.

BUCHER, K. & STOBER, I. (2010): Fluids in the upper continental crust.- Geofluids, 10, S. 241–253 (DOI https://doi.org/10.1111/j.1468-8123.2010.00279.x).

BUNDESAMT FÜR STRAHLENSCHUTZ (2008): Strahlung Strahlenschutz, Information des Bundesamt für Strahlenschutz.- Mareis Druck GmbH, 4. Aufl., 62 S., Salzgitter.

BURKHARDT, F. & KRUMWIEH, A. (2015): Sanierung einer Erdwärmesonde mit neuem Verfahren.- bbr, **65**, 20–27.

BUTLER, J.J., Jr. (1998): *The Design, Performance, and Analysis of Slug Tests*.- Lewis Publishers, New York, 252 S.

BWP (2018): Siedlungsprojekte und Quartierslösungen mit Wärmepumpe.- Bundesverband Wärmepumpe e.V., 28 S. (https://www.waermepumpe.de), Berlin.

CÂMARA, G., SOUZA, R.C.M., FREITAS, U.M., GARRIDO, J., II, F.M. (1996): SPRING: Integrating remote sensing and GIS by object-oriented data modelling.- Image Processing Division (DPI), National Institute for Space Research (INPE), Computers & Graphics, 20 (3), 395–403, Brasil.

CARSLAW, H. S. & JAEGER, J. C. (1959): Conduction of Heat in Solids.- 2nd ed., 342 S., Oxford at the Clarendon Press, Oxford.

CHARLÉTY, J., CUENOT, N., DORBATH, L., DORBATH, C., HAESSLER, H., FROGNEUX, M. (2007): Large earthquakes during hydraulic stimulations at the geothermal site of Soultz-sous-Forêts.- International Journal of Rock Mechanics and Mining, **44**, 1091–1105.

CHATTERJEE, S., SINHA, U.K., BISWAL, B.P., JARYAL, A., PATBHAJE, S., DASH, A. (2019): Multicomponent Versus Classical Geothermometry: Applicability of Both Geothermometers in a Medium-Enthalpy Geothermal System in India.- Aquatic Geochemistry, https://doi.org/10.1007/s10498-019-09355-w.

CHOI, J.H., EDWARDS, P., KO, K. & KIM, Y.S. (2016): Definition and classification of fault damage zones: a review and a new methodological approach. – Earth Sci. Rev., 152: 70–87.

CHOLET, H. (2000): Well production. Practical handbook.- Institut Français Du Petrole Publications, 540 S., Editions TECHNIP, Paris.

CHRISTENSEN, A., AUKEN, E., SORENSEN, K. (2006): The transient electromagnetic method.- Groundwater Geophysics, 71, 179–225.

CINCO, L.H., RAMEY, H.J., MILLER, F.G. (1975): Unsteady-State Pressure Distribution Created by a Well with an Inclined Fracture.- Soc. Petrol. Engineers of AIME, SPE 5591: 18 S., Dallas/Texas.

CLAUSER, C. (ed.) (2003): Numerical simulation of reactive flow in hot aquifers using SHEMAT and Processing SHEMAT.- Springer Verlag, 332 S., Heidelberg Berlin.

CLAUSER, C. (2006): Geothermal Energy. In: K. Heinloth (Hrsg.): Landolt-Börnstein, Physikalische Tabellen, Group VIII: Advanced Materials and Technologies. Bd. 3. Energy Technologies, Subvol. C. Renewable Energies. Springer, Heidelberg/Berlin.

Clynne, M.A., Janik, C.J., Muffler, L.J.P. (2013): „Hot Water" in Lassen Volcanic National Park – Fumaroles, Steaming Ground, and Boiling Mudpots.- USGS Fact Sheet 173-98, 4 S.

COOK, N.G.W. (1976): Seismicity associated with Mining.- Engineering Geology, 10, 99–122.

COOPER, H.H. & JACOB, C.E. (1946): A Generalized graphical method for evaluating formation constants and summarizing well-field history.- Trans. Am. Geoph. Union 27, S. 526–534.

COOPER, H.H., JR., BREDEHOEFT, J.D., PAPADOPULOS, I.S. (1967): Response of a finite-diameter well to an instantaneous charge of water.- Water Resources Research 3(1), S. 263–269.

CORRENS, C.W. (1956): The geochemistry of the halogens.- In: AHRENS, L.F., RANKAMA, K., RUNCORN, S.K. (eds.): Physics and Chemistry of the Earth, 1, 181–233.

CUNNINGHAM, K.M., NORDSTROM, D.K., BALL, J.W., SCHOONEN, M.A.A., XU, Y., DEMONGE, J.M. (1998): Water-Chemistry and On-Site Sulfur-Speciation Data for Selected Springs in Yellowstone National Park, Wyoming, 1994-1995.- U.S. Department of the Interior, U.S. Geological Survey, Open-File Report 98, 40 S., Boulder, Colorado.

DASH, Z. V., MURPHY, H. D., CREMER, G. M. (eds.) (1981): Hot Dry Rock Geothermal Reservoir Testing: 1978 to 1980.- Los Alamos National Laboratory Report LA-9080-SR.

DEGERING, D. & KÖHLER, M. (2009): Abschlußbericht zum Verbundvorhaben: Langfristige Betriebssicherheit geothermischer Anlagen – Teilprojekt: Mobilisierung und Ablagerungsprozesse natürlicher Radionuklide, Förderkennzeichen BMU 0329937C, VKTA, Dresden.

DEGERING, D. & KÖHLER, M. (2011): Radioaktivität in der tiefen Geothermie – Ursachen und Konsequenzen.- Tagungsband Sächsischer Geothermietag, 18.–19. Mai 2011, S. 59–64, Freiberg.

DEGERING, D., DIETRICH, N., KRÜGER, F., SCHEIBER, J., WOLFGRAMM, M., KÖHLER, M. (2016): Radium isotope concentrations in deep geothermal fluids as finger prints of the aquifer rocks.- European Geothermal Congress, 5 S., Strasbourg, France.

DEHNER, U. (2005): Nutzung geothermischer Energie aus dem oberflächennahen Untergrund (1–2 Meter Tiefe).- Bericht im Auftrag des Landesamtes für Geologie und Bergbau Rheinland-Pfalz, 47 S., Wiesbaden.

DICKINSON, J.S., BUIK, N., MATTHEWS, M.C., SNIJDERS, A. (2009): Aquifer thermal energy storage: theoretical and operational analysis.- Géotechnique, 59/3, 249–260.

DICKSON, M.H. & FANELLI, M. (2004): What is Geothermal Energy?.- International Geothermal Association, Download (https://www.geothermal-energy.org/314,what_is_geothermal_energy.html).

DIEHL, T., KRAFT, T., KISSLING, E., WIEMER, S. (2017): The induced earthquake sequence of St. Gallen, Switzerland: Fault reactivation and fluid interactions imaged by microseismicity.- Schatzalp, 2nd workshop, Davos.

DIERSCH, H.-J. (1994): FEFOLW, Finite Element Subsurface Flow & Transport Simulation System, Reference Manual.- WASY GmbH, Berlin.

DIN 4049: Hydrologie, Teil 3: Begriffe zur quantitativen Hydrologie, Oktober 1994, 78 S., Berlin.

DIN 4150: Erschütterungen im Bauwesen, Teil 3: Einwirkungen auf bauliche Anlagen, Februar 1999, Berlin.

DIN EN 14868: Korrosionsschutz metallischer Werkstoffe – Leitfaden für die Ermittlung der Korrosionswahrscheinlichkeit geschlossener Wasser-Zirkulationssysteme; Deutsche Fassung EN 14868:2005.- DIN Normen, Februar 2005, 24 S., Berlin.

DIN EN 378-1 (2018): Kälteanlagen und Wärmepumpen – Sicherheitstechnische und umweltrelevante Anforderungen, Teil 1: Grundlegende Anforderungen, Begriffe, Klassifikationen und Auswahlkriterien, 2018-04, Berlin.

DINGH, H.T., KUEVER, J., MUSSMANN, M., HASSEL, A.W., STRATMANN, M., WIDDEL, F. (2004): Iron corrosion by novel anaerobic microorganisms.- nature, 427, S. 829–832.

DOAN, M.-L. & BRODSKY, E.E. (2006): Tidal analysis of water level in continental boreholes.- Tutorial, version 2.2, University of California, Santa Cruz, 61 S.

DOUGHTY, C., HELLSTRÖM, G., TSANG, C.F., CLAESSON, J. (1982): A Dimensionless Parameter Approach to the Thermal Behavior of an Aquifer Thermal Energy Storage System.- Water Resources Research, **18/3**, 571–589.

DOST, B., GOUTBEEK, F., VAN ECK, T., KRAAIJPOEL, D. (2012): Monitoring induced seismicity in the North of the Netherlands: status report 2010.- Scientific report; WR 2012-03, Royal Netherlands Meteorological Institute, Ministry of Infrastructure and the Environment, 47 S., De Bilt.

DREVER, J.I. (1997): The Geochemistry of Natural Waters.- Prentice Hall, 3rd Aufl., 436 S., Upper Saddle River, New Jersey,USA.

DREVER, J.I. (2005): Water, Weathering, and Soil.- Elsevier, 626 S., Oxford/UK.

DUCHANE, D. & BROWN, D. (2002): Hot Dry Rock (HDR) Geothermal Energy Research and Development at Fenton Hill, New Mexico.- GHC Bulletin, 13–19.

DUFFIELD, R. B., NUNZ, G. J., SMITH, M. C., WILSON, M. G. (1981): Hot Dry Rock, Geothermal Energy Development Program.- Annual Report FY80, Los Alamos National Laboratory Report, LA-8855-HDR, 211 S.

DUTLER, N., NEJATI, M., VALLEY, B., AMANN, F., MOLINARI, G. (2018): On the link between fracture toughness, tensile strength, and fracture process zone in anisotropic rocks.- Engineering Fracture Mechanics, **201**, 56–79.

DVGW Regelwerk Technische Regel Arbeitsblatt W 110 (2005): Geophysikalische Untersuchungen in Bohrungen, Brunnen und Grundwassermessstellen – Zusammenstellung von Methoden und Anwendungen. – Juni 2005, 50 S.; Bonn.

DVGW Regelwerk Technische Regel Arbeitsblatt W 111 (1997): Planung, Durchführung und Auswertung von Pumpversuchen bei der Wassererschliessung. – März 1997, 37 S.; Bonn.

DVWK (1987): Erkundung tiefer Grundwasserzirkulationssysteme.- DVWK-Schriften 81, 223 S., Paul Paray Verlag, Hamburg, Berlin.

DVWK Regeln 128 (1992): Entnahme und Untersuchungsumfang von Grundwasserproben.– DVWK Regeln zur Wasserwirtschaft, 36 S.; Hamburg & Berlin (Paul Parey).

DYES, A.B., KEMP, C.E., CAUDLE, B.H. (1958): Effect of Fractures on Sweep-Out Pattern.- Trans. AIME, 213, S. 245–249.

EHINGER, S., SEIFERT, J., KASSAHUN, A., SCHMALZ, L., HOTH, N., SCHLÖMANN, M. (2009): Predominance of Methanolobus spp. and Methanoculleus spp. in the archaeal communities of saline gas field formation fluids.- Geomicrobiology Journal, 26, S. 326–338.

EISBACHER, G.H. (1996): Einführung in die Tektonik.- Enke Verlag, Stuttgart.

ELAHIFAR, B. (2013): Wellbore Instability Detection in Real Time Using Ultrasonic Measurements.- PhD Thesis, Montan Universität Leoben, 125 S., Leoben/Österreich.

ELDERS W.A., FRIDLEIFSSON G. (2010): The science program of the Iceland Deep Drilling project (IDDP): a study of supercritical geothermal resources.- Proceedings, World Geothermal Congress, 9 S., Bali, Indonesia.

ELLIS II, P.F. (1985): Companion study to short course on geothermal corrosion and mitigation in low temperature geothermal heating systems.- The Geo-Heat Center Oregon Institute of Technology, 34 S., DCN.

ENEL (1995): Geothermal energy in Tuscany and Northern Latium.- ENEL Generation and Transmission, Relations and Communication Department, 50 S., Bagni di Tivoli, Roma.

ENERCHANGE (2009): Entwicklung von Niedrig-Enthalpie-Geothermieprojekten in Deutschland.- 5. Internationale Geothermiekonferenz, 46 S., Freiburg.

ENERGIESCHWEIZ (2018): Statistik der geothermischen Nutzung in der Schweiz.- Schlussbericht 27. Juli 2018, Ausgabe 2017, 50 S., Bern.

ERNST, P. L. (1977): A Hydraulic Fracturing Technique for Dry Hot Rock Experiments in a Single Borehole.- Soc. Petrol. Engineers of AIME, SPE 6897; 7 S., Dallas/Texas.

ESKILSON, P. (1987): Thermal Analysis of Heat Extraction Boreholes. Department of Mathematical Physics, Lund Institute of Technology, Lund, Sweden.

Eugster, W.J. (1998): Langzeitverhalten der Erdwärmesondenanlage in Elgg/ZH.- Schlussbericht PSEL-Projekt 102, Polydynamics, 38 S., Zürich.

Eugster, W.J. (2001): Langzeitverhalten der Erdwärmesondenanlage in Elgg/ZH.- Schlussbericht DSI-Projekt 42478, im Auftrag des Bundesamtes für Energie, 14 S., Zürich.

Eugster, W., Hopkirk, R., Rybach, L. (1999): Ist untiefe Geothermie erneuerbar?.- Schlussbericht, Forschungsprogramm Geothermie im Auftrag des Bundesamtes für Energie, Bern.

Everdingen, A.F. van (1953): The Skin Effect and its Influence on the Productive Capacity of a Well.- Petrol. Trans. AIME, 198, S. 171–176.

Ewen, C. (2012): Risikostudie Fracking, Neutraler Expertenkreis.- Konflikt- und Prozessmanagement (http://www.team-ewen.de), Darmstadt.

Fielding, E.J., Blom, R.G., Goldstein, R.M. (1998): Rapid subsidence over oil fields meassured by SAR interferometry.- Geophysical Research Letters, Bd. 25, Nr. 17, S. 3215–3218.

Filgris, M.N. (2001): Römische Baderuine Badenweiler. Historische Wurzeln des Kurortes neu präsentiert.- Denkmalsplege in Baden-Württemberg, H. 4, S. 166–175.

Fischer, W. (2013): Erdwärmesonden: Schäden vermeiden durch richtige Materialwahl.- bbr Sonderheft Geothermie, 63 Jg., S. 28–33, Bonn.

FKPE (2012): Empfehlungen zur Überwachung induzierter Seismizität.- Positionspapier des FKPE, Milestone 1, DGG Mitteilungen 3/2012, 17–31, Hamburg.

FKPE (2015): Empfehlungen zur Erstellung von Stellungnahmen zur seismischen Gefährdung bei tiefengeothermischen Projekten.- Positionspapier des FKPE, Milestone 3, DGG Mitteilungen 1/2015, 5–7, Hamburg.

Fleuchaus, P., Godschalk, B., Stober, I., Blum, P., 2018. Worldwide application of aquifer thermal energy storage – A review. Renewable and Sustainable Energy Reviews 94, 861–871, (https://doi.org/10.1016/j.rser.2018.06.057).

Forrer, S., Mégel, T., Rohner, E., Wagner, R. (2008): Mehr Sicherheit bei der Planung von Erdwärmesonden.- bbr Fachmagazin für Brunnen- und Leitungsbau, 05, S. 42–47.

Fournier, R.O., White, D.E.,Truesdell, A.H. (1974): Geochemical Indicators of Subsurface Temperature - Part 1, Basic Assumptions.- J. Res. U.S. Geol. Survey, Bd. 2, Nr. 3, S. 259–262.

Fournier, R.O. (1977): Chemical geothermometers and mixing models for geothermal systems.- Geothermics, 5, S. 41–50.

Fournier, R.O. (1981): Application of water geochemistry to geothermal exploration and reservoir Engineering.- In: Rybach, L. & L.I.P. Muffler [Hrsg.]: Geothermal systems: Principles and case histories, Wiley & Sons, S. 109–143, New York.

Fournier, R.O., Potter, R.W., II, (1982): An equation correlating the solubility of quartz in water from 25°C to 900°C at pressures up to 10,000 bar.- Geochim. Cosmochim. Acta, 46, S. 1969–1973.

Fricke, S. & Schön, J. (1999): Praktische Bohrlochgeophysik. – Enke Verlag, 256 S., Stuttgart.

Friðleifsson, G.Ó., Elders, W.A., Zierenberg, R.A., Fowler, A.P.G., Weisenberger, T.B., Mesfin,K.G., Sigurðsson, Ó., Níelsson, S., Einarsson, G., Óskarsson, F., Guðnason, E. Á., Tulinius, H., Hokstad, K., Benoit, G., Frank Nono, F., Loggia, D., Parat, F., Cichy, S.B., Escobedo, D., Mainprice, D. (2018): The Iceland Deep Drilling Project at Reykjanes: Drilling into the root zone of a black smoker analog.- Journal of Volcanology and Geothermal Research, VOLGEO-06435; S. 19, https://doi.org/10.1016/j.jvolgeo res.2018.08.0130377-0273.

Fridleifsson, I.B., Bertani, R. Huenges, E., Lund, J.W., Ragnarsson, A., Rybach, L. (2008): The possible role and contribution of geothermal energy to the mitigation of climate change.- In: O. Hohmeyer and T. Trittin (Eds.): IPCC Scoping Meeting on Renewable Energy Sources, Proceedings, Luebeck, Germany, S. 59–80.

Friedrich, H.-J., Zschornack, D., Hielscher, M., Hinrichs, T., Wolfgramm, M. (2018): Verfahrensansätze zur Gewinnung strategischer seltener Metalle aus Thermalsolen.- Geothermische Energie, 88/1, 22–23, Berlin.

FRIEG, B. (2012): Ultratiefe konventionelle Erdwärmesonde in der Schweiz.- bbr, 63 Jg., 12, S. 62–69.

FRITSCHEN, R. & RÜTER, H. (2010): Induzierte Seismizität – Ein Problem der Tiefen Geothermie?.- Geothermische Energie, Heft 66, S. 6–13, Berlin.

FRITZ, P. & FRAPE, S.K. (1983): Saline waters in the Canadian Shield – a first overview.- Chem. Geol., 36, 179–190.

FUGE, R., ANDREWS M.J., JOHNSON, C.C. (1986): Chlorine and iodine, potential pathfinder elements in exploration geochemistry.- Appl. Geochem., 1, 111–116.

GAO, L., ZHAO, J., AN, Q., WANG, J., LIU, X. (2017): A review on system performance studies of aquifer thermal energy storage.- Energy Procedia, 142, 2537–3545.

GARROW, T. (2015): A Methanol Economy based on Renewable Resources.- McGill Green Chemistry Journal, 1, 87–90.

GEBHARDT, D. & KRUSE, H. (2001): CO$_2$-Erdwärmesonde für Wärmepumpe.- In: MC GUINESS M.J. (2001): Geothermal Heat Pipes just how long can they be? Mathematics Dept., Victoria University of Wellington, New Zealand, Rept., S. 94–134.

GEHLIN, S., NORDELL, B. (1997): Thermal Response Test – a Mobile Equipement for Determining Thermal Resistance of Boreholes.- Proc. 7th International Conference on Thermal Energy Storage Megastock '97, Bd. 1, S. 103–108.

GEHLIN, S. (2002): Thermal Response Test, Method Development and Evaluation.- Doctoral Theses at the University of Technology, 191 S., Luleå, Sweden.

GENTER, A., KEITH, E., CUENOT, N., FRITSCH, D., SANJUAN, B. (2010): Contribution to the exploration of deep crystalline fractured reservoir of Soultz of the knowledge of enhanced geothermal systems (EGS).- C. R. Geoscience 342, S. 502–516.

GÉRARD, A., GENTER, A., KOHL, T., LUTZ, P., ROSE, P., RUMMEL, F. (2006): The deep EGS (Enhanced Geothermal System) project at Soultz-sous-Forêts (Alsace, France).- Geothermics, S. 473–483.

GHERGUT, I. SAUTER, M., BEHRENS, H., ROSE, P., LICHA, T., LODEMANN, M., FISCHER, S. (2007): Tracer-assisted evaluation of hydraulic stimulation experiments for geothermal reservoir candidates in deep crystalline and sedimentary formations.- In: EGC Proceedings European Geothermal Congress, May 30–June 1, 2007, Unterhaching, CD-ROM, 9(1), S. 1–12.

GIARDINI, D. (2009): Geothermal quake risks must be faced.- Nature, 462, 848–849.

GIGGENBACH, W.F. & GOGUEL, R.L. (1989): Collection and analysis of geothermal and volcanic water and steam discharges.- Department of Scientific and Industrial Research, Chemistry Division, Report No. CD 2401, Petone, New Zealand.

GIROUD, N. (2008) A Chemical Study of Arsenic, Boron and Gases in High-Temperature Geothermal Fluids in Iceland.- Dissertation at the Faculty of Science, University of Iceland, 110 S.

GRAF, H. (2010): Anbindung und Verteilung von Erdwärmesonden.- bbr Fachmagazin für Brunnen- und Leitungsbau, Sonderheft Oberflächennahe Geothermie, S. 42–49, Würzburg.

GRASSO, J.R. (1992): Mechanics of seismic Instabilities induced by the Recovery of Hydrocarbons.- Pure Appl. Geophys., 139, 507–534.

GREBER, E., LEU, W., WYSS, R. (1995): Erdgasindikationen in der Schweiz.- Schweizer Ingenieur und Architekt, 24, 567–572.

GRIMM, M., STOBER, I., KOHL, T., BLUM, P. (2014): Schadensfallanalyse von Erdwärmesonden-bohrungen in Baden-Württemberg.- Grundwasser, 19/4, 275–286 (DOI https://dx.doi.org/10.1007/s00767-014-0269-1).

GRINGARTEN, A.C. & RAMEY H.J. (1974): Unsteady-State Pressure Distributions created by a Well with a single Horizontal Fracture, Partial Penetration, or Restricted Entry.- Soc. Petrol. Engineers Journ., Bd. 14, S. 413–426..

GROTZINGER, J., JORDAN, T.H., PRESS, F., SIEVER, R. (2008): Press/Siever Allgemeine Geologie.- Springer Spektrum Akademischere Verlag, 5. Aufl., 735 S., Berlin Heidelberg.

GTV (2011): Richtlinie Bundesverband Geothermie e.V., „Seismizität bei Geothermieprojekten", Blatt 1: Seismische Überwachung - Weißdruck-.- GTV1101, Dezember 2011, Berlin.

GUNNLAUGSSON, E. (2008): District Heating in Reykjavik, past – present – future.- United Nations University, Geothermal Training Programme, 12 S., Reykjavik, Iceland.

GUNNLAUGSSON, E. (2008): Environmental Management and Monitoring in Iceland: Reinjection and Gas Sequestration at the Hellisheidi Power Plant.- SDG Short Course I on Sustainability and Environmental Management of Geothermal Resource Utilization and the Role of Geothermal in Combating Climate Change, 8 S., Santa Tecla, El Salvador.

GUNNLAUGSSON, E. (2012): Scaling in geothermal installation in Iceland.- Short Course on Geothermal Development and Geothermal Wells, 6 S., Santa Tecla, El Salvador.

GUSTAFSSON, A.M. (2006): Thermal Response Test – Numerical simulations and analysis.- Licentiate Thesis at the University of Technology, 2006:14, Luleå, Sweden.

HAMMERLI, J., RUSK, B., SPANDLER, C., EMSBO, P., OLIVER, N.H.S. (2013): In situ quantification of Br and Cl in minerals and fluid inclusions by LA-ICP-MS, A powerful tool to identify fluid sources.- Chemical Geology, **337/338**, 75–87.

HÄRING, M.O., SCHANZ, U., LADNER, F., DYER, B.C. (2008): Characterization of the Basel 1 enhaced geothermal system.- Geothermics, **37/5**, 469–495.

HARBAUGH, A.W. (2005): MODFLOW-2005, the U.S. Geological Survey modular ground-water model – the Ground-Water Flow Process: U.S. Geological Survey Techniques and Methods 6-A16.

HARTMANN VON, H., BEILECKE, T., BUNESS, H., MUSMANN, P., SCHULZ, R. (2015): Seismische Exploration für tiefe Geothermie.- Geologisches Jahrbuch, Reihe B, H. 104, 271 S., E. Schweizerbart'sche Verlagsbuchhandlung, Stuttgart.

HAUKSSON, T., MARKUSSON, S., EINARSSON, K., KARLSDÓTTIR, S.A., EINARSSON, Á., MÖLLER, A., SIGMARSSON, Þ. (2014): Pilot testing of handling the fluids from the IDDP-1 exploratory geothermal well, Krafla, N.E. Iceland.- Geothermics, **49**, 76–82.

HAWKINS, M.F. (1956): A Note on the Skin Effect.- Trans. AIME, 207, S. 356–357.

HE, K., STOBER, I., BUCHER, K. (1999): Chemical Evolution of Thermal Waters from Limestone Aquifers of the Southern Upper Rhine Valley.- Applied Geochemistry, 14, S. 223–235.

HEALY, J., RUBEY, W., GRIGGS, D., RALEIGH, C. (1968), The Denver earthquakes.- Science, **161**, 1301–1310.

HEIDBACH, O., TINGAY, M., BARTH, A., REINECKER, J., KURFEß, D., MÜLLER, B. (2008): The World Stress Map database release 2008, doi: https://dx.doi.org/10.1594/GFZ.WSM.Rel2008.

HEHN, R., GENTER, A., VIDAL, J., BAUJARD, C. (2016): Stress field rotation in the EGS well GRT-1 (Rittershoffen, France).- European Geothermal Congress, 10 S., Strasbourg, France.

HEKEL, U. (2011): Hydraulische Tests.- In: BUCHER, K., GAUTSCHI, A., GEYER, T., HEKEL, U., MAZUREK, M., STOBER, I.: Hydrogeologie der Festgesteine, Fortbildungsveranstaltung der FH-DGG, Freiburg.

HELLSTRÖM, G. (1998): Thermal performance of borehole heat exchangers.- The second Stockton nternational Geothermal Conference.

HELLSTRÖM, G. & SANNER, B. (2000): EED Earth Energy Designer.- Computerporogram for Borehole Heat Exchangers, Lund University Sweden.

HELLWIG, Ch. (2011): Wärme aus Abwasser: Ein Markt in Bewegung.- gwf Wasser Abwasser, Jg. 152, H. 5, S. 446–449.

HENLEY, R.W. (1983): pH and silica scaling control in geothermal field development.- Geothermics, **12/4**, 307–321.

HENLEY, R.W., ELLIS, A.J. (1983): Geothermal Systems Ancient and Modern: A geochemical Review.- Earth-Science Reviews, 19, 1–50.

HEWITT, A.D. (1989): Leaching of metal pollutants from four well casings used for ground-water monitoring.- USA Cold Regions Research and Engineering Laboratory, Special Report 89-32.

HJÖRLEIFSDÓTTIR, V., SNÆBJÖRNSDÓTTIR, S., VOGFJORD, K., ÁGÚSTSSON, K., GUNNARSSON, G., HJALTADÓTTIR, S. (2019): Induced earthquakes in the Hellisheiði geothermal field, Iceland.- Schatzalp, 3rd Induced Seismicity Workshop, S. 5, Davos.

HODGKINSON, D., BENABDERRAHMANE, H., ELERT, M., HAUTOJÄRVI, A., SEDROOS, J.-O., TANAKA, Y., UCHIDA, M. (2009): An overview of Task 6 of the Aspö Task Force: modelling groundwater and solute transport: improved understanding of radionuclide transport in fractured rock.- Hydrogeology Journal, 17, S. 1035–1049.

HÖLTING, B. (1989): Hydrogeologie.- Enke-Verlag, 396 S., Stuttgart.

HOMRIGHAUSEN, R. (2012): Anwendungsbereiche des Leistungsbohrens mit Untertageantrieb.- bbr, 63. Jg., 12, S. 34–39.

HÖNIG, CH. (2009): Geothermiesonden, mit Pauschalwerten oft fehldimensioniert.- Energietechnik TGA Fachplaner, 4, S. 30–33, Stuttgart.

HORNER, D.R. (1951): Pressure Build-up in Wells.- Proc. 3rd World Petrol. Congr., Sect. II, E.J. Bull., S. 503–521, Leiden/Netherlands.

HUBER, A. & PAHUD, D. (1999): Untiefe Geothermie: Woher kommt die Energie?.- Schlussbericht Forschungsprogramm Geothermie im Auftrag des Bundesamtes für Energie, Bern.

HUBER, A. (2008): Programm EWS, Berechnung von Erdwärmesonden.- Huber Energietechnik AG, Zürich.

HUBER, A. (2015): Solare Saisonspeicherung von Wärme in Erdwärmesonden.- bbr, 65, 32–35.

HUELKE, R. (2008): Trägerschonende Spülungssysteme.- Geothermische Technologien, VDI Band 2026, Potsdam.

HUENGES, E. (ed.) (2010): Geothermal Energy Systems: Exploration, Development, and Utilization.- Wiley-VCH Verlag GmbH & Co. KGaA, 486 S., Berlin.

HURTIG, E., GROSSWIG, S., KASCH, M. (1997): Faseroptische Temperaturmessungen: neue Möglichkeiten zur Erfassung und Überwachung des Temperaturfeldes an Erdwärmesonden.- Geothermische Energie, 5 Nr. 18, S. 31–34.

HUSEN, S., BACHMANN, C., GIARDINI, D. (2007): Locally triggered seismicity in the central Swiss Alps following the large rainfall event of August 2005.- Geophysical Journal International, 171(3), 1126–1134.

IBRAHIM, O.M. (1996): Design Considerations for Ammonia-Water Rankine Cycle.- Energy, Bd. 21, S. 835–841.

IEA (2009): Geothermal Energy 12th Annual Report 2008.- International Energy Agency, http://www.iea-gia.org, 19 S., Wairakei, New Zealand.

IEA-GIA (2016): Trends in Geothermal Applications 2014.- Publication on the IEA Geothermal Implementing Agreement, 50 S., Taupo, New Zealand.

IKEUCHI, K., DOI, N., SAKAGAWA, Y., KAMENOSONO, H., UCHIDA, T. (1998): Gigh-temperature measurements in well WD-1A and the thermal structure of the Kakkonda geothermal system, Japan.- Geothermics, 27, 5/6, 591–607.

ILIEVA, D., HADERLEIN, S.B., MORASCH, B. (2014): Grundwassergefährdungspotential von Additiven in Wärmeträgerflüssigkeiten aus Erdwärmesonden.- Grundwasser, 19, 263–274.

INGEBRITSEN, S.E. & MANNING, C.E. (1999): Geological implications of a permeability-depth curve for the continental crust.- Geology, 27:1107–1110.

INGERLE, K. (1988): Beitrag zur Berechnung der Abkühlung des Grundwasserkörpers durch Wärmepumpen.- Österreichische Wasserwirtschaft, Jg. 40, H. 11/12.

ISELE, N. & KÖLBEL, T. (2006): Die Versorgung eines Neubaugebietes mit „Kalter Nahwärme".- bbr, 12, 54–59.

ISONG (2016): Informationssystem oberflächennahe Geothermie für Baden-Württemberg, https://www.geothermie-bw.de.

JODOCY, M. & STOBER, I. (2008): Aufbau eines geothermischen Informationssytems für Deutschland – Landesteil Baden-Württemberg.- Erdöl-Erdgas-Kohle, 124 Jg., H. 10, 10 Abb., S. 386–393, Urban-Verlag, Hamburg/Wien.

JODOCY, M. & STOBER, I. (2009): Geologisch-geothermische Tiefenprofile für den südwestlichen Teil des Süddeutschen Molassebeckens.- Z. dt. Ges. Geowiss., 160/4, S. 359–366, Stuttgart.

JODOCY, M. & STOBER, I. (2010): Geologisch-geothermische Tiefenprofile für den südlichen Teil des Oberrheingrabens in Baden-Württemberg.- Z. geol. Wiss., 38(1), S. 3–25, Berlin.

JOHNSON, A.I. (1991) (ed.): Land Subsidence.- IAHS Publication, Nr. 200, 680 S., IAHS Press, Wallingford, Oxfordshire/UK.

JONES, P.B. (1982): Oil and gas beneath east-dipping underthrust faults in the Alberta foothills.- In: Powers, R.B. (ed.): Geologic Studies of the Cordilleran Thrust Belt.- Rocky Mountain Ass. Geol., 61–74, Denver.

KABUS, F., MÖLLMANN, G., HOFFMANN, F. (2005): Speicherung von Überschußwärme aus dem Gas- und Dampfturbinen-Heizkraftwerk Neubrandenburg im Aquifer.- Fachtagung Geothermische Vereinigung e.V., Landau in der Pfalz.

KALINA, A.L. (1984): Combined-Cycle System with Novel Bottoming Cycle.- Journal of Engineering for Gas Turbines and Power, Bd. 106, S. 737–742.

KALTSCHMITT, M., NILL, M., SCHRÖDER, G. (2003): Geothermische Stromerzeugung in Deutschland – Eine vergleichende Analyse.- Tagungsband 1. Fachkongress geothermischer Strom, S. 30–45, Neustadt-Glewe, Mecklenburg-Vorpommern.

KANZ, S. & FRICK, S. (2013): Efficient cooling energy supply with aquifer thermal energy storages.- Applied Energy, 109, 321–327.

KAPPELMEYER, O. & HAENEL, R. (1974): Geothermics with special reference to application.- E. Schweizerbart science publishers, 238 S., Stuttgart.

KAPPELMEYER, O. & RUMMEL, F. (1980): Investigations on an artificially created frac in a shallow and low permeable environment.- Proc. 2nd. International Seminar on the Results of EC Geothermal Energy Research, S. 1048–1053, Strasbourg.

KÄSS, W. (2004): Geohydrologische Markierungstechnik.- Lehrbuch der Hydrogeologie, Bd. 9, 2. überarbeitete Auflage, 557 S., Gebr. Borntträger, Berlin Stuttgart.

KATHER, A., ROHLOFF, K., FILLEBÖCK, A. (2008): Energy Efficiency of Geothermal Power Generation.- VGB Power Tech., 98–105.

KEISER, U. & BUTTI, G. (2015): Ökonomische Analyse der Tiefen Erdwärmesonde Triemli vom EWZ.- Schlussbericht energieschweiz, Bundesanstalt für Energie BFE, 35 S., Bern/Schweiz.

KIM, J., LEE, Y., YOOM, W.S., JEON, J.S., KOO, M.-H., KEEHM, Y. (2010): Numerical modeling of aquifer thermal energy storage system.- Energy, 35/12, 4955–4965.

KIM, K.-H., REE, J.-H., KIM Y.-H., KIM, S., KANG S.Y., SEO W. (2018): Assessing whether the 2017 M_W 5.4 Pohang earthquake in South Korea was an induced event.- Science, **360**, 1007–1009.

KIM, K.-H., REE, J.-H., KIM Y.-H., KIM, S., KANG S.Y., SEO W. (2019): The 15 November 2017 Pohang earthquake.- Schatzalp, 3rd Induced Seismicity Workshop, S. 7, Davos.

KINZELBACH, W. (1987): Numerische Methoden zur Modellierung des Transports von Schadstoffen im Grundwasser.- Oldenburg Verlag, 313 S., München.

KIPP, K.L. Jr. (1997): Guid to the Revised Heat and Solute Transport Simulator HST3D – Version 2.- U.S. Geological Survey: Water-Resources Investigations, Report 97-4157, 149 S.

KNAPEK, E. (2009): Das Tiefengeothermieprojekt Unterhaching.- Schriftenreihe des Lehrstuhls und Prüfamt für Grundbau, Bodenmechanik, Felsmechanik und Tunnelbau der Technischen Universität München, **44**, 49–61, München.

KNAPEK, E. (2015): Von EEG zu EEG – Geothermie unter dem Einfluss der Politik.- bbr Sonderheft, **65**, 6–11.

KNÖDEL, K. & KRUMMEL, H. & LANGE, G. (1997): Handbuch zur Erkundung von Deponien und Altlasten.- Bd. 3: Geophysik, Springer Verlag, Berlin.

KOBUS, H. & MEHLHORN, H. (1980): Näherungsberechnung für den kontinuierlichen Betrieb von Thermalanlagen.- GWF 121, H 6.

KOHL, T., HOPKIRK, R. J. (1995): „FRACTure" a simulation code for forced fluid flow and transport in fractured porous rock. Geothermics, 24, 345–359.

KÖHLER, S. (2005): Analyse und Prozessvergleich binärer Kraftwerke.- Dissertation an der TU Berlin, 184 S., Berlin.

KÖLBEL, T., ORYWAL, P., MÜNCH, W., SCLAGERMANN, P., BENZ, J. (2010); Energie aus dem Untergrund: Das Geothermiekraftwerk Bruchsal.- Z. geol. Wiss., 38, 1, S. 41–48, Berlin.

KOENIGSDORFF, R. (2011): Oberflächennahe Geothermie für Gebäude.- Fraunhofer IRB Verlag, 332 S., Stuttgart.

KOENIGSDORFF, R. & VESER, S. (2008): GEO-HAND[light], Computerprogramm zur Berechnung der Auslegung von Erdwärmesonden für Heiz- und Kühlzwecke.- Hochschule Biberach, University of Applied Sciences, Institute of Building & Energy Systems, Germany (http://www.hochschule-bc.de).

KRAFT, T., MAI, M. P., WIENER, S., DEICHMANN, N.,RIPPERGER, J., KÄSTLI, P., BACHMANN, C., FÄH, D., WÖSSNER, J., GUARDINI, D. (2009): Enhanced Geothermal Systems: Mitigating Risk in Urban Areas.- EOS, Transactions, American Geophysical Union, **90/32** (11), 273–274.

KRAUSKOPF, K.B. (1956): Dissolution and precipitation of silica at low temperatures.- Geochim. Cosmochim. Acta, **10**, S. 1–26, London, New York.

KRIETSCH, H., GISCHIG, V., EVANS, K., DOETSCH, J., DUTLER, N.O., VALLEY, B., AMANN, F. (2019): Stress Measurements for an In Situ Stimulation Experiment in Crystalline Rock: Integration of Induced Seismicity, Stress Relief and Hydraulic Methods.- Rock Mechanics and Rock Engineering, **52**, 517–542.

KRUSE, H., RUSSMANN, H. (2010): The Status of Development and Research on CO2 Earth Heat Pipes for Geothermal Heat Pumps.- International High Performance Buildings Conference, Paper 51, School of Mechanical Engineering, Purdue University, Purdue.

KRUSE, H., RÜSSMANN, H., GLAWON,S. (2015): Selbsttätige pumpenlose CO_2-Erdwärmerohre.- bbr, **65**, 56–61.

KRUSEMAN, G.P. & DE RIDDER, N.A. (1994): Analysis and Evaluation of Pumping Test Data.- Publication 47, International Institute for Land Reclamation and Improvement ILRI, 2nd edition, 377 S., Wageningen, Netherlands.

KUCKELKORN, J.M. & REUß, M. (2013): Hydraulische Systemdichtigkeit und Frostbeständigkeit von Erdwärmesonden.- bbr Sonderheft Geothermie, 63 Jg., S. 6–13, Bonn.

KÜHN, M. (1997): Geochemische Folgereaktionen bei der hydrogeothermalen Energiegewinnung.- Berichte, Fachbereich Geowissenschaften, Universität Bremen, Nr. 92, 129 S.

KÜMMEL, J. & TAUBITZ, J. (1999): Niedertemperatur-Abwärmeverstromung mittels ORC-Technologie (Organic-Rankine-Cycle-Technologie).- VDI Berichte Nr. 1495, S. 327–340.

LACHENBRUCH, A. H., BREWER, M. C. (1959): Dissipation of the temperature effect of drilling a well in Arctic Alaska. - Geological Survey Bulletin, 1083-C: 73–109; Washington.

LADNER, F., SCHANZ, U., HÄRING. M.O. (2008): Deep-Heat-Mining-Project Basel – Erste Erkenntnisse bei der Entwicklung eines Enhanced Geothermal System (EGS).- Bull. angew. Geol., Bd. 13/1, S. 41–54.

LANDOLT-BÖRNSTEIN (1992): Numerical Data and Funktional Relationships in Science and Technology, Vol. 1 Physical Properties of Rocks.- Springer-Verlag, Berlin-Heidelberg-New York.

LANGAAS, K., NILSEN, K.I., SKJAEVELAND, S.M. (2005): Tidal Pressure Response and Surveillance of Water Encroachment.- Society of Petroleum Engineers, SPE 95763, 11 S.

LANGENBRUCH, C. & SHAPIRO, S.A. (2010): Decay rate of fluid-induced seismicity after termination of reservoir stimulations.- Geophysics, Bd. 75, Nr. 6, S. MA53–MA62.

LEBLANC, Y., LAM, H.-L., PASCOE, L. J., JOHNES, F. W. (1982): A comparison of two methods of estimating static formation temperature from well logs. - Geophys. Prosp., 30: 348–357.

LEDERLE, A. & GEISINGER, W. (2014): Energiewende hoch 2: Der Wärmeverbund der Tiefengeothermie-Gemeinden Grünwald und Unterhaching im Landkreis München.- bbr Sonderheft Geothermie, 90–95, Bonn.

LEE, K.S. (2010): A Review on Concepts, Applications, and Models of Aquifer Thermal Energy Storage Systems.- Energies, **3**, 1320–1334.

LFZG (2017): Handlungsleitfaden Tiefe Geothermie.- Landesforschungszentrum Geothermie, 88 S., Stuttgart (https://www.lfzg.de).

LGRB (2010): Geologische Untersuchungen von Baugrundhebungen im Bereich des Erdwärmesondenfeldes beim Rathaus in der historischen Altstadt von Staufen i. Br.- Landesamt für Geologie, Rohstoffe und Bergbau Baden-Württemberg, Freiburg i. Br. (https://www.lgrb-bw.de/geothermie/staufen).

LGRB (2012): Zweiter Sachstandsbericht zu den seit dem 01.03.2010 erfolgten Untersuchungen im Bereich des Erdwärmesondenfeldes beim Rathaus in der historischen Altstadt von Staufen i. Br.- Landesamt für Geologie, Rohstoffe und Bergbau Baden-Württemberg, Freiburg i. Br. (https://www.lgrb-bw.de/geothermie/staufen).

LGRB (2013): Geologische Untersuchungen von Baugrundhebungen im Bereich des Neubaugebiets „Im Kiesel" in Rudersberg-Zumhof.- Landesamt für Geologie, Rohstoffe und Bergbau Baden-Württemberg, Freiburg i. Br. (https://www.lgrb-bw.de/geothermie/staufen).

LINK, K., RUPPRECHT, D., DILGER, G. (2017): Erdwärmenutzung im Vergleich.- Geothermie Schweiz, 63/27, 23–26, Bern-Liebefeld.

LÓPEZ-CAMINO, J.A., CESCA, S., HEIMANN, S., GRIGOLI, F., MILKEREIT, C., DAHM, T., ZANG, A. (2017): Characterization of Hydraulic Fractures Growth During the Äspö Hard Rock Laboratory Experiment (Sweden).- Rock Mechanics and Rock Engineering, DOI https://dx.doi.org/10.1007/s00603-017-1285-0.

LQS EWS (2018): Leitlinien Qualitätssicherung Erdwärmesonden (LQS EWS) Stand September 2018, Ministerium für Umwelt, Klima und Energiewirtschaft Baden-Württemberg, 26 S., Stuttgart.

LUND, J. W. (2000): Weltweiter Stand der geothermischen Energienutzung.- Geothermische Energie, 28/29, 8. Jahrgang/Heft 1/2.

LUND, J. W. (2007): Characteristics, Development and utilization of geothermal resources.- Geo-Heat Centre Quarterly Bulletin (Klamath Falls, Oregon: Oregon Institute of Technology), 28 (2), 1–9.

LUX, K.-N., BAUMANN, K., BLUMTRITT, J., BECK, W. (2012): Geothermie und Schutz des Grundwassers - ein Widerspruch?.- bbr, 10, 44–51, Bonn.

MAJER, E. L., BARIA, R., STARK, M., OATES, S., BOMMER, J., SMITH, B., ASANUMA, H. (2007): Induced seismicity associated with enhanced geothermal systems.- Geothermics, 36, S. 185–222.

MAJER, E., BARIA, R., STARK, M. (2008): Protocol for induced seismicity associated with enhanced geothermal systems.- Report produced in Task D Annex I (9 April 2008), International Energy Agency-Geothermal Implementing Agreement (incorporating comments by C. Bromley, W. Cumming, A. Jelacic and L. Rybach), http://www.iea-gia.org/publications.asp.

MANSURE, A.J., REITER, M. (1979): A vertical groundwater movement correction for heat flow.- J. Geophys. Res., 84 (7), S. 3490–3496, Washington.

MARKUSSON, S.H. & HAUKSSON, T. (2015): Utilization of the Hottest Well in the World, IDDP-1 in Krafla.- Proceedings World Geothermal Congress, 6 S., Melbourne, Australia.

MASSONNET, D., HOLZER, T., VANDON, H. (1998): Correction to „Land subsidence caused by the East Mesa geothermal field, California, observed using SAR interferometry."- Geophysical research letters, 25/16, S. 3213.

MATTHEWS, C.S. & RUSSEL, D.G. (1967): Pressure Buildup and Flow Tests in Wells.- AIME Monograph 1 – H.L. Doherty Series SPE of AIME. 167 S., New York.

MAZOR, E., NATIV, R. (1992): Hydraulic calculation of groundwater flow velocity and age examination of the basic premises.- Journal of Hydrology, **138/1-2**, 211–222.

McGARR, A. (1991): On a possible connection between 3 major earthquakes in California and oil production.- Bull. Seism. Soc. Am., 81, 948–970.

McLEOD, M.O. (1984): Matrix acidizing.- Journal of Petroleum Technology, Bd. 12, S. 2055–2069.

MEIER, S. & ZORN, R. (2016): Messdatenerfassung in der Geothermie-Sonde mittels GEOsniff.- bbr, 04, 66–69, Bonn.

MEINECKE, M. & DIRNER, S. (2019): Das Geothermieprojekt Schäftlarnstraße: Idee, Realisierung und erste Ergebnisse.- bbr, 02-2019, 35–37.

MEINHOLD R (1965): Geophysikalische Messverfahren in Bohrungen.- Akadem. Verl.-Ges. Geest & Portig, 237 S.

MICHALZIK, D. (2013): Mitteltiefe Geothermie – was ist das?.- Geothermische Energie, H. 76, 2: 30–31, Berlin.

MIDDLETON, M. F. (1982): Bottom-hole temperature stabilization with continued circulation of drilling mud. - Geophysics, 47: 1716–1723.

MILITZER, H. & WEBER, F. (1984): Angewandte Geophysik.- Bd. 1: Gravimetrie und Magnetik.- Akademie Verlag, Berlin.

MILITZER, H. & WEBER, F.(1985): Angewandte Geophysik.- Bd. 2: Geoelektrik - Geothermik - Radiometrie - Aerogeophysik.- Akademie Verlag, Berlin.

MIT (2007): The Future of Geothermal Energy, Impact of Enhanced Geothermal Systems (EGS) on the United States in the 21st Century.- Massachusetts Institute of Technology, U.S.A. (http://geothermal.inel.gov).

MIZUNO, E. (2013): Geothermal Power Development in New Zealand Lessons for Japan-.- Research Report, Japan Renewable Energy Foundation, 74 S., Tokyo, Japan.

MOECK, I., BLOCH, T., GRAF, R., HEUBERGER, S., KUHN, P., NAEF, H., SONDEREGGER, M., UHLIG, S., WOLFGRAMM, M. (2015): The St. Gallen Project: Development of Fault Controlled Geothermal Systems in Urban Areas.- Proceedings World Geothermal Congress, 5 S., Melbourne/Australia.

MOEGLE, E. (2009): Erd- und gebäudeseitige Rahmenbedingungen eines 1974 in Schönaich (Kreis Böblingen) errichteten Erdwärmesondenfeldes mit fünf Koaxialsonden – ein Beitrag zur Geschichte der oberflächennahen Geothermie in Europa.- Jber. Mitt. Oberrhein. Geol. Ver., N.F. 91, S. 1–5, Stuttgart.

MOGENSEN, P. (1983): Fluid to Duct Wall Heat Transfer in Duct System Heat Storages.- Proc. Int. Conf Subs Heat Storage, S. 652–657.

MORITZ, S. (1990): Ofu beep. wyo-Laramie, 21, Freiburg.

MOTTAGHY, D. & PECHNIG, R. (2009): Numerische 3-D Modelle zur Temperaturvorhersage und Reservoirsimulationen.- BBR - Fachmagazin für Brunnen- und Leitungsbau, 60-10, S. 44–51.

MOUCHOT, J., GENTER, A., CUENOT, N., SCHEIBER, J., SEIBEL, O., BOSIA, C., RAVIER, G. (2018): First year of Operation from EGS geothermal Plants in Alsace, France: Scaling Issues.- Proceedings, 43rd Workshop on Geothermal Reservoir Engineering, Stanford University, SGP-TR-213, 12 S., Stanford/California.

MÜLLER, M., NIEBERDING, F., WANNINGER, A. (1988): Tectonic style and pressure distribution at the northern margin of the Alps between Lake Constance and the River Inn.- Geologische Rundschau, 77/3, 787–796, Stuttgart.

NARAYANAN K.R., SHANKARA (2004): „What is a Heat Pipe?".- The Chemical Engineers' Resource Page. http://www.cheresources.com/htpipes.shtml.

NCDC (2002): WMO Global Standard Normals (DSI-9641A), Asheville (USA) (Nat. Climatic Data Center).

NEUBERT, V. (2008): Beanspruchung der Förderrohrtour durch korrosive Gase.- VDI-Berichte Nr. 2026, S. 123–132, Düsseldorf.

NEUMANN, T. (2015): Markierte Verfüllbaustoffe für Erdwärmesonden und Brunnenabdichtungen.- bbr, **65**, 28–31.

NICHOLSON, C. & WESSON, R.L. (1990): Earthquake Hazard associated with deep well injection – a report to the U.S. Environmental Protection Agency.- U.S. Geological Survey Bulletin 1951, 74 S.

NICHOLSON, K. (1993): Geothermal Fluids, Chemistry and Exploration Techniques.- 263 S., Springer-Verlag, Berlin.

NITSCHKE, F., HELD, S., VILLALON, I., NEUMANN, T., KOHL, T. (2017): Assessment of performance and parameter sensitivity of multicomponent geothermometry applied to a medium enthalpy geothermal system.- Geothermal Energy, DOI https://dx.doi.org/10.1186/s40517-017-0070-3.

NORDSTROM, D. K., ANDREWS, J. N., CARLSSON, L., FONTES, J-C., FRITZ, P., MOSER, H., OLSSON, T. (1985): Hydrogeological and Hydrogeochemical Investigations in Boreholes - Final report of the phase I geochemical investigations of the Stripa groundwaters.- Technical Report STRIPA Project, p.85-06, Stockholm.

OCHSNER, K. (2005): Wärmepumpen in der Heizungstechnik.- Praxishandbuch für Installateure und Planer, 3. neubearbeite Auflage, 211. S., C.F. Müller Verlag Heidelberg.

OCHSNER, K. (2008): Carbon dioxide heat pipe in conjunction with a ground source heat pump (GSHP).- Applied Thermal Engineering, Bd. 28 (16), S. 2077–2082.

ODENWALD, B., HEKEL, U., THORMANN, H. (2009): Grundwasserströmung - Grundwasserhaltung.- In: Witt, K.J. (Hrsg.): Grundbau-Taschenbuch, Teil 2: Geotechnische Verfahren, 7. überarbeitete u. aktualisierte Auflage, 950 S., Ernst & Sohn, Berlin.

ÓLADÓTTIR, A. & FRIÐRIKSSON, P. (2015): The Evolution of CO_2 Emissions and Heat Flow through Soil since 2004 in the Utilized Reykjanes Geothermal Area, SW Iceland: Ten Years of Observations on Changes in Geothermal Surface Activity.- World Geothermal Congress, 10 S., Melbourne, Australia.

OLAFSDOTTIRA, S., GARDARSSONA, S.M., ANDRADOTTIRA, H.O., ARMANNSSONB, H., OSKARSSONB, F. (2015): Near Field Sinks and Distribution of H_2S from Two Geothermal Power Plants in Iceland.- World Geothermal Congress, 9 S., Melbourne, Australia.

OMORI, F. (1894): On the aftershocks of earthquakes.- Journal of Colloid Science, Bd. 7, S. 111–200.

OTTEMÖLLER, L. & SARGEANT, S. (2013): A Local Magnitude Scale M_l for the United Kingdom.- Bulletin of the Seismological Society of America, **103**, 2884–2893.

ÖWAV-Regelwerk 207 (2008): Thermische Nutzung des Grundwassers und des Untergrunds - Heizen und Kühlen.- Regelblätter des Österreichischen Wasser- und Abfallwirtschaftsverbandes, 2. Aufl., 65 S., Wien.

OWENS S R (1975): Corrosion in disposal wells. – Water and Sewag Works, reference no. 1975, S.10–12.

PAHUD, D. (1998): PILESIM: Simulation Tool of Heat Exchanger Pile System.- Laboratory of Energy Systems, Swiss Federal Institute of Technology, Lausanne.

PANNIKE, S., KÖLLING, M., PANTELEIT, B., REICHLING, J., SCHEPS, V., SCHULZ, H.D. (2006): Auswirkungen hydrogeologischer Kenngrößen auf die Kälte- und Wärmefahnen von Erdwärmesondenanlagen in Lockersedimenten.- Grundwasser, Bd. 11, H. 1, S. 6–18.

PAPADOPULOS, S.S., BREDEHOEFT, J.D., COOPER, H.H., Jr. (1973): On the analysis of ‚slug test' data.- Water Resources Research **9**(4), S. 1087–1089.

PARK, Y.M. & SONNTAG, R.E. (1990): A Preliminary Study of the Kalina Power Cycle in Connection with a Combined Cycle System.- International Journal of Energy Research, Bd. 14, S. 153–162.

PARKER, L.V., HEWITT, A.D., JENKINS, T.F. (1990): Influence of casing materials on trace-level chemicals in well water.- Ground Water Monitoring Review, Bd. 10, Nr. 2, S. 146–156.

PARKHURST, D.L., APPELO, C.A.J. (1999): User's guide to PHREEQC (version 2) – a computer program for speciation, batchreaction, one dimensional transport, and inverse geochemical calculations.- U.S. Geological Survey, Water-Resources Investigations Report 99-4259, Denver/Colorado, 312 S.

PAUWELS, H., FOUILIAC, C., FOUILIAC, A.M. (1993): Chemistry and isotopes of deep geothermal saline fluids in the Upper Rhine Graben: origin of compounds and water-rock interactions.- Geochim. Cosmochim. Acta, 57, 2737–2749.

PEARSON, C. (1981): The Relationship Between Microseismicity and High Pore Pressures During Hydraulic Stimulation Experiments in Low Permeability Granitic Rocks.- Journal of Geophysical Research, Bd. 86, Nr. B9, S. 7855–7864.

PEARSON, F.J. JR., BALDERER, W., LOOSLI, H.H., LEHMANN, B.E., MATTER, A., PETERS, TJ., SCHMASSMANN, H., GAUTSCHI, A. (1991): Applied Isotope Hydrogeology – A Case Study in Northern Switzerland.- Technical Report 88-01, Nagra, 439 S., Baden/Switzerland.

PERREFORT, T., QUANTE, S. (2010): Sicherer Einbau von Erdwärmesonden in artesisch gespannten Aquiferen.- bbr, Fachmagazin für Brunnen- und Leitungsbau, Sonderheft Oberflächennahe Geothermie, S. 58–63, Würzburg.

PICKSAK, A. (2008): Neue Entwicklungen im Bereich der Messtechnik während des Bohrens, Stand der Technik – Ausblick auf neue Technologien.- VDI-Berichte Nr.: 2026, S. 65–92, Düsseldorf.

PIERAU, R., LADAGE, S., FRANKE, D., ANDRULEIT, H., ROGALIA, U. (2013): Schiefergas-Potential in Deutschland.- Geowissenschaftliche Mitteilungen GMIT, Nr. 51, S. 6–14, Bonn.

PINE, R. J., BATCHELOR. A. S. (1984): Downward migration of shearing in jointed rock during hydraulic injections.- Int. J. of Rock Mechanics Mining Sciences and Geomechanical Abstracts, 21(5): 249–263.

PK Tiefe Geothermie (2008): Nutzungen der Geothermischen Energie aus dem tiefen Untergrund (Tiefe Geothermie) –Arbeitshilfe für Geologische Dienste-, Internetseite der Staatlich Geologischen Dienste, 36 S.

POLLACK, H.N., HURTER, S.J., JOHNSON, J.R. (1993): Heat Flow from the Earth's Interior: Analysis of the Global Data Set.- Rev. Geophys., 31(3), S. 267–280, doi. https://dx.doi.org/10.1029/93RG01249.

POPE, E.C., BIRD, D.K., ARNÓRSSON, S., GIROUD, N. (2016): Hydrogeology of the Krafla geothermal system, northeast Iceland.- Geofluids, 16, 175–197.

POPOV, Y.A., PRIBNOW, D., SASS, J., WILLIAMS, C., BURKHARDT, H. (1999): Characterisation of rock thermal conductivity by high-resolution optical scanning.- Geothermics, 28, 253–276.

POPPEI,J., MAYER, G., SCHWARZ, R. (2006): Groundwater Energy Designer (GED), Computergestütztes Auslegungstool zur Wärme- und Kältenutzung von Grundwasser.- Schlußbericht von Colenco Power Engineering AG im Auftrag des Bundesamts für Energie Schweiz, 70 S., Baden/Schweiz.

PORTIER, S., ANDRÉ, L., VUATAZ, F.-D. (2007): Review on chemical stimulation techniques in oil industry and applications to geothermal systems.- engine, work package 4, 32 S., CREGE, Neuchatel, Switzerland.

POWELL, T. & CUMMING, W. (2010): Spreadsheets for geothermal water and gas geochemistry.- Proceedings, 35. Workshop on Geothermal Engineering, Stanford University, SGP-TR-188, 10 S., Stanford, USA.

PRUESS, K. (1987): TOUGH2, Transport of Unsaturated Groundwater and Heat, User's Guide, Version 2.0 (1999).- Lawrence Berkeley Laboratory Report LBL-43134.

RAMEY, H.J. (1962): Wellbore Heat Transmission.-Journal of Petroleum Technology, S. 427–435.

RAMEY, H.J. JR., AGARWAL, R.G., MARTIN, I. (1975): Analysis of ‚slug test' or DST flow period data.- Journal of Canadian Petroleum Technology, 3(37), 47 S.

RAUCH, W. (2009): EGON – User Manual.- Arbeitsbereich Umwelttechnik, Universität Innsbruck.

RAUCH, W. & STEGER, U. (2004): Das thermische Nutzungspotential von oberflächennahen Aquiferen aus wasserwirtschaftlicher Sicht.- Gwf-Wasser/Abwasser, 145, Nr. 5.

REICH, M. (2011): Grundlagen der Richtbohrtechnik.- Erdöl Erdgas Kohle, 127 Jg., H. 1, S. 35–40, Hamburg.

REINSCH, T., DOBSON, P., ASANUMA, H., HUENGES, E., POLETTO, F., SANJUAN, B. (2017): Utilizing supercritical geothermal systems: a review of past ventures and ongoing research activities.- Geothermal Energy, 5:16, 26 S., DOI https://dx.doi.org/10.1186/s40517-017-0075-y.

REMOROZA, A.I. (2010): Cacite Mineral Scaling Potentials of High-Temperature Geothermal Wells.- Thesis at the Faculty of Science School of Engineering and Natural Sciences, 97 S., Univ. of Iceland, Reykjavik.

REN21 (2017): Renewables 2017 Global Status Report.- Paris Ren21 Secretariat, https://www.ren21.net.

REUß, M.; BUSSO, A.J.; MÜLLER, J-P. (2001): Thermal Response Test – Experimente und Auswertungen, Proc. Workshop Geothermische Response Tests, Lausanne 2001, Eugster & Laloui (Ed.), GtV, S. 21–29.

Reuß, M. (2014): Prüfstand zur Untersuchung der Abdichtung von Erdwärmesonden-Bohrungen unter realitätsnahen Bedingungen.- Vortrag 7. Norddeutsche Geothermietagung, Hannover.

Riegger, M. (2008): Saisonaler Erdsonden-Wärmespeicher Crailsheim.- bbr 09, 24–32.

Riegger, M. (2011): Realmaßstabsexperimente zur Qualitätsuntersuchung von Erdwärmesonden, Vortrag zur Fachmesse Geotherm 2011 in Offenburg, http://www.messe-offenburg.de/upload/media/media/63/35_Riegger_Vortrag%5B1943%5D.pdf.

Riegger, M., Heidinger, P., Lorinser, B., Stober, I. (2012): Auswerteverfahren zur Kontrolle der Verfüllqualität in Erdwärmesonden mit faseroptischen Temperaturmessungen.- Grundwasser, **17**/2, 91–103, Springer Verlag (DOI https://dx.doi.org/10.1007/s00767-012-0192-2).

Robertsson, J.O. & Chilingar, G. (2017): Environmental Aspects of Oil and Gas Production.- Wiley, 273 S., Hoboken, USA.

Rodrigues, N.E.V., Robinson, B.A., Counce, D.A. (1993): Tracer Experiment Results During the Long-Term Flow Test of the Fenton Hill Reservoir.- Proceedings, 18th Workshop on Geothermal Reservoir Engineering Stanford University, SGP-TR-145, 199–206, Stanford, California.

Rohloff K & Kalter A (2011): Geothermische Stromerzeugung, Kraftwerkstechnologien und Technologien zur gekoppelten Erzeugung von Strom und Wärme.- Bundesministerium für Umwelt, Naturschutz und Reaktorsicherheit (BMU), 51 S., Berlin.

Rojas, J. (1984): Le réservoir géothermique du Dogger en région parisienne. Exploitation, gestion, hydrogéologie.- Géologie en l'Ingénieur, 1, S. 57-85.

Rosenkjær, G.K. (2011): Electromagnetic methods in geothermal exploration. 1D and 3D inversion of TEM and MT data from a synthetic geothermal area and the Hengill geothermal area, SW Iceland.- University of Iceland, MSc thesis, 137 S.

Rowland, J.V. & Sibson, R.H. (2004): Structural controls on hydrothermal flow in a segmented rift system, Taupo Volcanic Zone, New Zealand.- Geofluids, **4**, 259–283.

Ruck, W., Adinolfi, M., Weber, W. (1990): Chemical and environmental aspects of heat storage in the subsurface.- Z. Angew. Geowiss., 9, S. 119–129.

Russell, D.G. & Truitt, N.E. (1964): Transient Pressure Behavior in Vertically Fractured Reservoirs.- Journ. Petrol. Technol., S. 1159–1170.

Rutledge, J.T., Phillips, W.S., Mayerhofer, M.J. (2004): Faulting induced by forced fluid injection and fluid flow forced by faulting.- Bull. Seism. Soc. Am., 94, 1817–1830.

Rutqvist, J. (2012): The Geomechanics of CO_2 Storage in Sedimentary Formations.- Geotech. Geol. Eng, **30**, 525–551.

Rybach, L. (1976): Radioactive heat production in rocks and its relation to other petrophysical parameters.- Pageoph 114, S. 309–317.

Rybach L (2004): EGS – State of the Art.- Tagungsband der 15. Fachtagung der Schweizerischen Vereinigung für Geothermie, Basel.

Sabel, M. (2013): Sicherheit durch Qualität in der oberflächennahen Geothermie.- bbr Sonderheft Geothermie, 63 Jg., S. 64–69, Bonn.

Sanjuan, B., Pinault, J.L., Rose, P., Gérard, A., Brach, M., Braibant, G., Crouzet, C., Foucher, J.C., Gautier, A., Touzelet, S. (2006): Geochemical fluid characteristics and main achievements about tracer tests at Soultz-sous-Forêts (France).- Final Report BRGM/RP-54776-FR, 67 S., Orléans, France.

Sanjuan, B., Brach, M., Genter, A., Sanjuan, R., Scheiber, J., Touzelet, S. (2015): Tracer testing of the EGS site at Soultz-sous-Forêts (Alsace, France) between 2005 and 2013.- Proceedings World Geothermal Congress, 12 S., Melbourne, Australia.

Sanjuan, B., Scheiber, J., Gal, F., Touzelet, S., Genter, A., Villadangos, G. (2016): Inter-well chemical tracer testing at the Rittershoffen geothermal site (Alsace, France).-European Geothermal Congress, 7 S., Strasbourg, France.

Sanner, B. & Chant, V.G. (1992): Seasonal Cold Storage in the Ground using Heat Pumps. - Newsletter IEA Heat Pump Center 10/1, S. 4–7, Sittard.

Sanner, B. (1996): Die „Erdgekoppelte" wird 50 – 50 Jahre Erdgekoppelte in den USA, 15 Jahre Erdwärmesonden in Mitteleuropa.- Geothermische Energie, 13/96, S. 1–5, Geeste.

SANNER, B. & HELLSTRÖM, G. (1996): „Earth Energy Designer", eine Software zur Berechnung von Erdwärmesondenanlagen. Tagungsband 4. Geotherm. Fachtagung in Konstanz (1996), S. 326–333.

SANNER, B., REUSS, M., MANDS, E. (2000): Thermal Response Test – Experiences in Germany.- Proceedings Terrastock 2000, 8th International Conference on Thermal Energy Storage, Bd. I, S. 177–182, Stuttgart, Germany.

SANNER, B. (2004): Thermische Untergrundspeicherung auf höherem Temperaturniveau: Begleitforschung mit Meßprogramm Aquiferspeicher Reichstag.- Schlußbericht zum FuE-Vorhaben 0329809 B, Gießen.

SANNER, B., KABUS, F., SEIBT, P., BARTELS, J. (2005): Underground thermal energy storage for the germanparliament in Berlin, system concept and operational experiences.- In: Proceedings world geothermal congress, 24–29 April, Antalya, Turkey.

SANNER, B. (2006): 60 Jahre erdgekoppelte Wärmepumpe.- Umweltpanorama, 12/2006, S. 8–11, Berlin.

Sanner, B. (2015): Aktuelle Entwicklung der Geothermie in Europa – Potenzial und Rahmenbedingungen.- bbr Sonderheft, **65**, 12–19.

SANTOYO, E., DÍAZ-GONZÁLEZ, L. (2010): Improved Proposal of the Na/K-Geothermometer to Estimate Deep Equilibrium Temperatures and their Uncertainties in Geothermal Systems.- Proceedings World Geothermal Congress, 7 S., Bali, Indonesia.

SAUTY, J.P. (1980): An analysis of hydrodispersive transfer in aquifers.- Water Resour. Res., **16** (1), 145–158.

SAUTY, J.P., GRINGARTEN, A.C., LANDEL, P.A., MENJOZ, A. (1980): Lifetime optimization of low enthalpy geothermal doublets.- In: Strub, A.S. & Ungemach, P. (eds): Advances in European Geothermal Research, S. 706–719, D. Reidel Publ. Co. Dordrecht, The Netherlands.

SCHÄDEL, K. & DIETRICH, H.-G. (1979): Results of the Fracture Experiments at the Geothermal Research Borehole Urach 3.- In: Haenel, R. (ed): The Urach Geothermal Projekt (Swabian Alb, Germany), 323–344, Schweizerbart'sche Verlagsbuchhandlung, Stuttgart.

SCHÄDEL, K. & STOBER, I. (1984): Die Wärmeanomalie Urach aus geologischer Sicht.- Jh. geol. Landesamt Baden-Württemberg, H. 26, S. 19–25, 2 Abb., Freiburg i.Br.

SCHÄDEL, K. & STOBER, I. (1984): Gibt es thermische Stabilitätsgrenzen der Erdkruste?.- Jh. geol. Landesamt Baden-Württemberg, H. 26, S. 7–18, 3 Abb., 1 Tab., Freiburg i.Br.

SCHÄDEL, K. & STOBER, I. (1984): Auswertung der Auffüllversuche in der Forschungsbohrung Urach 3.- Jh. geol. Landesamt Baden-Württemberg, H. 26, S. 27–34, Freiburg i.Br.

SCHEIBER, J., SEIBT, A., BIRNER, J., GENTER, A., CUENOT, N., MOECKES, W. (2015): Scale Inhibition at the Soultz-sous-Forêts (France) EGS Site: Laboratory and On-Site Studies.- Proceedings World Geothermal Congress, 12 S., Melbourne, Australia.

SCHELLSCHMIDT, R. & STOBER, I. (2008): Untergrundtemperaturen in Baden-Württemberg.- LGRB-Fachbericht, **2**, 28 S., Regierungspräsidium Freiburg.

SCHIIPERS, A. & REICHLING, J. (2006): Laboruntersuchungen zum Einfluss von Temperaturveränderungen auf die Mikrobiologie des Untergrundes.- Grundwasser, Bd. 11, H. 1, S. 40–45.

SCHMIDT, K.R., KÖRNER, B., SACHER, F., CONRAD, R., HOLLERT, H., TIEHM, A. (2016): Biodegradability and ecotoxicity of commercially available geothermal heat transfer fluids.- Grndwasser, 21, 56–67.

SCHMIDT, R.B., BUCHER, K., STOBER, I. (2018): Experiments on granite alteration under geothermal reservoir conditions and initiation of fracture evolution.- Eur. J. Mineral., 30, 899–916, DOI: https://dx.doi.org/10.1127/ejm/2018/0030-2771.

SCHMIDT, T., MANGOLD, D., MÜLLER-STEINHAGEN, H. (2003): Central solar heating plants with seasonal storage in Germany.- Solar Energy, Bd. 76 (1–3), S. 165–174, Elsevier Ltd.

SCHMIDT, T., MÜLLER-STEINHAGEN, H. (2004): The Central Solar Heating Plant with Aquifer Thermal Energy Store in Rostock.- Results after four years of operation.- EuroSun, Freiburg .

SCHMIDT, T. & MÜLLER-STEINHAGEN, H. (2005): Erdsonden- und Aquifer-Wärmespeicher in Deutschland.- OTTI Profiforum Oberflächennahe Geothermie, Regenstauf.

SCHÖN, J. (2004): Physical properties of rocks.- Elsevier, 600 S.

SCHRÖDER, H. & HESSHAUS, A. (2009): Langfristige Betriebssicherheit geothermischer Anlagen.- Abschlussbericht, Bundesanstalt für Geowissenschaften und Rohstoffe, S. 134, Hannover.

SCHUCK, A., VORMBAUM, M., GRATZL, S., STOBER, I. (2012) Seismische Modellierung zur Detektierbarkeit von Störungen im Kristallin.- Erdöl, Erdas, Kohle, 128 (1), S. 14–20, Urban-Verlag, Hamburg/Wien.

SCHULZ, R. (2005) Ansätze zur Quantifizierung des Fündigkeitsrisikos von Geothermiebohrungen.- Vortrag Geothermieforum in Graz.

SCHULZ, R., HAENEL, R., WERNER, K. H. (1990): Geothermische Ressourcen und Reserven: Weiterführung und Verbesserung der Temperaturdatensammlung. - Report EUR 11998 DE: 75 pp; Luxembourg (Office for Official Publications of the European Communities).

SCHULZ, R., SCHELLSCHMIDT, R. (1991): Das Temperaturfeld im südlichen Oberrheingraben. - Geol. Jb., E48: 153–165; Hannover.

SCHWEIZER, R., STOBER, I., STRAYLE, G. (1985): Auswertungsmöglichkeiten und Ergebnisse von Tracerversuchen im Grundwasser.- Abh. geol. Landesamt Baden-Württemberg, H. 11, S. 93–139, Freiburg i.Br.

SEGALL, P. (1989): Earthquakes triggered by fluid extraction.- Geology, 17, 942–946.

SEGALL, P. & LU, S. (2015): Injection-induced seismicity: Poroelastic and earthquake nucleation effects.- J. Geophys. Res. Solid Earth, 120, 5082–5103,

SEIBT, A. (2007): Langfristige Betriebsicherheit geothermischer Anlagen, Erarbeitung von Empfehlungen zur Bestimmung betriebsrelevanter Inhaltsstoffe in Thermalwässern an Geothermieanlagen und Förderbohrungen.- F/E-Vorhaben, Bundesanstalt für Geowissenschaften und Rohstoffe, Vertr.-Nr.: 204-4500033099, 32 S. Neubrandenburg.

SEIBT, A., JÄHNICHEN, S., WOLFGRAMM, M. (2018): Einsatz von Inhibitoren bei der Nutzung hochmineralisierter Fluide in der Tiefen Geothermie.- Geothermische Energie, 89/2, 12–14, Berlin.

SEITHEL, R., MÜLLER, B., ZOSSEDER, K., SCHILLING, F., KOHL, T. (2018): Betrachtungen der Seismizität um Geothermieanlagen im geomechanischen Kontext.- Geothermische Energie, 89/2, 24–27, Berlin.

SHAPIRO, S.A., DINSKE, C., KUMMEROW, J. (2007): Probability of a given-magnitude earthquake induced by a fluid injection.- Geophys. Res. Lett., 34, L22314, doi: https://dx.doi.org/10.1029/2007/GL031615.

SHAPIRO, S. A. & DINSKE, C. (2009): Fluid-induced seismicity: Pressure diffusion and hydraulic fracturing.- Geophysical Prospecting, 57, 301–310.

SHAW, J.H., CONNORS, C., SUPPE, J. (2005): Seismic interpretation of contractional fault-related folds.- The American Association of Petroleum Geologists, ISBN: 0-89181-060-9, Tulsa, OK, USA.

SHERBURN, S., BROMLEY, C., BANNISTER, S., SEWELL, S., BOURGUIGNON, S. (2015): New Zealand Geothermal Induced Seismicity: an overview.- Proceedings World Geothermal Congress, 9 S., Melbourne, Australia.

SHERIFF, R.E. & GELDART, L.P. (2006): Exploration Seismology.- Cambridge University Press, 2nd ed., 592 S., Cambridge/UK.

SHIPILIN, V., TANNER, D. C., MOECK, I., HARTMANN VON, H. (2019): Facies and structural interpretation of 3D seismic data in a foreland basin setting: A case study of the geothermal prospect of Wolfratshausen.- Geothermische Energie, 91/1, 24–25, Berlin.

SIGNORELLI, S. (2004): Geoscientific Investigations for the Use of Shallow Low-Enthalpy Systems.- Dissertation of the Swiss Federal Institute of Technology Zurich, ETH No. 15519, 157 S., Zurich.

SMITH, C.F., HENDRICKSON, A.R. (1965): Hydrofluoric acid stimulation of sandstone reservoirs.- Journal of Petroleum Technology, Bd. 35, Nr. 5, S. 881–888.

SMITH, M. C., AAMODT, R. L., POTTER, R. M., BROWN. D. W. (1975): Man-made geothermal reservoirs.- Proc. UN Geothermal Symp., 3:1,781–1,787, San Francisco, Calif.

SMITH, W. H. F., WESSEL, P. (1990): Gridding with continuous curvature splines in tension. - Geophysics, 55: 293–305.

SMOLCZYK, H.-G. (1968): Chemical reactions of strong chloride solutions with concrete.- 5. Intern. Symp. Chem. Cem., Tokyo 3, S. 274–280.

SOEDER, D.J. (2010): The Marcellus Shale: Resources and Reservations.- EOS, Transactions, American Geophysical Union, Bd. 91, Nr. 32, S. 277–278.

SÖLL, T., KOBUS, H. (1992): Modellierung des großräumigen Wärmetransports im Grundwasser.- In: Kobus H.: Wärme- und Schadstofftransport im Grundwasser, Bd. 1, S. 81–133, DFG, Deutsche Forschungsgemeinschaft, Weinheim/Basel/Cambridge/New York.

SOMMER, W.T., DOORMENBAL, P.J., DRIJVER, B.C., VAN GAANS, P.F.M., LEUSBROCK, I., GROTENHUIS, J.T.C., RIJNAARTS, H.H.M. (2014): Thermal performance and heat transport in aquifer thermal energy storage.- Hydrogeology Journal, **22**, 263–279.

STADLER, T., HOPKIRK, R.J., HESS, K. (1995): Auswirkung von Klima, Bodentyp, Standorthöhe auf die Dimensionierung von Erdwärmesonden in der Schweiz.- Schlussbericht ET-FOER(93)033, BEW, Bern.

STAUFFER, F. (1983): Thermische Ausbreitung im Grundwasserleiter.- Schweizer Ingenieur und Architekt 23(1983) S. 633–638.

STOBER, I. (1980): Bestimmung von Aquiferparametern aus Markierungsversuchen in Porengrundwasserleitern mit analytischen Lösungen.- Diplomarbeit an der Albert-Ludwigs-Univers. Freiburg, 109 S., Anhang, Freiburg i.Br.

STOBER, I. (1986) Strömungsverhalten in Festgesteinsaquiferen mit Hilfe von Pump- und Injektionsversuchen (The Flow Behaviour of Groundwater in Hard-Rock Aquifers – Results of Pumping and Injection Tests).- Geologisches Jahrbuch, Reihe C, 42, 204 S.

STOBER, I. (1988): Geohydraulische Ergebnisse.- In: BERTLEFF, B. & JOACHIM, H. & KOZIOROWSKI, G. & LEIBER, J. & OHMERT, W. & PRESTEL, R. & STOBER, I. & STRAYLE, G. & VILLINGER, E. & WERNER, J. (1988): Ergebnisse der Hydrogeothermiebohrungen in Baden-Württemberg.- Jh. geol. Landesamt Baden-Württemberg, H. 30, S. 27–116, Freiburg i.Br.

STOBER, I. (1992): Die Gezeiten der Erde in ihren Auswirkungen auf das Grundwasser.- DGM, **36**, H. 5/6, 4 Abb., S. 142–147, Koblenz.

STOBER, I. (1995): Die Wasserführung des kristallinen Grundgebirges.- Ferdinand Enke Verlag, 81 Abb., 16 Tab., 191 S., Stuttgart.

STOBER, I. & BUCHER, K. (1999): Origin of salinity of deep groundwater in Crystalline rocks.- Terra Nova, Bd. 11, 4, S. 181–185, Blackwell Science Ltd.

STOBER, I. & RICHTER, A. & BROST, E. & BUCHER, K. (1999): The Ohlsbach Plume: Natural release of Deep Saline Water from the Crystalline Basement of the Black Forest.- Hydrogeology Journal, Bd. 7 (3), S. 273–283, Springer, Berlin/Heidelberg.

STOBER, I. & BUCHER, K. (2005): The upper continental crust, an aquifer and its fluid: hydraulic and chemical data from 4 km depth in fractured crystalline basement rocks at the KTB test site.- Geofluids, **5**, 8–19.

STOBER, I. & BUCHER, K. (2007): Hydraulic properties of the crystalline basement.- Hydrogeology Journal, **15**, S. 213–224.

STOBER, I., FRITZER, T., OBST, K., SCHULZ, R., (2009): Nutzungsmöglichkeiten der Tiefen Geothermie in Deutschland.- Bundesministerium für Umwelt, Naturschutz und Reaktorsicherheit, 73 S., Berlin.

STOBER, I. (2011): Depth- and pressure-dependent permeability in the upper continental crust: data from the Urach 3 geothermal borehole, southwest Germany.- Hydrogeology Journal, 19, S. 685–699 (DOI: https://dx.doi.org/10.1007/s10040-011-0704-7).

STOBER, I. & JODOCY, M. (2011): Hydrochemie der Tiefenwässer im Oberrheingraben - eine Basisinformation für geothermische Nutzungssysteme. – Z. geol. Wiss., 39, 1, S. 39–57.

STOBER, I., JODOCY, M., HINTERSBERGER, B. (2012): Vergleich von Durchlässigkeiten aus unterschiedlichen Verfahren - Am Beispiel des tief liegenden Oberen Muschelkalk-Aquifers im Oberrheingraben und westlichen Molassebecken.- Z. geol. Wiss., 40 (1), S. 1–18, Berlin.

STOBER, I. (2013): Die thermalen Karbonat-Aquifere Oberjura und Oberer Muschelkalk im Südwestdeutschen Alpenvorland.- Grundwasser, 18(4), 259–269, (DOI: https://dx.doi.org/10.1007/s00767-013-0236-2).

STOBER, I., JODOCY, M., HINTERSBERGER, B. (2013): Gegenüberstellung von Durchlässigkeiten aus verschiedenen Verfahren im tief liegenden Oberjura des südwestdeutschen Molassebeckens.- Z. Dt. Ges. Geowiss.,**164**(4), 663–679. https://doi.org/10.1127/1860-1804/2013/00033.

STOBER, I., WOLFGRAMM, M., BIRNER, J. (2014): Hydrochemie der Tiefenwässer in Deutschland.- Z. geol. Wiss., **41/42** (5-6), 339–380.

STOBER, I. & BUCHER, K. (2014): Hydraulic conductivity of fractured upper crust: Insights from hydraulic tests in boreholes and fluid-rock interaction in crystalline basement rocks.- Geofluids, 16, 161–178 (doi: https://dx.doi.org/10.1111/gfl.12104).

STOBER, I., FRITZER, T., OBST, K., AGEMAR, T., SCHULZ, R., (2016): Tiefe Geothermie – Grundlagen und Nutzungsmöglichkeiten in Deutschland -.- Leibniz-Institut für Angewandte Geophysik (LIAG), 85 S., Hannover.

STOBER, I., TEIBER, H., LI, X., JENDRYSZCZYK, N., BUCHER, K. (2017): Chemical composition of surface- and groundwater in fast-weathering silicate rocks in the Seiland Igneous Province, North Norway.- Norwegian Journal of Geology, 97(1), 63–93. (https://dx.doi.org/10.17850/njg97-1-04).

STORCH, T. (2014): Grundlegende Untersuchungen zum Wirkprinzip von geothermischen Phasenwechselsonden.- Dissertation Technische Universität Bergakademie Freiberg, 162 S., Freiberg.

STRAYLE, G., STOBER, I., SCHLOZ, W. (1994): Ergiebigkeitsuntersuchungen in Festgesteinsaquiferen.- Informationen 6, Geologisches Landesamt Baden-Württemberg, 114 S., 65 Abb., 11 Tab., Freiburg i.Br.

StrlSchV (2001): Verordnung für die Umsetzung von EURATOM-Richtlinien zum Strahlenschutz vom 20. Juli 2001.- Bundesgesetzblatt 2001, Teil I, Nr. 38 vom 26.07.2001, S. 1714 ff.

STROZZI, T., TOSI, L., CARBOGNIN, L., WEGMÜLLER, U., GALGARO, A. (1999): Monitoring Land Subsidence in the Euganean Geothermal Basin with Differential SAR Interferometry.- (https://www.researchgate.net/publication/228916258).

SUÁREZ, M.-C.A. & SAMANIEGO, F. (2012): Deep geothermal reservoirs with water at supercritical conditions.- Proceedings 37th workshop on Geothermal Reservoir Engineering, Stanford University, SGP-TR-194, 9 S., Stanford, CA/USA.

SUGIURA, T. (1968): Bromine and Chlorine Ratios in Igneous Rocks.- Bulletin of the Chemical Society of Japan, **41**, 1133–1139.

SUN, H., FEISTEL, R., KOCH, M., MARKOE, A. (2008): New equations for density, entropy, heat capacity, and potential temperature of a saline thermal fluid.- Deep-Sea Research, 55, S. 1304–1310, Elsevier.

SVEINBJÖRNSSON, B.M. (2014): Success of High Temperature Geothermal Wells in Iceland.- ISOR Iceland Geosurvey, ISOR-2014/053, project-no. 13-0445, 42 S., Reykjavik, Iceland.

TAB (2003): Möglichkeiten geothermischer Stromerzeugung in Deutschland.- TAB-Arbeitsbericht Nr. 84, Deutscher Bundestag, Ausschuss für Bildung, Forschung und Technikfolgenabschätzung, 126 S., Berlin.

TELFORD, W.M., GELDART, L.P., SHERIFF, R.E. (1990): Applied Geophysics.- Cambridge University Press, 2nd ed., Cambridge/UK.

TEODORIU, C., FALCONE, G. (2009): Comparing completion design in hydrocarbon and geothermal wells: the need to evaluate the integrity of casing connections subject to thermal stress.- Geothermics 38, Elsevier, S. 238–246.

TEODORIU, C. (2013): Why and when does Casing Fail in Geothermal Wells.- OIL GAS European Magazine 1, S. 38–40.

TESTER, J.W., BIVINS, R. L, POTTER, R. M. (1982): Interwell Tracer Analyses of a Hydraulically Fractured Granitic Geothermal Reservoir.- Society of Petroleum Engineers, **22**, 537–554.

TEWAG (2014): GeoMol – Entwicklung standardisierter Bohr- und Ausbaudesigns sowie von zwei Rechenmodulen zur Potenzialabschätzung der Mitteltiefen Erdwärmesondengeothermie im Pilotgebiet Lake Constance – Allgäu Area.- Abschlussbericht der Fa. tewag, BauGrund Süd und der Hochschule Biberach vom 01.12.2014, 54 S., Starzach, Germany.

Thain, I.A. (1998): A brief history oft he Wairakei geothermal power project.- GHC Bulletin, 4 S.

THEIS, C. V. (1935): The Relation between the lowering of the Piezonetric Surface and the Rate and Duration of Discharge of a Well Using Groundwater Storage.- Trans. AGU: S. 519–524.

THIEDE, R. & ESCHER, D. (1978): Verfahren zur Stimulation von Erdöl- und Erdgasinjektionssonden.- VEB Deutscher Verlag für Grundstoffindustrie, S. 1–91, Leipzig.

THOLEN, M. & WALKER-HERTKORN, S. (2008): Arbeitshilfen Geothermie, Grundlagen für oberflächennahe Geothermie.- wvgw Wirtschafts- und Verlagsgesellschaft Gas und Wasser mbH, 206 S., Bonn.

THOMPSON, J.M., PRESSER, T.S., BARNES, R.B., BIRD, D.B. (1975): Chemical Analysis of the Water of Yellowstone National Park, Wyoming from 1965 to 1973.- U.S. Geological Survey Open-File Report 75-25, 59 S.

THOMPSON, J.M. & YADAV, S. (1979): Chemical Analysis of Waters from Geysers, Hot Springs, and Pools in Yellowstone National Park, Wyoming, from 1974 to 1978.- U.S. Geological Survey Open-File Report 79-704, 49 S.

THOROLFSSON, G. (2010): Silencers for Flashing Geothermal Brine, Thirty Years of Experimenting.- Proceedings World Geothermal Congress, 4 S., Bali, Indonesia.

TISCHNER, T., PFENDER, M., TEZA, D. (2006): Hot Dry Rock Projekt Soultz: Erste Phase der Erstellung einer wissenschaftlichen Pilotanlage.- Abschlußbericht zum Vorhaben 0327097, Bundesanstalt für Geowissenschaften und Rohstoffe (BGR), 85 S., Hannover.

TISCHNER, T., SCHINDLER, M., JUNG, R., NAMI, P. (2007): HDR Project Soultz: Hydraulic and seismic observations during stimulation of the 3 deep wells by massiv water injections.- Proceedings, thirty-second workshop on geothermal engineering, Stanford University, 7 S., Stanford, California.

TREFRY, M.G. & MUFFELS, C. (2007). „FEFLOW: a finite-element ground water flow and transport modeling tool". Ground Water 45 (5): 525–528. doi: https://dx.doi.org/10.1111/j.1745-6584.2007.00358.x.

TSANG, C.-F. (1987): A Borehole Fluid Conductivity Logging Method for the Determination of Fracture Inflow Parameters.- Report of the Earth Science Division, Lawrence Berkley Laboratory, 53 S., University of California.

TSANG, C.-F., HUFSCHMIED, P., HALE, F.V. (1990): Determination of Fracture Inflow Parameters With a Borehole Fluid Conductivity Logging Method.- Water Resources Research, Bd. 26, Nr. 4, S. 561–578.

UNGEMACH, P. (1997). Chemical Treatment of Low Temperature Geofluids.- Paper presented at the International Course on District Heating Schemes, Proceedings, S. 10-1 to 10-14, Cesme, Turkey.

UVM (2005): Leitfaden zur Nutzung von Erdwärme mit Erdwärmesonden.- MUV (Ministerium für Umwelt und Verkehr Baden-Württemberg), 26 S., Stuttgart.

UM (2008): Leitfaden zur Nutzung von Erdwärme mit Erdwärmekollektoren.- Umweltministerium Baden-Württemberg, 21 S., Stuttgart.

UM, WM (2009): Qualitätsmanagement – Fehlervermeidung bei Wärmepumpen- und Erdsonden-Heizsystemen.- Umwelt- und Wirtschaftsministerium Baden-Württemberg, 39 S., Stuttgart.

U.S. DEPARTMENT OF ENERGY (2016): 2016 Renewable Energy Data Book, Energy Efficiency & Renewable Energy of the National Renewable Energy Laboratory (NREL) (https://www.nrel.gov).

UVP-V Bergbau (2016): Verordnung über die Umweltverträglichkeitsprüfung bergbaulicher Vorhaben vom 13.07.1990, BGBl. I S.1420, zuletzt geändert durch Verordnung vom 30.11.2016, BGBl. I S.1957.

VALLEY, B. & EVANS, K. (2003): Strength and elastic properties of the Soultz granite. – In: Zürich, E. (Hg.): Synthetic 2nd year report, Zürich, Switzerland: 6 S., Zürich (Eidgenöss. Techn. Hochsch.).

VASILIEV, L.L. (2005): Heat pipes in modern heat exchangers.- Applied Thermal Engineering, 25, S. 1–19, Elsevier.

VBI-LEITFADEN (2008): Oberflächennahe Geothermie.- Verband beratender Ingenieure, 59 S., Berlin.

VERMA, S. P., SANTOYO, E. (1997) Improved equations for Na/K, Na/Li, and SiO_2 geothermometers by outlier detection and rejection. Journal of Volcanology and Geothermal Research, 79: 9–23.

VERMA, M.P. (2000): Revised Quartz Solubility Temperature Dependence Equation along the Water-Vapor Saturation Curve.- Proceedings World Geothermal Congress, S. 1927–1932, Kyushu-Tohoku, Japan.

VETTER, A., VIETH, A., MANGELSDORF, K., LERM, K., ALAWI, M., WOLFGRAMM, M., SEIBT, A., WÜRDEMANN, H. (2010): Biogeochemical characterisation of geothermally used groundwater in Germany.- World Geothermal Congress 2010, Bali, Indonesien.

VDI 4640 (2001): Thermische Nutzung des Untergrundes, Erdgekoppelte Wärmepumpenanlagen.- VDI-Richtlinie 4640 Blatt 2, Beuth Verlag, 43 S., Berlin.

VDI 4640 (2001): Thermische Nutzung des Untergrundes, Unterirdische Thermische Energiespeicher.- VDI-Richtlinie 4640 Blatt 3, Beuth Verlag, 44 S., Berlin.

VDI 4640 (2004): Thermische Nutzung des Untergrundes - Direkte Nutzungen.- VDI-Richtlinie 4640 Blatt 4, Beuth-Verlag, 40 S., Berlin.

VIDAL, J., GENTER, A., CHOPIN, F. (2017): Permeable fracture zones in the hard rocks of the geothermal reservoir at Rittershoffen, France.- AGU, Journal of Geophysical Research: Solid Earth, **122(7)**, 4864–4887.

VOELKER, H. & VOUTTA, A. (2011): Erdwärmesonden: Nachweis der abdichtenden Wirkung der Ringraumhinterfüllung.- bbr, 12, S. 46–53, Bonn.

VOELKER, H. & VOUTTA, A. (2013): Überprüfung der Wirksamkeit einer Erdwärmesondensanierung.- bbr Spezial Geotherm Technik, 02, S. 30–35, Bonn.

VOZOFF, K. (1987): The magnetotelluric method.- In: Nabighian, M.N. (ed.): Electromagnetic methods in applied geophysics, Bd. 2, Application.- Society of Exploration Geophysicists, Tulsa, OK, 641–711.

WAGNER, R., CLAUSER, C. (2005): Evaluating thermal response tests using parameter estimation for thermal conductivity and thermal capacity, Journal of geophysics and engineering Nr. 2, S. 349–356.

WAGNER, W. & KRETSCHMAR, H.-J. (2008): International Steam Tables, Properties of Water and Steam.- Springer-Verlag, 2nd ed., Berlin Heidelberg.

WALTHER, J.V., HELGESON, H.C. (1977): Calculation of the thermodynamic properties of aqueous silica and the solubility of quartz and its polymorphs at high pressures and temperatures.- Am. Jour. Sci., Bd. 277, S. 1315–1351.

WEAST, R.C. & SELBY, S.M. (eds) (1967): CRC Handbook of Chemistry and Physics.- 48th Aufl., CRC Press.

WEG-LEITFADEN (2006): Gestaltung des Bohrplatzes.- Wirtschaftsverband Erdöl- und Erdgasgewinnung e.V., 6 S., Hannover.

WEG (2013): Hydraulic Fracturing – Prozess und Perspektiven in Deutschland.- Wirtschaftsverband Erdöl- und Erdgasgewinnung e.V., Hannover.

WEI, H.F., LEDOUX, E., MARSILY, De G. (1990): Regional modelling of groundwater flow and salt and environmental tracer transport in deep aquifers in the Paris Basin.- Journal of Hydrology, 120/1-4, 341–358.

WEIMANN, T. & WETZLER, S. (2018): ORC und Kalina – ein Vergleich.- Geothermische Energie, 90/3, 6–8, Berlin.

WENZEL, F., BARTH, A., LANGENBRUCH, C., SHAPIRO, S.A. (2010): Occurence probability and earthquake size of post shut-in events in geothermal projects.- In: Ritter, J. & Oth, A. (eds): Proceedings of the workshop induced seismicity, **30**, 7 S., ECGS, Blue Book, Luxemburg.

WIEBER, G., LANDSCHREIBER, K., POHL, S., STREB, C. (2011): Geflutete Grubenbaue als Wärmespeicher.- bbr, 62. Jg., 05, S. 34–40,Geldern.

WITT, K.-J. (2009): Grundbau-Taschenbuch, Teil 2, Geotechnische Verfahren.- 7. überarbeitete u. aktualisierte Aufl., Ernst & Sohn.

WM (2008): Wärme ist unter uns, Geothermie in Baden-Württemberg.- Wirtschaftsministerium Baden-Württemberg, Ausarbeitung: STOBER, I., LORINSER, B., 131 S., Stuttgart, 2. Aufl..

WOLFF, G. (2004): Technischer Heilquellenschutz in Stuttgart.- Schriftenreihe des Amts für Umweltschutz. 4/2004, 98 S., Stuttgart.

WELLS, D.L. & COPPERSMITH, K.J. (1994): New empirical relationships among magnitude, rupture length, rupture width, rupture area and surface displacement, *Bull. seism. Soc. Am.,* **84,** 974–1002.

WOLFGRAMM, M. & MOECK, I. (2015): Analyse des Struktur- und Spannungsfeldes von Bohrungsproduktivitäten.- bbr, **65,** 102–109.

WYSS, M. (1979): Estimating maximum expectable magnitude of earthquakes from fault dimensions, *Geology,* **7,** 336–340.

WYSS, R. (2001): Der Gasausbruch aus einer Erdsondenbohrung in Wilen (OW).- Bull. angew. Geol., Bd. 6, Nr. 1, S. 25–40.

ZAHORANSKY, R.A. (2002): Energietechnik.- vieweg, 444 S., Braunschweig/Wiesbaden.

ZAPP, F. J., ROSINSKI, CH. (2007): Auswirkung unterschiedlicher Parameter auf die Wärmeübertragungsfähigkeit von Erdwärmesonden.- Der Geothermiekongress, Bochum.

ZBINDEN, D., RINALDI, A.P., DIEHL, T., WIEMER, S. (2019): Induced seismicity during the St. Gallen deep geothermal project, Switzerland: insights from numerical modeling.- Schatzalp, 3rd Induced Seismicity Workshop, Abstract Book, S. 39, Davos.

Zoback et al. (2003): Determination of stress orientation and magnitude in deep wells.- Int. J. Rock. Mech. Min., **40,** 1049–1076.

ZORN, R., KÖLBEL, T., STEGER, H., KRUSE, H. (2007): CO_2-Erdsonde basierend auf dem Gravitationswärmerohrprinzip.- bbr, 12, 1–7.

Stichwortverzeichnis

© Springer-Verlag GmbH Deutschland, ein Teil von Springer Nature 2020
I. Stober und K. Bucher, *Geothermie,* https://doi.org/10.1007/978-3-662-60940-8

Ihr kostenloses eBook

Vielen Dank für den Kauf dieses Buches. Sie haben die Möglichkeit, das eBook zu diesem Titel kostenlos zu nutzen. Das eBook können Sie dauerhaft in Ihrem persönlichen, digitalen Bücherregal auf **springer.com** speichern, oder es auf Ihren PC/Tablet/eReader herunterladen.

1. Gehen Sie auf **www.springer.com** und loggen Sie sich ein. Falls Sie noch kein Kundenkonto haben, registrieren Sie sich bitte auf der Webseite.
2. Geben Sie die eISBN (siehe unten) in das Suchfeld ein und klicken Sie auf den angezeigten Titel. Legen Sie im nächsten Schritt das eBook über **eBook kaufen** in Ihren Warenkorb. Klicken Sie auf **Warenkorb und zur Kasse gehen**.
3. Geben Sie in das Feld **Coupon/Token** Ihren persönlichen Coupon ein, den Sie unten auf dieser Seite finden. Der Coupon wird vom System erkannt und der Preis auf 0,00 Euro reduziert.
4. Klicken Sie auf **Weiter zur Anmeldung**. Geben Sie Ihre Adressdaten ein und klicken Sie auf **Details speichern und fortfahren**.
5. Klicken Sie nun auf **kostenfrei bestellen**.
6. Sie können das eBook nun auf der Bestätigungsseite herunterladen und auf einem Gerät Ihrer Wahl lesen. Das eBook bleibt dauerhaft in Ihrem digitalen Bücherregal gespeichert. Zudem können Sie das eBook zu jedem späteren Zeitpunkt über Ihr Bücherregal herunterladen. Das Bücherregal erreichen Sie, wenn Sie im oberen Teil der Webseite auf Ihren Namen klicken und dort **Mein Bücherregal** auswählen.

EBOOK INSIDE

eISBN	978-3-662-60940-8
Ihr persönlicher Coupon	GXBCGfdFNDcGGrs

Sollte der Coupon fehlen oder nicht funktionieren, senden Sie uns bitte eine E-Mail mit dem Betreff: **eBook inside** an **customerservice@springer.com**.